Symbol

漫漫征途　　与书为伴

HELLENISTIC SCIENCE
AND CULTURE IN THE LAST THREE CENTURIES B.C.

希腊化
时代的科学与文化
（修订版）

上

【美】乔治·萨顿（GEORGE SARTON） 著

鲁旭东 译

中原出版传媒集团
中原传媒股份公司

大象出版社
·郑州·

图书在版编目（CIP）数据

希腊化时代的科学与文化 /（美）乔治·萨顿著；
鲁旭东译. -- 修订版. -- 郑州：大象出版社，2024. 10
ISBN 978-7-5711-1943-0

Ⅰ. ①希… Ⅱ. ①乔… ②鲁… Ⅲ. ①自然科学史-
研究-古希腊②文化史-研究-古希腊 Ⅳ. ①N091. 984
②K125

中国国家版本馆 CIP 数据核字（2024）第 005880 号

希腊化时代的科学与文化

XILAHUA SHIDAI DE KEXUE YU WENHUA

[美]乔治·萨顿 著

鲁旭东 译

出 版 人 汪林中
责任编辑 王 卫 王 晓 刘东蓬 杨 倩
责任校对 安德华 牛志远 张绍纳 赵 芝 任瑾璐 李婧慧
装帧设计 王莉娟

出版发行 大象出版社（郑州市郑东新区祥盛街 27 号 邮政编码 450016）
发行科 0371-63863551 总编室 0371-65597936
网 址 www.daxiang.cn
印 刷 河南瑞之光印刷股份有限公司
经 销 各地新华书店经销
开 本 890 mm×1240 mm 1/32
印 张 33.125
字 数 778 千字
版 次 2024 年 10 月第 1 版 2024 年 10 月第 1 次印刷
定 价 220.00 元
若发现印、装质量问题，影响阅读，请与承印厂联系调换。
印厂地址 武陟县产业集聚区东区（詹店镇）泰安路与昌平路交叉口
邮政编码 454950 电话 0371-63956290

谨以此书献给查尔斯·辛格和多萝西娅·韦利·辛格

以愉快地纪念

我们四十年的友谊和在同一领域中的耕耘

译 者 前 言

一

《希腊化时代的科学与文化》(*Hellenistic Science and Culture in the Last Three Centuries B. C.*)是乔治·萨顿(G. Sarton)的《科学史》的第 2 卷,也是萨顿生前完成的最后一部长篇著作。它是萨顿的《希腊黄金时代的古代科学》(*Ancient Science Through the Golden Age of Greece*)的续篇,并与该书一起,构成了萨顿所要描绘的以西方为主的古代科学的完整画面。

本卷的主题是希腊化时代的科学和文化,萨顿把他讨论的范围限定为,始于亚历山大大帝去世的那一年,终于罗马帝国建立的当年,大致相当于从公元前 323 年至公元前 30 年。当然,萨顿承认,这样的划分并不是非常严格的,有一些人为的色彩。因为首先,诚如萨顿所言:"公元前 3 世纪是古希腊文化的黄金时代,而且大约于公元前 250 年在埃及达到顶峰。"[1]其次,在亚历山大以前,希腊化在某些地区就已经开始了。最后,有些希腊化科学的最高成就,例如托勒密的天文学和盖伦的医学,是在这段时期之后的两三个世纪之中产生的;换句话说,希腊化的科学与文化并非到公元前30年就终结了。萨顿在本卷中之所以这样划定,只是为了叙述的方便。[2]

在本卷中,萨顿把这个时期分为两个部分:公元前3世纪和公元前的最后两个世纪。第一篇专门讨论亚历山大的复兴(大约是公元前3世纪)。作者以亚历山大城为中心,介绍了亚历山大复兴的历史背景,希腊文化从希腊本土向希腊以外的转移,世界上第一个由国家资助的科学研究机构——亚历山大博物馆的创建,以及围绕这个博物馆所展开的各项学术活动;探讨了数学、天文学、力学、地理学、物理学、工程技术、解剖学、医学、哲学、宗教、历史学、语言学、文学以及艺术在公元前3世纪的进展。第二篇讨论所谓希腊文化的式微和衰退,亦即基督纪元前的最后两个世纪,介绍了多个科学中心的出现,罗马的崛起,以及最终罗马成为引领科学文化潮流的中心,探讨了前一篇所论及的诸学科在公元前最后两个世纪的传承和进一步的发展。同时,在这两部分中,作者都用专门的篇幅论述了东方文化。

希腊化时代与之前的希腊黄金时代或古典时代前后相

─────────────

[1] 参见 G. 萨顿:《希腊化时代的科学与文化》,第 209 页(这里以及下文所标注的《希腊化时代的科学与文化》和《希腊黄金时代的古代科学》的页码,均为原文页码,亦即中译本边码)。

[2] 按照萨顿的写作计划,他的《科学史》应该写作 8 卷,分为 4 个部分,每个部分分为两卷,这 4 个部分分别为古代(即前一卷《希腊黄金时代的古代科学》和本卷)、中世纪、15 世纪到 17 世纪、18 世纪到 20 世纪。

继。尽管在希腊化时代，希腊文化在诸多方面仍然占据主导地位，但这两个时代之间有着许多明显的差异。简单地说，在政治方面，黄金时代是以城邦政治为主体，民主思想是社会的主流；而在希腊化时代，城邦政治已被世界帝国取代，民主思想也被专制主义代替了。在文化的构成方面，黄金时代的文化虽然吸收了其他古代文明的成果，但它基本上是在希腊本土上发展的，诚如黑格尔所言，它的"发生、萌芽、发达直到最盛的历程，以至衰落的根源，都纯粹在希腊人自己的范围里面"〔3〕；而希腊化时代，用萨顿的话说，"是一个从纯希腊文化的灰烬中复兴的时期"〔4〕，由于希腊化世界不是某一个国家或民族的疆土，而是一个国际化的区域，因而这个时期的文化主流虽然仍是希腊文化，但也融合了东南欧、东北非和西亚等诸多文化的要素。在精神追求方面，黄金时代的希腊人的态度基本上是非宗教的和理性主义的，他们自信、崇尚自由、热爱知识并热衷于对自然的探索，把知识看作高于信仰；在希腊化时代，人们因社会的动荡而失去了自信，变得消极、迷茫和多疑，对纯知识的追求失去了兴趣，而越来越关心自己的命运，从而，"希腊化世界和与它衔接的罗马世界给了迷信和非理性越来越多的机会"〔5〕。在发展趋势方面，黄金时代的文化充满活力，是一个逐步走向巅峰的时期；而希腊化时期的文化是一个虎头蛇尾的时期，亦即由鼎盛走向衰退的时期。如此等等，不一而足。当然，这些差异只是相对而言，并不意味

---

〔3〕 黑格尔：《哲学史讲演录》，商务印书馆，1959 年中文新 1 版，第 1 卷，第 1 部，第 158 页。
〔4〕《希腊化时代的科学与文化》，前言，第 vii 页。
〔5〕 同上书，第 273 页。

着希腊化时代对人类文明没有重要贡献。

二

为什么要研究科学史？萨顿对此的回答是："研究科学史有两个主要的理由：一个是纯粹历史的理由，要分析文明的发展，即理解人类；另一个是哲学的理由，要理解科学更为深层的含义。"[6]显而易见，无论是分析文明的发展还是理解科学的深层含义，都需要在历史发展的宏大背景下去探讨，而不能局限于某一领域或地域。所以，萨顿认为，科学史应该涵盖所有国家、所有民族从古至今的文明史。

对萨顿来说，科学的历史不仅是科学思想的发明、创造、运用、传播和传承的历史，而且是科学的社会史。科学从来不是在真空中成长的，科学归根结底是一种社会现象。因此，它总会与一定的社会文化环境联系在一起，并且是在与这种环境的互动中发展的。萨顿指出："纯科学是一种理想，它只能在社会真空中得以实现，这只不过是以下说法的一种方式，即它不可能存在，或者它绝不可能长久存在。"[7]因此，科学史研究必须考虑其原有的时间和空间等环境因素。不从社会的角度去考察科学，就无法理解科学的发展，更遑论对之加以说明了。

当然，在科学发展的早期，社会对科学的影响和科学对社会的影响是不对称的，在萨顿看来，"后一种影响必然是十分缓慢的，因为科学工作者人员稀少，势单力薄，而前一种

---

[6] G.萨顿：《科学史和新人文主义》，华夏出版社，1989年中文版，第56页。
[7]《希腊化时代的科学与文化》，第334页。

影响是直接的和势不可当的"[8]。

在这方面,萨顿提供的一个典型事例,就是亚历山大博物馆和图书馆的建立和衰落,以及与之相伴的亚历山大城的自然科学和人文科学研究的兴旺与衰退。亚历山大博物馆是自然科学研究的中心,附属于它的亚历山大图书馆则是人文科学研究的中心。虽然托勒密一世和二世创办博物馆的初衷,主要是为了提高他们和他们的王国的声望而不是为了知识本身,但他们毕竟意识到,仅有经济或物质方面的繁荣而没有精神方面的繁荣是不行的,因为"没有艺术和科学的繁荣是没有价值的和不值一提的"[9]。因此,他们在该馆创建的初期或者公元前3世纪对该馆予以了大力支持,而且由于他们的开明和对知识的重视,亚历山大博物馆有着宽松的学术环境,学者们可以大胆地进行探讨,且这个机构的唯一目标就是追求真理,萨顿评论说:"正是由于它的创建和它的开明的赞助者,使得它可以不受任何阻碍地发挥其作用,从而使公元前3世纪得以见证一场如此惊人的复兴。"[10]随着埃及的衰落,亚历山大博物馆和图书馆也开始走下坡路,并且最终被毁。那里一度兴旺的自然科学和人文科学研究逐渐消失了,自然科学和人文科学的中心也从亚历山大城转向其他地区。

三

萨顿是科学人文主义的倡导者和实践者,在他的科学史研究中,他总是把科学纳入人文主义视野,所以他的科学史

---

[8]《希腊化时代的科学与文化》,第318页。

[9] 同上书,第29页。

[10] 同上书,第34页。

读起来更像文化史。像在《希腊黄金时代的古代科学》中一样，他在介绍自然科学诸领域的发展的同时，也介绍了哲学、宗教、史学、语言、文学、艺术等人文学领域的成果，作者这样做是有他的道理的。一方面，在英语中，science（科学）来自拉丁语 *scientia*，而 *scientia* 的含义比现代的 science（科学）更为宽泛，它的本义是知识，指的是包括科学、哲学、宗教、神话、历史、文学、艺术等的所有知识，而不仅仅限于某一类知识。*Science* 是 14 世纪才被引入到英语中的，当时它的含义与拉丁语 scientia 的含义是相同的。而 science 具有现代的"自然科学"的含义则是更晚的事，即使是现代，这个词依然具有"认识""知识"和"学问"等含义。萨顿正是在这个意义上理解"科学"的，而他所讨论的范围主要是古希腊罗马时期，所以，把现代人所理解的自然科学以外的其他人文科学领域也纳入他的论述中，更为符合 science 的本义。

另一方面，萨顿认为，科学无论多么重要，它绝对是不充分的。自然科学与人文科学是相互影响、互为补充的。因此在对科学史的考察中，他始终非常重视人文环境，他指出："人文科学与人类的创造活动是分不开的，无论这种创造是哲学、科学、技术还是艺术和文学的创造。在人类业已借之以表达他们的善与恶、快乐与痛苦的任何事物上，都有人文科学的存在。"[11] 在萨顿看来，不讨论古代人类创造的诸方面，就无法理解希腊文化，当然也无法真正理解科学。在这部科学史著作中，萨顿列举了多个人文科学对自然科学影响的例子。当然，这类影响并不一定都是正面的。以下这个例

---

[11]《希腊化时代的科学与文化》，前言，第 ix 页。

子就说明了这一点。

在公元前 3 世纪以后,希腊化世界进入一个大动荡的时期:亚历山大创建的帝国在他去世后不久便发生分裂,群雄逐鹿,烽烟四起,战事连年,兵荒马乱。"社会环境如此严酷和残忍,战争和变革导致的苦难如此之多,以致生活变得难以忍受,而人们非常渴望某种来世的拯救。"[12]

在这样一个乱象环生、道德沦丧并且到处充满血腥和冷酷的时代,人似乎变得既渺小又无助,因而自然使许多人把注意力转向更注重生活的哲学,一些思想学派,尤其是斯多亚哲学以及伊壁鸠鲁学说等,由于追求心灵的宁静,重视讨论伦理学、人的行为以及个人在巨大的世界国家中的意义等,顺应了社会的需要因而受到重视。然而,这两个学派是有区别的:伊壁鸠鲁学派只注重个人修行,而躲避政治和社会承诺;斯多亚学派重视公民责任的重要性,并强调道德与个人和社会都相关。不过,这二者有一个共同的缺陷,即相对而言他们过多地关注伦理学和人的操守,尽管这两个学派中也有些人对自然进行探讨,但总体而言,这两个学派对科学没有多少兴趣。

这两个学派的主要目的就是,确保幸福生活免遭不必要的恐惧和想象的忧虑的困扰,因而他们甚至认为他们的科学研究都从属伦理学。他们这些思想的传播,对社会产生了相当影响,萨顿认为:"就此而言,可以说他们在阻碍科学研究方面是一致的;但在这方面,他们之间又存在着一种本质的差别。伊壁鸠鲁主义者忽视科学但并不伤害它;相反,就他

---

[12]《希腊化时代的科学与文化》,第 273 页。

们反对迷信而言,他们有助于澄清探索真理的基础。斯多亚学派沉迷于神秘主义之中,他们喜欢占卜,他们接受并促进了拜星教,这(正如许多科学家理解的那样)实际上是对真理的背叛。由此而产生的矛盾结果是,虽然斯多亚学派比伊壁鸠鲁学派更关注科学,但他们却危害了它的进步。"[13]

　　萨顿之所以要考察科学的文化环境,其原因不仅在于他要探讨自然科学与人文科学的互动,而且在于他认为某些人文科学领域例如语言学,其研究成果本身就有着科学的重要性:"发现语言的逻辑结构是像发现身体的解剖学结构同样重要的科学成就,但是,由于语言的自我意识完全是循序渐进地出现的,因而这一发现非常缓慢而且在很大程度上是由不知其名者完成的。"[14]

四

　　萨顿这卷科学史的主要内容虽然仍是以西方为主,但在这卷的两个部分中,他各用一章(第十四章和第二十八章)讨论了东方的文化,并且在全书中多次论述了东方人的科学成果,凸显出萨顿对东方的重视。

　　萨顿这样做在科学史和现实中自有其根据。其一,"希腊科学的基础完全是东方的,不论希腊的天才多么深刻,没有这些基础,它就无法创立任何可与其实际成就相比的东西"[15]。其二,在西方科学发展的历程中,东西方"总有或多

---

〔13〕 G. 萨顿:《希腊黄金时代的古代科学》,第 610 页。
〔14〕《希腊化时代的科学与文化》,第 500 页。
〔15〕《科学史和新人文主义》,华夏出版社,1989 年中文版,第 64 页。

或少的融合,并且这种融合从未停止"〔16〕。其三,在中世纪,科学在很大程度上是由东方人主要是阿拉伯人继承和发展的,他们不仅翻译了大量古代的文献尤其是希腊文献,从而使古希腊的文明得以延续和传播,而且创造了新的知识。其四,按照萨顿的看法,"正如东方需要西方一样,今日的西方仍然需东方"〔17〕。西方文化的灵感曾经多次来自东方,没有理由认为这种情况不会再次出现。因此,萨顿说:"虽然我讨论的几乎完全是西方科学,但有时候也有必要说明它在东方的反响,尤其要强调阿拉伯和希伯来著作,这些著作有时候与我们自己的著作非常紧密地联系在一起。"〔18〕

鉴于东西方文化的这种密切关系,在科学史的评价中,如果有任何民族偏见,例如夸大某些民族的成就而忽视其他民族的成就,都会造成偏差。遗憾的是,过去有些西方人对东方的例如迦勒底的科学成果抱有成见,以致根本否认他们的成就,认为他们只做过对人类无益甚至有害的事,这显然有失公允。西方的这种偏见,不仅体现在他们对东方文化的认识上,而且还体现在一些语词上:"'迦勒底人(Chaldean)'不仅暗示着占星术,而且还暗示着巫师、神秘主义和蒙骗,而'巴比伦人(Babylonian)'则意味着占星术士和贬义的天主教徒!"甚至"作为形容词的'Egyptian'也含有与占星术、神秘主义或吉卜赛知识相关的贬义"〔19〕。萨顿强调,就发现真理而言,东方人和西方人是为相同的目的而共

---

〔16〕《希腊化时代的科学与文化》,第 4 页。

〔17〕 G. 萨顿:《科学的生命》,商务印书馆,1987 年中文版,第 140 页。

〔18〕《希腊化时代的科学与文化》,前言,第 x 页。

〔19〕 同上书,第 341 页,以及注释 111。

同努力的,尽管他们可能被空间、时间、种族、宗教、民族以及其他别的偶然因素分开,"但从世代绵延的永恒观点看,他们是在一起工作"[20]。

当然,东方的文化中的确包含着一些迷信的或非理性的因素,但不能因此就漠视甚至贬低他们的科学成就。萨顿批评说:"一方面剥夺迦勒底人最优秀的科学研究成果(并且称之为塞琉西的科学成果),另一方面完全相信他们盛产迷信,这样做是极不公平的。如果我们认为一个民族只做过有害的事,他们的有益的功绩是属于其他民族的(政治家们经常这样做,科学史家不应当这样做),那么就可以随便对任何民族进行诋毁了。"[21]为了消除这种误解,萨顿在本书中热情地和实事求是地对东方在自然科学和人文科学取得的成果、对它们对西方的影响和对人类文明的贡献进行了翔实的介绍。

五

其实,不仅东方的文化中包含着非理性因素,西方文化甚至科学又何尝不是如此呢?萨顿向我们展示,希腊科学包含着迷信因素,迷信中又包含着理性因素,这种看似矛盾的现象在希腊占星术与天文学的发展中却是实实在在的。"希腊占星术接受了某种源于这样的宇宙观的证明,按照这种观念,宇宙被安排得非常合理,没有哪个部分独立于其他部分和整个宇宙。"[22]占星术认为,不仅宇宙是这样,而且地上的事物尤其是人与天上的事物也有着某种对应关系,星辰对人的命运

---

[20]《希腊化时代的科学与文化》,第 x 页。
[21] 同上书,第 337 页—第 338 页。
[22] 同上书,第 165 页。

有着某种影响。既然人的命运与星辰的运动和位置联系在一起,那就有必要尽可能准确地确定这些情况,而这些都离不开天文学。占星术的这种需要,在一定程度上促进了天文学的发展。当然,也不应否认,这种来源于伊朗、巴比伦等东方国家的原则,在希腊实际上形成了两种传统,即希腊-巴比伦传统和纯巴比伦传统:"这两种传统一方面都包含着一门科学即天文学,另一方面同时又都包含着一门神学或宗教即拜星教,而占星术在各个阶层的流行正是由于这种结合造成的。"[23]

一般来说,科学的历史是人类运用理性和智慧不断进行探索,逐渐认识和理解世界,并做出相应的发现、发明和创造的历史。在这个过程中,必然会出现理性与非理性的斗争,科学家也难免会犯错误。而且有趣的是,有时捍卫理性并促进了科学发展的,并非从事科学事业的人。例如,同样支持信仰自由的卢克莱修和西塞罗,都不是专业意义上的科学工作者,"但他们都强有力地促进了对希腊科学和智慧遗产的抢救工作。面对非理性主义的增长,他们都是理性的捍卫者。单凭这一点,他们就值得科学史家关注和每一个爱好自由的人感激"[24]。以喜帕恰斯和西塞罗对待占星术的态度为例:喜帕恰斯是最伟大的天文学家之一,但他却被环境压垮了,打败了,以致他不是去抨击占星术,而是着手为它提供"科学"的武装;而西塞罗是这个领域的外行,但他却看透了如洪水般汹涌而来的占星术的危害,并且敢于对之进行抵制。萨顿在总结这个个案时说:"请注意,在这个个案中'外

---

[23]《希腊化时代的科学与文化》,第 166 页。
[24] 同上书,第 279 页。

行'是正确的,而'专家'却是错误的,这一点很有意思;在科学史上这并不是唯一的一个个案。"[25]

在科学史上,不仅有上述非科学的人士促进了理性进步的例子,而且我们还会看到,有时候科学的发展是一些人出于非科学的目的而推动的。例如,在历法方面,对纪元、年、月、星期、日、小时等的确定,"看起来可能与科学相距遥远,但其中每一个周期的确立和调整都隐含着天文学知识,而它们又都反过来对天文学产生了极为深刻的影响。说它们影响了天文学是一种保守的说法;没有对时间的确定,任何天文学都是不可能的"[26]。对这些周期的确定不仅有科学研究者,还有大量的非科学工作者,如占星家、年代学者、宗教人士等。因为对这些周期的确定,"不仅要处理科学问题,而且要处理民间传说(每个民族的民间传说)、占星术迷信以及其他迷信,还要对付行政官员、祭司以及无知的好事者等人的独断专横"[27]。

六

纵观这一卷科学史,我们会有这样的印象,即萨顿所讨论的这段希腊化时期的科学大致有这样一些特点:

第一,科学中心的转移。在这个时代,希腊已不再是希腊科学甚至文化的中心,科学和文化的中心已经从雅典转向希腊本土以外,经过亚历山大时代、多中心时代等的变迁,最终罗马成为西方文化的中心。科学和文化中心的转移,是希

---

[25]《希腊化时代的科学与文化》,第 319 页。

[26] 同上书,第 333 页。

[27] 同上书,第 333 页—第 334 页。

腊本土科学逐渐走向衰退的重要标志。尽管如此,渗透在科学、哲学、艺术、政治、文学等诸多领域中的希腊思想仍具有强大的影响力。

第二,学术追求的转向。不难看出,在这个时期,虽然希腊文化仍然受到有教养的人们的钟爱,但学者们的学术兴趣却发生了变化:从注重思辨的研究逐渐转向注重实用的探索。例如,在科学方面,学者们更关注的是应用科学而不是理论科学;在哲学方面,学者们的关注点从形而上学转向伦理学。这种现象在罗马人那里表现得尤为明显,因为他们是重视实用型知识的民族,他们在科学创新方面几乎鲜有成果,但在工程技术和组织管理方面却取得了相当大的成就。

第三,总体式微,个体兴旺。虽然按照萨顿的说法,黄金时代持续到公元前 250 年,但总体上讲,希腊化时代的科学已经看不到黄金时代那种包罗万象的哲学和科学体系,它的探讨范围缩小了,对问题的探讨变得更为谨慎和保守了。科学缺少了黄金时代的那种创造激情,原创性的东西相对少了,更多的是对前人已有成果的综合或对细节的补充、修正或扩展。偶尔也会有一些敢于打破传统的思想家,但他们要么像提出日心说的阿利斯塔克那样被忽视了,要么受到传统思想的排斥或批评。再看看哲学方面,虽然斯多亚学派、新学园学派、伊壁鸠鲁学派、亚里士多德学派、犬儒学派和怀疑论学派等重要哲学流派仍有相当大的发展,也出现了一些著名的学者,但其文化的重要性远不如从前。正如德国著名哲学家威廉·文德尔班(Wilhelm Windelband,1848 年—1915年)指出的那样:"这已是希腊之日薄西山的时候。亚里士多德之哲学是陨落的希腊留给后世人的遗产。"[28]谈到艺术,这个时代的创造力和想象力都难以与黄金时代相提并论,艺术作品的主题逐渐失去了往日的深刻,模仿多于创新,而原来追求朴素和中庸的艺术风格,也已经被崇尚铺张和奢华的风气淹没了。

当然,这是从整体上与黄金时代相比较而言的。虽然这个时代希腊文化总的趋势是从巅峰开始逐渐衰落,但在个别领域仍有重要的发展。例如,正如萨顿指出的那样,公元前3世纪出现了数学、解剖学和语言学的黄金时代,公元前的最后一个世纪出现了拉丁语以及拉丁文学、修辞学、史学和哲学的黄金时代。而与公元前3世纪数学的黄金时代相同的时期,直至17世纪才再次出现。[29] 可以与这段历史中解剖学的黄金时代相媲美的时代也只有两个:一个是2世纪下半叶的盖伦时代,另一个是16世纪的维萨里及其后继者的时代。萨顿甚至认为,这个解剖学的黄金时代"是大规模系统解剖学研究的真正开端"[30]。在语言学的黄金时代中,由于多位学者的共同努力,希腊语法被发明了,从而为希腊语言学奠定了基础。至于公元前1世纪的拉丁黄金时代,则是古罗马人才辈出、作品繁荣的一个时期,古罗马最伟大的学者和著作,有相当一部分都出自这个时代。

第四,研究的专业化。希腊化时代的科学,在专业化方面有了一定的发展。有学者甚至认为,专业化是这个时代所

---

[28] W. 文德尔班:《古代哲学史》,上海三联书店,2009 年中文版,下篇,导言,第 272 页。

[29] 参见《希腊化时代的科学与文化》,第 526 页。

[30] 同上书,第 129 页。

有科学领域的特征。[31] 随着研究的深入,学科日益分化,越来越多单一学科的专家出现了,学者们研究的问题也更趋于专门化。而且,一些学者更愿意做某一方面的专家,而鄙视那些想在各个领域都有所成就的百科全书式的人物。百科全书式的学者是遭人妒忌的,希腊化时代虽然也有百科全书式的人物,例如埃拉托色尼和波西多纽,但他们无论在思想的广度还是在深度方面,都远远逊色于亚里士多德,而亚里士多德思想的力量和完整性以及他在综合方面的天才,都是无人可比的。

第五,科学的组织化。这是希腊化时代独有的特点。与之前的科学家个人孤军奋战的情况不同的是,在希腊化时代有组织的科学研究出现了,其最重要的代表就是亚历山大博物馆和图书馆。"在亚历山大博物馆中,科学研究变得有组织了,而它以前从不是这样的。"[32]

亚历山大博物馆不是现代意义上的博物馆,毋宁说它更像一个学术研究机构兼教育机构,而且是最早的有组织的并有政府提供支持的这类机构。它吸引了希腊以及其他地区的诸多哲学家、数学家、医生、艺术家和诗人等,它不是按照政治或宗教的命令组织起来的,博物馆的自由探讨和世界主义的氛围,使得学者们可以无拘无束地进行研究和创作,博物馆和图书馆丰富的实物和文献资料,使得他们可以充分吸收和利用他们的前人所获得的不同文化的研究成果。亚历山大博物馆在人力、物力和财力方面的优势,以及出色的组

---

[31] 参见 B. 罗素:《西方哲学史》,商务印书馆,1963 年中文版,上卷,第三篇,第 25 章,第 285 页。

[32]《希腊化时代的科学与文化》,第 526 页。

织管理,使得它不仅成为雅典之后希腊文化的中心,而且使希腊的黄金时代延续了一段时间。不仅如此,它还催生了其他地区类似机构的建立,从而间接地对这些地区学术的组织化和专业化起到了影响。

第六,开放与多元化。希腊文化是一种开放的文化,例如,它在早期不仅吸收了埃及和巴比伦等的科学成就,而且引进了东方宗教中的神。在希腊化时代,希腊人统治下的埃及变成了东方和西方最重要的融合处。希腊的科学、哲学、宗教、语言、艺术渗透到希腊化世界的广大地域中,并且融入了大量当地的文化要素。通过通商、求学和旅游等,不同民族的文化相互交会、吸收、融合。虽然希腊化世界表面上还是希腊文化的世界,但随着越来越多外国因素的渗透,纯粹的希腊文化慢慢消失,而逐渐形成了一种多元文化,以至"那种希腊人与野蛮人的老旧的划分逐渐失去其有效性"[33]。

在这种总的趋向中,也有一种相反的情况值得注意。虽然在希腊化时代,埃及、印度等文化仍然对希腊化诸王国有着相当的影响,但在公元前最后的两三个世纪中,希腊与东方在科学方面的相互交流似乎减少了。东方的许多新成就例如美索不达米亚关于月球和行星的理论没有传播到西方,无法对西方的天文学产生影响,而希腊的科学成就很晚才传播到印度。进入基督教时代以后,这种情况才有所改观。

---

[33]《希腊化时代的科学与文化》,第 220 页。

七

这一卷科学史,史料丰富,内容翔实,纵横 300 余年,跨越多个地区和多种文化,这样磅礴的气势令我们不得不由衷地敬佩萨顿的博学。通过阅读此书,我们不仅会对古希腊－罗马文化与东方文化的发展、传播和交流有进一步的了解,而且也会再次领略到这位大师严谨的学风、辽阔的视角、公允的评价、谦逊的态度,以及他对人类文化的热爱和追求真理的激情。当然,这部书也有一些缺陷,但那些终归是白璧微瑕,萨顿的探索是严肃和认真的,这一著作的经典地位已经确立,学术价值也已得到学界的公认。

经过时断时续 4 年多的伏案,萨顿这两卷《科学史》的翻译工作终于完成了。掩卷沉思,感触颇多。这些年来坐在电脑前翻译萨顿的这两卷经典,译者就仿佛频频走入这位大师的课堂,聆听他娓娓讲述人类精神历程的故事。他清晰的思路、朴实的语言、丰富的学识会使人享受到古代文明的盛宴,他展示的宏大画面会使人的心灵受到震撼,他的真知灼见会使人获得思想的启迪。遗憾的是,萨顿的这部《科学史》未能写完,因而难免会使人有一种意犹未尽的感觉。现在,翻译的重担虽然放下了,译者心里却又多了几分忐忑。毕竟,萨顿的这两卷著作是学术经典,它们不仅涉及诸多地区诸多民族的诸多文化,前后跨越了 3000 多年的时间,论及众多的人物、历史事件和文献,而且还使用了多种语言,是译者所翻译的学术著作中难度最大的。幸亏有诸多前辈、同事、好友以及家人的关心和支持,以及便捷的互联网技术,否则,这两卷的翻译难以较为顺畅地完成。

　　《希腊化时代的科学与文化》中译本第一版于 2012 年 5 月出版，至今已经将近 10 年。这次修订，译者增译了萨顿的弟子、美国著名科学史家 I. 伯纳德·科恩（I. Bernard Cohen，1914 年—2003 年）为本卷写的序言，并在文字上进行了一些修改。值此修订版出版之际，我首先要感谢中国社会科学院外国文学研究所的王焕生老师，哲学研究所的张伯霖教授、田时纲教授、李理教授、詹文杰研究员和王喆副研究员，他们都为译者提供了不可或缺的帮助。其次，我要感谢大象出版社的原副总编辑王卫和原副社长王晓，他们既是本书中译本第一版的责任编辑，也是它的第一读者，多亏他们的一些宝贵意见和建议，使译者避免了一些疏漏。再次，像在翻译《希腊黄金时代的古代科学》时一样，在翻译本卷时，译者也参考了国内出版的有关译著，因为数量过多，难以一一列举，谨向这些译著的各位译者表示真诚的谢意。最后，我要特别感谢我那在耄耋之年故去的父母，因为有他们在生前为我解除家务之劳和对我的理解，我才得以两耳不闻窗外事，一心只译大师书。遗憾的是，他们前两年先后驾鹤西归，看不到本书修订本的出版了。

　　译者深知这一学术巨著的分量，因而在翻译时不敢有丝毫懈怠。但限于学识，讹误之处仍恐难免，欢迎各位专家学者批评指正。

译者

2021 **年冬至**

前　言

本卷以《希腊化时代的科学与文化》为书名，尽管事实上，它既讨论罗马文化和拉丁文学，也讨论希腊文学以及东欧、埃及和西亚的文化。这样命题是合理的，因为希腊化的理想在科学、艺术和文学等的每一个领域中都占据着主导地位，甚至那个时代的拉丁文学也在以希腊为榜样，并从中获取主要的素材和最佳的启示。

亚历山大大帝（Alexander the Great）和亚里士多德（Aristotle）这两个伟人都站在一个新时代的门口。这是一个充满了动荡、战争和反抗的时代，但它也是富有科学创造和艺术创造的时代。不容抗争的命运不容许这两个人中的第一位长寿：亚历山大于公元前 323 年去世，年仅 33 岁；老天却允许他们中的年长者——亚里士多德活的时间更长一些，他于翌年去世，享年 62 岁。这就是命运，从事研究比征服世界需要更多的时间。

我现在呈献给读者的这本书，用来讨论他们二人去世以后和基督教诞生以前的 3 个世纪。这是一个从纯希腊文化的灰烬中复兴的时期。在公元前 3 世纪期间，亚历山大城

（Alexandria）是最重要的中心；在公元前的最后两个世纪，亚历山大城与佩加马（Pergamon）、罗得岛（Rhodos）、安条克（Antioch）以及其他希腊城市，共同成为引领潮流的城市，随着年复一年的时间推移，罗马（Rome）也加入了这个行列。

　　希腊化世界在一定程度上是一个国际化的区域，这里存在着多种语言并且受诸多宗教信仰的激励。在这些语言中尤为突出的是希腊语，但随着罗马人在军事上不断取得成功，拉丁语的重要性也日渐增长。在希腊文化的陶冶下，一种奇异的混合得到认可并开始形成，其中首先包含的是希腊和罗马的原料，但也有埃及、犹太、波斯、叙利亚和安纳托利亚的要素，还有许多其他——亚洲的、印度的和非洲的搀和物。在那3个世纪中，几何学、天文学、解剖学以及语法永久地确立下来，技术和医学也成熟了。在西亚、北非或欧洲的许多地方也许都在进行着创造性的工作，但潜移默化的影响总是来自希腊。

　　从另一个角度看，这个复兴和转变的时代见证了两场大规模的斗争：其一是以希腊理想为一方、以亚洲或埃及理想为另一方的对立；其二是罗马对双方的猛烈冲击。每一种事物包括宗教自身都在经历严峻的考验。在这种背景下，希腊的那些理想就成了异端，希腊化时代见证了希腊理想与亚洲和埃及的神秘仪式、与犹太教的殊死搏斗。

viii　　让我们更上一层楼，从更深入的视角来思考希腊化的科学。在这3个世纪期间，近代科学已被建立在一个非常坚固的基础之上,因为希腊人的天才被嫁接到罗马人的躯体上了。[1] 近亲繁殖始终是危险的而且常常是毫无结果的;那时候没有自然科学的近亲繁殖,可能而且往往是冒险的天才的创造成果,被罗马的活力保存和保护下来。奥古斯都时代是政治鼎盛时期,这是一个和平的时期,在此期间,这 3 个世纪的自然科学和理性的成果可以得到整合和保护。

当一个人谈到一个民族的文化时,他指的是什么?艺术和科学的创造者是凤毛麟角;他们周围的公众可能会给他们鼓劲,也可能会使他们泄气,也许,几乎完全没有人理会他们。如果要想说得更确切,那么可以说,一个民族的文化活力应当由这两种因素来体现:第一种是象征普遍教育水平的因素,第二种是象征先驱中少数精英的非凡价值的因素。其中第一种因素是一个可测量的量[2],第二种是潜在的难以评估的因素。在古代,除了在论坛、戏院和街道的公共教育以外,没有别的这类教育,总体的文盲率非常高。在艺术和文学方面,天资也许把这些缺陷降低到最低程度。能够赏识一尊雕塑之美或欣赏某一戏剧的人的数量,肯定远远多于对几何命题、行星理论或者医学体系有兴趣的人。简而言之,早期的科学工作者是非常孤独的,而"公元前 3 世纪亚历山

---

[1] 把这种嫁接与后来的嫁接加以比较是富有启示性的。波斯人的天才被嫁接到阿拉伯人的躯体上,从而确保了 9 世纪阿拉伯科学的发展。参见 G. 萨顿:《伊斯兰科学》("Islamic Science"),见于 T. 凯勒·扬(T. Cuyler Young)编:《近东文化与社会》(*Near Eastern Culture and Society*;Princeton:Princeton University Press,1951),第 87 页。这样的周期性嫁接对人类在新的方向上开始的前进似乎是必不可少的。

[2] 至少在民主国家,可以根据人口的文化素养程度,根据小学生和中学生或高等院校毕业生的比例以及其他客观的检验标准来测量或评估它。

大时代的科学文化"这个短语一点也不真实。那时有一些科学工作者，几乎谈不上存在某种科学文化。从某种意义上说，这一点在今天依然如此。真正的先驱远远领先于大众（甚至一些非常有文化素养的人），因而他们几乎一直是孤独的；不过他们仍会从科学院和科学学会获得鼓励，就像他们的古代前辈们从国王或有权势的人那里获得鼓励那样，但他们的前辈所获得的鼓励更多是变化无常的。

　　尽管如此，有人仍禁不住要谈论特定的某个时代的这个民族或那个民族的科学文化或艺术文化，而当我这样做时，我要请读者记住，这只是一种方便的谈论方式，切莫过度从字面上来理解它。

　　即使古代的科学家非常稀少也非常孤独，我们依然应该牢记，希腊人培育出了相对较多的科学工作者。我们也许可以说，希腊人具有非常大的科学潜力。

　　从我是佛兰德（Flanders）的根特大学（the University of Ghent）的一名学生时起，我的生命就受到两种激情的支配——一种是对科学的热爱，或者也可称之为对合理性的热爱，另一种是对人文学的热爱。很早的时候我就忽然意识到，没有科学，人就不能理性地生活；而没有艺术和文学，人就不能高雅地生活。我所做的一切，包括本书在内，都是为了满足这两种激情，在我看来，没有它们我的生活就会变得没有意义。我希望向读者传达这些激情，并且使读者像我一样感到，对我们的幸福来说，欧几里得（Euclid）、希罗费罗（Hērophilos）和阿基米德（Archimēdēs）像忒奥克里托斯（Theocritos）和维吉尔（Virgil）一样都是英雄式的和必不可少的人物。

人文科学与人类的创造活动是分不开的,无论这种创造是哲学、科学、技术还是艺术和文学的创造。在人类业已借之以表达他们的善与恶、快乐与痛苦的任何事物上,都有人文科学的存在。在几何学中像在艺术中一样,有血也有泪,但除了血与泪之外还有无数的快乐,这些快乐是人们可以自己体验或者与他人分享的最纯洁的快乐。这种快乐的分享一直持续到现在,本书的主要目的就是要把它分享给我自己的朋友。

如果认为,一首好诗或一座优美的雕塑比一项科学发现更具人文色彩或更有启发意义,那么提出这样的主张大概是非常愚蠢的;所有这一切都取决于它们与你之间所形成的关系。对有些人来说,更会使他们深深感动的是诗歌而不是天文学;这完全取决于他们自己的体验、心理和感受能力。

我必须把更多的篇幅用于讨论古代科学而不是古代艺术和文学,但我会经常提到它们,因为没有它们优雅的存在,我们就无法理解希腊文化。

当我在第一次世界大战以后开始撰写我的《科学史导论》(*Introduction to the History of Science*)*时,我单纯而天真地认为,我有能力把它写到我们这个世纪的开始。因此,我一般避免提及我正在讨论的任何事情的未来;对我来说,似乎说明其起因亦即其过去就足够了,至于它的果实亦即未

---

* 简称《导论》,参见下文。——译者

来,只有当我接近它们时我才会讨论。在本书中,我的策略
必定有所不同;我将尝试着评价每一项成就的伟大之处,但
是,除非对其传承做出说明(无论这种说明多么简洁),否则
无法做到这一点。"凭着他们的果子,就可以认出他
们来。"*

　　我们对古代只了解很少的一部分。数不胜数的科学手
稿以及诗歌和艺术著作被创作出来,结果却失传了。许多著
作是完全失传了;其他一些我们只能间接地了解,或者通过
其残篇来了解。有时候,命运更宽容一些,并且使得它们可
以完整地留传至今。现存的书籍和不朽的杰作未必比那些
失去的作品好,但它们是我们唯一能够对之加以评价的东西
和唯一属于我们所继承的东西。《伊利亚特》(*Iliad*)、欧几
里得的《几何原本》(*Elements*)和帕台农神庙(the Parthenōn)
对善良人的影响从未停止,对创作新杰作的鼓励也从未停
止;人们也从未停止用他们自己的道德尺度来衡量它们。

　　把每一件事放回到它原来的时间和空间环境中是十分
重要的,但这还不够。在本书中,我的任务和目的将不仅仅
是说明古代的成就,而且还要说明它们的传播。它们是怎样
遗赠给我们的祖先并且遗赠给我们的? 它们经历了什么样
的兴衰变迁? 我们的祖先怎么看待它们? 在每一部古代著
作的传承中,最突出的事件就是它第一次以印刷的形式出
版,因为在那以前,它的保存和完整性是不可能有保障的。
因此,尽管事实上我原来并不是一个藏书家,但我总会简述
每一部重要著作的初版;初版就像是再生,是永恒的生命的

*《新约全书·马太福音》,第7章,第16节。——译者

再生。我并不试图为每一著作提供一个完整的参考文献目录,但我会谈及第二版、最好的版本、参照起来最方便的版本和首次译成英语的版本以及最好的英译本。

尽管我主要讨论古代科学,但有关它的传统的说明有时也需要短暂地离开正题,谈谈中世纪、文艺复兴时期和更晚的时期的科学和学术。虽然我讨论的几乎完全是西方科学,但有时候也有必要说明它在东方的反响,尤其要强调阿拉伯和希伯来著作,这些著作有时候与我们自己的著作非常紧密地联系在一起。[3]

在我的心中,整个古代和整个世界都是充满活力的,我将竭尽全力把它们的实际情况介绍给我的读者。一件事于某一时间在某一地点发生,但是,如果它非常重大、非常有意义,那么它的价值会传播到任何地方和任何时代。我们自己生活在现在、住在这里,但是,如果我们足够大度,我们就可以使我们的精神延伸到任何其他地方和任何其他时代。如果我们成功地做到了这一点,我们将会发现,我们的现在包含着过去与未来,并且整个世界都是我们的领域。所有的人都是我们的兄弟。就真理的发现而言,他们都是在为着相同的目的而工作;他们可能被空间和时间等偶然因素分开,也可能被种族、宗教、民族以及其他类别的偶然因素分开;但从世代绵延的永恒观点看,他们是在一起工作。

由于科学史是人类把理性应用于自然而完成的发现和

---

[3] 离开正题对中世纪和东方的讨论必然是非常简洁的,但是,参照我的《科学史导论》将能使那些喜欢盘根问底的读者很容易如其所愿,扩展他们的知识。

发明的历史,因此在很大程度上,它必然就是理性主义的历史。不过,理性主义也暗示着非理性主义的存在;对真理的追求暗示着对错误和迷信的斗争。这一点并不总是非常清晰的;错误甚至迷信是相对的。科学的成长需要使它的方法甚至它的精神逐渐净化。科学工作者犯了大量各种各样的错误;他们的知识得到了改进,只不过是因为他们逐渐抛弃了古人的错误、不精确的近似值以及不成熟的结论。因此,不仅必须讨论一时的错误,还必须讨论迷信,迷信只不过是持续的错误、愚蠢的信念和不理智的恐惧。然而,迷信在数量和范围方面是无限的,而我们所能做的,就是有时候偶尔谈谈它们。我们不会完全把它们忽视,这只不过是因为我们永远不会忘记我们心灵的软弱与脆弱。

　　迷信在我们自己的社会中是很普遍的,这种意识对我们的自命不凡既是一种有益的冲击,也是一种警告。如果我必须说明我们这个时代令人震惊的科学发现,那么我会觉得,谈论我们周围的迷信的衰落是我的义务,但对此义务过多强调也是错误的。从另一方面讲,上述这种意识也是有助益的;它会使我们用更宽容的方式并带着一点幽默感来评价古代的迷信。我们若想忽略它们,就不可能不在一般的描述方面说谎;而对它们过于苛求,则必然会显得很虚伪。

　　我的听众在哪里?当研究和沉思时我想到的是谁?我是在为科学史家写作,或者更一般地说,是在为这样一些科学家写作:他们渴望了解其知识的起源以及其社会生活所具有的宜人环境和有利条件的起源。有些评论家指责我是语言学家和专业人文学家的对头。这种责备是没有根据的,我说过并且要重申,我的著作不是以语言学家为主要对象,而是以(像我自己一样)受过科学训练的人为主要对象。因此,我必须添加一些可能对语言学家来说多余的信息。幸运的是,可以用简洁的方式提供此类信息,而且我非常乐意这样做。相对于说明球面三角形的解、二次曲线的渐近线或渐屈线或者本轮理论而言,简单地说明缪斯女神(Muses)和命运三女神(Parcae)是什么、证明"后发"(Berenice's Hair)这个短语的合理性或者描述重写本或五项全能运动中的某一项运动等则更为容易。只要涉及科学的问题,我会尽可能讲得详尽,以便引起读者的回忆,但我并不试图提供全面的说明,因为无论对知道还是不知道这些说明的人来说,这样做都是难以忍受的。

由于必须在一本长度适中的书中讲述希腊化时代的科学与文化的全部内容,且这样的著作应当给读者以启迪而不会使他感到难以承受,因此显而易见,笔者不可能对这个主题的每一个部分都加以论述,也不可能顾及每个部分的每一个细节。如果本书只限于论述阿波罗尼奥斯(Apollōnios)或卢克莱修(Lucretius),那么论述所有与他们有关的内容就是我的义务,但是,我必须讨论上百人,而且必须把他们描述得栩栩如生而又不致使读者精疲力竭。

综合的主要困难在于对主题的选择。我相当耐心而且 xii
尽可能恰当地挑选我将要叙述的史实以及它们各自的细节。要想无一遗漏地叙述古代科学史是不可能的,不过,我试图在篇幅允许的范围内尽可能论述全面并且把最重要的内容提供给读者。

本书分多章讨论不同的领域，为了清晰，这样的分别讨论是必要的，但这也包含着不可避免的重复，因为在希腊化时代，人们的专门化程度没有我们这个世纪的人那么高。数学家也可能是天文学家、力学家或地理学家。因此，有些伟大的人物会在许多章中重复出现。在任何一章中，我都试图叙述每一个人的主要故事，当某个人由于具有百科全书式的倾向，因而我不得不再次介绍他时，我的叙述将尽可能地简洁。

有些重复已被略去是经过深思熟虑的。在本书中，重复的部分比我在哈佛讲座中谈到的要少；的确，它们对读者来说并不是十分必要的，读者可以在任何时候参照这本书的任何部分，而听众不是这样，他们没有这样的便利（他们没有目录也没有索引）。此外，讲座可能会持续半年，而读者则可以自由调节他自己的阅读速度。

本书的插图经过精心的挑选，以便使正文更为完善，并且使之具有（只有用图示的方式才能使之具有的）某种直观上的精确性。对每一幅插图的意义、来源和真实性，都将根据与之关联的传说来说明；的确，没有这些说明，那些插图就没有什么价值了。在这些插图中没有肖像，因为正如我常常重申的那样，古代的肖像仅仅是一种象征性的画像，与其所描绘的人物没有任何直接的关系[4]；它们并不是我们所理

---

[4] 诸如亚历山大等国王的肖像可能例外，他们都有御用雕刻家和画家。参见 G. 萨顿：《肖像的真实性》（"Iconographic Honesty"），载于《伊希斯》（Isis）30，222-235（1939）；《古代科学家的肖像》（"Portraits of Ancient Men of Science"），见于《里希诺》（Lychnos，Uppsala，1945），第 249 页—第 256 页，附有 1 幅插图；《何露斯》（Horus，42-43）。

解的肖像。维也纳（Vienna）和那不勒斯（Naples）的"亚里士多德"头像（截然不同，但同样不像真的）、纽约（New York）的"伊壁鸠鲁"（Epicuros）雕像、波士顿（Boston）的"米南德"（Menandros）雕像以及其他雕像，不仅从雕塑家的观点看是"理想的"肖像，而且从罗马时代、文艺复兴时期甚至以后的学者的观点看，把它们归属这些人也是"理想的"。那不勒斯的"亚里士多德"头像最初被命名为"梭伦"（Solōn），直至1943年舍福尔德（Schefold）仍把它称作"梭伦"[5]；后来，有个聪明的考古学家，他常常在梦里看见梭伦和亚里士多德，他突然想到，这尊头像更像是亚里士多德而不是梭伦！这就是你们现在看到的情况——从这一时刻起，一个新的"亚里士多德"诞生了。

　　值得注意的是，那些在讨论语词的准确性时能够走到迂腐的极端的语言学家们，在遇到"肖像"时却像小孩子一样 xiii 容易上当，一个肖像所包含的信息如此丰富，上万个词也无法概括它。在这种对肖像毫无判断力方面，施图德尼茨卡（Studniczka）提供了一个最好的范例[6]，他通过这样的方式使他的论据看似确定无疑，以证明维也纳的"亚里士多德"

---

〔5〕参见里夏德·德尔布吕克（Richard Delbrück）：《古代肖像》［*Antike Porträts*（*Tabulae in usum scholarum*；ed. Johannes Lietzmann，6；Boon：Marcus and Weber，1912］；安东·黑克勒（Anton Hekler）：《希腊名人像》（*Bildnisse berühmten Griechen*；Berlin，1939）；卡尔·舍福尔德（Karl Schefold）：《古代诗人、演说家和思想家的肖像》（*Die Bildnisse der antiken Dichter，Redner und Denker*；Basel Schwabe，1943）。

〔6〕参见弗朗茨·施图德尼茨卡（Franz Studniczka，1860年—1929年）：《亚里士多德的一幅肖像》（*Ein Bildnis des Aristoteles*，55页，3幅另页纸插图；Leipzig：Edelmann，1908）。请不要与同一作者、同一出版社在同一年出版的另一著作相混淆，该著作与此著作的标题几乎相同：《亚里士多德的肖像》（*Das Bildnis des Aristoteles*），但篇幅略短一些——只有35页，附有3幅另页纸插图。

的真实性：他评论说，亚里士多德是一个"Urgermaner（原始日耳曼人）"，而维也纳的那尊头像与梅兰希顿（Melanchthon）和亥姆霍兹（Helmholtz）没有任何相像之处，不是吗？因此，它必定是亚里士多德的头像！[7]

一般的语言学家都确信，维也纳的那尊头像是一个可信的亚里士多德的肖像，因为这在施图德尼茨卡的研究报告中不是已经完全证明了吗？他们未必全都读过它，但他们知道有这个报告，而且正是它的存在使得维也纳的那尊头像有了可信性，就像诺克斯堡（Fort Knox）中的黄金储备支撑着我们的纸币一样。

这种曲解的原因是，在人的本性中有一种根深蒂固的弱点。人们希望有他们最伟大的恩人的肖像，以便更接近他们并且表明自己的感激之情。希腊化时代的贵族们希望周围有荷马（Homer）、索福克勒斯（Sophoclēs）、柏拉图（Plato）或亚里士多德的半身像，就像祭司们希望在他们的寺庙中有阿波罗（Apollōn）和阿芙罗狄特（Aphroditē）的塑像一样。他们的心愿得到了满足。在文艺复兴时期人们也有同样强烈的类似愿望，而且雕像越来越多，其中有些是希腊式的或罗马式的，其他一些则是崭新的。与古代科学有关的全部肖像资料，只不过是凭空想象的结果。

最后，我们应当像理解伊希斯（Isis）、阿斯克勒皮俄斯（Asclēpios）或圣乔治（St. George）的肖像那样，用同样的精神来理解欧几里得或阿基米德的"古代肖像"。

---

[7] 我在这里有点简化和夸大了。施图德尼茨卡并没有以形式证明的方式提出他狡猾的暗示，但是容易上当的读者们却轻易相信他做了这样的证明。

除了说明性的示意图之外，我的插图还展现了一些古代的不朽杰作以及古籍中的某些书页，尤其是文艺复兴时期第一次出版的著作的扉页。在古代文物中，给人印象最深刻的莫过于那些伟大的经典著作的第一版。如果读者能够用心观察它们并且产生共鸣（几乎每一个扉页都包含着本书正文没有提供的新奇的信息），我将非常感激他。这些辉煌的书页不仅有助于说明古代，而且还有助于说明学术的历史，说明文艺复兴时期及其以后的科学的历史。

我的资料主要来源于古代的著作和古代的评注。我充分利用了其他史学著作，它们比我的参考书目所提及的著作多很多。为了减轻我的脚注的负担，我一般不列出通常的参考书，尤其是那些很容易在我的《导论》中找到的参考书。另一方面，当我从某一更新的出版物中汲取信息时，我会仔细地提供它的全称。这样，读者如果有足够的兴趣，他就能 xiv 够继续我的研究（也许最终会推翻我的判断）。

姑且不论那些可能会被列出的原始资料和文本，我作为一个学者和教师在我的领域有了大约 40 年的经验，这使我在具有很大的信心的同时更懂得谦逊。

在许多情况下，我借用了我以前的著作，在无法改变某些术语的情况下，我甚至使用了同样的术语，为了避免麻烦我没有明确引述我的著作。承蒙惠允，关于欧几里得的那一章的大部分源于我在内布拉斯加大学（the University of

Nebraska)的蒙哥马利讲座(Montgomery Lectures)中的一讲[8],关于喜帕恰斯(Hipparchos)的那一章来源于我为《不列颠百科全书》(*Encyclopaedia Britannica*)撰写的词条。[9]

我在第 1 卷[10]的前言中已经列出我最早的老师(第 xiv 页),随着年龄的增长,我对他们的感激之情不断增加。我也非常感谢我在科学史学会(the History of Science Society)和国际科学史研究院(the International Academy of the History of Science)的朋友们,若把他们一一列举所需篇幅太多了,提几个最近过世的朋友就足够了:1953 年去世的伊利诺伊州(Illinois)埃文斯顿(Evanston)的物理学家亨利·克鲁(Henry Crew),1954 年去世的热那亚(Genoa)的数学家吉诺·洛里亚(Gino Loria)、费城(Philadelphia)的闪米特语言学家所罗门·甘兹(Solomon Gandz)、巴黎(Paris)的史学家亨利·贝尔(Henri Berr)和巴黎的数学家皮埃尔·塞尔斯屈(Pierre Sergescu),1955 年去世的维也纳的医生马克斯·纽伯格(Max Neuburger)、罗得岛普罗维登斯(Providence)的数学家雷蒙德·克莱尔·阿奇博尔德(Raymond Clare Archibald)、伊斯坦布尔(Istanbul)的科学史家阿德南·阿迪瓦(Adnan Adivar)。他们依然活在我的心中。

---

[8] G. 萨顿:《古代科学与现代文明》(*Ancient Science and Modern Civilization*; Lincoln:University of Nebraska Press,1954),第 3 页—第 36 页。

[9]《不列颠百科全书》第 11 卷,第 583 页—第 583B 页(1947)。

[10] 即 G. 萨顿:《科学史:希腊黄金时代的古代科学》[*A History of Science:Ancient Science Through the Golden Age of Greece*(中译本译名为《希腊黄金时代的古代科学》,已由大象出版社于 2010 年 5 月出版。——译者);Cambridge:Harvard University Press,1952],以下提及此书时均称为"本书第 1 卷"(Volume 1)。

我曾多次对哈佛图书馆（the Harvard Library）表达过我的谢意，我必须再次对它的工作人员表示感谢，特别要感谢善本书的管理者威廉·亚历山大（William Alexander）教授。我十分感激已故的赫伯特·韦尔·史密斯（Herbert Weir Smyth，1857 年—1937 年）教授，多亏了他宽大的胸怀，哈佛图书馆才会有非常丰富的古希腊著作的藏书。我还得到了其他图书馆的帮助，尤其是波士顿医学图书馆［the Boston Medical Library，亨利·R. 维茨博士（Dr. Henry R. Viets）］、俄亥俄州（Ohio）克利夫兰市（Cleveland）的三军医学图书馆［the Armed Forces Medical Library，威廉·杰罗姆·威尔逊（William Jerome Wilson）和多萝西·M. 舒利安（Dorothy M. Schullian）］、纽约医学院［the New York Academy of Medicine，珍妮特·多伊（Janet Doe）］、康涅狄格州（Connecticut）纽黑文（New Haven）的耶鲁医学图书馆［the Yale Medical Library，约翰·F. 富尔顿（John F. Fulton）和马德琳·斯坦顿（Madeline Stanton）］、纽约的皮尔庞特·摩根图书馆［the Pierpont Morgan Library，柯特·F. 比勒（Curt F. Bühler）］、加利福尼亚州（California）圣马利诺（San Marino）的亨利·E.亨廷顿图书馆（the Henry E. Huntington Library）、首都华盛顿（Washington，D. C.）的国会图书馆（the Library of Congress）、新泽西州（New Jersey）的普林斯顿大学图书馆（the Princeton University Library）、佛罗伦萨（Florence）的劳伦特图书馆（the Laurentian Library）、伦敦（London）的大英博物馆（the British Museum）、巴黎的国家图书馆（the Bibliothèque Nationale）、英格兰（England）曼彻斯特（Manchester）的约翰·赖兰兹图书馆（the John Rylands

Library）以及英格兰剑桥市（Cambridge）的大学图书馆（the University Library）。

我也受惠于诸多博物馆,特别是哈佛大学威廉·海斯·福格艺术博物馆（the William Hayes Fogg Art Museum of Harvard University）、波士顿美术博物馆（the Boston Museum of Fine Arts）、纽约的大都会艺术博物馆（the Metropolitan Museum of Art）、首都华盛顿市的国立美术馆（the National Gallery）、罗马的梵蒂冈博物馆（the Vatican Museum）以及那不勒斯的国家博物馆（the Museo Nazionale）。但愿这份清单是完整的;无论如何,任何恩惠都应当以适当的方式予以答谢。

最后,我要重申对费城的美国哲学学会（the American Philosophical Society）的感谢,感谢他们于 1952 年 10 月 13 日给我提供的赞助经费。

乔治·萨顿
1955 年圣诞节

本书使用说明[11]

1. **年表**。某个人的名字后面的数字如" Ⅲ -1 B. C. "或" Ⅳ -1"有两种意思:第一,他的活动时期在基督纪元以前第 3 个世纪的上半叶或者在基督纪元以后第 4 个世纪的上半

---

[11] 其中有些在第 1 卷第 xv 页—第 xvii 页出现过的内容没有在这里重述。

叶；第二，我的《导论》中有关他的某个章节，在那里可以找到有关他的信息和参考书目。当我的《导论》没有涉及某个人时，我将用另一种方式注明他所在的时代，例如，利西波斯（Lysippos，大约活跃于公元前 328 年）或泰伦提乌斯（Terentius，大约公元前 195 年—前 159 年）。在第二种情况下没有必要加上"公元前"。这两类数据大体上不会被混淆；如果我们这样写 X（175 年—125 年）和 Y（125 年—175 年），显然很清楚，X 活跃于公元前，而 Y 活跃于公元后。本书的第一部分论述公元前 3 世纪，"公元前"这几个字一般被略去了*。第二部分讨论公元前 2 世纪和公元前 1 世纪，有时候必须加上这几个字，越接近前基督时代结束时，就越有必要加上它们。例如，史学家李维（Livy）于公元前 59 年出生，公元 17 年去世，因而绝对有必要这样写（公元前 59 年—公元 17 年）；否则，他可能被误认为在公元前 17 年 42 岁时去世，而不是在公元 17 年 75 岁时去世。

2. **地理名称**。我既对明确指出某个事件或某个人处在哪个年代感到忧虑，也对明确指出该事件发生在什么地方或该人生活在什么地方感到忧虑。在古代像在现代一样，相同的地名常常被用于不同的地区。许多地方被命名为亚历山大、安蒂奥基亚（Antiocheia）、贝勒奈西（Berenicē）、奈阿波利斯（Neapolis，意为新城）、的黎波里（Tripolis，意为三城）等。我（只要可能）总会告诉读者某个地方是指哪里，以及它与其邻近的更著名的地方的关系。例如，我并不满意"来

---

* 鉴于一般中国读者对于西方人物的生卒年代不甚了解，而且中文的习惯是表示公元前年代的"公元前"不能省，为方便读者阅读和符合中文习惯，中译文在公元前的年代前都相应地加上了"公元前"。——译者

自迈加洛波利斯（Megalopolis）的波利比奥斯（Polybios）"和
"来自阿马西亚（Amaseia）的斯特拉波（Strabōn）"之类的说
法，读者知道这些城市坐落在哪里吗？也许不知道。因此，
我会谨慎尽责地补充指出，迈加洛波利斯在伯罗奔尼撒
（Peloponnēsos）中部的阿卡迪亚（Arcadia），阿马西亚在黑海
中部以南的耶希尔河（River Iris，亦即 Yesil Irmak）畔。如果
有可能，我也会补充一些细节，它们会使某个地点更为明确
并且会使读者牢记它。我希望读者像理解时间那样去设想
地点。

xvi　　　　地区、国家和城市的名称以及物理特征已经在不同时代
一而再，再而三地发生了变化。在西亚，同一个地区可能具
有亚述语、希腊语、希伯来语、阿拉伯语、叙利亚语、波斯语、
土耳其语、拉丁语（以及各种语言的可能的变体）的名称。
为了方便读者，我往往宁愿选择某个现代用语，如在谈到达
达尼尔海峡时，我喜欢用 Dardanelles 这个词而不喜欢用
Hellēspontos（赫勒斯滂）, 在谈到红海时，我喜欢用 Red Sea
而不喜欢用 Erythra thalassa（埃利色雷海）。我也更喜欢使
用"西亚"或者一个更长的委婉的概念，而不喜欢使用一个
较为模棱两可的表述，例如"近东"（靠近什么呢？）。

　　3.文献引用。当提到一段出现在经典文本中的陈述时，
我一般不会提及其确切的版本（因为这可能超出了读者领会
的范围），而只提及卷和章（如第12卷，第7章），或者提及
在每个学术版都会再现的古代标注的页码。例如，亨利·艾
蒂安（Henri Estienne）所编的柏拉图著作集的希腊语版
（Paris, 1578）中标注的页码，或者伊曼纽尔·贝克尔
（Immanuel Bekker）所编的希腊语版的亚里士多德著作集

(Berlin , 1831) 中标注的页码 , 现已成为典范并且可被每个读者利用。引自古代文本的直接引语已被限制在最低程度而且都给出了英译文[12] ; 希望有希腊语 (或拉丁语) 原文的学者可以很容易地找到它。

4.**希腊字母的翻译**。由于用希腊字母印刷的费用令人望而却步 , 因而不仅有必要对希腊词进行音译 , 而且有必要把它们进行确切的音译。这是一个从一开始就令我烦恼的问题 , 但是我现在接受音译了 , 因为我可以看到它们的优点。对使用希腊语的人来说 , 一个词用希腊字母来拼写比音译看起来更舒服 , 但是对不使用希腊语的人来说 , 这种写法难以捉摸 ; 确切的音译对每一个人是同样清楚的。我们将用转录梵语或阿拉伯语的同样方式音译希腊词 , 这样做不会有什么损失。[13]

唯一确切的音译方式就是用同样的罗马字母 (或同样的罗马字母组合) 翻译每一个希腊字母。换句话说 , 音译必须适用于书写而不是适用于发音。每一个词原有的拼写是相对稳定的 (经过了 2000 多年它仍保持不变) , 而它的发音却因时、因地在发生着变化 , 而且这种变化从未停止。试图确切地再现词的发音不过是跟着幻影走。

希腊字母表可依次音译为 a , b (而不是 v) , g , d , e , z , ē , th , i , c , l , m , n , x , o , p , r 或 rh (在词首时为 rhō) , s , t , y , ph ,

---

[12] 少数简短的拉丁语诗句或散文的引文既给出了原文 , 也给出了英译文。

[13] 不会有重大损失。尽管后写 (adscriptum) 方式一直保留到 13 世纪 , 但我并没有试图再现 ι 的下标符 , 我也没有标出希腊词的重音 , 因为这样会使印刷太复杂 , 尤其是当重音落在 ē 或 ō 上时。如果有人想对希伯来语词和阿拉伯语词进行确切的音译 , 就会出现更大的困难 ; 不过 , 用英语拼写的形式更可取 , 因为它不会阻挡普通的读者。

ch，ps，ō。

　　以 i 结尾的双元音（ai，ei，oi）是按照希腊语的写法（而不是按照拉丁语的写法写作 ae，i，oe）。ι 下标符（iota subscriptum）被略去了。双元音 ou 写作 u，因为它的发音总是与英语（例如在 full 或 bull 等词中）的 u 或德语的 u 相同（在法语中为 ou）。其他以 υ 结尾的双元音保留原状，除非 υ 出现在两个元音之间；因而，在 evergetēs（恩人）、evagōgos（驯良的）、evornis（幸运的）、avos（干的）等词中最好还是把它辅音化。

　　字母 γ（gamma）在另一个 γ 之前或在 c、ch、x 之前，一般都会鼻音化，而我们则把它音译为 n。因此，我们将这样拼写这些词：angelos（而不是 aggelos，角）、encephalos（而不是 egcephalos，大脑）、enchelys（而不是 egchelys，安圭拉岛，鳗鱼）、encyclos（而不是 egcyclos，循环的）。

　　我并没有像讲拉丁语的人那样把许多以-os 结尾的人名改为以-us 结尾（如没有把 Epicuros 改写为 Epicurus）。

　　对于把希腊词拉丁化，文艺复兴时期用拉丁语写作的学者进行了某种证明；而当我们用英语方式拼写希腊词时，我们没有任何证明。但是，用拉丁语的方式拼写希腊词，就像用日语的方式写中文一样，是愚蠢的。我们既不是罗马人也不是日本人；为什么我们要用英语的拼写法去模仿他们的古怪习惯呢？

　　当提到国际知名的天文学家托勒密时，常用的是英语拼写方式（Ptolemy），而在谈到皇室人员的名字时我们拼写成这样：Ptolemaios。这样做非常有必要，因为诸国王的这第二种名字显然是希腊语的。最好避免这样伪劣的混合物：

"Ptolemy Sōtēr"，而应该这样写：Ptolemaios Sōtēr 或 Philadelphos，Evergētes，Philopatōr，Philomētōr，Epiphanēs。

在诸如 Hērōn，Apollōn，Manethōn 这类名字中最好保留词尾的 n，但是长期以来的惯用法却使得 Plato 这样的写法变得可行，而 Platōn 这样的写法就不可行了。这意味着还会有其他的不一致，如果不拘泥形式就不可能完全避免它们。[14]

翻译不可能与原文绝对相同，但我们已在力所能及的范围内竭尽全力了。我们的主旨是帮助读者认识到希腊语与拉丁语之间的差异，不要把这两种语言相混淆。当我们希望避免把诸如萨卢斯提俄斯（Sallustios）、凯尔索斯（Celsos）和斐德罗（Phaidros）等希腊语作者混同于名为萨卢斯提乌斯（Sallustius）、塞尔苏斯（Celsus）和费德鲁斯（Phaedrus）等拉丁语作者时，这样做非常有用。

我尽力保持一致，但不过于学究气，尽力给读者提供指导并以此作为我的责任，但不想引起读者的不快。我相信读者会迁就我。

出版者附注：梅·萨顿（May Sarton）小姐*在为了出版本书而整理手稿的过程中予以了慷慨的合作，对此出版者深表谢意。出版者还感谢杜安·H. D. 罗勒（Duane H. D.

---

[14] 例如，《牛津古典词典》（*The Oxford Classical Dictionary*，OCD）中，先写的是 Poseidon，在随后那一页却写的是 Posidonios。在那部编辑得很仔细的词典中还有许多其他的不一致之处。

* 即埃莉诺·玛丽·萨顿（Eleanore Marie Sarton，1912 年—1995 年），乔治·萨顿之女，美国诗人、小说家和传记作家，梅·萨顿是她的笔名，她身后留有 50 余部作品，包括诗歌、散文、小说、传记、少儿读物和日记等。——译者

Roller)和 C. 多丽丝·赫尔曼(C. Doris Hellman),他们发现并改正了书中的许多失误和疏漏;感谢 I. 伯纳德·科恩(I. Bernard Cohen)为核实参考文献协助我们确定原始资料的范围;感谢爱德华·格兰特(Edward Grant)仔细阅读了清样并编制了索引。

序　言

　　乔治·萨顿原计划分 8 卷或 9 卷来撰写他的《科学史》，以描述科学和科学活动从其最早的发端直至现代的发展。在他于 1956 年 3 月 22 日去世之时，他已经完成了第 2 卷的写作，并且校对和修改了打印稿，还为这一卷选定了插图。

　　阅读以下文稿的读者，就像在阅读萨顿的其他著作时总会感受到的那样，将会对萨顿兴趣的广泛、理解的深刻以及追溯全部古代文化的能力留下深刻的印象。在本卷中，读者既能发现诗人维吉尔，也能与数学家阿基米德相遇，有关艺术的话题与有关科学的技术方面的介绍结合在一起。因此可以说，本书强调了萨顿的科学史观，即科学史绝非"仅仅说明科学的发现"。正如他所指出的那样，科学史的目的"是要说明科学精神的发展、人类对真理反应的历史、逐渐揭示真理的历史以及我们的心灵逐渐从黑暗和偏见中解放出来的历史"。[1] 他还用另一种方式表述了这种观点："确实，大多数学者，我还得遗憾地补充一句，还有不少科学家，

---

[1] 这段及以下引文均引自科学史学会出版的《伊希斯》之《乔治·萨顿纪念专刊》（George Sarton Memorial Issue of *Isis*, September 1957, vol. 48, pt. 3），其中包含了他的著作的目录。

对科学的认识仅限于其物质成就,而无视它的精神,他们既看不出科学的内在之美,也看不出它不断从大自然的怀抱中撷取的那种美。现在我想说,从古代的科学著作中寻找那些没有被取代也不可能被取代的东西,或许正是我们自己的探索中最重要的部分。真正的人文主义者必须既了解艺术的生命力和宗教的生命力,也了解科学的生命力。"在萨顿不朽的《科学史导论》(Carnegie Institution of Washington, 1927, 1931, 1947-1948)的第一卷中引用了一句泰伦提乌斯(Terence)的格言:"Homo sum, humani nihil a me alienum puto"(我是人,人类之事我皆关心),这句格言既为他的著作增了色,也可用来概括他那包罗万象的兴趣。而且他认为,他这套系列著作的最终目的,就是要"说明人类精神在其自然背景中的发展"。

恰恰是这些特质在制订继续出版这套系列著作的规划时造成了困难。萨顿《科学史》的第 3 卷并未如规划的那样最终完稿,因此,作者这卷的意图就只能按照最一般的方式去认识;对于以后诸卷也是如此。无论如何,哈佛大学计划要继续出版这套系列著作,尽管显而易见,其他作者的著作几乎在各个方面都将与萨顿博士已出版的著作有些差异。或许可以期望,最终的结果是,他的希望依然能够如愿以偿,即通过把关注的中心放在"系统化的实证知识"的发展上,或者放在被"看作在不同时期不同地点所系统化的这样一种知识"的发展上,来阐释"精神的发展"。关于这一点,他曾进一步说道:"我并不打算说这种发展比精神发展的其他方面更重要,例如比宗教、艺术和社会正义的发展更重要。但是,它同样是重要的;任何一部文明史如果不用适当的篇幅说明科学的进步,就是不完善的。"

除了对一些明显的打印错误和笔误进行修改,以下著作将把作者遗作的原貌呈现给公众。哈佛大学的科学史讲师爱德华·格兰特博士阅读了清样,并为本书编制了索引。

I. 伯纳德·科恩

目　录

第一篇　公元前 3 世纪

提乌;三、阿帕梅亚的波西多纽;四、西塞罗;五、卢克莱
修·卢克莱修传统;六、信仰自由

第十八章　公元前最后两个世纪的数学　　485

一、亚历山大的许普西克勒斯;二、其他几位希腊数学
家:1.泽诺多洛;2.佩尔修斯;3.尼哥米德;4.狄奥尼索
多洛;5.狄奥克莱斯;三、尼西亚的喜帕恰斯;四、比提尼
亚的狄奥多西;五、数学哲学家;六、维也纳的希腊数学
纸草书

第十九章　公元前最后两个世纪的天文学与尼西亚的
喜帕恰斯　　511

一、巴比伦人塞琉古;二、尼西亚的喜帕恰斯:1.仪器;2.
行星理论;3."喜帕恰斯体系";4.岁差;5.年和月;6.太
阳和月球的距离与规模;7.星表;8.巴比伦人的影响;
三、其他几位希腊天文学家:1.许普西克勒斯;2.阿利
安;3.欧多克索纸草书;4.比提尼亚的狄奥多西;5.波西
多纽;6.克莱奥迈季斯;7.杰米诺斯;8.凯斯金托铭文;
9.克塞那科斯;四、拉丁天文学者:1.普布利乌斯·尼吉
迪乌斯·菲古卢斯;2.卢克莱修和西塞罗;3.M.泰伦提
乌斯·瓦罗;4.维吉尔、维特鲁威、希吉努斯和奥维德;
五、占星术;六、历法;七、星期;八、小时;九、埃及天文
学·丹达拉神庙黄道十二宫图;十、巴比伦天文学;十
一、迦勒底天文学

第一篇
公元前 3 世纪

第一章

亚历山大的复兴

一、亚历山大帝国的崩溃

马其顿（Macedon）征服者最终导致希腊的衰落和沦陷；腓力二世（Philip Ⅱ）于公元前338年8月赢得海罗尼亚（Chairōneia）战役，从而结束了希腊的独立。两年以后，腓力二世遇刺身亡，并且被他的儿子亚历山大三世（Alexander Ⅲ）取代。从公元前334年到他去世时的公元前323年，这个亚历山大在12年的时间里征服了世界的大部分地区；他去世时年仅33岁，正是年富力强的时期。这一系列变迁的影响是非常深远的。亚历山大的征服战使旧的希腊文化走向终结，但又开辟了一个新的时代，即所谓希腊化时代，这个时期延续了3个世纪，大约从公元前330年至公元前30年，即奥古斯都（Augustus）建立罗马帝国之时。

亚历山大大帝结束了一个时代又开启了一个新时代；他创造了一个遍及世界的国际帝国，这个帝国在马其顿人的统治下把不同种族、肤色、语言和宗教的人民联合在一起，但具有至高无上地位的文化和语言却是希腊的。由于亚历山大的军队是由马其顿人和希腊人组成的，他把希腊文化输送到

图 1 亚历山大大帝向太阳神（Amon-Rē 或 Zeus-Ammōn）敬献祭品。亚历山大站在左侧，身着法老的服装，并戴着上埃及和下埃及的双重王冠。他双手持碟，碟上有 4 只杯子。神站在右侧，右手执权杖（uas scepter），他的左手上悬挂着生命符。这是卢克索神庙（the Temple of Luxor）的一幅浅浮雕，亚历山大曾下令重修这座神庙，这幅作品大概属于公元前 4 世纪末或公元前 3 世纪初。而该神庙本身的历史可以追溯到阿孟霍特普三世（Amenhotep Ⅲ，统治时期从公元前 1411 年至前 1375 年）时代 [照片借用弗里德里希・威廉・冯比辛（Friedrich Wilhelm von Bissing）：《埃及雕塑古迹》（*Denkmäler ägyptischer Sculptur*；Munich，1914），图 114]

亚洲的心脏地带;据说,他把西亚希腊化了,[1]但是这种命题必须在多方面加以限制。因为一方面,不仅在他以前西亚已经希腊化了,而且这个地区的最西端正是希腊科学的摇篮。另一方面,亚历山大不仅梦想过一个世界帝国,而且还梦想过更深层的统一[天下一家(homonoia, concordia)]。他是在斯多亚学派(Stoics)之前并且远在基督徒之前第一个思考人类手足情谊的人。[2] 正因为如此,他完全有资格以"亚历山大大帝"这个称号名垂千古。由于他本人不是一个纯希腊人,而是一个希腊化的蛮族子弟,因而相对于例如柏拉图而言,他能更容易地去设想这种手足情谊以及它所隐含的各种族的融合。亚历山大为人们树立了一个榜样,他于公元前327 年与大夏公主罗克桑娜(Roxana, Rhōxanē)结了婚[3];两年之后在苏萨(Susa),他把一些亚洲女子许配给他的大约80 名将军,并为这些新娘准备了丰厚的嫁妆。他又娶了第二个妻子,波斯末代国王大流士三世(Darios Ⅲ)的长女巴西妮(Barsinē),也许还娶了第三个妻子,阿尔塔薛西斯三世奥克斯(Artaxerxes Ⅲ Ōchos)的女儿帕里萨蒂斯(Parysatis)。

001

---

[1] 皮埃尔·茹盖(Pierre Jouguet):《马其顿帝国主义与东方的希腊化》(L' impérialisme macédonien et l' hellénisation de l' Orient; Paris, 1926; English translation, London, 1928)。

[2] 手足情谊,但却伴随着奴隶制度! 不过,我们对他的评价不应过于严厉,因为在一个世纪以前的美国,一些善良的人仍然在赞扬这种残忍的制度,而且为了根除这种制度,不得不打一场南北战争(the Civil War,1861 年—1865 年)。

[3] 在亚历山大夺取了奥克苏斯河(the Oxus)对岸的索格狄亚那(Sogdianē,中国史称粟特——译者)的一处要塞后,罗克桑娜落入他之手。在亚历山大去世后不久,她生下了亚历山大四世阿吉欧斯(Alexander Ⅳ Aigos),人们公认,亚历山大四世作为潜在的联合执政者只持续了很短的一段时间。罗克桑娜和她的儿子受到亚历山大的母亲奥林匹亚斯(Olympias)的保护;但他们于公元前 311 年被卡桑德罗(Cassandros)杀死,小亚历山大去世时年仅 12 岁。

亚历山大去世后不久,巴西妮就被罗克桑娜谋杀了。

至于希腊士兵、随军人员以及各种殖民者,他们不需要劝说就会娶当地的姑娘为妻或为妾。人们不应当夸大这种通婚的重要性,因为无论这类通婚多么频繁,它们可能只会对人口中极小的一部分产生影响。

从来就没有足够的希腊人可以把埃及和西亚都希腊化。希腊已经失去了她大部分最富有进取心的国民,而海外希腊人则迷失在埃及人和亚洲人的海洋之中。尽管希腊人具有文化上的优势,但在这些民族中他们也必然会被淹没,而他们被东方化则是无法避免的结果。在有些领域例如民俗和宗教方面,亚洲的妻子和母亲的影响是不可阻挡的。因此,有人或许会主张,亚历山大帝国促进了东欧的东方化。我们还是不说亚洲的希腊化或欧洲的东方化吧,因为这样说更可靠:东方和西方走到了一起,而且在这些地区——东南欧、东北非和西亚,总有或多或少的融合,并且这种融合从未停止。

亚历山大英年早逝(年仅33岁),去世时(除了一个遗腹子之外)尚无后嗣,也未对朝政的维系做出安排。他所创建的那个帝国如此多元化和难以控制,以至于亚历山大本人是否能使其保持完整都非常值得怀疑,所幸的是,他在这个帝国分崩离析之前就去世了。在他临终时,他把图章戒指交给了他的一个将军——马其顿人奥龙特斯(Orontēs)之子佩尔狄卡斯(Perdiccas),但是在他离开人世后不久,其他一些将军的激烈竞争导致一种混乱的状态。这个世纪*末和随后的那个世纪初期(大约公元前323年—前275年)见证了

---

* 指公元前4世纪。——译者

他们之间的一系列战争,即继任者之战[the Wars of the Diadochoi(successor)],对这些战事的描述非常复杂,而且与我们的读者关系不大。

不考虑东部的辖地、波斯湾(Persian Gulf)东部和奥克苏斯河西南部,这个帝国被分裂为三个主要部分:(1)马其顿和希腊,由安提柯诸王(Antigonids)统治;(2)西亚,由塞琉西诸王(Seleucids)统治;(3)埃及,由托勒密诸王(Ptolemies)统治。在这些王国(大约于公元前275年)建立之后,它们继续进行竞争,时而成为盟友,时而成为敌人。由于要考虑它们每一国特有的内部的分裂或反叛,再加上罗马人从公元前212年开始的阴谋,这就使任何对它们的猜忌、冲突和战争的说明变得日益困难了。罗马人利用了每一次争端以推进他们自己的帝国主义。例如,当佩加马的阿塔利德(Attalid)诸王在损害塞琉西王国的情况下扩大他们的势力时,罗马做好了充足的准备(在公元前212年和这之后)来帮助他们,而且她设法在公元前130年成为他们的继承者。

这三四个王国中的每一个都是按照自己的方式,根据自己特有的地理环境和人类学环境发展的。我们在后面将会有机会提及其中的这个或那个王国。在本章中,我们必须把自己主要限制在有关埃及的托勒密王国的讨论上。

然而,当谈到希腊化时代时,人们总会想到在一片辽阔的地域上发展的希腊化文化,这片土地构成了亚历山大的帝国,它西至昔兰尼加(Cyrenaica),东至印度河(Indus)。可以说,希腊化的那些时代大致延续到基督时代;它们大约是在基督纪元开始之初逐渐被罗马体制取代的。就我们所关注的科学史而言,罗马时代在很大程度上仍然是希腊文化的时代,但它们不再被称作希腊化时代了;它们被称作罗马时代,以后(公元 325 年之后)又被称作拜占庭时代。

的确,希腊语(Greek language)(作为先进文化的媒介)的普遍使用是亚历山大世界的显著特征,不仅在希腊化时代是这样,在罗马时代也是这样,至少在东部地区是如此,这些地区到那时为止是文化素养最高的地区。

二、伊朗和印度在诸希腊化王国中的影响

我们应当把我们的大部分注意力集中在埃及所流行的文化上,但是在此之前,值得强调一下东方的影响在所有希腊化王国中所发挥的作用,因为读者已经习惯了"东方的希腊化"这个短语,但还没有充分意识到东方的反作用。至于读者很容易觉得理所当然存在的犹太影响,我们暂时先不考虑。

我们可能还会把一些局部的影响,例如法老对埃及的影响以及巴比伦王国(Babylonia)对塞琉西王国的影响,当作毋庸置疑的。古代文化依然富有活力、依然引人瞩目而且令人难忘。托勒密王朝的基本国策是密切注意古代埃及的宗教,塞琉西王朝的基本国策则是尊重甚至要复兴巴比伦王国的知识和礼仪。导致托勒密王国与塞琉西王国之间如此巨大差异的有其自然条件和经济要素方面的原因,但很明显也有其历史背景、宗教和民俗方面的因素。

伊朗的影响自然是很可观的,因为在亚洲的希腊殖民者与波斯诸王的臣民之间有许多愉快和不愉快的交流。在米利都(Milētos)以及爱奥尼亚(Ionian)联邦的其他城市中肯定有许多波斯商人。在叙拉古(Syracuse)那样遥远的西部

地区,国王革隆(Gelōn,公元前 478 年去世)接待了一个来访
的 *magos*(mage,博学之士)[4],他声称曾环绕非洲航行,就
像腓尼基人(Phoenicians)奉尼科(Necho)之命以及后来奉大
流士一世(Darios the Great)[5]之命所做的那样。尼多斯的
克特西亚斯(Ctēsias of Cnidos,活动时期在公元前 5 世纪末)
在他的《波斯志》(*Persica*)中说明了伊朗文化。每一个受过
教育的希腊人不是都读过色诺芬(Xenophōn,活动时期在公
元前 4 世纪上半叶)的《居鲁士的教育》(*Cyropaideia*)吗?这
是一部政治传奇文学作品,但是,如果不知道波斯,并且认识
到波斯人中既有善良和高尚之士也有邪恶之徒,人们可能就
不会去读它。

　　巴比伦王国从公元前 538 年起成为波斯的辖地,埃及
(Egypt)在公元前 525 年至公元前 332 年被亚历山大征服前
则成为它的另一个辖地,在这两个多世纪中,许多波斯的制
度、习惯、思想和词汇都已经扎下了根。

　　如果我们对伊朗的原始资料比现在有更多的了解,也许

---

〔4〕在英语中"mage"这个词是最有意思的词之一。它起源于伊朗,但在希腊语中被
　　迅速采用了(*magos*)。它最初是指拜火教的祭司,后来又指博学之士,尤其是能
　　解梦的人。它在《新约全书》(*New Testament*)[《马太福音》(*Matthew*)第 2 章第 1
　　节]中的使用,使它在基督教世界流行起来。*Magoi* 后来又变成了东方三博士
　　(Three Kings)。英语中的 magic(巫术)和 magician(巫师)基本上都是从 *magos*
　　引申而来的。智慧与巫术被混淆了。

〔5〕A. J. 费斯蒂吉埃(A. J. Festugière):《希腊人与东方三博士》("Grecs et sages
　　orientaux"),载于《宗教史评论》(*Revue de l'histoire des religions*)130,29 – 41
　　(1945),第 32 页。尼科(Necho 或 Necōs)从公元前 609 年至公元前 593 年任埃
　　及国王,大流士一世从公元前 521 年至公元前 485 年(原文如此,与第七章略有
　　出入。——译者)任波斯国王。关于这两次航行,请参见本书第 1 卷,第 183 页
　　和第 299 页[此处以及以下谈及的"本书(或本书第 1 卷)第××页",均指原书页码,
　　亦即中译本边码。——译者]。在第 299 页脚注 3 的结尾所提到的应当是尼科
　　而不是萨塔斯佩斯(Sataspēs)。

希腊文化的许多方面都可以追溯到它们那里。有可能，例如，元素理论起源于波斯，并且从那里传播到希腊世界、印度以及中国。[6] 这仅仅是推测。但无论如何，毫无疑问，诸希腊化王国与伊朗之间有着实际的接触，而且这些接触是多样化的。[7]

　　希腊与印度(India)的关系甚至比希腊与伊朗的关系更为复杂。它们也是以同样的方式开始于爱奥尼亚殖民地各地，尤其是米利都。印度商人并没有舍弃那些繁茂的市场，印度的商品(以及思想)也是由经纪人带来的。其他到希腊访问的印度人或者是为了获得智慧，或者是为了说明他们自己的智慧。我已经讲过苏格拉底(Sōcratēs)与一个印度哲人谈话的有趣的故事。[8] 在关于印度的希腊语记述中，最早的是希罗多德(Hērodotos，活动时期在公元前 5 世纪)的著作，他记录了他们的文明和使用棉花的情况，还有尼多斯的

---

〔6〕让·普祖鲁斯基(Jean Przyluski):《元素理论与科学的起源》("La théorie des éléments et les origines de la science")，载于《科学》(Scientia) 54, 1-9(1933)〔《伊希斯》(Isis) 21, 434(1934)〕。也可参见他较早的论文《伊朗对希腊和印度的影响》("L'influence iranienne en Grèce et dans L'Inde")，载于《布鲁塞尔大学学报》(Revue de l'Université de Bruxelles) 37, 283-294(1931-1932)〔《伊希斯》22, 372(1934-1935)〕。

〔7〕关于伊朗与希腊宗教思想的交流，请参见约瑟夫·比德兹(Joseph Bidez)和弗朗茨·居蒙(Franz Cumont):《希腊的博学之士——希腊传说中的琐罗亚斯德、奥斯塔内和希斯塔斯普》(Les mages hellénisés. Zoroastre, Ostanès et Hystaspe d'après la tradition grecque)，2 卷本(Paris, 1938)〔《伊希斯》31, 458-462(1939-1940)〕。琐罗亚斯德(Zōroastrēs，活动时期在公元前 7 世纪?)即《波斯古经注解》(Zendavesta，又译《阿维斯陀经注解》。——译者)中的查拉图斯特拉(Zarathushtra)；奥斯塔内(Ostanēs)和希斯塔斯普(Hystaspēs)是后来的属于同一宗教的教士。

〔8〕参见本书第 1 卷，第 261 页。

克特西亚斯在其《印度志》(*Indica*)中的记录。[9] 希波克拉底(Hippocratēs)是否与伊朗人有接触很值得怀疑,尽管他们在科斯岛(Cōs)地区或者在整个爱琴海地区相互接触可能并不困难。希波克拉底的《论气息》(*De flatibus*)与印度医学之间的相似性大概也是由于偶然的趋同所导致的。[10]

希腊与印度的所有这些相遇并不多见,而且范围有限。当亚历山大在亚洲进行他的征服战时,出现了大规模的接触。他抵达印度河,在以后的几个世纪,希腊人侵入印度的北部地区(大约北纬22°),他们在那里建立了王国,并且在不同地区建立了殖民地。[11] 亚历山大与印度贤哲们的接触,是一个被称作"亚历山大与 10 个裸体哲人(gymnosophistai)的会晤"的传说集成的主题,这个传说在古代有许多版本。[12]

在随着亚历山大的去世而出现的动乱中,一个名叫旃陀罗笈多〔Chandragupta,希腊语称山德鲁柯托斯(Sandrocottos)〕的印度冒险家(他在年轻时曾与亚历山大相识)试图控制印度北部的大部分地区,并且创立了一个孔雀

007

---

[9] 详细情况请参见本书第 1 卷,第 311 页和第 327 页。

[10] 参见本书第 1 卷,第 372 页—第 373 页;有关趋同的含义,请参见该卷第 17 页—第 18 页。另请参见让·菲约扎(Jean Filliozat):《印度与人类的科学交流》("L'Inde et les échanges scientifiques dans l'humanité"),载于《世界史杂志》(*Cahiers d'histoire mondiale*)1,353-367(Paris,1953)。

[11] 详细的说明请参见威廉·伍德索普·塔恩(William Woodthorpe Tarn):《巴克特里亚和印度的希腊人》(*The Greeks in Bactria and India*),第 2 版〔591 页,2 幅另页纸插图,3 幅地图(Cambridge:University Press,1951)〕,第 1 版(1938)。

[12] 参见 A. J. 费斯蒂吉埃:《希腊与印度的三次接触·(一)亚历山大与十个裸体哲人的会晤》("Trois rencontres entre la Grèce et l'Inde. I. Le colloque d'Alexandre et des dix gymnosophistes"),载于《宗教史评论》125,33-40(1942-1943)。Gymnosophistēs 这个词的意思是裸体的哲学家,这是希腊人对印度哲人的称呼。

帝国(Maurya Empire),这个王朝从他在公元前 322 年(或者更早)登基算起一直延续到公元前 185 年。他在华氏城(Paṭaliputra)建立了他的国都。[13] 成熟的孔雀国文化受到了相当多的波斯文化的影响,因此,伊朗的影响也许既是从伊朗本土传播也是从印度北部向西方传播的。塞琉古国王尼卡托(Seleucos Nicatōr,从公元前 312 年至公元前 280 年任叙利亚国王)于公元前 305 年入侵旃陀罗笈多的领土,但又不得不撤退了。按照随后签订的和约,他把旁遮普邦(Panjāb)和兴都库什(Hindu Kush)山脉割让给旃陀罗笈多,作为回报,他收到了 500 头作战用的大象。公元前 302 年,他派遣麦加斯梯尼(Megasthenēs)前往华氏城宫廷作为他的大使。麦加斯梯尼把他的经历写成一本题为《印度志》(*Indica*)的著作并出版了。不幸的是,这部著作失传了,我们只有它的一些片段,但从这些片段中我们可以断定,该书包含大量有关印度北部地区的信息。他的许多叙述似乎是难以置信的,因此,后来的一些史学家如波利比奥斯(Polybios)和斯特拉波(Strabōn)不相信他。他遭遇了与希罗多德和马可·波罗(Marco Polo)同样的命运,倘若有可能可以找到他的《印度志》的全文,那么就可以像他们二者被证明的那样,在许多方面证明他是正确的了。

　　无论如何,有人为希腊化时代使用希腊语的读者提供了方法,借此他们可以了解那个神秘国度的许多知识;尽管他们的知识是不完善的,有时甚至是错误的,但那种知识是相

---

[13] 华氏城建在恒河(Ganges River)与松河(Son River)的汇合处。现代的巴特那(Patna)是比哈尔邦(Bihar)的首府。

当重要的。

在出现于埃及的印度人中，有些是商人或旅行者；其他人，尤其在孔雀王朝的阿育王（Aśoka）在位期间，则是佛教的弘扬者。阿育王从公元前273年至公元前232年统治着这个半岛（大约北纬15°）的大部分地区，他既与埃及的托勒密二世菲拉德尔福（Ptolemaios Ⅱ Philadelphos）有联系，又与叙利亚的安条克二世塞奥斯（Antiochos Ⅱ Theos）以及马其顿的安提柯－戈纳塔（Antigonos Gonatas of Macedonia）有联系。另一方面，托勒密二世菲拉德尔福派了一个使节去印度，以便得到大象和看象人。公元前3世纪是一个海上有巨型战舰、陆地上有大象战的时代。当然，塞琉西诸王靠近印度，他们的大象资源丰富，而托勒密王朝的竞争对手们则需要竭尽全力，不仅要从印度而且要从非洲获得大象。这两种大象都被用于战斗，第一次印度大象与非洲大象之战是公元前217年的拉菲亚（Rhapheia）[14]战役，战役中非洲象的数量少于亚洲象，并且被打败了。大象贸易暗示着其他的而且是更容易的贸易和文化交流形式。

在印度，米南德（Menandros）是最著名的耶槃那（Yavana，即希腊人）王。对我们来说，他并不是一个众所周知的人物，而且关于他我们所知甚少，因而我们很难把事实与虚构分开。他是喀布尔（Kābul）和旁遮普邦的总督，最终成为远至卡提阿瓦半岛［Kāthiawar，位于西海岸，古吉拉特

---

[14] 拉菲亚是巴勒斯坦西南端的一个海港，位于沙漠边缘、加沙（Gaza）以南地区。

（Gujarat）西部，大约北纬 22°]的整个希腊-印度王国（Greek India）的国王，他一直担任此职，直到他大约于公元前 150 年—前 143 年去世。然而，对他的印度臣民来说，弥兰陀王（Milinda）这个名称可谓妇孺皆知，以至于他成了一部佛教专论《弥兰陀王问经》（Milindapañha, the "Questions of Milinda"）中的英雄。他本人是不是佛教徒尚不确定，不过他像希腊诸国王那样对他的臣民的宗教表示友好。《弥兰陀王问经》是唯一一部讨论一个希腊国王的印度著作[15]；该著作有可能写于我们这个纪元之初，并且以巴利语（Pāli）和汉语保留了下来（参见下面的注释）。

　　埃及与印度的商贸和文化关系经历了由塞琉西王国的敌意导致的变迁兴衰，但是即使在叙利亚的通路被关闭时，埃及人仍可以通过红海和阿拉伯半岛（Arabia）到达印度。在发现季风之前，通过曼德海峡（Bab el-Mandeb）和阿拉伯海（Arabian Sea）到达印度的海上旅行不可能轻而易举和安全地完成。有可能东方的水手很早以前就熟悉季风了，但是在希帕罗斯（Hippalos）时代亦即大约公元前 70 年以前，希

---

[15]　参见塔恩：《巴克特里亚和印度的希腊人》，第 2 版，第 6 章《弥兰陀及其王国》（"Menander and His Kingdom"），第 225 页—第 269 页。我的记载来自塔恩。在一个附录（第 414 页—第 436 页）中，塔恩把《弥兰陀王问经》与伪阿里斯泰（pseudo-Aristeas）的《托勒密二世的疑问》（"Questions of Ptolemaios Ⅱ"）进行了比较。我们马上就要讨论《弥兰陀王问经》和阿里斯泰的书简。

腊人还不了解这种知识。[16]

在基督纪元之前,希腊对印度的统治已经完全终止了,但贸易仍以各种方式在进行着。说明这种贸易在希腊化时代末期之重要性的最好方法就是,回想一下克莱奥帕特拉七世(Cleopatra Ⅶ)的建议:放弃地中海,去控制印度洋吧!塔恩(Tarn)对此评论说:"她的这番议论并不愚蠢,她也许已经走在阿尔布克尔克(Albuquerque)之前了。"[17]亚历山大的后继者中唯有米南德和克莱奥帕特拉七世成了传奇人物,他们二人理应获得非凡的声誉。

《弥兰陀王问经》

《弥兰陀王问经》是弥兰陀王与僧人龙军(Nāgasena)的对话,弥兰陀王问了许多关于佛教学说的不同观点的问题。可以找到它的巴利语全文,该语文本相当长,而其古代的核心部分相对较短,由一个序言(pubbayoga)和三卷正文组

[16] 这个日期是不确定的,有人把它定在晚至公元 50 年。我依据的是米哈伊尔·伊万诺维奇·罗斯托夫采夫(Michael ivanovich Rostovtzeff)[在《伊希斯》34,173(1942–1943)中]的观点。在他关于印度的记述中,麦加斯梯尼(活动时期在公元前 3 世纪上半叶)把季风称作地中海季风(Etēsian winds);后来它又被用其发现者的名字命名为希帕罗斯风。Monsoon(季风)这个名称出现得相当晚,因为它来源于阿拉伯语的 mawsim(季节)。参见亨利·尤尔(Henry Yule)和 A. C. 伯内尔(A. C. Burnell):《霍布森–乔布英–印口语词和短语(以及语源、历史、地理和衍生同源的词语)汇编》(Hobson-Jobson: A Glossary of Colloquial Anglo-Indian Words and Phrases, and of Kindred Terms, Etymological, Historical, Geographical and Discursive),威廉·克鲁克(William Crooke)编(London: Murray, 1903),第 577 页。

[17] W. W. 塔恩和 G. T. 格里菲思(G. T. Griffith):《希腊化文明》(Hellenistic Civilization, London: Arnold),第 3 版(1952),第 248 页。阿尔布克尔克[即大阿方索(Affonso o Grande),1453 年—1515 年]于 1504 年为葡萄牙征服了印度的一部分地区。

成。[18] 古代的核心部分写于我们这个纪元的最初的几个世纪,当然早于 5 世纪,因为在中国的"三藏"(Tripitaka)[19] 中有它的两个版本,这些版本是在东晋时代(317 年—420 年)翻译的。中译本不像我们的译本那样是从巴利语文本翻译过来的,而是从梵文俗语(Prākrit)本翻译过来的,这个版本可能更古老。

对话发生在弥兰陀在旁遮普邦的首府沙迦罗(Sāgālā),当时有众多 Yonakas(或希腊人)在场。毫无疑问,弥兰陀(Milinda)与米南德(Menandros)是同一个人。人们可以在这部著作中发现少量的其他希腊称谓(或来源于希腊语的词)[20],其开篇也许不像其他印度著作那样矫揉造作,而是更轻松愉快。尽管如此,《弥兰陀王问经》肯定是佛教和印度著作。它不是正典的一部分,但它仍被认为是佛教文献中精彩的篇章之一。阅读它能获得很大的启示。这种启示可能与阅读我们这个纪元最初的几个世纪的希腊著作所获得的启示是不同的。把佛学著作与大约同一时期的基督教神学作品例如某些早期的教父文学(patristic literature)作品加以比较,恐怕没有什么不公平;这种比较会揭示出一些巨大的差异。

《弥兰陀王问经》的作者对希腊或希腊文学一无所知,而他的著作直到近代以前也根本不为西方所了解。另一方

---

[18] 在特伦克纳(Trenckner)版中,较长的巴利语文本超过了 420 页;古代部分在第 89 页就终止了,因而只比全书的五分之一略长一点。

[19] 参见南条文雄(Bunyi Nanjio, Oxford, 1883; reprint, Tōkyō, 1930)的目录,编号 1358。关于中国的"三藏",请参见《科学史导论》,第 3 卷,第 466 页—第 468 页。

[20] 例如,在第 3 卷中的 Alasanda 这个词大概就是 Alexanderia 的讹传。

面,《弥兰陀王问经》在佛教世界的知名度是相当高的;已经提到的梵文俗语、巴利语和汉语的文本,以及翻译成僧伽罗语(Singhalese)、缅甸语(Burmese)、朝鲜语(Korean)和安南语(Annamese)的版本,都是其见证。

巴利语版是由维尔黑尔姆·特伦克纳(Vilhelm Trenckner)编辑的(London, 1880);中文版由戴密微(Paul Demiéville)*编辑发表在《法兰西远东学院学报》(*Bulletin de l'Ecole française d'Extrême-Orient*)24, 1-258(1924)。

巴利语版的英译本由 T. W. 里斯·戴维兹(T. W. Rhys Davids)发表在《东方圣典》(*The Sacred Books of the East*, 1890, 1894)第 35 卷和第 36 卷。古代部分的法译本由路易·菲诺(Louis Finot)从巴利语翻译(Paris, 1923)。

在每一部印度文学史中都会讨论《弥兰陀王问经》。请参见,例如,莫里茨·温特尼茨(Moriz Winternitz):《印度文学史》(*Geschichte der Indishen Literatur*; Leipzig, 1920),第 2 卷,第 139 页—第 146 页;英译本(Calcutta, 1933),第 2 卷。

三、科学思想交流绪论

刚才讨论的这些交流涉及的是文学,读者可能会疑惑,是否没有与科学思想相关的交流呢? 我们必须记住,宗教信念、文学观念或艺术主旨远比科学尤其是抽象科学有感染力。大众可能有一种对知识的渴望,但这种渴望很容易被虚假的知识而非真理所满足。诸如占星术这样的迷信可以传

---

* 戴密微(1894 年—1979 年),法国汉学家,敦煌研究者,法兰西学院院士。1924 年—1926 年曾来华讲学,受聘于厦门大学。主要著作有《吐蕃僧诤记》《那先比丘经汉译本研究》《从敦煌写本看汉族佛教传入吐蕃的历史》《王梵志诗研究》等。——译者

播得很远、很广,但科学不行。无论怎样,我们在以后诸章中会谈到某些奇怪的事实。

埃及人和巴比伦人所奉献的最优秀的成就,在早期就已经被希腊人吸收了;在公元前的最后几个世纪,他们没有增添多少或者根本没有增添任何新的成就。在美索不达米亚(Mesopotamia)的塞琉西时代所发展起来的非凡的天文学,包含了许多新的东西,但是这些没有传播到西方;欧洲人对他们关于月球和行星的理论全然不知,以至于他们无法对那里的天文学发展产生影响。楔形文字星表中所说明的那些惊人的发现,直到近代(1881 年及其以后)才被译解。[21] 不过,喜帕恰斯(活动时期在公元前 2 世纪下半叶)利用了巴比伦人的某些观测结果,关于这些情况,我们在谈到他时将会讨论。

在古代东方的数学思想中,那些未被整合到希腊科学之中的部分,通过埃及由两个亚历山大人海伦(Herōn)[22]和丢番图(Diophantos,活动时期在 3 世纪下半叶)传到西方,但这是基督时代以后的事了。

在相反的方向,科学思想是怎样传播的呢? 这种传播是非常少的。征服东方的马其顿军人和希腊军人(Greek

---

[21] 有关它们的说明,请参见奥托·诺伊格鲍尔(Otto Neugebauer):《古代的精密科学》(*The Exact Sciences in Antiquity*, Acta historica scientiarum naturalium et medicinalium, edidit Bibilotheca Universitatis Hauniensis, vol. IX; Copenhagen: Munksgaard, 1951; Princeton: Princeton University Press, 1952)[《伊希斯》*43*, 69–73(1952)],以及第 19 章以下。[这本书的第 2 版于 1957 年由布朗大学出版社(Brown University Press)出版。]

[22] 也就是说,如果我们不是像我最初所设想的那样,而假设海伦是在基督教时代以后,我们就会认定他的时代在 1 世纪下半叶而不是在公元前 1 世纪上半叶。他大约活跃于公元 62 年以后和 150 年以前;参见《伊希斯》*32*, 263(1947–1949), *39*, 243(1948)。

soldiers）更感兴趣的是战争和管理、政治阴谋和经济剥削，而不是科学。当然，他们在德国人所谓"Kriegswissenschaft"（作战学）和我们所谓"作战艺术"方面引入了一些改进措施；他们大概引进了其他技术和工业方面的技术改良，而且必定有一些希腊医生与军人和殖民者伴随而行。在其他诸章，我们还会与这些医生不期而遇。天文学家塞琉古（Seleucos，活动时期在公元前 2 世纪上半叶）是一个非同寻常的例外，他在巴比伦王国解释了阿利斯塔克的天文学观点。

　　继承了希腊传统的杰出的科学家们活跃于东方，但这主要是在基督时代以后，因为基督徒的褊狭只会把科学思想的大潮推向东方。希腊天文学直到很晚才在印度出现；它开始向印度传播就比较晚，因为这种传播绝大部分晚于托勒密（Ptolemy，活动时期在 2 世纪上半叶）时代，而且在《悉檀多》（Siddhānta treatises）*时代以前（5 世纪上半叶或者以前），希腊天文学并未用梵文出版。

　　简而言之，一方面，在基督时代以前希腊移民的人数太少[23]，而且对科学和学问的兴趣太小了，因而无法影响和改变东方人；另一方面，亚洲人也并没有感到需要希腊思想（为什么他们有这样的感觉呢？），他们出于本能拒绝了希腊思想，或者只吸收了一些肤浅的风俗习惯，而没有吸收其思想主旨和给人以启迪的精神。亚洲的惯性是巨大的。正如塔恩指出的那样："在精神方面，亚洲知道她可以比希腊更

------

　　* 《悉檀多》是印度历数书。——译者
[23] 不是从绝对数字而是从与亚洲人口的比例来说。

图 2　Amon-Rē,太阳神。托勒密二世菲拉德尔福(公元前 285 年—前 247 年在位 *)时代
的花岗岩浮雕的局部。它大概来自尼罗河三角洲中部的巴比特·希伽拉村(Bahbīt al-
Higāra)的伊希斯神庙,现保存在波士顿美术博物馆。这个复制品没有展现出两根插在神
的皇冠上有助于识别他的长长的羽毛。他的胸饰是一个微型的神殿,含有"保佑"的意
思。神以左手执生命符,右手大概拿着意味着"统治"的权杖[引自伯纳德·V. 伯特默
(Bernard V. Bothmer)的文章,载于《波士顿美术博物馆通报》(*Bulletin of the Boston Museum
Fine Arts*)51,1-6(1953)]

---

* 原文如此,与第十二章有出入。——译者

持久,她实际上也是如此。"〔24〕

四、托勒密王朝时期的埃及

在亚历山大去世后不久,马其顿人、拉古斯(Lagos)之子托勒密〔25〕成为埃及的总督。他是亚历山大儿时的朋友,而且可能是其半个兄弟;〔26〕他参加了亚洲的所有战役,并且是亚历山大最重要的将军和最好的朋友之一。这使得他有可能写下一些回忆录,但这些回忆录现已失传了,它们曾是弗拉维乌斯·阿利安(Flavius Arrianus)的史学著作最有价值的原始资料。托勒密大约于公元前 320 年征服了巴勒斯坦和下叙利亚(Coilē-Syria),并且占领了安纳托利亚(Anatolia)西南海岸和科斯岛,从而扩大了他的统治范围。他于公元前 306 年称帝,另一个继任者也大约在同时以同样的理由称帝了。托勒密是托勒密王朝或拉吉德王朝(Lagid dynasty)的奠基人,托勒密王朝时期的埃及的组织者。他是一个优秀的军人和管理者,是埃及繁荣和亚历山大复兴的创造者。他的统治一直持续到公元前 285 年,并且被称作托勒密-索泰尔(Sōtēr,意为救星)。

他的最后一位也是他最爱的妻子贝勒奈西(Berenicē)给他生了一个儿子,托勒密-菲拉德尔福(Philadelphos,意为笃爱兄弟者)。这个孩子生在科斯岛,于公元前 285 年继承了

---

〔24〕 塔恩:《希腊化文明》,第 163 页。

〔25〕 这个名字的英语拼法是"Ptolemy",但在提到埃及诸国王时,我总是使用该词的希腊语拼法"Ptolemaios",而把"Ptolemy"这个英语词留下来用以指公元 2 世纪的那位伟大的天文学家。天文学家托勒密是一位非常伟大的人物,值得享有一个国际化的名字(或者在每一个国家有一个不同的名字);托勒密属于全世界,而拉吉德(Lagid)诸王只属于埃及和近东。既可以用英语的复数形式"Ptolemies",也可以用"Ptolemaioi"来指托勒密诸王,不会导致意义含混。

〔26〕 他的母亲阿尔西诺(Arsinoē)曾经是马其顿的腓力二世的妃子。

图3　托勒密一世索泰尔（Ptolemaios I Sōtēr，统治时期从公元前323年开始，公元前305—前285年担任国王）向哈托尔（Hathor）敬献祭品，哈托尔是快乐女神和爱情女神，希腊人把她等同于阿芙罗狄特。这位国王（右侧）的肖像是理想化的。我们根据他前额上的蛇形标记（或圣蛇像）以及他背后的旋涡花饰牌匾知道他就是国王，该匾中含有他的第一个名字："神选中的被太阳神所爱的人"，第二个名字托勒密（Ptolmis）写在左侧的旋涡花饰牌匾上。这幅浅浮雕原在塔拉内（Tarraneh），这里靠近尼罗河三角洲西部的达乌德村（Kafr Dā' ūd）。它现在保存在波士顿美术博物馆［引自伯纳德·V. 伯特默文，载于《波士顿美术博物馆通报》50，49—56（1952）］

他的王位，其统治一直持续到公元前247年。托勒密-菲拉德尔福凭借勤勉和诸多美德把他父亲的成就发扬光大，因而，当我们描述这种文化的复兴时把他们父子两人分开几乎是不可能的；父亲开创或设想的事业由儿子完成或实现了。他增加了祖辈留下的财产而且扩大了他的势力，对上埃及进行了考察，并且发展了与埃塞俄比亚、红海周边国家、阿拉伯半岛甚至印度的商贸关系。

　　第三位国王叫托勒密-埃维尔盖特（Evergetēs，意为施主），他的统治时期从公元前247年至公元前222年，并且使托勒密王朝达到了巅峰。他征服了美索不达米亚、巴比伦和苏西亚那（Susiana），并且把大量的战利品带回埃及，其中包括被冈比西斯二世（Cambyses Ⅱ，公元前529年—前522年任伊朗国王）夺走的埃及神像。这个王朝的衰落始于其子托

勒密四世菲洛帕托（Ptolemaios Ⅳ Philopatōr，公元前 222
年*—前 205 年在位）。我们不必考虑其他人，但我们也许
应该注意，皇室的托勒密总共有 15 位。最后一位统治者也
许是诸王中最著名者——克莱奥帕特拉女王，她是一个美艳
无比、能力非凡的女人，一个不同寻常的通晓多种语言的
人。[27] 罗马人不太情愿地给予了她可能是最高的赞扬；他
们畏惧她这样一个女人，而自汉尼拔（Hannibal）以来他们就
没有怕过什么人。[28] 她的目的是要成为罗马世界的女皇，
而且，如果老天允许她的情人凯撒（Caesar）活下去的话，她
也许就成功了。凯撒于公元前 44 年遇刺身亡；她求助于马
可·安东尼（Mark Antony），但亚克兴战役（the battle of
Actium，公元前 31 年）结束了她的美梦，而她则在第二年自

018

---

* 原文如此，与本卷第十六章略有出入。——译者

[27] 每个人都知道克莱奥帕特拉，但只知道一位克莱奥帕特拉。甚至像 F. 舍伍德·
泰勒（F. Sherwood Taylor）这样有学问的人在其《炼金术士》（Alchemists；New
York：Schuman，1949）第 26 页，拒绝把早期希腊语的炼金术文本归于克莱奥帕特
拉的名下，因为他说，后者是一个埃及女王！这个名字在希腊世界是很常见的，
而且，toutes proportions gardées（比较而言），在托勒密王朝时期的埃及，可能有许
多克莱奥帕特拉，就像在维多利亚女王时代的英国有许多个维多利亚一样。
在保利-维索瓦（Pauly-Wissowa）：《古典学专业百科全书》（Real-Encyclopädie der
klassischen Altertumswissenschaft）第 21 卷（1921）第 732 页—第 789 页，一共讨论了
33 位著名的克莱奥帕特拉。我们这里所说的克莱奥帕特拉是到目前为止最著
名的。她就是克莱奥帕特拉七世，托勒密十二世奥勒特斯（Ptolemaios Ⅻ
Aulētēs）的女儿。她出生于公元前 69 年，公元前 30 年去世。当人们写下"克莱
奥帕特拉"而不加限定时，一般就是指她。请参见普卢塔克（Plutarch）在他关于
安东尼（Antony）的传记中对她的记述。

[28] 参见塔恩和格里菲思：《希腊化文明》，第 46 页和第 56 页。汉尼拔，汉尼拔·巴
卡（Hannibal Barca）之子，迦太基人（Carthaginian）最伟大的将军（公元前 247
年—前 183 年）。

杀了,[29]以免被当作俘虏带回罗马。最后一位托勒密是托勒密十四世凯撒里安(Ptolemaios ⅩⅣ Caesarion)*,凯撒和克莱奥帕特拉之子,屋大维[Octavian,亦即奥古斯都(Augustus)]于公元前 30 年下令把他处死,那时他年仅 17岁,仍是个希腊青少年。从那时起,埃及就成了罗马的一个行省。但托勒密王朝的黄金时代只持续了一个世纪,即公元前 3 世纪,尽管这个时期很短,但对少数要创造不朽成就的天才人物而言已经足够长了。

在拉吉德诸王统治下的埃及国家是什么样?我指的不是自然的国土,自法老时代(Pharaonic Days)以来,它在这方面就没有什么改变,这是尼罗河赠与的最好的一份礼物。地理和自然气候没有什么改变;那么政治气候呢?有人也许会说,除了这片土地和人民的统治者和实际拥有者不再是埃及人而是马其顿人和希腊人以外,政治气候的改变也不太大。

希腊人自萨姆提克一世(Psametik Ⅰ)时代以来就对埃及有着浓厚的兴趣,萨姆提克一世是第二十六王朝或赛斯王朝(Saitic Dynasty,公元前 663 年—前 525 年)的第一位统治者(他在位的时间是公元前 663 年—前 609 年)。希腊殖民

---

[29] 按照最流行的传说,克莱奥帕特拉是被她抱在怀中的角蝰(希腊语是 aspis)咬死的。这样的去世颇有象征意义。圣蛇像亦即 uraeus(希腊语是 uraios),与日轮结合在一起就是神(太阳神)的象征;它也出现在埃及诸王前额的头饰上。古埃及最后一位本土的统治者是被圣蛇杀死的。

* 原文如此,按照《简明不列颠百科全书》中文版第 8 卷第 55 页的说法,凯撒里安是托勒密十五世(Ptolemaios ⅩⅤ,公元前 47 年—前 30 年,公元前 44 年—前 30年任埃及国王)。托勒密十四世是塞奥斯·菲洛帕托(Theos Philopator,约公元前 59 年—前 44 年),克莱奥帕特拉的弟弟,据说被她所害,以便把凯撒里安推上王位。——译者

图4　保存在梵蒂冈的托勒密二世菲拉德尔福的雕像。这尊雕像的石材为红色花岗岩,高 2.66 米(不算底座则为 2.40 米)。托勒密二世菲拉德尔福(公元前 308 年—前 246 年),托勒密一世与贝勒奈西(Berenicē)一世之子,拉吉德王朝第二位国王;他在位的时间是公元前 285 年—前 246 年 *。他于公元前 276 年左右与阿尔西诺二世(Arsinoē Ⅱ)结婚。两块象形文字铭文确认了他的身份,较短的那块铭文写道:"上埃及和下埃及之君……神之子,托勒密(Ptwlmjs),他将与世长存。"[吉赛贝·伯蒂(Giuseppe Botti)和彼得·罗曼奈里(Pietro Romanelli):《格列高利埃及博物馆中的雕刻作品》(*Le sculture del Museo Gregoriano Egizio*),见于《梵蒂冈的考古和艺术杰作》(*Monumenti vaticani di archeologia e d'arte*),第 9 卷(Vatican,1951),第 24 页—第 25 页,作品第 32 号,另页纸插图 xxii 和 xxiii]

---

* 原文如此,与前文略有出入。——译者

015

图 5　保存在梵蒂冈的阿尔西诺·菲拉德尔福（Arsinoē Philadelphos）的雕像。这尊雕像的石材为红色花岗岩，高 2. 70 米（不算底座则为 2. 48 米）。阿尔西诺王后（大约公元前 316 年—前 270 年）为托勒密一世与贝勒奈西一世之女，是托勒密二世的姐姐和妻子。两块象形文字铭文确认了她的身份，较短的那块铭文写道："名副其实的女儿、姐姐和妻子，两块土地的女主人，阿尔西（'Irsj）……菲拉德尔福。"[吉赛贝·伯蒂和彼得·罗曼奈里：《格列高利埃及博物馆中的雕刻作品》，见于《梵蒂冈的考古和艺术杰作》，第 9 卷（Vatican, 1951），第 22 页—第 23 页，作品第 31 号，另页纸插图 xxii 和 xxiv.]这两座雕像的照片承蒙梵蒂冈博物馆管理员惠允复制。显然，它们制作于同一时期，并且是一对，但在不同时期和不同的条件下拍摄的照片却使它们看起来有所不同。这些雕像不是肖像，而是托勒密国王和王后的象征

地建在尼罗河三角洲,尽管埃及人对其冷漠或者敌视,但它们却繁荣兴旺。[30] 在该王朝第五位国王雅赫摩斯二世[Ahmose Ⅱ,公元前 569 年—前 525 年在位,希腊人称他为阿马西斯(Amasis)]统治期间,希腊商人集中在一个城市,即尼罗河三角洲西部的华盖河口(Canopic mouth)沿岸的瑙克拉提斯(Naucratis),这个城市变得非常繁荣。它本质上成了一个希腊城市,在这里,许多希腊人的政府拥有他们自己的神庙。阿马西斯对希腊人是友好和大度的,因而很受他们欢迎;然而,希腊人享受的每一种特权都依赖于埃及人的特许,因而引起了相当的妒忌。

随着托勒密诸王的先后登基,情况发生了逆转,希腊人不再是受欢迎或不受欢迎的客人,而是成为主人。但无论如何,托勒密诸王延续了埃及的传统;他们是这块土地和一切财产的拥有者,而且他们是神圣不可侵犯的。君王即是国家。还必须补充一句,至少最初的托勒密诸王是优秀的管理者,由于他们,埃及比以前更繁荣了。

在这个王朝的前半段时期,一般而言管理是很有效的,社会秩序也保持良好。这个王朝对尼罗河每年一度的洪水进行严密的控制,对水利进行改善,对农作物进行管理并准备好粮仓以便储存,使新的动物和谷物适应新的环境,使耕

---

[30] 詹姆斯·亨利·布雷斯特德(James Henry Breasted)在其《埃及史》(*History of Egypt*;New York:Scribner,1942)第 579 页把希腊的殖民地与那些在中国的欧洲殖民地进行了比较:"如果埃及人能够独行其是,他就会把所有外国人从他的国土上赶走;而在像近代中国这样的环境下,他会与他们做生意,并且会由于他们给他带来的利益而被动地接受他们的存在。"

地面积增加了,引进新的工艺技术,使造币、商业以及银行业
(Banking)[31]更加井然有序。对外贸易有了相当大的拓展;
埃及出口了谷物、莎草纸(payrus)、亚麻制品、玻璃和条纹大
理石等。骆驼的使用是最伟大的经济革新之一,这大概应归
功于托勒密二世菲拉德尔福;骆驼本身可能在托勒密诸王以
前已经进入埃及,但并不比他们早很久。[32] 托勒密诸王引
进了一种模仿波斯人的邮政业,对于这一目的而言,没有什
么能超过骆驼(Camels),它们不仅速度极快,而且有巨大的
耐力或者驮运重物的能力。希腊统治者似乎忽视的一个行
业是采矿业;至少他们没有拓展矿源,既没有开采已知的矿
藏,也没有继续老法老们以前已经开始的采矿业。[33] 当然,
所有利润都落入国王和一小群妻妾及其帮手的口袋里了;农

---

[31] 把银行业也包括进去可能会使某些读者感到惊讶,因为他们没有认识到它的历
　　 史悠久。那时在东方帝国尤其是在波斯帝国已经有了银行家。不要忘记,埃及
　　 自公元前 525 年至公元前 332 年曾是波斯的一个行省,希腊征服者受命消除或
　　 改变波斯人的制度。因此,托勒密诸王从希腊和波斯双方继承了金融方法。最
　　 近,纪尧姆·卡尔达夏(Guillaume Cardascia)在巴黎命题(Paris thesis)中对波斯
　　 的银行业进行了有趣的间接说明,参见《穆拉舒档案———一个波斯时代的企业家
　　 家族(公元前 455 年—前 403 年)》(Les archives de Murashū. Une famille d'hommes
　　 d'affaires à l'époque Perse, 455-403;Paris:Imprimerie nationale,1951)。坐落在
　　 尼普尔(Nippur)的穆拉舒公馆(Murashū house)是世界上最古老的银行之一。在
　　 塔恩和格里菲思的《希腊化文明》的第 115 页—第 116 页和第 250 页,也有少量
　　 关于银行业的评述。
[32] 有关埃及的骆驼的讨论,请参见本书第 1 卷,第 51 页。
[33] 对托勒密王朝时期的埃及的农业、商业和工业的研究,是已故的米哈伊尔·伊
　　 万诺维奇·罗斯托夫采夫[Mikhail Ivanovich Rostovtsev,1870 年—1952 年(俄裔
　　 美国古希腊和罗马史学家、考古学家,Rostovtsev 亦可拼写为 Rostovtzeff。——译
　　 者)]的著作的重大主题,该著作用了相当多的篇幅来讨论它,参见他的《希腊化
　　 世界的社会经济史》(The Social and Economic History of the Hellenistic World,3 卷
　　 本,1804 页,112 幅另页纸插图;Oxford:Clarendon Press,1941)[《伊希斯》34,
　　 173-174(1942-1943)]。罗伯特·波尔庞特·布莱克(Robert Pierpont Blake)在
　　 一个附录中对采矿业进行了讨论。

民(那时和现在一样)除了生存所必需的最基本的需求外，什么也得不到。一开始，他们没有反抗，这或者是因为他们也许获得了比以前略好一些的待遇，或许是因为他们在物质和精神方面缺乏反抗的可能性。他们只有在濒临死亡的边缘时才会起来造反，尽管那时更容易死亡。[34]

由于在波斯的统治下巴勒斯坦和埃及统一在一起了，并且这种统一一直维持到最初几位托勒密王的时代(直到公元前198年)；因而很自然，许多犹太人移民到埃及，而且当这个国家变得更加昌盛并且能够为他们提供更多的机会时，就更是如此。不管怎样，到了公元前3世纪，大多数埃及犹太人很有可能都是在这个国家出生和成长的；由于任何企业的高层管理都掌握在希腊人手中，犹太人迅速地希腊化了，而且他们中的一些人甚至忘记怎么使用希伯来语了；他们模仿希腊人的风俗习惯，并且起了希腊名字，他们喜欢在名字中加入 *Theos*(神)这个词，如 Theodotos 或 Dōrothea 等。

希腊移民和犹太移民在埃及的共同存在，只不过是一种更为普遍的情况的一个方面，或者说是其中一个主要的方面。在希腊人的统治下，埃及变成了东方和西方最重要的融合处。托勒密帝国在其巅峰时期，其版图不仅包括埃及，而且还包括昔兰尼加、埃塞俄比亚的部分地区、阿拉伯半岛、腓尼基(Phoenicia)以及下叙利亚、塞浦路斯(Cypros)和基克拉

---

[34] 由于行政部门控制着一切而且非常有效率，造反是很困难的而且也是徒劳的。不过，在托勒密四世菲洛帕托(公元前222年—前205年在位)时代及其以后，行政部门变得不那么有效率了。从公元前217年至公元前85年，造反活动在数量、实力和暴力程度方面都增加了。

泽斯群岛(Cyclades)的一些岛屿,而且它的人口的基本要素是从所有这些区域中吸收来的。这个帝国的人口主体自然是埃及人,而社会的最高层则是马其顿人和希腊人;[35]这里还有相当多的犹太人,但也有其他东方人,如叙利亚人、阿拉伯人、美索不达米亚人、波斯人、大夏人、印度人,以及诸如苏丹人、索马里人和埃塞俄比亚人等非洲人。从纯文化的观点来看,在这个混合体中最重要的因素是希腊人,其次就是犹太人了。我们在后面涉及《七十子希腊文本圣经》(Septuagint)时再回过头来谈他们。

出于精神方面的好奇,当然更是出于某种宗教方面的匮乏,希腊化的各民族已经做好了准备,迎接外国的贤哲例如伊朗的博士(magi)、印度的裸体哲人以及其他许多人的到来。东方化的希腊人,对弗利吉亚大母神(Great Mother of Phrygia)、对密特拉神(Mithras)或对埃及的诸神尤其是伊希斯(Isis)和奥希里斯(Osiris)敞开了心扉。我们应当记住,从古代开始希腊就存在着对宗教生活方式的渴望,诸如埃莱夫西斯崇拜(Eleusinian Cult)、俄耳甫斯崇拜(Orphic Cult)和狄俄尼索斯崇拜(Dionysiac Cult)等神秘崇拜的存在和流行就是其见证。自亚里士多德(Aristotle)和伊壁鸠鲁时代以来,古代神话失宠了;另一方面,在一定程度上取代了它的拜星教(astral religion)过于学术化和冷漠,难以满足平民百姓的需要。在亚洲或埃及定居的希腊人远离了他们古老的圣所,他们的宗教饥渴导致他们非常容易受到东方的神秘仪式的

----

[35] 最高层中也包含少数埃及人,主要是大祭司。

影响。他们参加或观察在其周围举办的各种节庆活动,并且深深地受到感染。在使那些神圣的典礼更贴近希腊丈夫的心灵方面,东方妻子帮了很大的忙,皈依的数量在逐渐增加。

在埃及,宗教的汇合表现得尤为明显和强烈。这种情况始于公元前 331 年,那年亚历山大大帝拜访了锡瓦(Sīwa)绿洲的太阳神庙(temple of Ammōn)[36],并且被神谕认可是太阳神的一个儿子。[37] 埃及人一般都承认他们的统治者具有神的本性,因而托勒密诸王假装是神,而且要求并争取得到人们像对神那样对他们的崇拜就是自然而然的了。他们的希腊臣民对埃及神庙中举行的复杂的典礼感到敬畏,国王们则非常愿意与其他埃及的神交流。对于一种把他们神化的宗教,他们不可能不去参与它并热爱它。他们采纳了一些法老的生活方式,例如皇室兄弟与姐妹们结婚;托勒密二世菲拉德尔福就娶了他的姐姐阿尔西诺二世为妻。被奉为神的

---

[36] 这是埃及最西端的绿洲,大约在亚历山大城西南 400 英里。乘机动车到那里旅行都很艰难,因而人们不得不钦佩亚历山大以更艰难的方式完成了这样的旅行。早在公元前 7 世纪,希腊人就已经知道太阳神庙了。它的神谕获得了与多多纳(Dōdōnē)神庙和德尔斐(Delphoi)神庙的神谕几乎相同的声望和权威,而且,亚历山大认识到向它咨询在政治方面的必要性。关于锡瓦的主要著作有 C. 达尔林普尔·贝尔格雷夫(C. Dalrymple Belgrave)的《锡瓦——太阳神的绿洲》(*Siwa, the Oasis of Jupiter Ammon*, London, 1923)。这座神庙只留下了少量遗迹。在罗宾·毛姆(Robin Maugham)的《锡瓦之旅》(*Journey to Swia*, London: Chapman and Hall, 1950)中有一些非常出色的关于这个遗迹的照片,参见该书另页纸插图 13、15、21 和 25。据说,氯化铵(铵的氯化物或氢氯化物)最初是通过把神庙附近的骆驼粪蒸馏而获得的。而在谈论菊石(ammonite,头足纲动物的化石)时把它们与太阳神联系起来理由更充分,它们的名称肯定来源于古埃及太阳神(Ammōn),因为它们与公羊角相像,而公羊是太阳神神兽(Amon-rē)。Zeus-Ammōn(宙斯-太阳神)是其名字的希腊化写法。

[37] 亚历山大被神谕承认了?这一点是令人怀疑的,毋宁说,一切都依赖于亚历山大的随员对神谕词语的解释。神谕可能以 *Ō paidion*(哦,儿子)或 *Ō pai Dios*(哦,神的儿子)来向亚历山大致意,这两种称呼很容易被混淆。第二种称呼也许是习惯的说法,但可能会被从字面上来理解。

国王如此尊贵,因而他们不可能到自己的家族以外娶妻联姻。

另外,每一个埃及王朝都会重新强调某个古代的神,或者引入一个新的神,出于同样的考虑,托勒密诸王使萨拉匹斯(Sarapis)*神成了众人瞩目的中心。实际上,这个神并不是他们创造的。对奥希里斯的崇拜逐渐与对神牛埃匹斯(Apis)的崇拜结合在一起了。[38] 在孟菲斯(塞加拉)**的萨拉匹斯神庙[the "Sarapeion" of Memphis(Saqqāra)]中,奥希里斯和埃匹斯一起受到崇拜。[39]

对萨拉匹斯的崇拜是典型的希腊化崇拜,因为它把一些埃及要素与希腊要素结合在一起了。按照普卢塔克的观点[40]:这种崇拜被赫利奥波利斯(Hēliopolis)的一位祭司曼内托(Manethōn,活动时期在公元前 3 世纪上半叶)在与提谟修斯(Timotheos)和帕勒隆的德米特里(Dēmētrios of Phalēron)的协作下形式化了。提谟修斯是得墨忒耳

---

* 萨拉匹斯是埃及和希腊所崇拜的神,是典型的埃及文化与希腊文化融合的结果。该神原为冥神,后被奉为太阳神,据说能治病、保丰收。——译者

[38] 死后的神牛埃匹斯被认为等同于奥希里斯,并且被当作阴间的神受到崇拜。奥索拉匹斯(Osorapis)类似于或者等同于哈得斯(Haidēs,希腊神话中的冥王。——译者)或普卢同(Plutōn,哈得斯的别名。——译者)。

** 孟菲斯是埃及古城,塞加拉为该城公共墓地的一部分。——译者

[39] Sarapis 这个名词来自组合词 Osiris-Apis(奥希里斯-埃匹斯)或 Osorapis(奥索拉匹斯)。Sarapis 和(用于神庙的)Sarapeion 是希腊名称;Serapis 和 Serapeum 是其拉丁语译名。

[40] 参见《伊希斯与奥希里斯》(De Iside et Osiride),28。曼内托和提谟修斯都是托勒密-索泰尔的顾问。普卢塔克称提谟修斯为 exēgētēs(解释者),因为他是埃莱夫西斯神秘宗教仪式(Eleusinian mysteries)的解释者。按照古老的传说,英雄尤摩尔浦斯(Eumolpos)是那些神秘宗教仪式的创始人,而且是得墨忒耳的第一个祭司。有人猜想,继他之后的那些祭司是他的后代,因而他们被称作尤摩尔浦斯的传人(Eumolpidai)。提谟修斯是尤摩尔浦斯的一个传人。参见《古典学专业百科全书》,第 2 辑,第 12 卷(1937),1341。

(Dēmētēr)的一个祭司,而德米特里被萨拉匹斯治好了失明的眼睛,他曾写下赞美诗对之进行赞扬。许多希腊铭文证明了萨拉匹斯与宙斯的同化,这些铭文都包含着这样的含义:"有一个宙斯-萨拉匹斯。"这有点像穆斯林的欢呼:"只有主,没有其他神。"

礼拜的语言是希腊语,相关的艺术(除象形文字以外)所具有的希腊特点多于埃及特点,或者完全是希腊化的,这一事实说明,埃及的宗教仪式毫无疑问地具有希腊化的本质。

最古老的"萨拉匹斯神庙"是塞加拉的奥索拉匹斯神庙,该庙中有一些地下的埃匹斯神牛墓。这些墓于 1851 年被奥古斯特·马里耶特(Auguste Mariette)发现,其中最古老的建筑即希腊的门农(Memnōn)墓,可以追溯到阿孟霍特普三世(公元前 1411 年—前 1375 年)时代。另一座萨拉匹斯神庙坐落在附近,是由奈科坦尼布二世(Nektanebis Ⅱ,公元前 358 年—前 341 年在位)修建的。这两座神庙证明了对奥希里斯-埃匹斯的崇拜历史悠久并且延续了很长时间。

在希腊化时期,埃及的主要城市都建有萨拉匹斯神庙。许多朝觐者都去朝拜(亚历山大以东海滨的)阿布吉尔(Abuqīr)的萨拉匹斯神庙,以祈求健康。最重要的萨拉匹斯神庙自然是建在亚历山大城;它坐落在山坡上,在这里,现在仍然可以看到"庞培柱(Pompey's Pillar)"[41]。这个圆柱可能曾经是萨拉匹斯神庙的一部分,根据狄奥多西

---

[41] 之所以这样称呼它,是因为依据中世纪的传说,它是庞培大帝(Pompeius Magnus,公元前 106 年—前 48 年)之墓的标志。庞培一踏上埃及海岸时就被谋杀了。阿拉伯人简单地把它称作 al-'Amūd(意为柱子,圆柱)。

（Theodosios，皇帝，公元 379 年—395 年在位）的命令它被保存下来，或者根据狂热的亚历山大主教狄奥斐卢斯（Theophilos）[42] 的命令它被竖立在这里，以此纪念公元 391 年萨拉匹斯神庙被毁和基督教的胜利。

无论如何，到了那时对萨拉匹斯的崇拜已经逐渐消失了。这种崇拜本质上是托勒密时代的，在罗马时代，它已经在很大程度上被对伊希斯的崇拜取代了。狄奥斐卢斯的胜利与其说是对萨拉匹斯的胜利，不如说是对一般而言的异教的胜利。

五、"与埃及接壤的亚历山大城"

在希腊殖民地，埃及的希腊化文化在托勒密诸王的保护下得以发展，但这些殖民地只是整个国家的一个非常小的部分。从某种意义上讲，这是一种古代惯例的延续，因为在第二十六王朝，雅赫摩斯二世（阿马西斯）已经建立了瑙克拉提斯城，并且强迫所有希腊商人只能住在这里，不能住在其他地方。亚历山大大帝建立了一座新的城市，该市以他的名字命名为亚历山大城，托勒密-索泰尔在上埃及建立了托勒密城（Ptolemais Hermiu），还有其他一些希腊殖民地。

当诸位国王几乎以地主管理自己财产的方式统治这个国家时，希腊殖民地获得了少量的行政自主，他们可以按希腊的传统行事。

有人说，亚历山大大帝建了许多城市，或者许多城市是

---

[42] 狄奥斐卢斯从 385 年至 412 年任亚历山大主教。据说，他受皇帝委托拆毁了亚历山大的异教神庙，其中不仅有萨拉匹斯神庙，还有密特拉神庙（Mithraion）以及其他神庙。然而皇帝是否授权给他，并不确定，但狄奥斐卢斯的专制和狂热已达到了肆无忌惮的程度。

为了纪念他而建立的，它们都以亚历山大为名。已经鉴定出的这样的城市共有 17 座，事实上它们都在亚洲，许多建在底格里斯河（Tigris）外侧；有两座建在印度河岸，第三座是杰赫勒姆河（Jhelum）畔的亚历山大-布克法拉（Alexandria-Bucephala）；[43]在贾克撒特斯河（Jaxartes）*以外有一座城市名为最遥远的亚历山大城（Alexandria Eschatē）[44]。这些城市中的大部分已经不复存在了，或者变得无足轻重了。另一方面，亚历山大于公元前 332 年在埃及建立的唯一的城市在托勒密的庇护下很快显示出巨大的重要性，而且时至今日，它仍是西亚最大的城市之一和东地中海最重要的港口。

据说亚历山大建立了亚历山大城，但这仅仅意味着他对在尼罗河三角洲西端建设一个新的城市给予了一些一般性的指导。他只能做这么多，因为不久之后他就离开埃及了。这个城市的实际缔造者是托勒密-索泰尔。当他开始管理埃及时，亚历山大城仍然很不发达以致不能用来作为首都，因而一开始政府的所在地设置在孟菲斯。在亚历山大（于公元前 323 年在巴比伦）去世了一段时间之后，托勒密-索泰尔保护了他的遗体，并且把其遗体带到了孟菲斯。当亚历山大城得到充分的建设后，该城变成了托勒密王国的首都，亚历山大的遗骸又被运回该城。城里建了一座庙来接收遗骸，这里被称作塞玛（Sēma），有可能托勒密王朝的诸王最后都被

---

[43] 杰赫勒姆河古称希达斯佩河（Hydaspēs），是旁遮普邦的 5 条河之一。亚历山大有一匹战马的名字叫布克法罗（Bucephalos），参见本书第 1 卷，第 491 页。
　*　锡尔河的希腊语古称，中国古称药杀水，也即叶河。——译者
[44] Eschatē 意为最遥远的城市。贾克撒特斯河[或锡尔河（Syr Daria）]是流向阿拉伯海的两条河中东边的那条河，另一条河是奥克苏斯河（Oxos）；索格狄亚那在这两条河的环绕之中。

埋在了同一神圣的皇城之中,因而塞玛就成了某种国家陵园。但它没有留下丝毫遗迹,它的具体位置也无法确定。[45]

非常奇怪的是,亚历山大城这个埃及的大都市被认为不在埃及,而在它以外。亚历山大城的古代的希腊语或拉丁语名称是 *Alexandria ad Aegyptum*,其意思是"与埃及接壤的亚历山大城"。从地理学上讲,这是错误的;亚历山大城在这个国家的西北地区,但无论如何不是在西北端。亚历山大拜访过的太阳神庙在它的西边很远的地方。毋宁说,"与埃及接壤的"这些词表达的是一种政治现实。亚历山大城并非原住民的首都,而是皇家和殖民地的行政部门所在地。这类似于有人说"与中国接壤的香港"或"与印度接壤的果阿(Goa)"。因为香港大多数居民是中国人,只有很少的英国人,它属于中国但不在其管辖范围之内;而在果阿,绝大多数居民是印度人,只有相对很少的葡萄牙人,它属于印度但也不在其管辖范围之内。*

在亚历山大城的居住者中,属于统治阶层的马其顿人和希腊人是少数,[46]绝大部分居民都是土生土长的埃及人。此外,还有相当可观的犹太殖民地的人(直到大约公元前198年,巴勒斯坦仍是托勒密王国的一部分),以及数目不定的其他东方人(叙利亚人、阿拉伯人和印度人)。我们想一想,亚历山大城必定曾是一个相当于纽约的城市,在亚历山

---

[45] *Sēma* 意指某种记号、征兆,后来指留有附近坟墓标记的古墓。在现代,"语义学(semantics)"这个词很常用,它来源于同一词根。*Sēma* 有时与 *sōma* 即身体相对应。亚历山大的遗体(*sōma*)大概安葬在现在的纳比·丹尼尔(Nabi Daniel)清真寺附近,对它周围地区的发掘也许会增加我们的知识。

＊ 当时的香港是英国殖民地,果阿是葡萄牙殖民地。——译者

[46] 再加上埃及的大祭司,他们控制着人们的心灵并且与实质的统治者合作。

大,希腊人和犹太人是两个关键的因素;而在纽约,两个关键的因素则是不列颠人(或爱尔兰人)和犹太人。正如纽约是新世界光彩夺目的象征那样,亚历山大城则是希腊化文化的象征。

从另一方面看,这样的比较也是有根据的,因为如果把不同的航行速度以及因此而产生的海面收缩考虑进去,这个新港同古希腊各港口的关系,与纽约港同英国各港口的关系并无太大分别。从比雷埃夫斯(Peiraieus,雅典的海港)到亚历山大城的航行几乎相当于现在从默西河(Mersey)到哈得孙(Hudson)的航行。从人类学的观点看,这会使人有点误解,因为亚历山大城不仅具有犹太人的特点,在很大程度上更具有非洲人和亚洲人的特点。

从这种意义上说,亚历山大城真是一个伟大国王之女,因为亚历山大大帝为世界引入了一种新的无法预知其未来重要性的思想;希腊的城邦观念已经被世界主义的观念取代了,他们的伦理多样性和宗教多样性被一种世俗文化整合为一体了。

亚历山大城不仅是一个大都市,而且是一个国际都市(cosmopolis),是第一个这样的城市。[47] 不仅在神庙的建设方面,而且在整个城市的建设方面,希腊人都是伟大的建筑

---

[47] 希腊人并不是在这种意义上使用 cosmopolis 这个词的,不过,犬儒学派成员西诺普的第欧根尼(Diogēnes of Sinōpē)却是第一个使用 cosmopolitēs 这个词的。当有人问他从哪里来时,他说:"我是一个世界公民(cosmopolitēs)。"如果亚历山大听到这句话,那可能会给他留下深刻的印象,但是,即使第欧根尼产生了这种思想,他也不可能像这位皇帝那样宣扬它、推行它。参见第欧根尼·拉尔修(Diogēnes Laërtios);《名哲言行录》(*Lives of the Philosophers*),第 6 卷,63;也可参见本书第 1 卷,第 489 页。

师;早在公元前 5 世纪中叶,米利都的希波达莫斯
(Hippodamos of Milētos)就已经说明了城市规划的物质原理
和精神原理。[48] 这是希腊天才的一个方面。他们并不允许
新城市像我们美国的城市那样随意发展。据说,波士顿的街
道是按母牛去吃草和返回牛厩的行走路径修建的,亚历山大
城的规划并不是那么随便的。

022 亚历山大把规划委托给他那个时代最杰出的建筑师罗
得岛的狄诺克莱特斯(Deinocratēs of Rhodos)。正是这个狄
诺克莱特斯为以弗所(Ephesos)设计了新的阿耳忒弥斯
(Artemis)神庙,[49]他还产生了这样的想法:把阿索斯山
(Mount Athos)的一座山峰凿成一尊巨大的亚历山大雕像的
形状。[50]他一直活到托勒密二世时期,据说他为了纪念(国
王的妻子)阿尔西诺而设计了一座神庙,它的顶部安装了磁
铁,从而使得这位王后的塑像看起来像悬浮在空中一样。[51]

  亚历山大城坐落在一块狭窄的土地上,北面是地中海,
南面是马雷奥蒂斯湖(Lake Mareōtis)。按照设计,该城有两
条宽阔的主道,一条很长[华盖路(the Canopic road)],贯穿

----

[48] 参见本书第 1 卷,第 295 页和第 570 页。

[49] 老的以弗所神庙建于公元前 6 世纪;它被以弗所的埃罗斯特拉托(Hērostratos of
Ephesos)烧毁了,埃罗斯特拉托希望"使自己千古留名",他成功地做到了这一
点。按照传说,火是在公元前 356 年亚历山大诞生的那一晚上燃烧起来的。

[50] 这一宏伟的想法根本没有开始实施。鉴于狄诺克莱特斯的构想,也许可以把他
称作丹麦雕塑家伯特尔·托瓦尔森(Bertel Thorvaldsen,1768 年—1844 年)和美
国雕塑家格曾·博格勒姆(Gutzon Borglum,1871 年—1941 年)的先驱;托瓦尔森
为卢塞恩(Lucerne)设计了巨狮,以纪念 1792 年遭到屠杀的瑞士卫兵,而博格勒
姆在南达科他州(South Dakota)布莱克山(Black Hills)拉什莫尔峰(Mount
Rushmore)的岩石上雕刻了美国总统的群雕像。

[51] 普林尼(Pliny):《博物志》(Natural History),第 34 卷,42 或 147。后来关于穆斯
林先知(sl'm)的棺材也有类似的故事。这有点像古代关于磁的民间传说。

东西;另一条较短,与它垂直。这座城市的中心就在这两条主道的交会处或在其附近。其他街道与它们平行,形成了一种棋盘式的格局。该市分为 5 个区,分别用希腊字母表中的前 5 个字母来命名,这 5 个字母也代表从 1—5 的 5 个数字。皇家宫殿、一组庞大的寺庙群和园林占据了该城很大一部分(大约有全城的四分之一或三分之一)。国家陵园、博物馆、图书馆,毫无疑问还有皇家卫队兵营都在被称作皇家区(Brucheion)的皇城之中。在华盖路有更多的庙宇和公共建筑。在东面的山坡,现在被称作库姆·迪克(Kum al-dīk)的地方有一个大公园 Paneion(潘氏圣所)。在该古城西南的另一个山坡上有萨拉匹斯神庙,那里还有一些运动场和竞技场。在哈德拉(Hadra)平原和赖姆莱(Ramleh)山坡上,两个巨大的公墓逐渐建立起来,它们面向东方,分别向东西两端和郊区延伸。[52] 至于港口,我们不久就会描述它们。

无论是进行概述还是详述,都很难叙述得非常确切,因为这座希腊城市就像部重写手稿,基督徒把它擦掉并重写了,后来穆斯林再次把它擦掉又重写。现代城市的华美和许多穆斯林的建筑或园地的神圣,使发掘变得不可能了。

六、亚历山大的港口和灯塔

作为希腊化埃及的主要城市,亚历山大城址的选择是非

---

[52] 有关这个古城的详细资料,请参见埃瓦里斯特·布雷恰(Evariste Breccia):《与埃及接壤的亚历山大城》(*Alexandrea ad Aegyptum*;Bergamo,1914),杰出的贝德克尔(Baedeker, ed. in English;Leipzig, 1929)和爱德华·亚历山大·帕森斯(Edward Alexander Parsons):《亚历山大图书馆:希腊化世界的辉煌——它的起源、古建筑和毁灭》(*Alexandrian Library, Glory of the Hellenic World. Its Rise, Antiquities and Destruction*;Amsterdam:Elsevier,1952)[《伊希斯》*43*,286(1952)],书中附有许多地图。

常明智的。我们应当假设,在这一问题上亚历山大受到了希腊商人的引导,这些商人活跃于瑙克拉提斯并且对尼罗河三角洲的不同地区有相当丰富的知识。在亚历山大以前这个地方并非不为人知。《奥德赛》(Odyssey,第 4 卷,第 355 行)中已经提到,从 Aigyptos(埃及)到达这个港湾的法罗斯岛(Pharos)需要航行一天,关于这个岛我们不久还会回过头来再谈。诗人大概是指从尼罗河支流华盖河(the Canopic Nile)到那个岛需要一天的航程,因为那个岛距河岸不超过 1 英里。岸边有一个渔村,[53]但没有城镇。为什么亚历山大选择尼罗河三角洲西端的这个孤立的地方? 其中的一个理由可能是,它东面的那些港口[54]总会受到被河流冲积层堵塞的威胁;亚历山大城与尼罗河的这种间接的联系,使她避免了那种危险。

　　这座新城坐落在地中海与马雷奥蒂斯湖之间,马雷奥蒂斯湖提供了与尼罗河连接的通道。因此那里有两个港口,一个在海边,在亚历山大城的城北;另一个在湖边,在该城的城南。据斯特拉波(活动时期在公元前 1 世纪下半叶)记载,从尼罗河到亚历山大城的贸易多于从地中海到亚历山大城的贸易,这看起来似乎是很可信的。今天的巴黎,即使不是法国最大的港口,也是其最大的港口之一,尽管它完全依赖

---

〔53〕 即法罗斯岛对面的拉柯提斯(Rhacotis)村。这个地方可能是亚历山大在埃及的行政长官瑙克拉提斯的克莱奥梅尼(Cleomenēs of Naucratis)选定的,克莱奥尼梅是一个聪明能干的金融家,但他的巧取豪夺太肆无忌惮了,以致托勒密-索泰尔下令把他处以极刑。

〔54〕 华盖河在亚历山大城以东的阿布吉尔流入地中海,其他支流在拉希德[Rashīd 亦即罗塞塔(Rosetta)]以及更东面的地方流入地中海。瑙克拉提斯位于华盖河口(Canopic arm),但与海还有一段距离。

于河上运输和运河的运输;不要忘了,尼罗河是全世界最浩大的河流之一。

这个海港面对海岛或法罗斯岛,该岛的存在大概是选择这个地址的一个决定性因素。这个城市原来的规划中包含着建设一座长度相当于 7 斯达地(stadia)*的防波堤[55],防波堤把法罗斯岛与海岸连在一起,因而建造了两个不同的海港,一个是东港或大港(Great Harbor),受到它东边的另一个防波堤的保护,还有一个是西港或欧斯诺特港(Eunostos, *Eunostu limēn*),亦即快乐返航港。[56]

当尼罗河河水高涨时,它会充满马雷奥蒂斯湖,而不像在别处那样导致一些沼泽。因此,这个坐落在海与湖之间并且远离沼泽地的城市,其空气

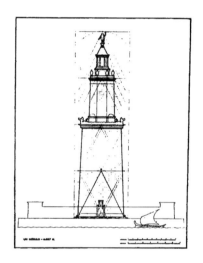

图 6 莫德斯托·洛佩兹·奥特罗(Modesto Lopez Otero)的亚历山大灯塔(Pharos)的复原图,参见《安达鲁斯》(*Andalus*)*1*,插图 4a(1934)

---

 * 斯达地(stadium)为古希腊和罗马长度单位,约合 607 英尺,相当于 185.01 米。——译者

[55] 这个防波堤长 600 腕尺(腕尺是古代长度单位,在不同国家每腕尺的长度也不一致。——译者),20 腕尺宽,高出海平面 3 腕尺。当海潮非常大时,它们也许会稍微漫过该防波堤达到步行者们踝骨的位置。由于该岛比海岸高,防波堤通过一座高度逐渐下降的 16 孔拱桥与它相连。

[56] 斯特拉波在其《地理学》(*Geography*)第 17 卷,1,6-8 对这些港口有很长的描述。他评论说,亚历山大城有益健康。

是相对较为纯净的；而且从北面吹来的地中海季风会使天气凉爽。这里的另一大优势就是没有疟疾。有人论证说，希腊的衰落在一定程度上是由于疟疾日益增多导致的；而尼罗河三角洲，或者至少它的西部，幸运地没有这种隐蔽的瘟疫。[57]

　　法罗斯岛为这两个港提供了一个北部屏障。在这个岛上曾建过一座巨大的灯塔，每个回家的水手在很远的地方就可以看到它。水手不仅可以看到这个岛，而且还可以看到灯塔，并且把它称作"法罗斯"。[58] 从现在起，我们也这样称呼它。

　　法罗斯灯塔建在这个岛的最东端，它是在托勒密二世菲拉德尔福统治时期，由尼多斯的建筑师索斯特拉托斯（Sōstratos of Cnidos）大约于公元前270年建造的。它不仅在古代而且在中世纪都会引起每一个旅行者的赞美，因为它的存在一直持续到14世纪。在中世纪的文献（主要是阿拉伯的文献）中，曾多次提到过这个灯塔，但是只有一个描述得非常详细，为此，我们应该感谢西班牙穆斯林学者马拉加的优素福·伊本·沙伊克（Yūsuf Ibn al-Shaikh of Malaga，1132年—1207年），他于1165年生活在亚历山大城。那一描述见于他的 Kitab alif-ba（《入门》）；这是他为了教育他的儿子

---

[57] 关于希腊的疟疾，请参见本书第1卷，第341页和第357页。

[58] 希腊词 pharos 获得了"灯塔"的含义，并用来指任何一种灯塔。这个词已传播到许多罗曼语族的语言之中了，在法语中为 phare，在意大利语和西班牙语中为 faro，等等。"Pharos"这个词也在英语中使用，以指类似于灯塔那样的灯，例如船上的信号灯等。每次我们使用这些词中的某一个时，我们都应感谢亚历山大城。

阿卜杜勒·拉希姆('Abd al-Rahīm)[59]写的一本按照字母顺序排列的概论。随着时间的消逝,法罗斯灯塔也遭到了许多损毁,当优素福·伊本·沙伊克于1165年参观它时,它已经不再被用作灯塔了。但无论如何,它的外形尚且完好,因为他不仅能登上它的顶部并进行了多项测量,而且他还注意到,在最高的平台的中央有一座小型的清真寺,它有圆的屋顶和四个门。他还注意到(在紧邻第一个平台下方的外墙上)有一块希腊铭文,他描述了这块铭文外观的一般情况,但未能译解它。在12世纪,穆斯林的典型看法是法罗斯灯塔依然保存得相当好,足以承受住矗立在它最高层的清真寺,但它已经不再用来为它原有的和卓越的目的服务了。

　　从阿拉伯人的描述中我们可以推断,这个灯塔矗立在一个既有的高出海平面12腕尺的巨大的石头平台上;它分为三个部分——底层、中层和最高层,它们的面积一个比一个小,形状分别是正方形、八角形和圆柱形。这三层的底座的周长分别为 45×4 = 180 步幅,10×8 = 80 步幅,以及 40 步幅。[60] 底层为 71 米高,墙上有 50 个隔间或壁龛。通过内

_025_

---

[59] 该书于1870年在开罗印制。那一描述出现在该书第2卷的第537页—第538页;米格尔·阿辛−帕拉查奥(Miguel Asin y Palacios)发现了该书的重要性,翻译了它并且在《安达鲁斯》1,241−300(1930)上做出评论;在技术方面,建筑师莫德斯托·洛佩兹·奥特罗使阿辛的说明进一步完善了。也可参见《安达鲁斯》3,185−193(1935)。赫尔曼·蒂尔施(Hermann Thiersch,1874年—1939年)的《法罗斯》[*Pharos*(266页,10幅另页纸插图,455插图),Leipzig,1909)]是一部最博学的研究著作。蒂尔施的这一著作仍然很有价值,但由于阿辛的发现,必须对他的结论加以修正。已故的阿尔瓦和贝里克公爵(the Duke of Alba and Berwick)在《不列颠学院学报》[*Proceedings of the British Academy*(London)19,3−18(1933)]及后来又在1934年1月27日的《伦敦新闻画报》(*Illustrated London News*)上,用英语说明了那一发现。

[60] 我们可以假设,1腕尺大约相当于60厘米或23.5英寸,一步幅大约相当于70厘米或27.5英寸。

部的环形楼梯可以到达第一个平台[61]，这里非常宽敞，两个骑手相对而行毫无问题。通过分别有 32 个台阶和 18 个台阶的石楼梯，人们可以到达第二个和第三个平台。光源大概是由夜间在顶层平台上一直燃烧的火提供的。这个灯塔的总高至少有 120 米，也许有 140.3 米。这的确是一个很高的塔，无论是在陆地还是在海上，过去人们肯定从很远的地方就可以看到它。航行到这个大都市的希腊人和巴比伦人看到这个壮观的景象都会肃然起敬。它曾经被认为是世界七大奇迹之一（参见下文），但在 13 世纪它被一次地震摧毁了。

法罗斯灯塔是亚历山大城最好的商业广告，也是它的繁荣的最好象征。这种物质繁荣与个体农民的极度穷困形成了巨大的反差（这种反差一直持续到现在），而且也与希腊的商业衰败和绝大部分地区存在的贫困形成了巨大的反差。雅典的地位已经降到了一个贫穷的地方城镇的地步，但它在精神方面仍有着以前那样巨大的威望；它的学校依然是古代世界一流的学校，而且它仍旧是每一个热爱智慧的人朝拜的主要中心。亚历山大城十分富裕，或者我们可以这样说，是它的王孙贵族、巨商富贾以及金融大亨控制了世界贸易；希腊人对亚洲和埃及的掠夺已经使东方诸国王积累起来的巨大财富流失了，金和银的流通量也有了相当可观的增长。

在亚历山大城的市场中汇集了许多埃及的产品（谷物、

---

[61] 就像在塞维利亚的吉拉尔达（the Giralda of Seville）塔和哥本哈根的圆塔（the Round Tower of Copenhagen）内一样。

莎草纸、玻璃器具、多种毛织品和刺绣织品、地毯、宝石等)、阿拉伯产品(香料、熏香)[62]以及那些地中海世界的产品。考古学的发现已经揭示了匈牙利和俄国国内来自亚历山大城的物品的真相,更不用说那些比较近的国家中的这类物品了,而陶制品则从罗得岛、萨索斯岛(Thasos)、尼多斯、克里特岛(Crete)以及其他地方运到了亚历山大。值得注意的是,罗得岛的那些产品数量巨大,因为罗得岛本身就是东地中海最大的贸易中心之一。埃及的"中央银行"设在亚历山大。每一种产业和商业都要交税,许多企业都被垄断了[63]并且被出租给皇家承包者。

法罗斯灯塔不像中世纪城市中那些华丽的钟楼那样,是民主的象征;毋宁说,它是希腊化时代最富裕的诸位国王的巨型广告。

七、世界七大奇迹

在每一种西方文献中都可以看到"世界七大奇迹"这一表述的痕迹,我们也许可以暂停一会儿,以便了解这一表述。这种说法也许是一种古代的奇想,[64]但它第一次出现的时候,相对来说已经比较晚了。最早的文字说明是归于拜占庭

---

[62] 供奉众多神的寺庙需要大量的乳香;参见塔恩:《希腊化文明》,第 260 页。

[63] 在伯纳德·派恩·格伦费尔(Bernard Pyne Grenfell)的《托勒密-菲拉德尔福的税收法》(*Revenue Laws of Ptolemy Philadelphus*,388 页,13 幅另页纸插图;Oxford,1896)中可以找到有关这方面的详细介绍。也可参见 G. W. 博茨福德(G. W. Botsford)和 E. G. 西勒尔(E. G. Sihler):《希腊文明》(*Hellenic Civilization*,New York,1915),第 607 页—第 609 页,从格伦费尔的著作中摘录的一段有关石油垄断的论述。石油是皇室最大的垄断行业,而且这个行业组织得最好,当然还有其他一些垄断行业,如纺织品业和莎草纸业。

[64] 斯特拉波(活动时期在公元前 1 世纪下半叶)在他的《地理学》第 17 卷,第 1 章,第 33 页中谈到,金字塔被列入世界七大奇迹(*en tois hepta themasi*)之中。因此,那些奇迹在他以前就有人列出了。

的斐洛(Philōn of Byzantion)名下的一本希腊语的小册子,题
为 *Peri tōn hepta theamatōn*(*De septem orbis spectaculis*,《论世
界七大奇迹》)。如果认定作者是活跃于公元前 3 世纪或公
元前 2 世纪的技师斐洛,那么也许可以认为这个小册子是古
代的,但毫无疑问,我们所说的这个斐洛亦即谈论"七大奇
迹"的斐洛,其活动时期不早于我们这个纪元的 4 世纪,也可
能活跃于 5 世纪。[65]

那是一篇既短小而内容又匮乏的专论,其中没包含多少
信息,因为它只注重华丽的辞藻而不注重描述,并且它并没
有完整地流传下来(缺少结尾部分)。[66] 它按照以下顺序赞
美了这七大奇迹:(1)巴比伦的"空中花园";(2)金字塔;
(3)菲狄亚斯(Pheidias)创作的宙斯雕像;(4)罗得岛巨像
(the Colossos of Rhodos);(5)巴比伦城墙;(6)以弗所神庙;
(7)哈利卡纳苏斯的摩索拉斯陵墓(the Mausōleion of
Halicarnassos)(有关第 6 项描述的结尾和第 7 项描述的全部
都已失传了)。这种排序是愚蠢的。大金字塔是由胡夫
(Cheops 亦即 Khufu,活动时期在公元前 29 世纪 *)建造的;
第 1 项和第 5 项亦即空中花园和巴比伦城墙是由尼布甲尼

---

[65] 在我的《科学史导论》中,我尝试性地确定了这位技师的年代(公元前 2 世纪下
半叶)。W. 克罗尔(W. Kroll)在其为《古典学专业百科全书》[第 39 卷(1941),
53-55]撰写的词条中,把这个技师的年代确定在公元前 3 世纪末,把谈论"七大
奇迹"的斐洛的年代确定在公元 4 世纪或 5 世纪。

[66] 第 1 版由利奥·阿拉提乌斯(Leo Allatius)编辑出版(Rome,1640);第 2 版由 I.
C. 奥雷利(Io. C. Orelli)编辑出版(Leipzig,1816)。最好的版本是鲁道夫·赫歇
尔(Rudolf Hercher)在他所编辑的埃里亚诺斯(Ailianos,活动时期在 3 世纪上半
叶)的著作(Paris,1858)结尾的文本,见第 2 卷,第 101 页—第 105 页。这 3 个版
本都是希腊语-拉丁语对照本。

* 原文如此,按照《简明不列颠百科全书》中文版第 3 卷第 824 页的说法,胡夫的
活动时期在公元前 26 世纪之初。——译者

撒（Nebuchadrezzar，公元前 605 年—前 561 年在位）建造的；第 3 项即宙斯神像是由菲狄亚斯（公元前 490 年—前 432 年）大约于公元前 5 世纪中叶创作的；第 6 项和第 7 项大概建于公元前 4 世纪中叶。我说"大概"是因为，在斐洛对阿耳忒弥斯神庙（Artemision）毫无意义的描述中，没有任何文字显示斐洛所指的是在公元前 575 年—前 425 年期间修建的并被埃罗斯特拉托（Ērostratos）于公元前 356 年烧毁的老神庙，还是于公元前 350 年左右开始兴建并于公元 262 年被哥特人烧毁的新神庙。摩索拉斯（Mausōlos）国王于公元前 353 年去世，不久之后，他的妹妹、妻子和继任者阿尔特米西娅二世（Artemisia Ⅱ）就为他修建了一座纪念陵墓。他所论及的最晚的奇迹是巨大的赫利俄斯（Hēlios）神像，它高 70 腕尺，由利西波斯最中意的弟子林佐斯的卡雷斯（Charēs of Lindos，活跃于公元前 290 年）[67] 创作。这尊神像用了 12 年，耗费了 300 塔兰特（talent）*才建成。这尊被称为巨像的雕塑矗立在罗得港的入港处，不过传统的说法，即它的腿横跨港口只是一种传说。大约于公元前 224 年的一次地震把它毁坏了。它的碎片残留在地上将近 9 个世纪，直到穆阿威

---

[67] 林佐斯是罗得岛的 3 个古代城市之一；这个罗得岛的城市建成于公元前 408 年，是相对来说比较新式的城市。太阳神赫利俄斯是这个岛的保护神。卡雷斯并不是罗得岛唯一的艺术家；从史前时期起，罗得岛就既是一个著名的艺术中心，也是一个著名的商业中心。在许多地方都可以看到希腊化时代罗得岛的杰作。例如，保存在梵蒂冈的"拉奥孔（Laocoōn）"和"战车（Biga，由两匹骏马拉的兵车）"，保存在威尼斯圣马可教堂（San Marco）的"赫利俄斯的四马双轮战车（Quadriga of Hēlios）"，保存在那不勒斯博物馆（the Naples Museum）的"法尔内塞公牛（Farnese Bull）"，如此等等，不一而足。参见斯凯沃斯·泽尔沃斯（Skevos Zervos）：《佐泽卡尼索斯州首府罗得岛》[*Rhodes, capitale du Dodécanèse*（对开本，378 页，687 幅插图），Paris, 1920]，插图非常精美。

* 使用于古代希腊、罗马和中东地区的货币名称。——译者

叶（Mu'āwiya，661年—680年任总督）的一个将军把它们卖给了埃美萨（Emesa）的一个犹太人，这个犹太人把它们分成672份，用980头骆驼运走了（这个故事有不同的版本，尤其是骆驼的数目有从900到30,000的差异！）。[68]

回到七大奇迹，这种由数字7的神圣性所促成的奇想，跨越了多个世纪传到今天，它永远也不会消失。过去总会有七大奇迹，将来也总会有，但奇迹一览表会随着时代的不同而变化。

非常奇怪的是，斐洛忽略了法罗斯灯塔，就此而言，他无疑是错的，因为直到近代，它都是同类建筑中最令人惊叹的不朽之作，而且它的建造涉及许多难题的解决。[69]

最常见的一览表，除了把巴比伦花园和巴比伦城墙算作一项并且加上法罗斯灯塔，其他都与斐洛的一览表相同。[70] 在其他古代一览表中还包含菲狄亚斯的雅典娜（Athēnē）神像、埃皮道鲁斯的医神庙（the Asclēpieion of Epidauros）、罗马的朱庇特神庙（the Temple of Jupiter 或 Capitol）、基齐库斯（Cyzicos）的哈德良（117年—138年在位）神庙（the Temple of Hadrian），甚至还有耶路撒冷神庙（the Temple in Jerusalem）。

028

---

[68] 最好的资料来源是自白者狄奥凡（Theophanēs Homologētēs，活动时期在9世纪上半叶）的《年代学》（*Chronographia*），卡罗吕斯·德·博尔（Carolus de Boor）编（Leipzig，1883），第1卷，第345页。按照狄奥凡的说法，这些碎片是青铜片，但难以相信的是，如此大量的青铜会被忽略长达9个世纪。

[69] 它是相对于金字塔和庙塔的现代意义上的第一座高塔。

[70] 我不知道是谁首先把法罗斯灯塔加入一览表中的。有可能包含它的一览表比斐洛的一览表更古老。维克多·雨果（Victor Hugo）的《历代传奇》（*Légende des siècles*，1877-1883）中重现了含有法罗斯灯塔的一览表，这一事实证明了它的持久性。

命运以它多变的方式对所有这些奇迹做出了安排；在今天，唯一保留下来的是最古老的奇迹——大金字塔，它比年龄排在第二位的奇迹还要早 2000 多年，而这些奇迹中的最年轻者——罗得岛巨像仅仅存在了 60 年。

在亚历山大的复兴中，亚历山大博物馆和图书馆是两个最杰出的机构。是否有过这样的两个独立机构抑或只有一个机构，是一个无关紧要的问题。它们都是皇家创办的，都位于这个城市的皇城中，并且完全取决于皇室的意志。它们相互独立或者相互依赖是一个行政管理的问题，这对我们来说并不重要。

第一篇的余下部分将主要用来讨论亚历山大博物馆，在此博物馆中所组织的科学活动或者从这里得到某种帮助或鼓励的科学活动，以及亚历山大图书馆和亚历山大的人文科学。人文科学的绝大部分都以这个图书馆为中心或者得到了它的鼓励。

029

第二章

亚历山大博物馆

托勒密诸王鼓励发展贸易和产业,并且热爱由此而获得的成果——金钱,但又不满足于积累金钱,从这点来看,他们具有典型的希腊特点。他们做好了充分的准备,要把埃及的全部重担压在可怜的个体农民的肩上;而在同时,他们还想让人们知道他们是恩人(evergetai)。他们渴望提高他们的王国在精神方面的声望,在实现艺术的辉煌方面,他们不仅效仿其他希腊化城市,而且还效仿雅典本身。因此,对他们来说,仅仅把商人和管理者从马其顿和希腊带来是不够的,他们还召来了哲学家、数学家、医生、艺术家和诗人等。他们是希腊人,充分认识到没有艺术和科学的繁荣是没有价值的和不值一提的。

一、亚历山大博物馆的创立·托勒密－索泰尔与托勒密二世菲拉德尔福

当拉古斯之子托勒密把埃及的政府管理得井井有条,并且完成了亚历山大城的建城之后,他马上就显示出不仅对这个城市的物质发展而且也对它的精神繁荣有着浓厚的兴趣。我们所理解的博爱可能与他所想的相距甚远,但是他意识到希腊文化的无比的价值,并且想把这种文化移植到埃及来。

他为此而开展的主要的创造性活动就是建立亚历山大博物馆。

博物馆就是缪斯（*Musai*）女神的神庙*，这些女神是宙斯和摩涅莫绪涅（Mnēmosynē，记忆女神）的女儿，是人文科学的女保护神，她们一共有 9 位，即主管历史的女神克利俄（Cleiō）、主管抒情诗的女神欧忒耳珀（Euterpē）、主管喜剧和欢乐诗的女神塔利亚（Thaleia）、主管悲剧的女神墨尔波墨涅（Melpomenē）、主管舞蹈和音乐的女神忒耳西科瑞（Terpsichorē）、主管情诗的女神埃拉托（Eratō）、主管赞美诗的女神波林尼亚（Polymnia）、主管天文的女神乌拉尼亚（Urania）和主管诗史的女神卡利俄珀（Calliopē）。竖琴之神阿波罗被称为众神领袖（*Musagetēs*）。有许多神话都是毫无意义和无聊的，但这些优美的创作非常令人愉悦，并且有助于我们去理解和爱慕希腊人的天才。请注意，有 7 位缪斯女神是文学（主要是各种诗歌）的保护神，剩下的一位是历史女神，另一位（非常奇怪地）是天文学女神。这样，这个最早的人文科学理事会至少给自然科学的一个分支留下了一个余地。实际上，乌拉尼亚所代表的不是天文学家，而是天国的荣誉。克利俄和乌拉尼亚加在一起就是最早的科学史的保护神。

欧里庇得斯（Euripidēs）创造了"museum"这个词的一个有趣的用法，他曾提到鸟的 *museia*（展示厅），这里是它们聚

（C80）

---

* 英语中的"museum（博物馆）"来源于希腊语的"*Mouseion*（缪斯神庙）"，因而也指从事学术研究的场所。在作专有名称时，特指由托勒密一世开始兴建、托勒密二世菲拉德尔福建成的促进学术研究和赞助学者的机构——亚历山大博物馆（the Museum）。显然，那时"博物馆"的含义与现代的概念是不同的，参见下文。——译者

在一起歌唱的地方！希腊的许多地方都有供奉所有缪斯的神庙或者供奉她们中的任何一位的神庙；在柏拉图学园中有一个"博物馆"，塞奥弗拉斯特（Theophrastos）为纪念亚里士多德在雅典创办的一所文学艺术学校也以此命名，但托勒密的博物馆使所有那些机构都显得相形见绌，当我们谈到古代时，"博物馆"这个名称使我们想起的就是亚历山大博物馆而不是其他的博物馆。亚历山大博物馆如此著名，以至于它的名称成为每一种西方语言中的普通名词，[1]但我们对它的组织机构依然所知寥寥。

关于亚历山大博物馆，斯特拉波写道：

这个博物馆也是皇家宫殿的一部分；它有一个公共通道，一个带坐椅的半圆形门廊（Exedra）[2]，还有一个大的房间，是参与博物馆活动的学者们的公共餐厅。这群人不仅拥有共同的财产，而且还有一个负责博物馆的祭司，以前他是由国王任命的。[3]

这样的描述很不充分，但它还是提供了某些信息。首

---

〔1〕 比较一下其他普通名词：academy（学园，柏拉图用语）和 lyceum（学园，亚里士多德用语）。每一种语言都是一种考古集成。无论如何，Museum 这个名称已经失去了它原有的含义，现在，它主要是指保存考古收藏品或艺术收藏品的建筑。1794 年，巴黎植物园（the Jardin des Plantes of Paris）被重新命名为自然史博物馆（the Muséum d'histoire naturelle）。巴黎博物馆也许是与亚历山大博物馆最相似的博物馆。绝大部分现代的博物馆都配备了一些学者，他们会办讲座，并且开展各种形式的研究和教学活动。

〔2〕 Exedra 是指门廊或有顶的柱廊，通常为半圆形，而且往往配有坐椅，以供人们在露天和阴凉的地方交谈。希腊人，例如在德尔斐，也把它称作 leschē（希腊式庭院，参见本书第 1 卷，第 229 页）。

〔3〕 斯特拉波（活动时期在公元前 1 世纪下半叶）：《地理学》（第 17 卷，1，8）。引自"洛布古典丛书"（Loeb Classical Library）版，译文见霍勒斯·伦纳德·琼斯（Horace Leonard Jones）编辑并翻译的（8 卷本的）该书（Cambridge，1932），第 8 卷，第 35 页。

先,这个博物馆不仅是一个皇家机构,而且还是"皇家宫殿的一部分"。在埃及,无论什么事物,如果国王不喜欢就不可能存在下去,而且一切好的东西都要归功于国王(曾经有过的任何不好的东西一般都归因于老百姓)。博物馆占据了靠近大港的皇城中的某些建筑。[4] 那里有一个履行宗教职责的祭司(就像我们一个学院的院长在礼拜堂做礼拜那样)。博物馆的成员拥有共同的财产,这种情况是可能的也是合理的。简而言之,这个博物馆是一组准备用于各种科学目的的建筑,它的成员们像一所中世纪的学院中的同事或辅导教师那样生活在一起。

尽管我们对亚历山大博物馆的组织情况了解很少,但我们可以从它所鼓励的各种活动中推断出相当多的信息。有可能它更像一个科学研究机构而不像一个学院;没有证据表明它曾用于教学,或者换句话说,教学仅限于最高级的那种,亦即一个教师给予他的实习生和助手的那种非正式教学。我们可以假设只有最低限度的管理,而且管理是随机的。那里没有考试,没有学位,也没有学分。主要的奖励就是对完成得很好的有益工作的成就感,而主要的惩罚(除了从这个乐园中开除之外)则是对完成得很差的无益工作的失败感。

这个博物馆中肯定有一些天文学仪器,那么,安置这些仪器的房间或建筑也许可被称作观象台。博物馆中还有一个用于动物解剖的房间或进行生理学实验的房间,在博物馆的四周还有植物园和动物园。我们将在第十章讨论图书馆

_____

〔4〕 为了比较,请考虑一下伊斯坦布尔的大宫殿或北京的紫禁城,或者想象一下建在某一被围起来的园地中的某个现代首都的政府建筑和公共建筑。

(它是每一个科学研究机构必不可少的组成部分)。

这个博物馆由托勒密一世开始兴建,但其发展主要是靠他的儿子和继任者托勒密二世菲拉德尔福。要更加确切地确定每个人在这项伟大的事业中所承担的份额是不可能的,但可以肯定,在公元前3世纪上半叶大量工作已经完成,因而如果在公元前285年,托勒密二世自己的努力必须从零开始,就不可能出现这样的局面。

没有希腊天才的榜样和激励,这样的建设大概也不可能完成。这个博物馆的建设者不仅有最初的这两位国王,而且至少还有另外两个人,没有他们,这两位国王自己也是无能为力的。按照年代顺序排列,这两个人分别是帕勒隆的德米特里和兰普萨库斯的斯特拉托(Stratōn of Lampsacos)。

1. 帕勒隆的德米特里。德米特里和斯特拉托都是亚里士多德的继任者,更直接的是塞奥弗拉斯特的继任者。这使我们想起一个关于希腊文化复兴的重要说明。亚历山大帝国作为一个实体,在亚历山大去世后就分崩离析而不复存在了;而另一方面,亚里士多德的综合是一种精神实在,在时间的进程中它经常被矫正和修改,但却依然不能被毁灭。亚历山大博物馆是雅典的吕克昂学园在远方的继续和扩大。

德米特里大约于公元前345年出生在帕勒隆(雅典最古老的港口),他是一位作家和政治家,他在其故乡曾一度非常受欢迎,一度又非常不受欢迎;他是雅典的独裁统治者,他的目中无人的习性和挥金如土的做派必定使得许多人转过来反对他。当马其顿国王围城者德米特里(Dēmētrios Poliorcētēs)于公元前307年"解放"雅典时,另一个(即帕勒隆的)德米特里不得不让位。他到亚历山大去避难,在那里,他受到了托勒密-索泰尔的欢迎;在历史上这既不是第一次也不是最后一次:政治流亡创造或增进了新的机遇。托勒密正需要像德米特里这样的人,他们很可能互相激励。我们简直无法肯定,最初创办亚历山大博物馆和图书馆的想法究竟是国王自己的呢,还是那个被他保护的人的。实际上这并不重要。在雅典的时候,德米特里忙于各种公务和政治演说,以至于没有多少时间顾及写作方面的工作。有人认为,他的丰富的著作(都已失传)的绝大部分都是在埃及完成的。他也许是亚历山大图书馆的第一个主管或创始人,至少他自己的藏书是该图书馆的起点。当托勒密二世于公元前285年继承父业时,德米特里失宠了,并且被驱逐到上埃及。按照第欧根尼·拉尔修(活动时期在3世纪上半叶)的说法,他被角蝰咬伤后不治身亡,并且被埋葬在靠近狄奥斯波利(Diospolis)[5]的布西利斯(Busiris)区,时间可能是在公元前283年以后。

2. **兰普萨库斯的斯特拉托**。另一位是阿尔凯西劳(Arcesilaos)之子斯特拉托,他于公元前4世纪的最后25年出生在兰普萨库斯(位于赫勒斯滂亦即达达尼尔海峡的亚洲一侧)。因此他属于德米特里的下一代;像德米特里一样,他不仅是塞奥弗拉斯特[6]的学生,而且最终成为塞奥弗拉斯特的继任者。托勒密一世大约于公元前300年把他召到

---

〔5〕第欧根尼·拉尔修(活动时期在3世纪上半叶):《名哲言行录》,第5卷,75-83,见于"洛布古典丛书"版,R. D. 希克斯(R. D. Hicks)编辑并翻译(Cambridge,1938),第1卷,第527页—第537页。这里指的大概是卢克索附近的狄奥斯波利城(Diospolis parva)。

〔6〕塞奥弗拉斯特曾担任吕克昂学园的园长达35年之久(公元前323年—前288年);德米特里是他担任园长初期的学生,斯特拉托则是大约20年以后的学生。

埃及,让他担任其子亦即未来的托勒密二世的家庭教师,斯特拉托一直以这种方式服务到公元前 294 年,这一年他被科斯岛的菲勒塔斯(Philētas of Cōs)[7]取代了。他也许又在亚历山大城待了几年,直到公元前 288 年塞奥弗拉斯特去世,这时,他应召回到雅典管理吕克昂学园。他在第 123 个四年周期(公元前 288 年—前 284 年)成为园长(*scholarchēs*),后来他又继续主持了 18 年的学园工作,他任命特洛阿斯的吕科(Lycōn of Trōas)为自己的接班人。他大约于公元前 270 年—前 268 年去世。第欧根尼·拉尔修说:"总的来说,他以'物理学家'而闻名于世,因为在这一最细致的有关自然的研究领域中,他所做出的贡献比任何人都多。"[8]

从科学的观点看,第欧根尼所写的传记通常不够充分,但这种简略的陈述依然为我们提供了有关斯特拉托个性的重要线索。我们必须停下来考虑一下,因为(鉴于他的著作已经失传,只能就间接的判断而言)不仅斯特拉托本人非常重要,而且正是由于他才使得亚历山大博物馆有了科学的气氛。演说家德米特里和诗人菲勒塔斯可能无法做到这一点,因为他们既没有科学知识,也对它毫无兴趣,若是没有斯特拉托,这个博物馆也许仍然还是一所演讲术和纯文学的

033

---

[7] 科斯岛的菲勒塔斯是诗人和语法学家(大约公元前 280 年去世)。这是另一个活跃于年轻的亚历山大城并且参与了希腊文化的培育进程的希腊人。那里肯定还有其他许多人,他们来到这里的原因,一部分是由于他们在祖国遭遇的阴谋和不幸迫使他们离开,一部分是由于亚历山大需要他们并且吸引他们。

[8] 第欧根尼·拉尔修:《名哲言行录》,第 5 卷,58-64;"洛布古典丛书"版第 1 卷,第 508 页—第 519 页。第欧根尼 *in extenso*(全文)引用的斯特拉托的话,引自凯奥斯岛的阿里斯通(Aristōn of Ceōs)所编的这类文献的文集,阿里斯通是吕科的继任者。吕科从大约公元前 268 年至大约公元前 224 年担任了 44 年吕克昂学园的园长。因此,阿里斯通大约是公元前 224 年成为园长的。

学校。

公元前 300 年与公元前 294（或 288）年之间，斯特拉托来到亚历山大城生活，他的出现是一个具有重大意义的事件。我们可以想象这个"物理学家"与他的赞助者托勒密一世以及他的学生、未来的托勒密二世之间的谈话。这三个人是亚历山大博物馆的主要创建者。

我们对斯特拉托的哲学和物理学观点的了解仅仅是间接的，而且是不全面的，我们所知道的情况都与他从埃及回国后在雅典的讲学有关。不过，我们可以假设，当他在亚历山大城帮助制定博物馆的科学政策时，他的思想的总体方向已经确立。第欧根尼在结束有关他的传记时写道："斯特拉托在每一个学术分支都卓尔不群，尤其是在那门被称作'物理学'的学科，这是一门比其他学科都更古老也更重要的哲学分支。"

换句话说，塞奥弗拉斯特所强调的吕克昂学园的科学倾向，得到了斯特拉托进一步的强调。斯特拉托必然认识到了，无论我们的形而上学沉思可能多么可贵，它们都不能把人们引向一个安全的港湾；科学研究是知识进步的唯一途径。他从吕克昂学园转到亚历山大博物馆，后来又从这个博物馆回到吕克昂学园，这种经历就是他古怪的命运。我们将会看到，这个博物馆使科学家受到了鼓励，但基本上没有使哲学家受到鼓舞；这里（由于斯特拉托）显然成了一所科学学校，但却没有成为文学学院或哲学学院。

斯特拉托的物理学只不过是亚里士多德物理学中更具有科学性的部分的延续。他的倾向是泛神论和唯物论的，但他似乎反对原子论（Atomism）的观点。我猜想，许多与他同时代的人都是反原子论者，因为他们都是反伊壁鸠鲁主义者。此外，无论原子论（在 22 个世纪以后）最终的命运如何，伊壁鸠鲁的原子论都不是一种合理的探讨，柏拉图主义就更糟糕。斯特拉托试图在实证的基础上建立物理学，并且试图使它摆脱对终极原因的徒劳的探索；从残存的资料来看，他试图按照最完美的亚里士多德主义的风格把观念论与经验主义相结合，以便鼓励人们从经验去推断，而不是从形而上学的假设去推断。斯特拉托的物理学是对亚里士多德物理学的改造，以使它适用于更为精确的知识和实践的需要；它不可能是成熟的，因为实验基础依然非常不充分。我认为，如果是他建议博物馆避开哲学，那么这在一定程度上是由于学园学派、吕克昂学派、花园学派以及柱廊学派之间无休止的争论，这些争论导致了混乱，只有激烈的争吵而没有解决的办法。

不过，像马尔库斯·图利乌斯·西塞罗（Marcus Tullius Cicero）那样的说法也是不准确的，他说斯特拉托忽视了哲学最重要的部分——伦理学。无论怎么说，第欧根尼·拉尔修（在《名哲言行录》，第 5 卷，59–60 中）所列出的斯特拉托著作一览表，并不能证明西塞罗的责备合理。作为吕克昂学园的园长，斯特拉托自然必须讨论伦理学问题甚至讨论形而上学问题；但他首先是一位物理学家（physicos），他的主要的创作成就就是亚历山大博物馆。这足以使他流芳百世。

二、亚历山大博物馆的后期史

亚历山大博物馆的存在贯穿整个希腊化时代。隶属于它的学者和科学家们先是从诸位国王、后是从诸位罗马统治者那里领取俸禄,国王或罗马统治者任命一个馆长(*epistatēs*)或祭司(*hiereus*)作为博物馆的负责人。2世纪中叶以后,由于政治变迁以及设置在雅典、罗得岛、安条克甚至罗马和君士坦丁堡(Constantinople)的其他机构的竞争,亚历山大博物馆的重要性大大降低了。早期的皇帝们,主要是哈德良(117年—138年在位)力图恢复它昔日的辉煌,但收效甚微。公元270年它被完全毁坏了,但后来又被重建。最后为它增添光彩的科学家有塞翁(Theōn,活动时期在4世纪下半叶)和他的女儿希帕蒂娅(Hypatia,活动时期在5世纪上半叶)。希帕蒂娅于415年被一个基督教的暴徒谋害了,从而也使这个已经延续了7个世纪的伟大机构走向了终结。

回到亚历山大博物馆的初期,或者它存在的第一个世纪,它对科学的进步有着相当重大的影响。正是由于它的创建和它的开明的赞助者,使得它可以不受任何阻碍地发挥其作用,从而使公元前3世纪得以见证一场如此惊人的复兴。这个博物馆的学者们获得准许,可以完全自由地从事和继续他们的研究。据我们所知,这是最早的有组织的集体研究机构,而且它不是根据政治或宗教指令组织起来的,它除了追求真理外没有别的目的。

伟大的科学家和学者们能够尽可能按照他们所认为的最恰当的方式自由地进行探讨,而亚历山大城的世界主义氛围使得他们可以利用在他们以前所获得的所有研究成果,这些成果不仅有希腊人获得的,而且也有埃及人和巴比伦人获得的。关于这一点,我将在以后的诸章中给予充分的说明。

第三章
亚历山大的欧几里得

一、欧几里得的生平与著作

欧几里得(活动时期在公元前 3 世纪上半叶)是与新的大都市——亚历山大城密切相关的最早和最伟大的科学家之一。我们都知道他的名字和他的主要著作《几何原本》(*Elements of Geometry*),但是,我们对他本人的知识是不确定的。我们的了解非常之少,而这点寥寥无几的知识还是推论性的,并且是从后来的出版物中得来的。然而,这种知识的贫乏并非例外,而是常见的情况。人类记得专制君主和暴君、成功的政治家、富豪(至少他们中的一部分),但却忘记了他们最大的恩人。我们对荷马、泰勒斯(Thalēs)、毕达哥拉斯(Pythagoras)、德谟克利特(Dēmocritos)……有多少了解?不仅如此,我们对中世纪大教堂的建筑师或莎士比亚(Shakespeare)又了解多少呢?关于古代那些最伟大的人物我们所知甚少,即使当我们已经得到了他们的著作并且享受他们大量的恩惠时,情况依然如此。

有关欧几里得的出生地和生卒年月不得而知。我们之所以称他为亚历山大的欧几里得(Euclid of Alexandria)[1]，乃是因为亚历山大城是唯一的一个几乎可以肯定与他相关的城市。我们还是把所有慢慢流传至今的信息放在一起吧。他可能是在雅典接受教育的，如果是这样，那么他就是在柏拉图学园得到了数学训练。在公元前 4 世纪，学园是一所杰出的讲授数学的学校，而且是他唯一可以很顺利地获得他所拥有的所有知识的地方。当战争和政治混乱等大变动使得在雅典工作的困难增加时，他去了亚历山大城。在托勒密一世统治期间，而且也许在托勒密二世统治期间，他活跃于这里。有两段逸闻有助于揭示他的个性。据说，国王（托勒密–索泰尔）问他，在几何学中是否有比《几何原本》更便捷的道路。他回答说，没有通往几何学的皇家大道——这是一个很精彩的故事，它未必真是欧几里得的故事，但它具有永恒的正确性。数学"对任何人一律平等"。另一段逸闻同样有益。有个人开始跟欧几里得学习几何学，当他学习第一个定理时，他问欧几里得："我学那些东西能得到什么？"欧几里得把自己的奴隶叫来并且对他说："给他一个银币，因为他必须从他所学的东西中有所收获。"现在仍有许多愚蠢的人，他们像欧几里得的学生那样看待教育；他们希望立即可以从教育中获益，如果以他们的方式对之进行教育，那么教育就会完全化为乌有了。

　　这两段逸闻记录的时间相对较晚，第一段是由普罗克洛（Proclos）记录的，第二段是由斯托拜乌（Stobaios）记录的，他

_086_

---

[1] 他的希腊名字是 Eucleidēs，但使用它可能过于学究气，因为 Euclid（欧几里得）这个名字才属于我们自己的语言；这个名字的其他形式（例如 Euclide）已经成为其他语言的用语。

们二人都活跃于 5 世纪下半叶；这些逸闻似乎都是非常可信的，它们也许基本上是真实的，即使不是这样，它们所描绘的也是与欧几里得同时代的人所见过或所想象的他的传统形象。大部分历史逸闻都是这样，它们可能像通俗的形象化描述一样可信。

欧几里得与亚历山大博物馆有联系吗？没有正式的联系。若有联系，这个事实可能就会被记录下来了；但是，如果他活跃于亚历山大城，他必然了解亚历山大博物馆及其图书馆，它们是所有形式的理性生活的中心。不过，作为一个纯数学家，他并不需要任何实验室[2]，而且，他很容易就能把他需要的所有数学书从希腊带来。我们可以假设，优秀的学者自己会抄录他们需要了解或者他们渴望保存的文本。一个数学家不需要密切的合作者，就像诗人一样，他可以独自非常安静地完成他的大部分工作。另一方面，欧几里得可能还在博物馆或他自己的家里给几个学生上课。这种情况大概是很自然的，帕普斯（Pappos）的评论证明了这一点，他说，欧几里得的学生们在亚历山大城给佩尔格的阿波罗尼奥斯（Apollōnios of Pergē，活动时期在公元前 3 世纪下半叶）授课。这有助于证实欧几里得所处的年代，因为阿波罗尼奥斯大约生活在公元前 262 年至公元前 190 年，这大概就可以确定，他的老师们的老师的活动时期是在公元前 3 世纪上半叶。

由于对欧几里得本人的了解非常之少，以致在很长一段

---

〔2〕 如果归于他名下的光学、天文学和音乐方面的著作确实是他的，他可能就需要专业辅助设备和仪器，而亚历山大博物馆可能是唯一能提供这些东西的地方。但那些著作没有提到这个博物馆。

时期内人们把他与另外两个人混淆了，一个是比他年长许多的人，另一个是比他年轻许多的人。中世纪的学者坚持称他为麦加拉的欧几里得（Euclid of Megara），因为他们把他误认为是哲学家欧几里得（Eucleidēs）了，哲学家欧几里得是苏格拉底（Socrates）的一个弟子（他是苏格拉底最忠实的弟子之一，曾经照顾这位在监狱中被处死的导师），柏拉图的朋友，而且是麦加拉学派（the School of Megara）的创立者。直至 16 世纪末，早期的印刷商才证实这是一种混淆。费德里科·科曼迪诺（Federico Commandino）在他翻译的欧几里得著作的拉丁语译本（Pesaro，1572）中第一个纠正了这个错误。另一种混淆是由这一事实引起的，即有人认为，编辑《几何原本》的亚历山大的塞翁（Theōn of Alexandria，活动时期在 4 世纪下半叶）为其补充了证明！如果情况是这样，他才是真正的欧几里得。这个错误非常严重，这就仿佛有人声称荷马构思了《伊利亚特》，而真正的作者是以弗所的泽诺多托斯（Zēnodotos of Ephesos）。

1.《几何原本》。从另一方面看，我拿荷马来做比较也是有根据的。正如每个人都知道《伊利亚特》和《奥德赛》一样，每个人也都知道《几何原本》。荷马是谁？《伊利亚特》的作者。欧几里得是谁？《几何原本》的作者。

我们不可能知道这些最伟大的人物个人的具体情况，但我们很荣幸地可以研究和使用他们的著作——这些著作是他们自己的精华，我们理应尽可能地去研究和使用它们。我们来考虑一下《几何原本》，它是流传至今的最早且阐述详尽的几何学教科书。它的重要性很快就被认识到了，因此，这本教科书能够完整地留传给我们。该书分为 13 卷，其内容可以简略地描述如下：

第 1 卷—第 6 卷：平面几何。当然，第 1 卷是基础，其中包括有关三角形、平行线、平行四边形等的定义和公设以及对它们的论述。第 2 卷的内容也许可以称为"几何代数学（geometric algebra）"。第 3 卷是关于圆的几何学。第 4 卷讨论了正多边形。第 5 卷给出了一个新的应用于可公度和不可公度的量的比例论。第 6 卷是该理论在平面几何中的应用。

第 7 卷—第 10 卷：算术，数论。这几卷讨论了许多种类的数，如素数或互为素数的数，最小公倍数，等比数列中的数，等等。第 10 卷是欧几里得的杰作，它讨论了无理线段，所有线段都可以用下面的表达式表示：

$$\sqrt{(\sqrt{a}+\sqrt{b})}\text{ }^*$$

在这里，a 和 b 是可公度的线段，但 $\sqrt{a}$ 和 $\sqrt{b}$ 是无理线段而且彼此是不可公度的。

第 11 卷—第 13 卷：立体几何。第 11 卷非常像扩展到第三维的第 1 卷和第 6 卷。第 12 卷是穷举法在测量圆、球体和棱锥体等的应用。第 13 卷讨论了正多面体。

柏拉图怪诞的思考使正多面体理论上升到一个具有重要意义的高水平。因此，许多优秀的人们都把有关"柏拉图

---

* 本书中的 $\sqrt{\ }$ 即 $\sqrt{\ }$。——译者

多面体"[3]的完备知识看作几何学的皇冠。普罗克洛(活动时期在 5 世纪下半叶)指出,欧几里得是一个柏拉图主义者,而且他是为了说明柏拉图图形才构造他的几何学杰作的。这种看法显然是错的。当然,欧几里得有可能曾是柏拉图主义者,但他也可能偏爱另一种哲学,或者他可能小心翼翼地避免任何哲学暗示。正多面体理论是立体几何的自然积累,因此,《几何原本》必然以它作为结尾。

C38

不过,这一点并不令人惊讶,即古代那些试图继续欧几里得之努力的几何学家们特别关注正多面体。无论在数学以外欧几里得可能怎样看待这些多面体,它们都是几何学中最迷人的部分,对那些新柏拉图主义者而言尤其如此。由于它们,几何学获得了一种宇宙论含义和一种神学价值。

有两卷讨论正多面体的著作被添加在《几何原本》上,并被称作该书的第 14 卷和第 15 卷,在该书的许多版本、译本、抄本或印刷本中都有这两卷。所谓第 14 卷是由亚历山大的许普西克勒斯(Hypsiclēs of Alexandria)于公元前 2 世纪初叶创作的,这是一部有着卓越价值的著作。另一专论亦即所谓"第 15 卷",成书很晚而且质量也比较差,它是由米利都的伊西多罗斯[Isidōros of Milētos,大约于 532 年开工建造的圣索菲亚教堂(Hagia Sophia)的建筑师]的一个学生创

[3] 有关正多面体和柏拉图在这些多面体方面的偏离正轨,请参见本书第 1 卷,第 438 页—第 439 页。简要地说,可能只存在 5 种正多面体这一事实给柏拉图留下了如此深刻的印象,以致他给每一种正多面体赋予了宇宙论的含义,并且更进一步,在这 5 种多面体与 5 种元素之间建立了一种联系。柏拉图关于 5 种多面体的理论是怪诞的,关于 5 种元素的理论也同样如此,而这两种理论的结合更是怪诞的组合。尽管如此,柏拉图的声望如此之大,以致这种怪诞的组合物被奉若科学的最高成就和形而上学的胜利。

作的。

回到欧几里得,尤其是回到他的重要著作《几何原本十三卷》(*The Thirteen Books of the Elements*),在对他进行评价时,我们应避免人们屡犯的两个相反的错误。第一个错误是,称其为几何学的创始人、几何学之父。正如我对所谓"医学之父"希波克拉底所做的说明那样,除了我们的在天之父以外,没有什么永恒之父。如果就像我们应当做的那样,把埃及人和巴比伦人的努力考虑进去,那么,欧几里得的《几何原本》是 1000 多年的深思熟虑的顶峰。有人也许会提出异议说,出于另一个理由,欧几里得也理应被称作"几何学之父"。尽管在他之前已经有了许多发现,但是,难道不是他第一个把别人和他本人所获得的所有知识进行了综合,并且把所有已知的命题按照严格的逻辑顺序进行整理了吗?这种说法并不是绝对正确的。在欧几里得以前,一些命题就已经得到证明,而且一系列命题已经被确立。此外,在他以前,希俄斯的希波克拉底(Hippocratēs of Chios,活动时期在公元前 5 世纪)、莱昂(Leōn,活动时期在公元前 4 世纪上半叶)以及最后马格尼西亚的特乌迪奥(Theudios of Magnēsia,活动时期在公元前 4 世纪下半叶)都已经写作过"原本"。欧几里得肯定熟悉特乌迪奥的专论,该专论是为柏拉图学园准备的教材,而且大概与吕克昂学园中使用的教材类似。无论如何,亚里士多德知道欧多克索(Eudoxos)的比例论和穷举法,欧几里得在《几何原本》的第 5 卷、第 6 卷和第 12 卷中对它们进行了详细的阐述。简言之,无论你考虑的是《几何原本》中的特定定理、方法还是论证,在这些方面欧几里得都鲜有一个完全的革新者的表现；只不过，他比他以前的几何学家做得更好，涉及的范围更大。

相反的错误是把欧几里得看作一个"教科书制造者"，他没有发现任何东西，他只是把其他人的发现更有序地组织在一起。显然，现在人们似乎不会认为，一位编写几何学基础著作的教师是一个具有创造性的数学家，他是一个教科书制造者（一种不光彩的称呼，甚至其目的往往完全是华而不实的），但欧几里得不是。

《几何原本》中的许多命题可以归功于较早的几何学家；我们可以假定，不能归功于其他人的那些则属于欧几里得本人的发现，而这些发现的数目是相当可观的。至于论证，这样的说法更可靠，即这类论证大部分都是欧几里得自己的。在这类论证的对称、内在美和清晰性方面，他创造了一个像帕台农神庙一样非凡的不朽之作；而帕台农神庙望尘莫及的是，他的杰作更复杂也更持久。

对这种大胆的命题，无法用几段话或几页的篇幅充分证明。要想评价《几何原本》的丰富内容和伟大所在，就必须在一个像托马斯·利特尔·希思爵士（Sir Thomas Little Heath）那样有着完备注释的译本中对它们进行研究。我们此时此刻所能做的，无非是再强调少许要点。考虑一下第 1 卷，这一卷说明了最基本的原理、定义、公设、公理、定理和问题。现在有人可能做得更好，但是，说任何人都能做得像 22 个世纪以前那样，几乎是令人难以置信的。

2. 公设。《几何原本》最令人惊讶的部分是欧几里得对公设的选择。在这些问题上，亚里士多德无疑是欧几里得的老师；亚里士多德非常关心数学原理，他曾指出公设的不可避免性和把它们减到最小程度的必要性[4]；但《几何原本》中的公设是欧几里得自己选的。

尤其是对第 5 公设的选择或许是他最伟大的成就，这一公设比其他任何公设更会使"欧几里得"这个名字名扬千古。我们逐字逐句地引用一下这一公设：

> 同一平面内一条直线和另外两条直线相交，若在某一侧的两个内角的和小于两直角的和，则这两条直线经无限延长后在这一侧相交。[5]

一个智力水平一般的人也许会说，这个命题是显而易见的，不需要进行证明；而一个比较优秀的数学家则会认识到证明的必要性，并且会尝试给出其证明；能够认识到需要某个证明但证明又是不可能的，这需要有超常的天赋。那时，从欧几里得的观点来看没有别的办法，只能把它当作一个公设接受下来继续前进。

040　　这一重大的决定显示出欧几里得的天才，而衡量他的天才的最好方法就是考察这一决定的结果。第一个结果与欧几里得直接相关，就此而言，它是他的《几何原本》的一项令人赞叹的成就。第二个结果就是数学家们进行了无休止的试图纠正他的尝试；最早进行这样尝试的有希腊人如托勒密（活动时期在 2 世纪上半叶）和普罗克洛（活动时期在 5 世

---

[4] 有关亚里士多德的观点，可以阅读托马斯·L. 希思：《欧几里得〈几何原本〉英译本》(*Euclid's Elements in English*；Cambridge，1926)，第 1 卷，第 117 页及以下；或者他的遗著：《亚里士多德的数学》(*Mathematics in Aristotle*，305 pp.；Oxford：Clarendon Press，1949)[《伊希斯》*41*，329(1950)]。一个公设就是一个既不能证明也不能否证，但为了论证继续下去又必须坚持或否认的命题。

[5] 有关的希腊语文本和比这里更详细的讨论，请参见希思：《欧几里得〈几何原本〉英译本》，第 1 卷，第 202 页—第 220 页。

纪下半叶)、犹太人莱维·本·热尔松(Levi ben Gerson,活动时期在 14 世纪上半叶),最后还有"近代的"数学家如约翰·沃利斯(John Wallis,1616 年—1703 年)、耶稣会神父圣雷莫(San Remo)的吉罗拉莫·萨凯利(Girolamo Saccheri,1667 年—1733 年)[在他的《欧几里得无懈可击》(*Euclides ab omni naevo vindicatus*,1733)中]、瑞士人[6]约翰·海因里希·兰伯特(Johann Heinrich Lambert,1728 年—1777 年)以及法国人阿德里安·马里·勒让德(Adrien Marie Legendre,1752 年—1833 年)。这个名单还可以延长很多,但这些名字已经足够了,因为这些都是杰出数学家的名字,他们是直到上个世纪中叶的许多国家和许多时代的代表。第三个结果可以用一系列第 5 公设的备选方案来说明。有些聪明人认为,他们自己可以摆脱第 5 公设并且取得了成功,但代价是引入了另一个(明确的或含蓄的)与它相当的公设。举例来说:

如果一直线与两条平行线中的一条相交,那么它也会与另一条相交。(普罗克洛)

已知任一图形,必然存在着一个任意大小的它的相似形。(约翰·沃利斯)

通过一已知点只能画一条直线与另一已知直线平行。[约翰·普莱费尔(John Playfair)]

三角形的三个内角和等于两个直角。(勒让德)

已知任意三个不在一条直线的点,必有一圆可以经过这

---

[6]应当称他为瑞士人,因为他出生在上阿尔萨斯地区(Upper Alsace)的米卢斯(Mulhouse),那个城市从 1526 年至 1798 年是瑞士联邦的一部分;兰伯特 1728 年出生,1777 年去世[《伊希斯》*40*,139(1940)]。

三个点。(勒让德)

如果我能证明一直线三角形可能具有比任一已知面积都大的容量,我就能够十分严格地证明整个几何学。[高斯(Gauss),1799]

所有这些人都证明,如果接受另一个与第 5 公设起同样作用的公设,那么第 5 公设就不是必不可少的了。然而,接受另一个(上述所引的那些以及许多其他的)替代公设可能会增加几何学教学的难度;这些替代公设的使用似乎是非常武断的,并且可能会使年轻学子失去信心。显然,一个简单的说明比一个很难理解的说明更可取;设立可避免的障碍也许会证明教师的聪明,但也会证明他缺乏常识。多亏了欧几里得,他看到了这一公设的必要性并且凭借直觉选择了它最简单的形式。

还有许多数学家非常愚昧地拒绝了第 5 公设,但却没有认识到另一个公设正在取代它。他们把一个公设踢出了门,但他们却没有意识到,另一个公设从窗户进来了!

二、非欧几何学

第四个也是最卓越的结果就是非欧几何学的创立。我们已经提到了一些创始人的名字:萨凯利、兰伯特和高斯。由于第 5 公设无法证明,我们不一定非接受它不可;因此,还是让我们从容地把它抛开吧。第一个从一条相反的公设构建一种新几何学的是一个俄国人尼古拉·伊万诺维奇·罗巴切夫斯基(Nikolai Ivanovich Lobachevski,1793 年*—1856

---

* 原文如此,按照《简明不列颠百科全书》中文版第 5 卷第 464 页的说法,罗巴切夫斯基出生于 1792 年。——译者

年），他假设，通过一已知点可以画出多条直线与另一已知直线平行，或者三角形的三个内角和小于两个直角。大约在同一时期，另一个特兰西瓦尼亚人（Transylvanian）亚诺什·鲍耶（Janos Bolyai，1802 年—1860 年）也发明了一种非欧几何学（Non-Euclidean Geometry）。过了一段时间之后，德国人伯恩哈德·黎曼（Bernhard Riemann，1826 年—1866 年）勾勒出另一种几何学的轮廓，黎曼并不了解罗巴切夫斯基和鲍耶的著作，他做出了全新的假设。在黎曼几何学中，不存在平行线，而且三角形的内角和大于两个直角。伟大的数学教师费利克斯·克莱因（Felix Klein，1849 年—1925 年）指出了所有这些几何学之间的联系。欧几里得几何学涉及的是零曲率的平面，罗巴切夫斯基几何学是关于正曲率曲面（例如球面）的几何学，黎曼几何学则是应用于负曲率曲面的几何学，因此，欧几里得几何学是介于它们二者之间的。说得更简洁一些，克莱因把欧几里得几何学称作抛物线式的几何学，因为一方面它是椭圆（黎曼）几何学的极限，另一方面它又是双曲线（罗巴切夫斯基）几何学的极限。

认为欧几里得具有泛几何学观念是荒谬的；他的脑海中从未出现过一种与常识思想截然不同的几何学思想。当他陈述他的第 5 公设时，他处在转折点上。他下意识的先见之明令人惊异，在整个科学史中没有什么可以与之相媲美。

对欧几里得赞誉过多也是不明智的。他在《几何原本》开篇提出的公设数量相对较少，这个事实非常值得注意，尤其考虑到这是在古代，在大约公元前 300 年以前，就更是如此，但他不可能也没有理解公设思维的深远意义，就像他不可能理解非欧几何学的那些深远意义一样。尽管如此,他依然可以说是大卫·希尔伯特(David Hilbert,1862年—1943年)的古代先驱,甚至可以说是罗巴切夫斯基的精神祖先。[7]

1. **代数**(Algebra)。关于几何学家欧几里得,我谈得太多了,以致我只能留下很少的篇幅来说明他作为数学家和物理学家之天才的其他方面。首先,《几何原本》并非仅限于讨论几何学,它还讨论了代数和数论。

该书的第2卷也许可以称为关于几何代数学(Geometric algebra)的专论。作者用几何术语讨论了代数问题,并且用几何方法解决了这些问题。例如,两个数 a 和 b 的积可以用一个长为 a 和宽为 b 的矩形来表示;某个数的开方可以转换为寻找与某个已知矩形相等的正方形;如此等等,不一而足。代数的分配律和交换律都是用几何学方法证明的。欧几里得用纯粹的几何学形式来表示不同的恒等式甚至复杂的恒等式,例如:

$$2(a^2+b^2) = (a+b)^2+(a-b)^2$$

相对于巴比伦的代数方法而言,这可能看起来是一种后退。人们也许想知道怎么可能发生这样的情况。极有可能,希腊人所使用的笨拙的计数符号是这种倒退的一个根本原

---

[7] 相关的详细论述,请参见弗洛里安·卡约里(Florian Cajori):《数学史》(*History of Mathematics*),第2版(New York,1919),第326页—第328页;卡修斯·杰克逊·凯泽(Cassius Jackson Keyser):《理性与超理性》(*The Rational and the Superrational*,New York:Scripta Mathematica,1952),第136页—第144页[《伊希斯》44,171(1953)]。

因;处理线段比处理希腊的数字更容易![8]

2. **无理量**。无论如何,巴比伦代数家并不知道无理量,而《几何原本》的第 10 卷(13 卷中最长的一卷,甚至比第 1 卷的篇幅还长)专门用来讨论这些量。这次欧几里得仍是在以前的基础上进行建设,不过这次的基础是纯希腊的。我们可以认为,把对无理量的认识归功于早期毕达哥拉斯学派和柏拉图的朋友泰阿泰德(Theaitētos,活动时期在公元前 4 世纪上半叶)的故事,为有关这些无理量以及 5 种正多面体提供了一种容易理解的见解。但是,要说明希腊人(相对于巴比伦人)的数学天才,最好的事例莫过于梅塔蓬图姆的希帕索(Hippasos of Metapontion)、昔兰尼的塞奥多罗(Theodōros of Cyrēnē)、雅典的泰阿泰德以及最后欧几里得所说明的无理数理论。[9] 我们不可能说清楚,《几何原本》第 10 卷究竟有多少是泰阿泰德的创造、有多少是欧几里得本人的创造。我们别无选择,只能不考虑这一卷的起源,把它看作《几何原本》必不可少的一部分。该卷分为 3 个部分,每个部分由一组定义为先导。该卷中有许多命题涉及一般的无理数,但该书的主要部分研究的是我们应当用这样的符号来表示的复合无理数:

$$\sqrt{(\sqrt{a} \pm \sqrt{b})},$$

在这里 a 和 b 是可公度的量,而 $\sqrt{a}$ 和 $\sqrt{b}$ 是不可公度的量。该书把这些无理数正确地分为 25 种,并对每一种分别进行

---

[8] 欧几里得根本不可能了解巴比伦人的数学。他是受他的几何学天才引导的,就像巴比伦人是受他们的代数天才引导的一样。

[9] 有关希帕索、塞奥多罗和泰阿泰德的贡献,请参见本书第 1 卷,第 282 页—第 285 页以及第 437 页。

图 7　欧几里得著作的第 1 版(所有语言中最早出版的欧几里得的著作)。这是从阿拉伯语译成拉丁语的版本,由乔瓦尼·坎帕诺(Giovanni Campano, Venice: Ratdolt, 1482)修订。哈佛大学特有的版本的第 1 页。参见 G. 萨顿的文章,载于《奥希里斯》5, 102, 130-131(1938),其中包含 1482 年和 1491 年(Klebs, 383)两个古版本的欧几里得《几何原本》的同一页(第 3 卷,命题 10-12)的复制品

了讨论。由于欧几里得没有使用代数符号,因此,他采用了几何表示法来代表这些量,而且他对它们的讨论是几何学的。第 10 卷得到了许多称赞,尤其得到了阿拉伯数学家的称赞。这仍是一种伟大的但在实践上已经过时的成就,因为从现代代数学的观点看,这种讨论和分类是不足取的。

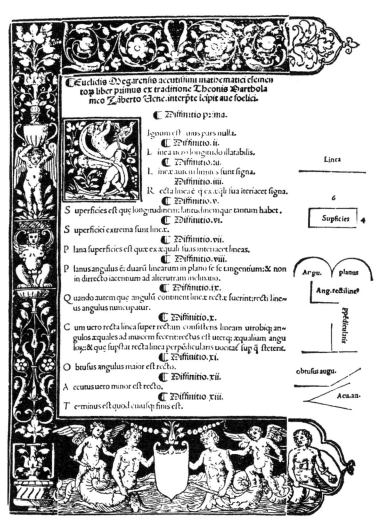

图 8　欧几里得的《几何原本》。第一个直接从希腊语译成拉丁语的版本,由巴尔托洛梅奥·赞贝蒂(Bartolommeo Zamberti) 翻译(Venice: Joannes Tacuinus, 1505)。这是大英博物馆馆藏本的该书正文的第 1 页

045

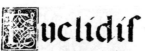

图 9　由帕加尼尼的帕加尼努斯（Paganinus de Paganinis）印制的欧几里得著作的拉丁语版（Venice, 1509）。这是坎帕诺版的修订本，由圣塞波勒罗镇的路加·帕乔利修士（Fra Luca Pacioli da Borgo San Sepolero）修订。［承蒙哈佛学院图书馆（Harvard College Library）恩准复制。］帕乔利最著名的著作是《算术、几何、比与比例全书》（*Summa de arithmetica, geometria proportioni et proportionalita*；Venice：Paganinus, 1494）。参见《奥希里斯》*5*, 114, 161（1938）

图 10　欧几里得《几何原本》的初版，由西蒙·格里诺伊斯（Simon Grynaeus）编辑并题献给卡思伯特·滕斯托尔（Cuthbert Tunstall），由若阿内斯·埃尔瓦吉乌[Joannes Hervagius，亦即约翰·赫尔瓦根（Johann Herwagen）]印制（Basel, 1533）。这是哈佛学院图书馆的馆藏本的扉页

3. **数论**。《几何原本》的第 7 卷至第 9 卷也许可以称为第一部关于数论的专著，数论是数学这棵大树最深奥的分枝之一。在这里，要概述它们的内容是不可能的，因为除非用

图 11　迪伊−戴版的欧几里得《几何原本》。这是《几何原本》的英语第 1 版，译者是亨利·比林斯利爵士（Sir Henry Billingsley），由约翰·迪伊（John Dee）作序，并由约翰·戴（John Day）印制（London，1570）。扉页见于查尔斯·托马斯−斯坦福（Charles Thomas-Stanford）的《欧几里得〈几何原本〉的早期版本》（*Early Editions of Euclid's Elements*；London，1926），另页纸印插图 10

相当多的篇幅,否则,这种概述几乎是没有意义的。[10] 直说吧,第 7 卷从一系列共 22 个定义开始,它们可以与第 1 卷开篇的几何学定义相媲美。随后是一系列关于数的整除性、偶数和奇数、平方和立方、素数和完满数等的命题。

我们来举几个例子。在第 9 卷命题 36 中,欧几里得证明,如果 $p = 1 + 2 + 2^2 + \cdots + 2^n$ 是一个素数,那么 $2^n p$ 就是一个完满数(亦即该数等于它的除数之和)。在第 9 卷命题 20 中,有一个非常精彩的证明表明,素数是无限的。

无论我们已经知道多少素数,总有可能发现一个更大的素数。考虑一下一个素数系列:$a, b, c, \cdots, l$。它们的积加 1,亦即 $(abc\cdots l) + 1 = P$,则 P 或者是一个素数,或者不是。如果它是素数,我们就发现了一个比 l 更大的素数;如果它不是素数,那么 P 必然可以被一个素数 p 整除。而 p 不可能等于 $a, b, c, \cdots$,或 l,因为如果它等于其中的某一个素数,那么它就不可能整除它们的积加 1。

这个证明如此简单,而且我们的特别直觉如此强烈,以至于人们很容易接受其他同类的命题。例如,有许多素数对,亦即相邻的具有 $2n+1, 2n+3$ 形式的素数,举例来说如:$11, 13; 17, 19; 41, 43$。当人们沿着整数系列向前走时,素数对越来越稀有,但人们难以避免这样的感觉,即素数对是无限的。然而,相关的证明如此之困难,以至于直到现在尚未

---

[10] 在约翰·卢兹维·海贝尔(Johan Ludvig Heiberg)编辑的希腊语版(Leipzig, 1884)第 2 卷中,《几何原本》第 7 卷至第 9 卷共 116 页,在希思的英译本第 2 卷中,这 3 卷加上注释共 150 页。

完成。[11]

在这个领域,欧几里得又是一位杰出的革新者,但在我们这个时代,正尝试着在这个领域里耕耘的数学家中却没有几个人认识到他是他们的老师。

三、欧几里得传统

我们已经提到过与第 5 公设相关的传统。对这一传统可以从《几何原本》时代一直追溯到我们的时代。不过,我们所论及的只是该传统的一小部分。欧几里得传统,即使限制在数学领域,它的连续性及其诸多伟大的传承者也都是非同寻常的。属于古代传统的有这样一些人,如帕普斯(活动时期在 3 世纪下半叶)、亚历山大的塞翁(活动时期在 4 世纪下半叶)、普罗克洛(活动时期在 5 世纪下半叶)、锡凯姆的马里诺斯(Marinos of Sichem,活动时期在 5 世纪下半叶)和辛普里丘(Simplicios,活动时期在 6 世纪上半叶)。这种传统完全是希腊传统。有些西方学者,如森索里努斯(Censorinus,活动时期在 3 世纪上半叶)和波伊提乌(Boethius,活动时期在 6 世纪上半叶)把《几何原本》的一部分从希腊语翻译成拉丁语,但他们的努力没有多少保留下来,我们无法谈及任何完整的译本,甚至不可能谈及包含了大部分《几何原本》的译本。还有更糟糕的情况,直到 12 世

---

[11] 辛辛那提(Cincinnati)的查尔斯·拿破仑·穆尔(Charles Napoleon Moore)于 1944 年提出了一个证明,但有人指出这个证明是不充分的[参见《何露斯:科学史指南》(Horus: A Guide to the History of Science; Waltham, Mass.: Chronica Botanica, 1952),第 62 页]。从伦纳德·尤金·迪克森(Leonard Eugene Dickson)所撰写的《数论史》(History of the Theory of Numbers, 3 vols.; Washington: Carnegie Institution, 1919 - 1923)[《伊希斯》3, 446 - 448(1920 - 1921); 4, 107 - 108(1921 - 1922); 6, 96 - 98(1924)]中可以认识到数论难以置信的复杂性。有关素数对,请参见迪克森的数论史著作,第 1 卷,第 353 页、第 425 页和第 438 页。

纪,在西方传播的各种抄本中只有欧几里得的命题而没有其证明。[12] 有传说称,欧几里得本人没有提供证明,这些证明是 7 个世纪以后塞翁补上的。再也找不到比这更好的对事物缺乏理解的例子了,如果欧几里得不知道他的定理的证明,他就没有能力把它们按照一定的逻辑顺序排列。这种顺序是《几何原本》的精髓和伟大所在,但中世纪的学者们看不到这一点,或者可以说,至少在穆斯林评注者们使他们睁开眼睛之前他们看不到。

《几何原本》很快从希腊语翻译成叙利亚语;为了哈伦·赖世德

图 12 纳西尔丁·图希(Nasīr al-dīn al Tūsī,活动时期在 13 世纪下半叶)校订的欧几里得《几何原本》阿拉伯语第 1 版的扉页,这是最早印制的阿拉伯语的书籍之一。该书为对开本,由梅迪契印刷所 (Tipographia Medicea) 印制 (Rome, 1594)。在最后一页 (第 454 页) 有 1564 年至 1595 年的土耳其苏丹穆拉德三世 (Murād Ⅲ) 同意印制的诏书 [承蒙哈佛大学科学史系恩准复制]

(Hārūn al-Rashīd,哈里发,786 年—809 年在位),赫贾吉·

[12] 从 1547 年直到 1587 年印刷的希腊语和拉丁语的版本中都只有命题而没有证明。

伊本·优素福(al-Hajjāj ibn Yūsuf,活动时期在 9 世纪上半
叶)首先把该书从叙利亚语翻译成阿拉伯语,赫贾吉又为马
孟(al-Ma'mūn,哈里发,813 年—833 年在位)修订了他的译
本。第一位对欧几里得发生兴趣的穆斯林哲学家大概是金
迪(al-Kindī,活动时期在 9 世纪上半叶),但他的兴趣集中在
《光学》(Optics)上,在数学方面他的兴趣扩展到了非欧几里
得的论题,如印度数字。在以后的 250 年(9 世纪—11 世
纪)期间,穆斯林数学家非常密切地注意欧几里得这位代数
学家、数论研究者和几何学家,并且出版了其他译本以及许
多注疏。在 9 世纪末以前,用阿拉伯语重新翻译和讨论欧几
里得著作的有穆罕默德·伊本·穆萨(Muhammad ibn
Mūsā)[13]、马哈尼(al-Māhānī)、法德勒·伊本·哈帖木·奈
里兹(al-Fadl ibn Hātim al-Nairīzi)、萨比特·伊本·库拉
(Thābit ibn Qurra)、伊斯哈格·伊本·侯奈因(Ishāq ibn
Hunain)和古斯塔·伊本·路加(Qustā ibn Lūqā)。在 10 世
纪第一个 25 年期间,艾布·奥斯曼·赛义德·伊本·雅库
布·迪米什奇(Abū 'Uthmān Sa'īd ibn Yaq'ūb al-Dimishqī)
向前迈进了一大步,他翻译了《几何原本》的第 10 卷以及帕
普斯的注疏(这一注疏的希腊语本已经失传了)。[14] 这增加
了阿拉伯人对《几何原本》第 10 卷的内容(对不可公度的线

---

〔13〕 这是艾布·加法尔(Abū Ja'far,872 年去世),是穆萨家族(Banū Mūsā)三兄弟
　　 之一,不是艾布·阿卜杜拉·穆罕默德·伊本·穆萨·花拉子密(Abū 'Abdallāh
　　 Muhammad ibn Mūsā al-Khwārizmī,850 年去世)。我们必须承认,花拉子密也是一
　　 位欧几里得的研究者。参见《科学史导论》,第 1 卷,第 561 页和第 563 页。
〔14〕 尽管以前曾有怀疑,但现在人们普遍承认这一评注的作者是帕普斯。海因里
　　 希·祖特尔(Heinrich Suter)把它的阿拉伯语版翻译成德语(Erlangen,1922)
　　 [《伊希斯》5,492(1923)];威廉·汤姆森(William Thomson)对它进行了编辑并
　　 把它翻译成英语(Cambridge,1930)[《伊希斯》16,132-136(1931)]。

图 13　欧几里得《光学》希腊语－拉丁语对照本第 1 版，由戴维·格雷戈里（David Gregory）编辑［大对开本（Oxford：Sheldonian Theatre，1703）］。戴维·格雷戈里（1661 年—1708 年）于 1691 年担任牛津大学萨维尔天文学教授。他的著作《物理天文学与〈几何原本〉》（Astronomiae physicae et geometricae elementa；Oxford：Sheldoian Theatre，1702）是第一本牛顿学说的教科书［承蒙哈佛学院图书馆恩准复制］

图 14　戴维·格雷戈里编辑的欧几里得《光学》（Oxford，1703）的卷首插图。它例证了维特鲁威（Vitruvius）［《建筑十书》（De architectura）第 10 卷第一段话］讲述的一段逸闻。苏格拉底的弟子之一昔兰尼的阿里斯提波（Aristippos of Cyrēnē）在罗得岛海岸遭遇了海难，他发现了沙滩上所画的几何图形并且高呼："我们有希望了，因为这些是人留下的痕迹。"我们已经提供了多幅有关欧几里得的插图，它们凸显出了他无比的重要性［承蒙哈佛学院图书馆恩准复制］

段的分类）的兴趣，基督教牧师纳齐夫·伊本·尤姆（Nazīf ibn Yumn，活动时期在 10 世纪下半叶）的新译本，以及艾布·加法尔·哈津（Abū Jaʿfar al-Khāzin，活动时期在 10 世

纪下半叶）和穆罕默德·伊本·阿卜杜勒·巴基·巴格达迪
（Muhammad ibn 'Abd al-Bāqī al-Baghdādī，活动时期在 11 世
纪下半叶）的注疏，都是这种兴趣增加的证据。我所列的阿
拉伯人名单很长，但仍不完整，因为我们必须假设这个时代
的每一位阿拉伯数学家都熟悉《几何原本》并且都讨论过欧
几里得。例如，据说艾布勒-瓦法（Abū-l-Wafā'，活动时期在
10 世纪下半叶）曾写过一篇注疏，但已经失传了。

　　我们现在可以暂停叙述阿拉伯人的故事而回到西方。
西方学者在把《几何原本》从希腊语直接翻译成拉丁语方面
所做的努力是无效的，有可能当他们对欧几里得的兴趣增加
时，他们的希腊语知识减少了，而且几乎所剩无几。用阿拉
伯语进行翻译的译者开始出现了，他们肯定会与欧几里得著
作的手抄本偶遇。把它们翻译成拉丁语的有：达尔马提亚人
赫尔曼（Hermann the Dalmatian，活动时期在 12 世纪上半
叶）、约翰·奥克雷特（John O'Creat，活动时期在 12 世纪上
半叶）和克雷莫纳的杰拉德（Gerard of Cremona，活动时期在
12 世纪下半叶），但是，除了巴斯的阿德拉德（Adelard of Bath，
活动时期在 12 世纪上半叶）的译本以外，没有理由相信这些
翻译是完整的。[15]　而在 12 世纪，拉丁语的环境并不像自 9
世纪以降的阿拉伯语环境所证明的那样有利于几何学的研

050

---

[15] 为了简洁，我们把这段历史简化了；有关的详细情况，请参见马歇尔·克拉格特
　　（Marshall Clagett）：《中世纪从阿拉伯语翻译成拉丁语的〈几何原本〉的译本：巴
　　斯的阿德拉德的译本专论》（"The Medieval Latin Translations from the Arabic of the
　　Elements with Special Emphasis on the Versions of Adelard of Bath"），载于《伊希斯》
　　44，16–42（1953）；《艾尔弗雷德国王与〈几何原本〉》（"King Alfred and the
　　Elements"），同前刊，45，269–277（1953）。

EUCLIDES
AB OMNI NÆVO VINDICATUS:
SIVE
CONATUS GEOMETRICUS
QUO STABILIUNTUR
Prima ipsa universæ Geometriæ Principia.
AUCTORE
HIERONYMO SACCHERIO
SOCIETATIS JESU
In Ticinensi Universitate Matheseos Professore.
OPUSCULUM
EX.^{MO} SENATUI
MEDIOLANENSI
Ab Auctore Dicatum.
MEDIOLANI, MDCCXXXIII.
Ex Typographia Pauli Antonii Montani.　Superiorum permissu.

图 15　吉罗拉莫·萨凯利的那部名著的第 1 版（Milan, 1733），其中包含"欧几里得的证明和非欧几何学的预示"。这本书非常罕见，不过乔治·布鲁斯·霍尔斯特德（George Bruce Halsted, 1853 年—1922 年）重印了它的拉丁语版，而且把它翻译成英语并加了注释（Chicago, 1920）。也许可以把萨凯利称为尼古拉·伊万诺维奇·罗巴切夫斯基（1793 年—1856 年）的先驱

究。的确，我们必须等到 13 世纪初叶才会看到欧几里得的天才在拉丁语中的复兴，我们应把这一复兴归功于比萨的莱奥纳尔多（Leonardo of Pisa, 活动时期在 13 世纪上半叶），但他的斐波纳契（Fibonacci）这个名字更为著名。不过，在他写于 1220 年的《实用几何学》（Practica geometriae）中，他并没有继续《几何原本》的讨论，而是继续了欧几里得业已失传的另一部著作《论图形的剖分》（Divisions of Figures）的讨论。[16]

同时，犹大·本·所罗门·哈科恩（Judah ben Solomon ha-Kohen, 活动时期在 13 世纪上半叶）开启了欧几里得著作的希伯来语传承，并且由摩西·伊本·提本（Moses ibn

[16]　雷蒙德·克莱尔·阿奇博尔德（1875 年—1955 年）以莱奥纳尔多的《实用几何学》和阿拉伯语的译本为基础，尽可能地恢复了那篇论剖分（peri diaireseōn）的小专论的原文（参见《科学史导论》，第 1 卷，第 154 页和第 155 页）。

Tibbon,活动时期在 13 世纪下半叶)、雅各布·本·马希尔·伊本·提本(Jacob ben Mahir ibn Tibbon,活动时期在 13 世纪下半叶)以及莱维·本·热尔松(活动时期在 14 世纪上半叶)继承了这一传统。艾布勒·法赖吉(Abū-l-Faraj)复兴了叙利亚语传承;艾布勒·法赖吉又名为巴赫布劳斯(Barhebraeus,活动时期在 13 世纪下半叶),他曾于 1268 年在迈拉盖天文台(the observatory of Marāgha)发表过有关欧几里得的讲演;不幸的是,叙利亚语传承的这一复兴也是它的终结,因为艾布勒·法赖吉是最后一位重要的古叙利亚语作者;在他去世以后,古叙利亚语逐渐被阿拉伯语取代了。

　　尽管在 13 世纪,仍然有几位杰出的欧几里得主义者,如盖萨尔·伊本·艾比·盖西姆(Qaisar ibn abī-l-Qāsim,活动时期在 13 世纪上半叶)、伊本·卢比迪(Ibn al-Lubūdī,活动时期在 13 世纪上半叶)、纳西尔丁·图希(活动时期在 13 世纪下半叶)、穆哈伊-阿尔丁·马格里比(Muhyī al-dīn al-Maghribī,活动时期在 13 世纪下半叶)、古特巴尔丁·希拉兹(Qutb al-dīn al-Shīrāzī,活动时期在 13 世纪下半叶),甚至在 14 世纪仍有这样的人,但阿拉伯科学的黄金时代也在逐渐衰退。我们可以忽略后来的穆斯林和犹太数学家,因为自那时以后的科学的主流流向了西方。

　　乔瓦尼·坎帕诺(活动时期在 13 世纪下半叶)修订了阿德拉德的拉丁语译本,通过《几何原本》最早的印刷本[Venice:Ratdolt,1482(参见图 7)],坎帕诺的修订本已经名垂千古了。莱昂纳德斯·德·巴西利亚(Leonardus de Basilea)和古列姆斯·德·帕皮亚(Gulielmus de Papia)又重印了这个译本(Vicenza,1491)。古版本只有这两种(Klebs,383),[17]它们都是从阿拉伯语译成拉丁语的。第一个从希腊语译成拉丁语的《几何原本》由威尼斯人巴尔托洛梅奥·赞贝蒂于1493年翻译,由约安内斯·塔库伊努斯(Joannes Tacuinus)印制[Venice,1505(参见图8)]。另一个版本也是拉丁语版,由帕加尼努斯印制[Venice,1509(参见图9)]。希腊语初版是由西蒙·格里诺伊斯编辑的,题献给英国数学家和神学家卡思伯特·滕斯托尔,由约翰·赫尔瓦根印制[Basel,1533(参见图10)]。第一个英译本由曾任伦敦市长的剑桥大学圣约翰学院(St. John's College)的亨利·比林斯利爵士翻译,由约翰·迪伊出版并作序[London:John Day,1570(参见图11)]。[18]纳西尔丁·图希所校订的《几何原本》的阿拉伯语第1版,由梅迪契印刷所出版[Rome,1594(参见图12)]。

　　这段历史的其余部分就没有必要在这里讲述了。从1482年开始的欧几里得《几何原本》的各个版本的清单并没有到此结束,这一清单十分长;欧几里得传统的历史是几何学史的一个必不可少的部分。

　　就初等几何而言,欧几里得的《几何原本》是留传至今并且依然可用的教科书的唯一例子。想一想吧!这是有着各种变化、战争、变革、灾难的22个世纪,而学习欧几里得几

〔17〕 这里参考了阿诺尔德·C. 克莱布斯(Arnold C. Klebs)的《科学和医学古版书》("Incunabula scientifica et medica"),载于《奥希里斯》4,1-359(1938);参见本书第1卷,第352页,注释15。
〔18〕 R. C. 阿奇博尔德:《欧几里得〈几何原本〉的第一个英译本及其来源》("The First Translation of Euclid's Elements into English and Its Sources"),载于《美国数学月刊》(American Mathematical Monthly)57,443-452(1950)。

何学一直是有益的。[19]

四、参考文献

052

欧几里得所有著作的希腊语原文标准本及拉丁语对照本由 J. L. 海贝尔和海因里希·门格(Heinrich Menge)编辑成《欧几里得全集》(*Euclidis opera omnia*),8 卷本(Leipzig, 1883–1916)及补编(1899)。第 1 卷至第 4 卷(1883–1886)包含 13 卷《几何原本》;第 5 卷(1888)包含所谓《几何原本》第 14 卷和第 15 卷,第 14 卷由许普西克勒斯(活动时期在公元前 2 世纪上半叶)所著,第 15 卷由 6 世纪米利都的伊西多罗斯的一个弟子所著,它们也是对《几何原本》的丰富的注释;第 6 卷(1896)包含欧几里得的《数据》(*Data, Dedomena*)以及锡凯姆的马里诺斯(活动时期在 5 世纪下半叶)的评论和注释;第 7 卷(1895)包含《光学》和《反射光学》(*Catoptrics*)以及亚历山大的塞翁的注疏;第 8 卷(1916)包含《现象》(*Phaenomena*),这是一部以奥托利库(Autolycos,活动时期在公元前 4 世纪下半叶)的《乐曲》(*Scripta musica*)等著作为基础论述球面天文学的专著。补编(1899)包含奈里兹[即阿纳里提乌斯(Anaritius)]对第 1 卷至第 10 卷的注疏,由克雷莫纳的杰拉德(活动时期在 12 世纪下半叶)翻译成拉丁语。已经给出的这个清单充分说明了欧几里得不仅是《几何原本》的作者,而且是许多其他著

---

[19] 有理由坚持这一点,因为显然,学习大多数科学经典并不是有益的。例如,学习托勒密的数学、天文学或牛顿的天体力学是极不明智的。这大概需要付出很大的精力,但却可能获得一种非常不完整的知识。学习现代数学和现代关于天文学和天体力学的专著可能更容易一些;我们的知识应当是最新的并且可以用于进一步的发展。

作的作者,我们没有篇幅讨论这些著作。关于这些著作,在我的《科学史导论》的第 1 卷(1927)第 154 页—第 156 页有更详细的论述。

托马斯·L. 希思爵士:《欧几里得〈几何原本〉英译本》,3 卷本(Cambridge,1908),修订 3 卷本(1926)[《伊希斯》10,60-62(1928)]。

查尔斯·托马斯-斯坦福:《欧几里得〈几何原本〉的早期版本》[64 页,13 幅另页纸插图(London,1926)][《伊希斯》10,59-60(1928)]。

053

第四章
天文学:阿利斯塔克和阿拉图

一、阿里斯提吕斯和提莫恰里斯

托勒密说过[1],两个希腊天文学家阿里斯提吕斯(Aristyllos,活动时期在公元前 3 世纪上半叶)和提莫恰里斯(Timocharis,活动时期在公元前 3 世纪上半叶)在喜帕恰斯(活动时期在公元前 2 世纪下半叶)之前就已经进行过天文学观测。他们的工作于公元前 3 世纪初(大约公元前 295 年—前 283 年)在亚历山大开始;他们的天文台(如果这不是一个过于夸张的词的话)大概是亚历山大博物馆的一部分。他们的设备非常简单,大概使用了某种日圭、日晷仪以及一种浑天仪(Armillary sphere),亦即一种由一些大圆环构成的框架球,这些圆环可围绕同一中心调整,并标上了度[2](和分度);其中的一个圆环也许处在赤道平面上,而另一个与它垂直的圆可以围绕地轴转动,同一中心还可能附有一个

---

[1] 在托勒密的《天文学大成》(Syntaxis)中常常提到阿里斯提吕斯和提莫恰里斯。
[2] "标上了度"是可能的,但不确定。据说,最早把其仪器上的圆环标成 360 度的希腊人是喜帕恰斯(活动时期在公元前 2 世纪下半叶),但他(或托勒密)也提到了提莫恰里斯的以度为单位的测量结果。也许,提莫恰里斯的浑天仪标上了其他刻度,而喜帕恰斯把他的测量结果转换成了度。浑天仪肯定以这种或那种方式标上了刻度,否则的话,它们就没有价值了。

量尺或照准仪以便确定某个星体的方向,人们运用这样一组
浑天仪就可以测量该星体的赤纬和赤经。对喜帕恰斯确定
岁差而言,提莫恰里斯的测量结果是很有用的。的确,提莫
恰里斯观测到的经度与喜帕恰斯观测到的经度相差达 2°。
由于他们的观测时间相距 154 年或 166 年,这相当于每年的
岁差值为 43.4″或 46.8″,这是一个比托勒密的 36″更近似的
值(现代的岁差值为 50.3757″)。

二、萨摩斯岛的阿利斯塔克[3]

有一个与阿里斯提吕斯和提莫恰里斯同时代但远比他
们更为伟大的人,这就是阿利斯塔克(Aristarchos,活动时期
在公元前 3 世纪上半叶),他与他们二人或与亚历山大城的
联系都无法确定。如果看一下地图你就会明白,从萨摩斯岛
航行到雅典是十分容易的,但如果航行到亚历山大,其航程
就会长很多。我们知道阿利斯塔克是兰普萨库斯的斯特拉
托的弟子,而斯特拉托曾经是托勒密二世菲拉德尔福的家庭
教师和顾问,并且帮助托勒密二世创建了亚历山大博物馆。
塞奥弗拉斯特去世后,斯特拉托成为他的继任者,并且担任
了 18 年(大约公元前 286 年—前 268 年)的吕克昂学园园
长。阿利斯塔克可能是(公元前 286 年以前)在亚历山大或
者后来在雅典成为斯特拉托的学生。在我看来,第二种情况
可能性更大,天文学家托勒密(活动时期在 2 世纪上半叶)
未曾提到过他,这一事实证明了后一种可能性。在阿利斯塔

[3] 萨摩斯岛是爱奥尼亚群岛的主要岛屿之一,在米利都西北方不远处。它在公元
　　前 6 世纪已经是一个伟大的文化中心,而且希罗多德认为,它是世界上最文明的
　　地方之一;那里诞生了许多艺术家、诗人、哲学家以及两位杰出的天文学家阿利
　　斯塔克和科农(Conōn,活动时期在公元前 3 世纪下半叶),或说这里的环境适
　　合他们。

克的生平中唯一可以确定的时间是公元前 281 年—前 280 年,那一年,他观察了夏至。如果他是在亚历山大做的观察,托勒密就会把他与阿里斯提吕斯和提莫恰里斯一起提及。事实上,我们几乎难以辨认出一个希腊化时代的天文学学派,因为观测不是在单独一个地方而是在许多地方——亚历山大、雅典、西西里岛、(底格里斯河畔的)塞琉西亚以及罗得岛进行的。

如果说阿利斯塔克的活动地点始终无法确认的话,那么,它们的时间是完全可以确定的。在他于公元前 281 年观察夏至时,他必定至少已经 20 岁了,因此,他大约出生于公元前 300 年或更早的时候;另一方面,阿基米德在其写于公元前 216 年的《数沙者》(*Sand-Reckoner*)中引述过他。这样,我们可以有把握地把他的活动时期确定在公元前 3 世纪上半叶。

阿利斯塔克写过一篇《论日月的大小和距离》(*On the Size and Distances of the Sun and Moon*)的专论,它完整地留传至今。该专论以欧几里得风格和欧几里得式的精确写作,但不幸的是,它是以错误的数据为基础的。这篇专论从 6 个"假设"开始:

1. 月球的光来自太阳;

2. 月球在以地球为中心的圆形轨道上运动[这是一种简化了的、排除了复杂的视差的观点];

3. 在上弦月和下弦月时,把明暗两部分分开的大圆侧对着我们的视线 [参见图 16]。

4. 在上弦月和下弦月时,从地球上看月球与太阳所形成

的 角 比 90° 小 3°（亦
即 等 于 87°）。

5. 地 球（在 月 食
时 月 球 所 经 过 的 轨 道
处）投 下 的 阴 影 的 宽
度 是 月 球 直 径 的
两 倍；[4]

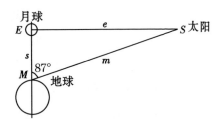

图 16　说明阿利斯塔克关于月球假设的示意图

6. 月球的视直径为黄道十二宫一宫的 1/15（2°）。

假设 4 和 6 是非常不准确的。从地球上观测月球和太阳时的夹角是 89°50′ 而不是 87°——这个很小的误差导致了结果上的巨大差异。在任何绘图中 89°50′ 与 90° 如此接近，以至于无论多么长，都难以把两条边 e 和 m 与平行线区分开，而三角形 EMS 会消失。第二个错误难以理解，因为对月球的视直径或角直径（大约 30′）的近似测量是很容易的，甚至用很简陋的工具都不可能相差如此之远。

阿利斯塔克的方法是非常出色的，但由于他的观测比较粗糙，因而所得出的结果误差非常大。

他试图确定的测量结果具有比例的性质，用我们的三角方法很容易确定，但那时三角学尚不存在，他不得不通过巧妙的几何学论证方法去寻找那些比例。他只能非常粗略地确定那些比例，结果 x 被陈述如下：

$$a/b < x < c/d,$$

这两个比 a/b 和 c/d 有时非常复杂，而且它们相差得非

---

[4] 在这里所考虑的所有轨道都是圆的，太阳与地球的距离和月球与地球的距离是不变的。

常大。

例如,他的专论的最后一个命题(命题 18)称:"地球与月球的比大于 1,259,712 比 79,507,小于 216,000 比 6859。"这大致意味着,这个(体积的)比在 17 与 31 之间;而实际值为 49。

如果角 E 像阿利斯塔克所认为的那样等于 87°(而不是 89°50′),那么,从太阳到地球的距离大约是月球到地球的距离的 19 倍(命题 7)。实际值为 400 倍。

由于月球的表观尺寸与太阳的表观尺寸大体相同[5],他得出结论说(命题 9):太阳的直径大约是月球直径的 19 倍。实际值约为 400 倍。

太阳的体积与月球的体积的比大于 5832 而小于 8000(命题 10)。实际值为 106,600,000。

月球轨道的半径是月球直径的 26.25 倍(命题 11)。而实际上,月球轨道半径的平均值是它的直径的 110.5 倍。

太阳的直径是地球的直径的 6.75 倍(命题 15)。而实际上,这个比为 109。

太阳大约比地球大 311 倍(命题 16)。实际的体积比是 1,300,000。

月球的直径与地球的直径的比为 9 比 25,或者说,地球的直径是月球的直径的 2.85 倍(命题 17)。实际值接近 3.7 倍。

---

[5] 它们大致相同,不过,月球的视直径有从 29′26″到 33′34″的变化,而太阳的平均视直径为 31′59″;因此,月球的视直径可能比太阳的视直径小或大,或者与它相当。换一种说法,月球视直径的变化为 13.5%,而太阳视直径的变化仅为 3.5%。索西琴尼(Sosigenēs,活跃于公元前 46 年)通过日环食的出现证明了它们的视直径是不相等的。

　　阿利斯塔克得出的这些数字结果是很差的,但他是第一个测量那些星球的相对规模和距离的人,这本身就是一项巨大的成就。如果他知道地球的大小,他可能会推论出月球和太阳的绝对规模。他的结果恐怕是非常错误的,但在他那个时代,"测量"那些天体这一事实本身就令人惊讶。附带说一下,他有可能知道地球的规模,亦即他知道亚里士多德或墨西拿的狄凯亚尔库(Dicaiarchos of Messina,活动时期在公元前4世纪下半叶)所获得的近似值,按照他们的观点,地球的周长为300,000斯达地[6],但是,即使他具有这样的知识,他在其专论中既没有参照它也没有使用它。事实终归是事实:多亏了亚里士多德、狄凯亚尔库和阿利斯塔克,使得测量太阳和月球的规模和距离变得可能了;相对于这种可能性而言,精确的数字并不重要。这就仿佛微不足道的人到达那两个日夜长明的天体似的。

　　按照阿基米德的观点,阿利斯塔克本人似乎在其晚年纠正了他自己的一个最令人震惊的错误假设。他不再假设太阳和月球的视直径大约为2°,而是断定它大约为30′,这与真理更为接近。没有理由不相信阿基米德的叙述,如果真是这样,我们可以得出结论说,阿利斯塔克完成那篇留传至今的专论时,他还比较年轻。

　　我再重申一下,这一专论是科学史上的一个重要的里程碑,这不仅是因为它说明了如何测量天体的距离和规模,而且因为它是三角学的序曲。

----

[6] 埃拉托色尼(Eratosthenēs)给出了一个更恰当的近似值252,000斯达地,但这是较晚的事了。埃拉托色尼出生于阿利斯塔克成熟时期。

不过，无论我们认为该专论多么重要，它都不如阿利斯塔克的另一著作重要，该著作未成文，或者已经写下来了，但不久就佚失了。我们只是通过与他同时代的年轻人阿基米德[7]才知道它。最好还是引用一下阿基米德自己在《数沙者》中所说的话；一个感性的人，当他想到它们写于公元前216年以前，他在阅读它们时就不可能不激动：

> 你[8]知道，宇宙(cosmos)是绝大多数天文学家称呼天球的名字，这个天球的中心就是地球的中心，它的半径等于太阳的中心与地球的中心之间的距离。这就是你从天文学家那里听到的共同说明。但萨摩斯岛的阿利斯塔克推出了一本书，它由一些假设构成，在其中，作为所做假设的一个推论，(真实的)宇宙似乎比刚才所说的宇宙大许多倍。他的假设包括：恒星和太阳是静止不动的而地球沿着一个圆形轨道围绕太阳运动，太阳位于该轨道的中央，像太阳一样位于同一中心周围的恒星天球如此之大，以至于他所假设的地球沿之运行的大圆与恒星的距离的比，相当于该天球的中心与其表面的距离的比。

这一论述是令人惊叹的，而且如果我们是从另一个来源获得它的话，它可能是难以置信的。但我们没有理由怀疑阿基米德，他出生于阿利斯塔克在世期间，而且他本人可能与阿利斯塔克相识。况且，他为什么要虚构这样一段叙述呢？

---

[7] 我们现在将要说明的思想在阿利斯塔克的现存的专论中并未提及，这证实了我们的这一信念，即该专论写于他年轻之时。

[8] 这里的"你"是指革隆二世(Gelon Ⅱ)，叙拉古国王，公元前216年以前去世。阿基米德于公元前212年去世。这段引文引自《数沙者》，海贝尔的希腊语-拉丁语对照本，第2卷(1913)，第216页—第219页；希思的译文见于他所编的《阿基米德文集》(Works of Archimedes，Cambridge，1897)，第221页。

或者,即使这是他虚构的,它也同样是令人惊叹的。

说得更清楚些,萨摩斯岛的阿利斯塔克把太阳(而不是地球)当作宇宙的中心,并且假设,地球每天围绕自己的轴自转,而且每年围绕太阳公转。除了月球以外,所有行星都环绕太阳运行,只有月球环绕地球运动。恒星是静止不动的,它们每日的转动是地球每日在与之相反的方向上围绕自己的轴的自转所造成的错觉。恒星天球如此巨大,以至于地球围绕太阳公转的整个轨道与它相比,就像是一个点。最后一个假设是所有假设中最令人惊异的,因为它暗示着,宇宙的浩瀚几乎是难以想象的。这是体现阿利斯塔克之大胆的一个例证。把太阳当作宇宙的中心就必须把宇宙无限地扩大,以便说明尽管地球轨道非常巨大却没出现视差位移的现象。阿利斯塔克毫不犹豫地接受了日心假说的这个近乎荒谬的结论。然而,要认识到他的大胆还要花费一番想象,因为约翰·赫歇耳爵士(Sir John Herschel)认为他的宇宙小得没有意义,而现代的恒星天文学认为他的宇宙是极微小的。

阿利斯塔克已经在哥白尼(Copernicus)之前 18 个世纪构想出了我们所谓哥白尼宇宙。现代人们称他为"古代的哥白尼",他完全值得获此称号,因为阿利斯塔克的其他专论(其中一篇我们已经在上面讨论过了)证明,他是一位严谨的天文学家。他的天文学假设并不是轻率的;它得到了他的经验的证明。例如,认识到太阳远远大于地球之后,他发现,一个更大的天体受一个较小的天体支配是难以置信的。至于成千上万的星体,它们为什么应当在极为遥远的地方非常有规律地围绕地球运行?认为地球自身围绕自己的轴自转不是更简单些吗?

他的假设是非常大胆的,但并非不可靠的。此外,它也并非全新的。有一个与他同时代但比他年长的人——本都的赫拉克利德(Hēracleidēs of Pontos,活动时期在公元前4世纪下半叶)也提出了一个类似的假设,尽管它不如阿利斯塔克的假设完备,赫拉克利德刚好在阿利斯塔克之前在雅典生活,他肯定对学园记忆犹新。赫拉克利德假定,地球每天自转,并且主张,地球轨道内侧的行星如金星和水星围绕太阳运行,而太阳、月球和其他行星则围绕地球运行。这是一种地心体系与日心体系之间的折中,是第谷·布拉赫(Tycho Brahe)的先驱;尽管这样,称赫拉克利德为希腊的第谷,不如称阿利斯塔克为希腊的哥白尼更为恰当。[9]

我们为了使关于阿利斯塔克的叙述更为全面,还应指出,他也对物理学问题感兴趣。作为斯特拉波的弟子,这是很自然的,他还写过一篇(已经失传了的)论光、视觉和颜色的专论。他设计了一种日晷,称之为 scaphē(仰仪,本义为一种凹形的器皿,一只碗),因为它不像通常的日晷那样是平面的,而是半球形的,在它的半径上可能有一个指针。通过观察指针的影子,并且参照在凹面上所投下的影线,就可以推断太阳的方向和高度。不过,与我们已经表述过的那些成就相比,这些是非常小的成就。

阿利斯塔克传统。这一传统是格外令人感兴趣的。我们必须考虑两个单独的传统:一个与他现存的那一专论有关,另一个与日心假说有关。

---

[9] 有关的说明,请参见本书第1卷,第506页—第508页。

　　我们从第二种传统入手。尽管事实上阿利斯塔克的思想几乎可以肯定来源于赫拉克利德的思想而且超越了它们，但相比而言，赫拉克利德传统更为流行也更持久。士麦那的塞翁（Theōn of Smyrna，活动时期在 2 世纪上半叶）使它恢复了活力，但这也使这种希腊传统或科学传统走向终结。另一方面，西塞罗（活动时期在公元前 1 世纪上半叶）和维特鲁威（活动时期在公元前 1 世纪下半叶）都曾提到过赫拉克利德的观点，由此开创了一种拉丁传统，一群非凡的作者如卡尔西吉（Chalcidius，活动时期在 4 世纪上半叶）、马克罗比乌斯（Macrobius，活动时期在 5 世纪上半叶）和马尔蒂亚努斯·卡佩拉（Martianus Capella，活动时期在 5 世纪下半叶）都举例说明了这一传统。在希伯来著作中，日－地中心说观点可以追溯到亚伯拉罕·本·埃兹拉（Abraham ben Ezra，活动时期在 12 世纪上半叶）和莱昂的摩西（Moses of Leon，活动时期在 13 世纪下半叶），以及《光明篇》（Zohar）*的作者（无论是谁），在拉丁语著作中可以追溯到孔什的威廉（William of Conches，活动时期在 12 世纪上半叶）、库特奈的鲍德温二世（Baldwin Ⅱ of Courtenay，活动时期在 13 世纪下半叶）的占星家英国人巴塞洛缪（Bartholomew，活动时期在 13 世纪上半叶）以及彼得罗·达巴诺（Pietro d'Abano，活动时期在 14 世纪上半叶）。巴塞洛缪和彼得罗的著作的早期印刷本确保了那些思想的传播。日－地中心体系的流行，在

---

　　*《光明篇》系犹太教神秘主义（Kabbalah）最重要的经典，是对摩西五书的神秘主义注疏。该著作用中世纪的阿拉米语（Arabic）写成，对上帝的本质、宇宙的起源和结构、灵魂的本质、原罪、救赎、善与恶以及相关话题进行了神秘主义的讨论。——译者

一定程度上也许是由于地球轨道内侧行星的独特轨道导致的。孔什的威廉的观点是非常典型的，他并未忠实地坚持赫拉克利德的观点，而是假设，太阳、金星和水星这三者的轨道半径几乎是相等的，它们各自的中心彼此相距不远，并且与地球成一直线。

　　纯粹的阿利斯塔克传统与赫拉克利德传统是迥然不同的。它一开始就没有好兆头，被与阿利斯塔克同时代的阿索斯的克莱安塞（Cleanthēs of Assos，活动时期在公元前 3 世纪上半叶）指责为不虔敬[10]，因为他"把宇宙的中心移动了，并且试图用这样的假设来解释现象，即天空是静止的，而地球在围绕自己的轴自转的同时，沿着一个倾斜的轨道运行"[11]。然而，维特鲁威却对他予以了高度的评价，认为他是一个对许多科学分支具有同样深入的知识的人。维特鲁威写道："这种类型的人是罕见的，他们就是古代的萨摩斯岛的阿利斯塔克、菲洛劳斯（Philolaos）和他林敦的阿契塔（Archytas of Tarentum）、佩尔格的阿波罗尼奥斯、昔兰尼的

---

[10] 确切地说，克莱安塞实际上并没有提出这样的指控，而是说应当提出这样的指控。克莱安塞是最重要的斯多亚学派哲学家之一，并且从公元前 264 年直至他去世的公元前 232 年担任该学派的领袖。他实际上写了一本反阿利斯塔克的小册子。斯多亚学派的哲学家们凭借他们的伦理热情，复兴了苏格拉底的某些反科学偏见。普卢塔克在其《月亮的表面》（*De facie in orbe lunae*）第 6 章中揭示了克莱安塞对阿利斯塔克的敌视。

[11] 按照士麦那的塞翁（活动时期在 2 世纪上半叶）的说法，有一个叫德希利达（Dercyllidas）的人也曾含蓄地提出过类似的指责。参见爱德华·希勒（Eduard Hiller）编：《士麦那的塞翁：论运用数学知识阅读柏拉图》（*Theonis Smyrnaei: Expositio rerum mathematicarum ad legendum Platonem utilium*, Leipzig, 1878），第 200 页。

埃拉托色尼、阿基米德和叙拉古的斯科皮纳（Scopinas of Syracuse）。"[12] 再回过来谈科学家，日心说观点得到巴比伦人塞琉古（活动时期在公元前 2 世纪上半叶）的支持，但不久就遭到喜帕恰斯（活动时期在公元前 2 世纪下半叶）的拒绝。喜帕恰斯的拒绝具有决定性的作用，因为他被公认是古代最伟大的天文学家；托勒密（活动时期在 2 世纪上半叶）对这种拒绝进行了证明，并且使之延续下来。无论是喜帕恰斯还是托勒密似乎都没有注意赫拉克利德，但他们使除了地心说以外的任何体系的发展都停了下来。在经历了 18 个世纪的中断后，日心说观点得到哥白尼的重新证实（1543 年），哥白尼也非常了解菲洛劳斯（活动时期在公元前 5 世纪）、希凯塔（Hicetas，活动时期在公元前 5 世纪）、埃克芬都（Ecphantos，活动时期在公元前 4 世纪上半叶）[13]、赫拉克利德和阿利斯塔克，他是他们思想的清醒而谨慎的复兴者。

赫拉克利德传统是一种更具文学和哲学特点的传统，它几乎完全是西方的，是一种拉丁-希伯来传统。与之形成对照的是，阿利斯塔克传统是更为科学的传统，更具有东方特点，它是一种希腊-阿拉伯传统。它曾经因纯技术的理由遭受挫折，但被哥白尼在文艺复兴时期最伟大的科学著作之一

----

[12] 《建筑十书》（De architectura），第 1 卷，第 1 章；也可参见第 9 卷，第 8 章。维特鲁威的选择是古怪的。这里提及的所有这些人，除了最后一个人叙拉古的斯科皮纳以外，我们的读者已经熟悉了，若不是维特鲁威提及的话，叙拉古的斯科皮纳仍不为人所知。

[13] 我没有谈到这三个人，以避免不必要地增加我的叙述的复杂性。菲洛劳斯来自意大利南部，另外那两个人来自叙拉古，因此，他们构成了一个意大利人或西方人群体；所有这三个人都是毕达哥拉斯主义者。有关他们更详细的信息，请参见我的《科学史导论》，第 1 卷，第 93 页、第 94 页、第 118 页，或者本书第 1 卷，第 288 页和第 290 页。

中复兴了(1543 年)。后来，它又第二次因大部分技术理由
而被第谷·布拉赫拒绝(1585 年)；它最终被约翰·开普勒
(Johann Kepler)永久地确立下来(1609 年)。日心说的成功
是由于用椭圆轨道(Elliptic orbit)取代圆形轨道——这是一
种不仅阿波罗尼奥斯而且所有古代人都没有想到，或者说他
们可能会先验地排除的因素。

　　赫拉克利德和阿利斯塔克之间的时间间隔与哥白尼和
第谷·布拉赫之间的时间间隔几乎是相同的(在这两组人
中，年轻者都是大约在年长者去世时出生)，但他们的顺序
是相反的，古代的布拉赫早于古代的哥白尼。这一点很容易
说明，从赫拉克利德到阿利斯塔克的转变是一种抽象概念上
的进步，而从哥白尼到布拉赫的转变则是一种精确性的
进步。

　　与其现存专论相关的阿利斯塔克传统则简单得多，它是
一定文本的传承。帕普斯(活动时期在 3 世纪下半叶)对该
专论进行了评注，并且把它列入"小天文学"，因而使它得以
保存下来。所谓"小天文学"是一组奥托利库、阿利斯塔克、
欧几里得、阿波罗尼奥斯、阿基米德、许普西克勒斯、米尼劳
斯(Menelaos)和托勒密的著作，它们被抄在相同的卷轴上，
从而被一起传播，最终都被巴勒贝克(Ba'albek)的古斯塔·
伊本·路加(活动时期在 9 世纪下半叶)翻译成阿拉伯语。
古斯塔因此编辑了与"小天文学"相当的阿拉伯著作，名为
Kitāb al-mutawassitāt bain al-handasa wal-hai'a，即"几何学与
天文学中介丛书"(随着时间的推移，在那些从希腊语翻译
过来的专论中又添加了许多纯粹的阿拉伯专论)。最终，波

斯人纳西尔丁·图希(活动时期在 13 世纪下半叶)成为"中介丛书"的主要研究者,他特别重视《论日月的大小和距离》。我推断他为该著作编辑了一个新的版本,大概附有评注。

在乔治·瓦拉(Giorgio Valla,1499 年去世)编辑的由其他许多著作组成的丛书中,也收录了阿利斯塔克的专论,所有这些著作都译成了拉丁语,由文物收集者德·斯特拉塔(Ant. de Strata)于 1488 年在威尼斯印制,后来又由贝维拉卡(Bevilaqua)于 1498 年在同一城市印制(参见图 17)。[14]另一个更为详细并附有帕普斯评注的阿利斯塔克著作的拉丁语版由费德里科·科曼迪诺出版[Pesaro,1572(参见图 18)]。希腊语第一版(参见图 19)是在一个世纪以后才由约翰·沃利斯出版(Oxford:Sheldonian Theatre,1688)。福尔蒂亚·德·于尔邦(Fortia d'Urban)于 1810 年在巴黎出版了一个希腊语-拉丁语对照本,并于 1823 年在巴黎出版了法译本。A. 诺克(A. Nokk)翻译了德译本(Freiburg i. B.,1854),托马斯·希思爵士翻译和编辑了英语-希腊语对照本(Oxford:Clarendon Press,1913)。

三、索罗伊的阿拉图

为了使我们对希腊化早期(公元前 3 世纪上半叶)的说明更加完整,我们必须谈谈教诲诗诗人索罗伊的阿拉图(Aratos of Soloi,活动时期在公元前 3 世纪上半叶),尽管事实上他并非活跃于亚历山大,而是活跃于奇里乞亚(Cilicia)和马其顿地区,而且他并非与阿利斯塔克是同样意义上的天

061

---

[14] 克莱布斯只提到这个第二版(《科学和医学古版书》,第 1012.1 号),但我可以肯定前一个版本不是子虚乌有。这是我第一次在克莱布斯杰出的目录中发现遗漏。

图 17　阿利斯塔克的专论《论日月的大小和距离》的拉丁语第一版,见于皮亚琴察(Piacenza)的乔治·瓦拉编辑的《古籍汇编》(*Collectio*)中,他是该书的译者(Venice:Bevilaqua,1498)[承蒙俄亥俄州克利夫兰市军事医学图书馆(the Armed Forces Medical Library,Cleveland,Ohio)恩准复制]

图 18　阿利斯塔克的同一专论的第一个拉丁语单行本,由费德里科·科曼迪诺编辑,4 页+38×2 页(Pesaro:Camillus Francischinus,1572)[承蒙哈佛学院图书馆恩准复制]

文学家;他的那类知识更接近于民间传说,因而非常通俗。

　　不过,还是让我们先来了解一下阿拉图吧。他在公元前 4 世纪末,也许是在公元前 315 年出生于索罗伊,[15]并且在

---

〔15〕索罗伊城在安纳托利亚南海岸的奇里乞亚,塞浦路斯的正北面。索罗伊也是克吕西波(Chrysippos,活动时期在公元前 3 世纪下半叶)的出生地,克吕西波曾于公元前 233 年—前 208 年担任斯多亚学派的领袖;"没有克吕西波就没有斯多亚学派"。庞培大帝(Pompey the Great)大约于公元前 67 年重建了索罗伊城,该城后来被称作庞培奥波利斯(Pompeiopolis)。

062 以弗所[16]和雅典求学。他作为学生、旁听者（acustēs）或者朋友与许多哲学家有来往，其中最著名的是斯多亚派哲学家基蒂翁的芝诺（Zēnōn of Cition，活动时期在公元前 4 世纪下半叶）。他与两位伟大的诗人叙拉古的忒奥克里托斯和昔兰尼的卡利马科斯（Callimachos of Cyrēnē）是同时代的人[17]；他也许是在科斯岛遇到前者的，而且肯定是在雅典与后者相识的。他奉诏来到安提柯二世戈纳塔（马其顿国王，大约公元前 283 年至公元前 239 年在位）在派拉（Pella）的朝廷，正是在这里，他大约于公元前 275 年写下

ΑΡΙΣΤΑΡΧΟΥ ΣΑΜΙΟΥ
Περὶ μεγεθῶν ἢ ἀποστημμάτων Ἡλίν ἢ Σελήνης,
BIBΛION.
ΠΑΠΠΟΥ ΑΛΕΞΑΝΔΡΕΩΣ
Τᾶ ϟ Συναγωγῆς BIBΛIOY Β'
Απόσπασμα.

ARISTARCHI SAMII
De Magnitudinibus & Diftantiis Solis & Lunæ,
LIBER.
Nunc primum Grece editus cum Federici Commandini verſione Latina, notiſᵠ illius & Editoris.
PAPPI ALEXANDRINI
SECUNDI LIBRI
MATHEMATICÆ COLLECTIONIS,
Fragmentum,
Hactenus Deſideratum.
E Codice MS. edidit, Latinam fecit,
Notiſque illuſtravit
JOHANNES WALLIS, S.T.D. Geometriæ
Profeſor Savilianus ;& Regalis Societatis
Londini ; Sodalis.

OXONIÆ,
E THEATRO SHELDONIANO,
1688.

图 19 阿利斯塔克的专论的希腊语初版，附有科曼迪诺的拉丁语译文，由约翰·沃利斯（1616 年—1703 年）出版（Oxford：Sheldonian Theatre，1688）[承蒙哈佛大学科学史系恩准复制]

---

[16] 他在以弗所接受的是什么教育？我们也许可以假设，一些哲学家和学者被吸引到阿耳忒弥斯神庙，而且乐于为年轻人讲学。那里也许有某种公共教育。我们对以弗所的情况了解得不多，但我们有一份关于同一时期（公元前 3 世纪上半叶）特奥斯（Teōs）的公共教育的特别文献，特奥斯是一个在以弗所西北与之相距不远的海滨城市。读者可以在 G. W. 博茨福德和 E. G. 西勒尔的《希腊文明》（New York，1915）的第 599 页—第 601 页读到这份文献的英语本。特奥斯是 4 世纪或者 5 世纪著名的抒情诗人阿那克里翁（Anacrēon）的出生地。

[17] 叙拉古的忒奥克里托斯是田园诗的奠基者，他曾于大约公元前 285 年访问过亚历山大城。昔兰尼的卡利马科斯从大约公元前 260 年至公元前 240 年担任亚历山大图书馆的馆长。我们很快会回过头来进一步论述他们二人。

《物象》(*Phainomena*)。翌年,亦即公元前 274 年—前 273
年,伊庇鲁斯国王皮洛士(Pyrrhos, king of Ēpeiros)入侵马其
顿,安提柯二世被打败,并且被废黜了。阿拉图来到叙利亚,
在塞琉古之子安条克一世索泰尔(Antiochos I Sōtēr)的朝廷
避难,在这里,他完成了对《奥德赛》的编辑。在皮洛士一去
世(公元前 272 年)并且安提柯重新被拥立为王之后,阿拉
图重返派拉的马其顿朝廷,在安提柯二世之前在那里去世
(安提柯二世于公元前 239 年去世)。阿拉图是一个学识渊
博的学者,写过许多著作,但保存到现在的只有他的天文
学诗。

这样的诗作有两部,即《物象》和《气象预兆》
(*Diosēmeia*),前一部源于尼多斯的欧多克索(Eudoxos of
Cnidos,活动时期在公元前 4 世纪上半叶),第二部诗主要源
于埃雷索斯的塞奥弗拉斯特(活动时期在公元前 4 世纪下半
叶)。《物象》描述了北方的星座和黄道带(the Zodiac);他
的描述从北极和大、小熊星座开始,然后转向南,之后又回到
大、小熊星座,最终又回到黄道带。他一共涉及北方的 30 个
星座,以及 15 个黄道以南的星座;这些描述与神话资料结合
在一起。在简单提及 5 颗他没有说出其名字的行星之后,他
讨论了天球的 5 个区域,亦即银河、北回归线(the Tropic of
Cancer)、南回归线(the Tropic of Capricorn)、赤道(the
Equator)以及黄道带。这一著作的结尾(第 559 行—第 732
行)叙述了星辰的升起和降落(*synanatolai, anticatadyseis*),
亦即星辰与黄道十二宫的哪一个一起升起,或者当这一宫升

起时它们坐落在哪里。[18]

　　这种对星座的描述是那种与每个人相关的天文学。它在今天依然流行,而许多普通人不了解其他天文学知识;他们以为识别星座并说出它们的正确名字的能力就是天文学的全部了。但我们不会把他们称作天文学家,这就类似于这样的情况:对一个能说出每一种植物的名称但对植物的生活一无所知的人,我们不会授予他植物学家的荣誉称号。如果今天对星座的描述依然流行,我们很难想象它在古代是什么样子。首先,大部分人每晚都可以看星星,但城市生活的环境使我们很少有机会去熟悉它们。其次,拜星教至少在一定程度上被每个人接受了,而它赋予星座一种令人畏惧的含义。每一个星座都像一个神。对天空中发光天体的探索不仅是天文学研究的领域,而且也是神话研究的领域,是神学和宗教探讨的范畴。这是一个多么美丽的幻想呀!每晚在夜空之下,宗教著作、永恒的《圣经》被每个会仔细阅读它的人翻开,想一想这样的情景吧。

　　这种心灵状态证明了阿拉图的诗歌《在宙斯的权力下》("Ec Dios archōmestha")以这样带有宗教色彩的诗句作为开篇是合理的:

　　让我们从宙斯谈起;凡人绝不会不提他的名字;所有街道和所有市场到处都有他的痕迹;海洋和天空也是如此;所有人永远需要宙斯。因为我们也是他的子嗣。

　　这是梅尔对第1行—第5行的直译,其希腊语原文可以

---

[18] 关于这一点,G. R. 梅尔(G. R. Mair)在"洛布古典丛书"中的《卡利马科斯、吕科佛隆和阿拉图》(*Callimachus*, *Lycophron*, *Aratus*, Cambridge, 1921)第377页有很充分的说明。

在我们的初版复制本中读到,也可以考虑一下达西・W.汤普森爵士(Sir D'Arcy W. Thompson)的意译:

让我们从呼唤神开始;让我们把他的美名永远赞誉。城市的所有街道和所有市场天主无所不在;海洋和天空也享受着他光华的沐浴。每个人事事都需要他,**因为我们也是他所生的子女**。

最后一句话取自《使徒行传》第 17 章第 28 节(Acts of the Apostles,17:28),它并不像看起来那样似乎是随意而言,相反,圣保罗(St. Paul)显然指的就是阿拉图。"我们生活、动作、存留都在乎他。就如你们作诗的,有人说:'我们也是他所生的。'"圣保罗所想到的两位诗人是斯多亚派哲学家阿索斯的克莱安塞(活动时期在公元前 3 世纪上半叶)和阿拉图。[19]

一首希腊诗有这种闪族文化式的开头并非不自然。阿拉图出生于西亚并在那里接受教育;无论直接还是间接,他从巴比伦人那里获得了他的某些天文学知识;他肯定无意中遇到过许多东方人;不过,我不能扯得太远,以至于暗示:他听说过《诗篇》(Psalms)。这并不是必然的,《诗篇》的作者和阿索斯的克莱安塞在其对宙斯的赞美诗中及阿拉图在其对天空的辉煌的描述中利用了相似的资料,其中最主要的,

064

---

[19] 我的老朋友达西・W.汤普森 1935 年在圣安德鲁(St. Andrew)学院对苏格兰古典协会(the Classical Association of Scotland)做了有趣的讲演《经典中的天文学》("Astronomy in the Classics"),它使我注意到这种接近,该讲演重印于《科学与经典》(*Science and the Classics*,London:Oxford University Press,1940)[《伊希斯》*33*,269(1941–1942)],第 79 页—第 113 页。

就是对星光灿烂的天空的沉思所激发的宗教情感。[20]

《物象》有 730 行,《气象预兆》(*Weather Forecasts*)有 422 行。几乎没有必要指出后一首诗对每一个人尤其是对每一个农民的重要性。这种诗体形式使有关气象的每一种民俗具体化了,并且有助于人们对它们的记忆。同样,通过时常浮现于脑海之中的诗句,星座的相对位置也铭刻在人们的心中了。

关于教诲诗在印刷术发明以前的时代对大众教育的重要性,似乎怎么说也不会夸大。这种诗远在阿拉图时代以前就在古希腊出现了——想想赫西俄德(Hēsiodos,活动时期在公元前 8 世纪)吧,不过,阿拉图把这种诗复兴了,而且在罗马时代,他的诗是这类诗歌中最受欢迎的。我们将很快回过头来讨论这个问题;我先来谈一谈在文艺复兴时期以及后来一直到我们这个时代的教诲诗的持续创作,不过,这些诗歌创作的必然因素越来越少了,而人为因素越来越多了。近代拉丁文学的历史记录了许多这样的诗,例如吉罗拉莫·弗拉卡斯托罗(Girolamo Fracastoro)的《梅毒》(*Syphilis*;Verona,1530),以及枢机主教梅尔希奥·德·波利尼亚克(Melchior Cardinal de Polignac)的《驳卢克莱修》(*Anti-Lucretius*;Paris,

---

[20] 不妨比较一下 I. 康德(I. Kant)在《实践理性批判》(*Kritik der praktischen Vernunft*;Riga,1788)的论述:"Zwei Dinge erfüllen das Gemüth mit immer neuer und zunehmender Bewunderung und Ehrfurcht, jeöfter und anhaltender sich das Nachdenken damit beschäftigt;der bestirnte Himmel über mirund das moralische Gesetz in mir(有两种事物,我们愈是经常持久地对之凝神思索,它们就愈是使我们内心充满常新而日增的惊奇和敬畏,这就是我头上的星空和我心中的道德律)"。

1747）。＊有些诗也用作者的本国语言出版，例如，让·弗朗索瓦·德·圣朗贝尔（Jean François de Saint Lambert）的《四季》（*Saisons*；Paris，1769），以及最近的艾尔弗雷德·诺伊斯（Alfred Noyes）的《火炬手》（*The Torch-Bearers*；Edinburgh，1922）；＊＊诺伊斯的诗只出版了一卷，涉及从哥白尼到约翰·赫歇耳爵士的天文学的历史。这是一部历史，一部科学史，所以比天文学本身更具人文主义特点，但我并没有看出把这样的叙述限制在诗体中有什么优势。这种限制是不合逻辑的、缺乏时代性的和倒退的。

　　这类诗的创作在古代是必要的，在今天却是对智力荒谬的浪费。一般而言，科学诗无论在科学方面还是在诗意方面都不尽如人意。

　　阿拉图传统。阿拉图的诗歌似乎既可以给博学之士、数学家和天文学家带来快乐，也可以给文人们带来快乐。没过多久，对它的各种评论便纷至沓来，其中最有权威性的是喜帕恰斯（活动时期在公元前 2 世纪下半叶）的评论。喜帕恰斯关心的是阿拉图所能获得的最大尊敬。他的评论是他唯一留传至今的著作，这真是一种奇怪的侥幸。如果他自己的天文学著作而不是这一评论留存下来，那多好呀！由于他可以读到尼多斯的欧多克索的《现象》（*Phainomena*），他意识到阿拉图只不过是把欧多克索的散文改成了诗歌，并把这两

065

＊　吉罗拉莫·弗拉卡斯托罗（1478 年—1553 年），意大利医师、诗人、天文学家和地质学家；梅尔希奥·德·波利尼亚克（1661 年—1742 年），法国外交官，罗马天主教会红衣主教和新拉丁诗人。——译者

＊＊　让·弗朗索瓦·德·圣朗贝尔（1716 年—1803 年），法国诗人；艾尔弗雷德·诺伊斯（1880 年—1958 年），英国诗人。——译者

篇著作的原文进行了比较。阿拉图的诗重复了欧多克索的某些错误并且又犯了一些新的错误;它的流行扩大了那些错误的泛滥,这是很有害的。这引起了这位伟大的天文学家的担心。我们还是引用一下他自己的话吧:

其他几位作者编辑了对阿拉图的《物象》所做的评论,其中最仔细的是我们这个时代的数学家阿塔罗斯(Attalos)的说明。[21] 我并不认为,对这首诗的含意需要大量说明;因为诗人的表达是清晰而简洁的,对那些只受过中等教育的读者来说,理解他也是很容易的。但是,倘若有人能够在阅读中区分他关于天体说了什么、他的哪些陈述是与所观察到的现象相一致的以及哪些是错误的,那么,完全可以认为此人有了一种非常有用的才能,对一个训练有素的数学家来说,这种才能是非常实用的。

请注意,在许多非常实用的细节上,阿拉图的观点与实际出现的现象是不相符的,但几乎在所有这些观点上,不仅其他评注者而且阿塔罗斯都与他一致,鉴于你[22]对了解和关注所有人之利益的热情,我决定阐明一些在我看来被错误地论述的细节。我给自己提出这个任务,并非因为我渴望从批评他人中获得荣誉(实际上,这恐怕是一种爱慕虚荣和心胸狭窄的动机;正相反,我认为我们应当感激为所有人的共同利益付出自己辛勤劳动的每一个人),而是为了避免使你或任何热心求知的人像许多人一样错过有关宇宙中出现的

---

[21] 喜帕恰斯的这种说法"我们这个时代的数学家阿塔罗斯(Attalos ho cath'ēmas mathēmaticos)"是很奇怪的,若不是他这么说,这个阿塔罗斯也许还不为人所知。

[22] 这里的"你"是指喜帕恰斯的朋友埃斯克里翁(Aischriōn),喜帕恰斯的这一著作就是献给他的。

现象的正确观点,在今天,很多人都得不到正确观点,这种情况是很自然的;因为令人陶醉的诗歌使其内容充满了一些似是而非的东西,而几乎所有说明这位诗人的人都赞同他的陈述。[23]

之所以引这么长一段引文,是因为它说明了喜帕恰斯不是一个爱慕虚荣的学者,而是一个热爱真理的学者,而且是一个既善良又伟大的人。

在喜帕恰斯以后,希腊传统逐渐消失了。阿喀琉斯·塔提奥斯(Achilleus Tatios,活动时期在 3 世纪上半叶)写过一篇评论,另外还有一些评注,它们被归于亚历山大的塞翁(活动时期在 4 世纪下半叶)的名下。

持久的传统是拉丁传统而非希腊传统,这主要应归功于西塞罗(活动时期在公元前 1 世纪上半叶),他翻译了《物象》;而且大部分翻译(475 句)保存到现在。维吉尔(活动时期在公元前 1 世纪下半叶)在写作他的《农事诗》(*Georgica*)时受到阿拉图的影响。奥维德(Ovid,公元前 43 年—17 年)写道:"阿拉图将与日月长存。"(*cum sole et luna semper Aratus erit*)但这一赞美之词过分了。罗马的将军格马尼库斯·凯撒(Germanicus Caesar,公元前 15 年—公元 19 年)以及阿维努斯(Avienus,活动时期在 4 世纪下半叶)又翻译出新的译本。因此,在拉丁化的中世纪,人们对他也不陌生。

066

---

[23]《喜帕恰斯评阿拉图的〈物象〉和欧多克索的〈现象〉》(3 卷)(*Hipparchi in Arati et Eudoxi Phaenomena libri tres*),第 1 卷,I,3 - 8,见于卡尔·马尼蒂乌斯(Karl Manitius)的希腊语 - 德语对照本(Leipzig,1894)第 4 页—第 7 页。英译本为 T. L. 希思所译,见于《希腊天文学》(*Greek Astronomy*;London,1932),第 116 页[《伊希斯》22,585(1934-1935)]。

图20　阿拉图的《物象》的初版,见于《古代天文学作家》(*Scriptores astronomici veteres*; Venice:Manutius, 1499)(Klebs, 405.1)。希腊语对开本(313r)第1页,第1行—第9行:"让我们从宙斯谈起……"左上角留下了一个很大的空白,以便画匠插入装饰性的希腊字母 ε。这一卷包含《物象》的3个拉丁语版以及被归于亚历山大的塞翁名下的评注[承蒙哈佛学院图书馆恩准复制]

　　这些古版本证明了阿拉图著作的流行:3个拉丁语版本,1个希腊语版本! 前两个版本是1474年的,一个是由一位佚名的印刷者在布雷西亚(Brescia)印制,另一个版本是与马尼利乌斯(Manilius,活动时期在1世纪上半叶)*的《天文学》(*Astronomicon*)的第2版本一起,由鲁杰卢斯(Rugierus)和贝尔托库斯(Bertochus)在博洛尼亚(Bologna)印制。第3个版本是阿维努斯的译本,由斯特拉塔印制(Venice,1488)。第4个版本见于由马努蒂乌斯(Manutius)出版的文集《古代天文学作家》[Venice,1499(参见图20)]。这第4个版本包括3个不同的拉丁语译本以及希腊

---

　　*　马尔库斯·马尼利乌斯(Marcus Manilius)是1世纪的罗马诗人和占星家。——译者

语本,还包括塞翁的评注。

克莱布斯:《科学和医学古版书》,第 77.1 号,第 661.2 号,第 137.1 号,第 405.1 号。

伊曼纽尔·贝克尔:《阿拉图与学校》(*Aratus cum scholiis*;Berlin,1828);恩斯特·马斯(Ernst Maass):《阿拉图的〈物象〉》(*Arati Phaenomena*;Berlin,1893);《阿拉图遗著注疏》(*Commentariorum in Aratum reliquiae*;Berlin,1898),822 页。

卡尔·马尼蒂乌斯:《喜帕恰斯对阿拉图和欧多克索的注疏》(*Hipparchi in Arati et Eudoxi commentaria*;Leipzig,1894),410 页,希腊–德语对照本。

至于英译本,提一下 G.R.梅尔所译的《物象》就足够了,见于 A.W.梅尔(A.W.Mair)所编的卡利马科斯和吕科佛隆的著作["洛布古典丛书"(London,1921)],相对的页上有希腊语文本。关于《气象预兆》,可参照爱德华·波斯特(Edward Poste)的译本(London,1880)或 C.利森·普林斯(C.Leeson Prince)的译本(Lewes,1895)。

也许可以把阿拉图的诗称作一部关于天文学神话的专论,而把它称作占星术神话可能是一种混淆。在希腊化时代初期,占星术已经有了相当大的发展,但它与宗教而非与科学联系在一起,我将在本卷第十一章和第十四章对此予以简洁的讨论。阿拉图的目的是描述和道德教育,除了简短地说明有关各地农民不得不解释的天气预兆外,他并没有试图说明任何形式的占卜。

我将在本卷的第五章和第六章中讨论诸如阿基米德、科农、阿波罗尼奥斯、埃拉托色尼等数学家的天文学研究,将在第十九章中讨论迦勒底天文学和埃及天文学。

第五章
阿基米德和阿波罗尼奥斯

托勒密王朝时期的埃及是希腊科学的重要中心,但绝不是唯一的中心;无论是在亚洲、周边诸岛或者大希腊(Magna Graecia)〔1〕地区,希腊在哪里建立殖民地,那里肯定就会有科学发展的可能性。我们将遇到许多这样的例子,公元前3世纪最出色的例子就是叙拉古的阿基米德。毫无疑问,本卷要(尽管是很简略地)描述政治和战争的变迁,但是科学史家必须说明为什么伟大的科学人物在某地而非另一地从事他们的研究,以及为什么科学会在这种或那种环境中成长。我们应当记住,科学从来不是在真空中成长的。

为了说明阿基米德在西西里岛(Sicily)的出现,我们必须对一些历史事件进行一下概述。在本书第1卷中我已经阐明,〔2〕自公元前12世纪以降,地中海地区高度的紧张局势都是由希腊殖民地与腓尼基人不断的冲突引起的。从公元前6世纪以来,由于伊特鲁里亚人(Etruscan)的嫉妒和干预,地中海西部地区的紧张局势变得更为复杂了。这个地区

---

〔1〕 关于大希腊的定义,请参见本书第1卷,第199页。

〔2〕 参见本书第1卷第108页—第109页以及第222页。关于地中海周围的腓尼基定居者的地图,请参见该卷第102页。

最主要的城邦有两个,即闪米特帝国的迦太基(Carthage)和希腊帝国的叙拉古。我们暂时把注意力集中在这两个城邦。

　　迦太基是一个更古老的殖民地。早在公元前 814 年就有一群提尔人(Tyrian)在这里建立了殖民地,我们都知道它的第一位女王狄多(Dido),《埃涅阿斯纪》(*Aeneid*)使她得以名扬千古。迦太基很快就成为同类中最重要的殖民地,以至于人们不再谈论腓尼基人而谈论迦太基人了。迦太基人又在非洲、西西里岛和撒丁岛(Sardinia)建立了他们新的殖民地。希腊人为了占有西西里岛与迦太基人打了 3 个世纪,后来罗马人又成为与迦太基人冲突的对手。在第一次布匿战争(Punic War,公元前 264 年—前 241 年)结束时,迦太基人征服了西班牙,但失去了西西里岛,那里被罗马人占领了。[3] 在第二次布匿战争(公元前 218 年—前 201 年)期间,战斗在西班牙、意大利和西西里岛展开。其中的一个重要事件是罗马人于公元前 212 年攻陷了叙拉古。[4]

　　叙拉古殖民地位于西西里岛的东南海岸,它于公元前 734 年建立,比迦太基晚 80 年。由于它的显要位置和其科

---

[3] 更确切地说,是西西里岛的西部,这里在公元前 227 年成为罗马帝国的第一个省。西西里岛的东部仍在叙拉古的希伦(Hierōn)的控制下,他是罗马人的朋友和同盟者。从公元前 450 年至公元前 201 年,除了北部(大约北纬 41°和 42°)以外,整个西班牙半岛都成了迦太基帝国实质领土的一部分。

[4] 对于希望了解迦太基历史结局的读者,我提供了以下少量资料。第三次亦即最后一次布匿战争(公元前 149 年—前 146 年)随着迦太基被斯基皮奥·埃米利亚努斯(Scipio Aemilianus)的彻底摧毁而宣告结束。不过,这个地方太好了,以至难以被废弃,凯撒和奥古斯都(Augustus)又在这里殖民,不久之后,它就给罗马帝国的主要城邦之一腾出了地方。公元 439 年,迦太基被汪达尔人(Vandals)占领,从此一直到 533 年,他们都把迦太基当作他们的首都,而在这一年,贝利萨留(Belisarios)为拜占庭帝国(Byzantine empire)把它夺了回来;698 年,阿拉伯人把它夺走了。圣路易(St. Louis)在第 8 次也是最后一次十字军东征过程中于 1270 年在那里去世,这次东征是他本人发起的。

林斯创建者的天才,它不久便成为不仅在西西里而且在整个大希腊地区最重要的城邦。反抗迦太基的斗争是不可避免的,战争的危险则导致了一个独裁政权于公元前485年的建立。公元前480年[萨拉米斯(Salamis)年],僭主革隆在希梅拉(Himera)击败了曾入侵西西里的迦太基人。他的弟弟和继任者希伦拓展了叙拉古帝国的疆土,并且使这个都市变成了希腊文化最重要的中心之一。希伦是一个文学之友,并且为品达罗斯(Pindaros)和埃斯库罗斯(Aischylos)提供了赞助。这个黄金时代随着他于公元前467年的去世而终结了,但在此以后,又发生了这个城邦最辉煌的事件之一——这个城邦于公元前413年彻底击败了雅典的远征军[修昔底德(Thucydidēs)对此的描述尽显大家风范]。叙拉古与迦太基的斗争一直在继续,直到罗马人利用亲罗马群体于公元前212年包围并攻克了该城时为止。[5]

以上两段叙述至公元前212年为止,这是我们自己叙述的一个中心点。

至于精神方面的荣耀,迦太基是公元前5世纪初汉诺(Hannōn)和希米尔科(Himilcōn)的大胆航行的出发地,而迦太基的赫里鲁斯(Hērillos of Carthage),即基蒂翁的芝诺(活动时期在公元前4世纪下半叶)的弟子,则是斯多亚学派的一个分支的创始人。叙拉古是两位著名的天文学家希凯塔(活动时期在公元前5世纪)和埃克芬都(活动时期在

----

[5] 叙拉古后期历史的重要史实包括:公元前212年以后,整个西西里岛变成了罗马帝国的一个行省,而叙拉古则成为东半部的首府。公元前21年,奥古斯都向叙拉古派去了殖民者。公元280年,叙拉古遭到了法兰克人(Frank)的抢劫。它于535年被贝利萨留攻占,878年被阿拉伯人攻占,1085年被诺曼底人(Normans)攻占。

公元前 4 世纪上半叶）的故乡、伟大诗人忒奥克里托斯（大约公元前 310 年—前 250 年）以及比他年轻的同时代人阿基米德（活动时期在公元前 3 世纪下半叶）的故乡。

一、叙拉古的阿基米德

当罗马将军马尔库斯·克劳狄乌斯·马尔克卢斯（Marcus Claudius Marcellus）围攻叙拉古时，他的任务的难度因一个名为阿基米德的工程师的足智多谋而大大增加了。阿基米德在公元前 212 年这个城邦遭到洗劫时遇害身亡。据传说，阿基米德发明了各种用于防御的机械装置，如石弩、巧妙的钩子等，他还发明了凹面镜，用这些镜子他可以反射太阳光，并且把罗马的舰船点燃。有这样一个故事说，当一个罗马士兵偶然发现他时，他正全神贯注地思考画在地上的几何图形。阿基米德向他大喊："让开！"结果这个士兵就把阿基米德杀害了。有关他试图挽救他的故乡的那些发明的记述，不仅在古代和中世纪而且直到 18 世纪激发了人们的想象力，并且他被普遍认为是一位机械奇才。结果，例如为查理五世（Charles Quint）制造钟表的贾内洛·德拉·托雷（Gianello della Torre），被称为"阿基米德二世"，而直到 18 世纪，还有人把发明家克里斯托弗·普尔海姆（Christopher Polhem）称作"瑞典的阿基米德"。[6] 这就像我们称爱迪生（Edison）为"美国的阿基米德"一样可笑。一旦人们认识到阿基米德虽然可能发明了各种各样的机械和装置，但他主要是一个数学家，是古代最伟大的数学家和各个历史时期最伟

---

[6] 有关克里斯托弗·普尔海姆（1661 年—1751 年），请参见《伊希斯》*43*，65（1952）。

大的数学家之一时,他们就会觉得,这种绰号显而易见是荒谬的。

普卢塔克曾经谈到,阿基米德本人对他自己的那些实用发明并不是很重视:

> 尽管它们比人类睿智,给他带来了更多的声望,但他不屑于撰写任何有关这类主题的著作,反而认为机械方面的事物以及每一种偏重实用和利润的技艺都是不体面的和卑鄙的,而他的雄心壮志则完全倾注在这样一些思考上,它们的美和微妙是不会被任何日常的生活需要的混合物玷污的。[7]

普卢塔克的见解好像有道理,而且是典型希腊式的。尽管如此,毫无疑问,诸多世纪以来,阿基米德的声望不是建立在他自己著作中所说明的那些不朽成就的基础之上,而是建立在围绕他的名字的一系列传说的基础之上的。这些传说有一个真实的核心:他的确发明过一些机械装置,例如滑轮组、一种蜗杆、一种螺旋水泵、一种天象仪以及点火镜等,但这些活动对他来说是次要的和微不足道的。天象仪实际上被西塞罗看到了,按照他的说法,它非常完美地展现了月球和太阳的运动,以至于可以证明日(月)食。

他的生平中唯一可以确定其时间的事实是,他于公元前212年叙拉古遭洗劫时遇害身亡。据说,那一年他75岁,这

---

[7] 引自普卢塔克所写的马尔克卢斯的传记,他生动地描述了阿基米德在保卫叙拉古的战斗中所起的作用[《希腊罗马名人传》(*Plutarch's Lives*),见于"洛布古典丛书",第5卷,第469页—第479页]。阿基米德为希伦国王的进攻和防御准备了多种装置。有关他去世的故事,请参见第487页。马尔库斯·克劳狄乌斯·马尔克卢斯(第一个使用此名的人)是一位罗马将军,他包围并攻克了叙拉古,他于公元前208年去世。

样可以推断他大约出生于公元前 287 年。他是天文学家菲狄亚斯(Pheidias)之子,因而,他早年对天文学和数学感兴趣是很自然的。他是叙拉古国王希伦二世以及后者之子和继任者革隆二世的亲戚和朋友。[8] 按照西西里岛的狄奥多罗(Diodōros of Sicily,活动时期在公元前 1 世纪下半叶)的说法,他在埃及度过了一段时光,这种说法似乎是非常可信的。亚历山大城那时是科学界的中心;阿基米德在叙拉古没有对手,他自然很希望访问亚历山大博物馆,并且与活跃在它周围的伟大的数学家们交流思想。很可能,他在亚历山大结识了萨摩斯岛的科农(活动时期在公元前 3 世纪下半叶)、后者的弟子培琉喜阿姆的多西狄奥斯(Dōsitheos of Pēlusion)以及埃拉托色尼。[9] 在其逗留亚历山大期间,他发明了螺旋水泵(亦即"阿基米德螺旋泵")。[10] 尽管我们可以假设,他主要生活在叙拉古,但他也有助于例证亚历山大博物馆的

---

〔8〕 从年代学的角度讲,这是可能的,因为希伦二世于公元前 216 年去世,享年 92 岁;革隆二世被其父亲任命为国王,但先于他去世。不过,很难理解希伦的友谊,因为他在第二次布匿战争期间是罗马人的盟友,并且一直忠于他们。按照莫斯基翁(Moschiōn)的记述,阿基米德为希伦造了一艘船;莫斯基翁对它的详细描述被保留在瑙克拉提斯的阿特纳奥斯(Athēnaios of Naucratis)的《欢宴的智者》(Deipnosophistai)第 5 卷,40-44 中。对希腊技术史而言,这是一份非常令人感兴趣的文献(参见本书第七章)。

〔9〕 阿基米德把他的一本著作题献给国王革隆,两本著作题献给埃拉托色尼,题献给多西狄奥斯的著作不少于 4 本。这 4 部专题著作超过了他现存著作总量的 70%。因此我们可以说,培琉喜阿姆的多西狄奥斯是他最好的朋友。培琉喜阿姆在海岸附近,位于苏伊士运河(the Suez Canal)以东;它是埃及东部的关键地带。它很有可能就是训(Sin)[参见《以西结书》(Ezekiel)第 30 章,第 15 节和第 16 节]。

〔10〕 所谓阿基米德螺旋泵是把一块板沿着一个斜轴弯成螺旋状,并置入一个敞开的空心圆筒中。把这个圆筒的下端浸入水中,摇转这个螺旋时就可以把水提到高处。在阿基米德留传给我们的著作中没有对此装置的描述,但这并不能证明他没有发明它。这样的发明常常没有文字说明但却制成了实物。

威望。

还有一个故事。阿基米德请他的朋友们把一幅数学图刻在他的墓碑上。这幅图(或者一个三维图解)展示了一个圆柱,圆柱里内切着一个球。[11] 我们是通过西塞罗知道这个故事的,他于公元前 75 年担任西西里岛的检察官时发现了已成废墟的阿基米德墓地,他重建了这座墓,并且对其进行了记述。[12] 这座墓现已消失了,它的确切地点无人知晓。

我们对阿基米德这个人已经有了尽可能多的了解,现在我们来考虑一下他现存的那些使他流芳百世的著作。

阿基米德没有欧几里得那种百科全书式的倾向,欧几里得试图涉足整个几何学领域;而他则相反,他的专著只涉及了有限的范围,但是他对任何主题的论述,从其条理性和清晰性而言,都具有大师的风范。正如普卢塔克在其关于马尔克卢斯的传记中评论的那样:"若想在几何学中用比较简洁和清晰的命题陈述较为费解和棘手的问题或证明是不可能的。"说得非常好。直至 1907 年,人们也许还会补充说,阿基米德并没有说明他是如何做出他的发现的,而只是以最教条的方式对它们进行了说明,而且只关心条理、严密和简洁。我们不能再那样说了,因为在那一年,海贝尔出版了佚失的《方法》,在这一著作中,阿基米德把他的某些秘密告诉了我

---

[11] 阿基米德已经证实了它们的体积与表面积的比(3∶2)。他的专著《论球与圆柱》(*On the Sphere and Cylinder*)和《方法》(*Method*)都提供了这一证明。

[12] 西塞罗:《图斯库卢姆谈话录》(*Tusculanarum disputationum*),第 5 卷,23;相关文本的英译本见于我的《文艺复兴时期(1450 年—1600 年)对古代和中世纪科学的评价》[*Appreciation of Ancient and Medieval Science During the Renaissance*(1450-1600),Philadelphia:University of Pennsylvania Press,1955],第 214 页。

们。我们不久还会回过头来再谈这个问题。

阿基米德有多种著作留传下来,我们将对之进行简略的考察,对每一著作加上少许会令每位有涵养的读者感兴趣的评论,但必须略去一些专业细节,因为对非数学家来说,即使做了冗长而单调的说明,他们也无法对那些细节做出正确的评价。由于阿基米德主要是一个几何学家,我们将先考察他的几何学著作,然后再考察他讨论算术、力学、天文学以及光学的其他著作。

1. **几何学**。阿基米德所有现存的著作中最长的是《论球与圆柱》这一专论,该书共两卷,其(海贝尔版的)希腊语文本不超过 114 页。在这一专论中他证明了许多命题,其中有一个命题他认为非常重要,因而请人把与它有关的图刻在他的墓碑上,这也是每个中小学生都知道的命题,即一个球体的表面积等于其半径与该球体半径相等的圆的面积的 4 倍($4\pi r^2$)。我们从他的《方法》推断,在他计算出一个球体的表面积之前,他已算出了它的体积($\frac{4}{3}\pi r^3$),并且从其体积推算出了其表面积,但是在他的说明中顺序正好相反。这一专论采用了欧几里得的风格,以定义和假定开始。为了确定面积和体积,他非常娴熟和严谨地使用了穷竭法。他解决了[13]"沿着某一平面把一球体分割,使其分割后各部分的体积等于既定的比率"的问题以及类似的问题。

按照长度顺序,排在第二的专论(希腊语文本有 100 页)

---

[13] 更确切地说,他把这个问题还原为一个三次方程,他并没有在该专论中给出该方程的解。在他的一个评注者欧多基乌斯(Eutocios,活动时期在 6 世纪上半叶)所知的一个残篇中,他利用一抛物线与一等轴双曲线的交会解出了该方程。

是《劈锥曲面与旋转椭圆体》(*Conoids and Spheroids*),该书讨论了旋转抛物面和旋转双曲面以及椭圆围绕其长轴或短轴旋转时所形成的立体。第3部专论(60页)是《论螺线》(*Spirals*)。这一专论概述了前两部书的主要结果,因而从年代顺序上讲也是排在它们之后的。他所讨论的螺线现在被称作"阿基米德螺线",他对其定义如下:"如果平面内一直线绕其一端匀速旋转,直到回到它的起点,而同时,从固定端起有一点沿该直线匀速运动,则该点将描画出一螺线。"[14] 这个清晰的定义在今天仍会使用,并且会导致这一方程 $r = a\theta$。在这里,a 是一个常量。(当然,无论在阿基米德的著作抑或其他古代文本中都没有方程;我们所列的方程仅仅到16世纪下半叶才出现)他求出了不同螺线围成的面积和我们所谓螺线的次法线常量(a)。他没有我们的分析工具就可以获得那些结果,这种能力几乎是不可思议的。

他的第4部专论《抛物线图形求积法》(*Quadrature of the Parabola*)更短一些(只有27页),但讨论的是一个单一的问题。

这4部几何学专论都是题献给他的朋友培琉喜阿姆的多西狄奥斯的,多西狄奥斯也因此名扬千古;它们构成了现存的阿基米德著作的主体。他的其他几何学专论更短,也不那么重要。其中第一篇是《引理集成》(*Liber assumptorum, Book of Lemmas*),其希腊语文本已经佚失,现在所知道的拉

---

[14] 该定义出现在《论螺线》(*De Lineis spiralibus*)这一专论的开篇。参见图21。假设长度为 OA(=r),并且角 θ 按一恒定的速率增加,则 A 点描绘出螺线。阿基米德线是平面曲线家族中最简单的:$r^m = a^m\theta$。

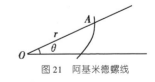

图21 阿基米德螺线

丁语本译自阿拉伯语本,它论述了一些特别的图形,例如鞋匠刀形(*the arbēlos* 或 shoemaker's knife)。鞋匠刀形以这样的 3 个半圆围成,它们的直径 *AC*、*AB* 和 *BC* 共线且相接(参见图 22)。直径为 *BD* 且与 3 个半圆的直径垂直的圆的面积,等于这 3 个半圆围成的面积。

《圆的度量》(*Measurement of the Circle*,也许是一个较长的专论的残篇)计算出了 π 的一个令人满意的近似值,亦即 $3\frac{1}{7} > \pi > 3\frac{10}{71}$(3. 142 > π > 3. 141)。阿基米德是通过比较两个分别内接于和外切于同一圆的正九十六边形的面积得出这一结果的。很难了解他是如何得出他的结果的,例如:

$$\frac{1351}{780} > \sqrt{3} > \frac{265}{153}。$$

这有可能是从所谓海伦公式(Heronian formula)中引申出来的:

$$a \pm \frac{b}{2a \pm 1} < \sqrt{(a^2 \pm b)} < a \pm \frac{b}{2a},$$

在这里,a^2 是与欲求之数的平方最接近的数。在本例中,$\sqrt{3} = \sqrt{(4-1)}$,亦即 $a = 2, b = 1$。

《十四巧板》(*Stomachion*)或《阿基米德魔盒》(*Loculus Archimedius*)也是一个残篇,该著作讨论了一种几何拼图游戏,有点像中国的七巧板,但比它更复杂。它所涉及的问题是,把一平行四边形分割为具有不同关系的 14 个部分。

按照帕普斯的观点,[15] 阿基米德已经描述了 13 种半正多面体,亦即这样的多面体,它们的表面形状是等边和等角的,但不相似。例如,其中的一种半正多面体是由 4 个三角形和

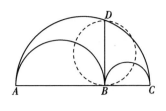

图 22　鞋匠刀形图

4 个六边形构成的八面体。在这些阿基米德多面体中,第 13 个也是最复杂的是九十二面体,由 80 个三角形和 12 个五边形构成;它是一个"扭棱十二面体(snub dodecahedron)",每个立体角由围绕一个五边形的 4 个三角形构成。

他的研究成果《论正七边形》(*Regular heptagon*)被萨比特·伊本·库拉(活动时期在 9 世纪下半叶)翻译为阿拉伯语,而希腊语文本佚失了。卡尔·绍伊(Carl Schoy)在开罗发现了它的阿拉伯语手稿并且于 1926 年用德译本把它呈现给西方公众。[16]

对揭示阿基米德几何学思想令人难以置信的深刻和独创性而言,列举这些著作已经绰绰有余。他不仅提出了一些首创性的问题,而且获得了在他那个时代几乎难以想象的结论,而他所使用的方法是严谨的和独一无二的。例如,他解决了平面曲线图形面积的求法,并解决了曲面形面积和体积

---

〔15〕帕普斯:《数学汇编》(*Synagōgē*),第 5 卷,命题 19;由弗里德里希·胡尔奇(Friedrich Hultsch)编辑的希腊语版(Berlin,1876),第 1 卷,第 351 页—第 361 页;由保罗·维尔·埃克(Paul Ver Eecke)翻译的法译本(Bruges,1933),第 272 页—第 277 页。

〔16〕卡尔·绍伊:《希腊-阿拉伯研究》("Graeco-Arabische Studien"),载于《伊希斯》8,21–40(1926)。

的求法。通过一种与积分法相当的方法[17]，他测量出抛物线和螺旋线所围成图形的面积、球体的体积、球缺的体积以及任何其他二级立体的部分的体积。对以上这些我们无法马上在这里做出说明；评价这些方法的最好办法就是研读海贝尔编辑的阿基米德的原著，或者研读希思的译本。把他当作解析几何学（Analytic geometry）的发明者和积分学（Integral calculus）的发明者的先驱来谈论，这种做法是愚蠢的，但是，可能有人提出过这类主张，而这一事实是非常意味深长的。当我们想到他阐明和解决了许多深奥的问题但却没有应用我们现在所拥有的任何分析工具时，对他的天才的敬仰之情会在我们心中油然而生。

　　2. **算术**（Arithmetic）。阿基米德在算术和代数方面的研究量并不大，而且缺少原创性。我想知道，他是否真的熟悉巴比伦人的方法？[18] 他在亚历山大居留期间可能听说过它们；他听到的不一定很多，但最有限的暗示都足以引起他的注意。无论如何，要想确定地辨认出他著作中的那些巴比伦因素是不可能的。

　　希腊数系，无论是用语词还是用符号来表达，其内在的弱点给阿基米德留下了深刻的印象。这种弱点是希腊文化的悖论之一；古代一流的数学家不得不满足于最糟糕的数系，而这种数系的基础被不适当的符号隐蔽起来了。[19] 在

---

[17] 也许，使用"方法"这个词会令人误解。他并没有什么普遍的综合方法，但凭借其伟大的天才为解决每一种问题发明了一种特别的方法。每一种解决方法都是严谨的，但不适用于其他问题。

[18] 参见本书第1卷，第74页和第118页。

[19] 参见本书第1卷，第206页—第209页。希腊数系像闪米特数系（希伯来数系或阿拉伯数系）一样糟。

这个事例中他自己的天才有欠缺,因为他不是去发明一种更好的数系(这才是真正的解决之道),相反,他却试图通过说明希腊数字足以表示非常巨大的数而证明它们是合理的。[20] 当然,每一个数系无论多么贫乏,都可以用同样的方式被证明是合理的。他在题为《原理》(Archai, Principles)或者《命数法》(Catonomaxis tōn arithmōn, Naming of Numbers)的专论中说明了他的这种特设性的观点,这一专论是献给一个名叫宙克西波斯(Zeuxippos)的人的。这一专论已经佚失,但另一专论留传下来,即《数沙者》(Psammitēs, Arenarius)[21],它是题献给革隆国王的,该专论以非常独创性的方式引入了一个极大的数。"整个宇宙有多少沙粒?"显然,这是一个双重问题,因为人们必须先确定宇宙的大小;确定之后,如果知道某个单位空间中所含沙粒的数目,就很容易计算出整个宇宙能容纳多少沙粒。假设我们具有必要的数词,这是轻而易举的事。在十进制中,不会出现什么疑问,因为如果一个人理解 10^0、10^1、10^2 的含义,那么,无论 n 有多大,他理解 10^n 都没有什么困难。阿基米德的解答更复杂一些,从 1 到 1 亿(10^8)的数构成了他的第一级,从 10^8 到 10^{16} 构成了他的第二级,如此等等;第一亿级以 $10^{8 \cdot 10^8}$ 这个数结束。所有这些数字形成了第一个周期,可以用同样的方式定义第二周期、第三周期等,直至第 10^8 周期以 $(10^{8 \cdot 10^8})^{10^8}$ 这个数结束。对于十进制来说,可以用 1 后面跟随 8 亿亿个零来表示第 10^8 周期的最后一个数字。宇宙

[20] 他使我们想起了英国数学家试图证明荒谬的英国度量衡是合理的。

[21] 我们已经谈到过《数沙者》,这一专论是非常重要的,因为它是我们获得有关萨摩斯岛的阿利斯塔克的日心说知识的唯一来源。

中的沙粒是相对较少的,不到 10^{63} 粒。

　　阿基米德在这方面的天才难以理解;他没有考虑一个在实际生活中有用的数系,而是沉湎于构想巨大的数字——这种构想是哲学的而非纯数学的。这使我们想起了佛教(Buddhism)宇宙学家的嗜好,他们为各种无限性问题而苦恼;他们定义了一些数字(不像阿基米德的数字那样大),并命名了一些逐渐增加至 10^{51} 的十进指数,而且发明了一个巨大的时间周期——大劫(*māhakalpa*),这个周期长得足以完成整个创造和毁灭的戏剧性过程。每一个大劫之后会跟随着另一个大劫。如果你能构想一种无限,你就能构想一种无限的无限,如此等等,不一而足。在思想的这一阶段,这种构想是形而上学,而不是数学。[22]

　　另一篇专论题为《群牛问题》(*Cattle Problem*, *Problema bovinum*, *Problēma*),该专论是题献给埃拉托色尼的,集中讨论了不定分析问题。这是一个极度复杂的问题,要求人们要解答 4 种颜色的牛群中每一种颜色的公牛和母牛的数目;在这里,7 个单一方程和两个限制条件把 8 个未知量联系在一起。[23]

　　这 7 个方程的解导致了 8 组被同一个系数相乘的 7 位数或 8 位数。限制条件使这个系数变得大得惊人;这 8 个未

[22] 有关佛教的思想,请参见威廉·蒙哥马利·麦戈文(William Montgomery McGovern):《佛教哲学手册》(*Manual of Buddhist Philosophy*),第 1 卷《宇宙论》(*Cosmology*;London,1923),第 39 页及以下。现代的集合论把这些问题从无意义和形而上学的空谈的层次提高到了科学的水平。

[23] 这些未知量是 $W, w; X, x; Y, y; Z, z$,在这里,大写字母代表公牛,小写字母代表母牛。这 4 组字母中的每一组都代表一种不同的颜色。那两个限制条件是:$W + Z = $ 一个平方数,而 $Y + Z = $ 一个三角形数。

知量中有一个超过了 206,500 位。再次让人感到奇怪的是，阿基米德对不定分析的兴趣与印度人对无限大数的兴趣结合在一起了。

3. **力学**(Mechanics)。我们现在来讨论一类也许比阿基米德几何学研究更卓越的成就，这就是，他创造了理论力学的两个分支：静力学和流体静力学（ Hydrostatics ）。他有两部力学专论留传至今，即《平面图形的平衡》(*De planorum aequilibriis*) 和《论浮体》(*De corporibus fluitantibus*)，这两部专论的写作都采用了欧几里得的风格，各自分为两卷，长度也差不多相同（一部是 50 页，另一部是 48 页）。它们都从定义或公设开始，以此为基础，作者用几何学方法证明了许多命题。

第一部专论即《平面图形的平衡》(*Equilibrium of Planes*) 是这样开始的：

我假设：

（1）若一杠杆两端的重物的重量相等且距离相等，杠杆就保持平衡，若重物的重量相等而距离不等，杠杆就不会保持平衡，而会向距离长的一端倾斜。

（2）若重物在杠杆两端某一距离处保持平衡，增加一端的重量，它们就不再保持平衡，而会向重量增加的一端倾斜。

经过几个步骤之后，他那时就能够证明"两个（重物的）重量无论是否可共度，只要所处的距离与其重量成反比，它们就可以保持平衡"。以上所说的"距离"即它们各自的重心与杠杆支点的距离。因此，第 1 卷的结尾（命题 9—命题 15）说明了如何寻找平行四边形、三角形以及等腰梯形等不同图形的重心，而整个第 2 卷则用来解答抛物线段的重心。

最后一个命题(第 2 卷,命题 10)确定了抛物线在两个平行弦之间部分的重心。所有这些命题都是用于解决静力学问题的几何命题。

《论浮体》(*Floating Bodies*)这一专论以两个假设为基础,其中第 1 个出现在第 1 卷的开篇,第 2 个出现在命题 7 之后(共计 9 个命题)。这两个假设是:

假设 1

"假设液体具有这样的性质,所有部分都是均匀而连续的,受到较大压力的部分会推动受到较小压力的部分;并且,只要液体下沉且受到其他的压力,液体的每一部分都会受到其正上方部分的压力。"

假设 2

"在流体中受到向上压力的物体,它们所受到的压力是向上(与液体表面)垂直的,该力穿过它们的重心。"

以假设 1 为基础,他证明了(命题 2)"任一静止液体的表面都是以地心为中心的球面的(一部分)"。第 1 卷的主要命题,即命题 5—命题 7 与著名的阿基米德原理(Archimedean principle)同样重要,按照这一原理,任何物体的全部或部分浸入液体中时所失去的重量等于它所排开的液体的重量。据说,在洗澡时他感到泡在水中的身体变轻了,他发现了这一原理,他跑出浴室,兴奋地大喊:"Heurēca,heurēca"(我发现了,我发现了)。[*]这使他能够确定物体的比重,从而解决"皇冠问题"(Crown problem)。为希伦国王制

---

[*] 近年来有学者指出,这可能是后人杜撰出来的一个故事,阿基米德确实测量了体积,但不是坐在澡盆里,而阿基米德在街上裸奔欢呼"我发现了"也是不可信的。参见《科学美国人》(*Scientific American*)2007 年 6 月 11 日的报道。——译者

作的一顶金皇冠被认为金中掺了银。究竟掺了多少呢？在
水中称出皇冠的重量，再在水中称出同等重量的黄金和银，
就可以解决这个问题了。第 2 卷研究了正旋转抛物面在液
体中漂浮时的稳定平衡条件，在这里，又是作为几何学家而
不是作为力学家的他取得了成功。

　　阿基米德似乎至少还写过另一部力学专论，[24] 在其中，
他解决了"怎样用已知的力移动一已知的重物"的问题，并
且证明"当较大的轮和较小的轮围绕同一中心旋转时，大轮
的作用会超过小轮"。这使我们想起了一个传说，即他曾向
国王希伦自夸说："给我一个支点（杠杆的支点），我就能挪
动地球。"为了使国王信服，他用一个滑轮组（*polyspaston*）毫
不费力地就把一条满载货物的船拖动了。

　　这又使我们回忆起阿基米德在战争与和平方面的一些
机械发明，它们给后人留下如此深刻的印象，以致他的理论
成就却被忽略了。对于他在纯静力学和流体静力学方面研
究的重要性，可以用另一种方式来评价。请记住，亚里士多
德物理学和斯特拉托物理学与我们今天所理解的物理学是
绝对不同的。最早的在数学基础上研究的物理学学科是（欧
几里得和其他人所开始的）初级的几何光学，更深入的研究
是两个力学分支：静力学和流体静力学。后面这两个分支的
研究是阿基米德开创的，应当把他称为第一个理性的力学
家。在西蒙·斯蒂文（Simon Stevin，1548 年—1620 年）和伽
利略（Galileo，1564 年—1642 年）以前，根本无人可以与他媲

---

〔24〕《论杠杆》（*On Levers*，*Peri zygōn*），《论重心》（*On Centers of Gravity*，*Centrobarica*），
　　《论平衡》（*On Equilibriums*，*Peri isorropiōn*），这些标题可能指的是同一专论，也可
　　能是指不同专论。

美,而斯蒂文和伽利略都是 18 个多世纪以后才出生的!

　　我们已经看到了,阿基米德的力学专论也许应该称作几何学专论,对每一部理论力学专论来说,都是如此,因为力学是数学对某些力学假设的阐述。(本质上相同的是,几何学则是数学对有关空间的某些假设的阐述。)很明显,在阿基米德心中,这两个领域没有多少区别。对他的另一专论的研究更强化了这种印象,该专论在 1906 年以前几乎根本不为人所知,那一年,杰出的丹麦学者海贝尔在君士坦丁堡重写本(Constantinople palimpsest)中发现了它。[25] 这就是**题献给埃拉托色尼、讨论力学问题的《方法》**(*Method*, *Ephodos*)。

　　说明其发现之法的数学家寥寥无几,因此他们的记述常常会激起人们的好奇心,因为人们忍不住想问:"他是怎么想到的?"他们的缄默可能是由于某种卖弄,但在大多数情况下,这只不过是一种无法避免的结果。第一直觉可能是模糊的和难以用科学语言表述的。如果数学家跟着这种直觉走,他也许能够发现某种科学理论,但他的发现之路却是曲折而漫长的。要想按照历史顺序描述这种发现,大概同样是冗长和乏味的。简单的办法是,抛弃一切无关的东西后,从逻辑上对这些发现进行公式化的说明。然而,新的理论就像

---

[25] 即约翰·卢兹维·海贝尔(1854 年—1928 年);参见汉斯·雷德(Hans Raeder)提供的肖像和传记,载于《伊希斯》*11*, 367–374(1928)。重写本(palimpsēstos,意为涂写的或再涂写的)是指在(通常在羊皮纸上)以前的文本已被抹掉的地方所写的手稿。这种情况是由于羊皮纸价格昂贵而导致的;僧侣们会试图抹去对他们来说没有意义的数学文本,取而代之的是对他们更有价值的另一文本。通过化学制品和适当的光线,往往有可能使被抹去的文本重现。海贝尔所发现的阿基米德的文本,曾被抹去以便为书写主祷(一种东正教的仪式)词提供空间。

079 一座拆除了脚手架和所有辅助建筑之后的新建筑,没有它们,这一建筑是不可能建起来的。

　　显而易见,阿基米德所运用的欧几里得的阐释方式可能是教条的或说教式的,而其顺序肯定与发现的顺序迥然不同。也许在与其朋友埃拉托色尼讨论了这个问题之后,阿基米德写了《方法》,我们必须感谢海贝尔发现了这一著作,因为它不仅在古代科学史上,而且在各个时代的一般科学史上,都是最富有启迪性的文献之一。为了说明我的大胆命题,我想把《方法》与一部有关近代心理学史的文献加以比较,这部文献即克洛德·贝尔纳(Claude Bernard)的《实验医学研究导论》(*Introduction à l'étude de la médeicine expérimentale*;Paris,1865)。把一部公元前 212 年以前在叙拉古用希腊语写作的数学著作与 2000 多年以后用法语写作的心理学著作加以比较,似乎是荒谬的! 但是,在这两个个案中,都有一位大师试图向我们说明他的发现方法而不是他的发现本身。这样的著作在科学史上并非常见的,它们都是弥足珍贵的著作。

　　人们在阅读阿基米德求面积法和求体积法的复杂的说明时,可能都禁不住会自问:"他究竟是怎样想象出那些权宜之计[26]并得出那些结论的?"埃拉托色尼肯定问过同样的问题,不仅问过他本人,也问过阿基米德。重要的是,在那些结论的正确性被证明以前,或者在有可能开始做这样的证明之前,阿基米德凭借直觉把它们大致推论出来了。

―――――――――

[26] 之所以使用"权宜之计"这个术语,是因为并不存在普遍的方法,每一个特定的问题都是用其特有的方式解决的。

　　当然，当我们以前已经用这种方法获得了有关问题的某种知识时，提供证明就比在没有任何先前知识的情况下找到这种证明更容易。这就是欧多克索首先发现了一些定理之证明的原因，例如这些定理：圆锥体的体积是等底、等高的圆柱体体积的三分之一，棱锥体的体积是等底、等高的棱柱体体积的三分之一。我们对德谟克利特的赞誉也不应有丝毫减少，他是第一个对我们所谈到的这些几何图形做出断言的人，尽管他并没有提出证明。[27]

　　这段陈述非常令人感兴趣，不仅是因为其陈述本身，而且因为它提到了欧多克索和德谟克利特。德谟克利特（活动时期在公元前 5 世纪）发现了圆柱、棱柱和棱锥体的体积，而欧多克索（活动时期在公元前 4 世纪上半叶）是第一个证明这些定理的人。[28] 阿基米德指出，德谟克利特的直觉有助于欧多克索的证明，而且应当给予德谟克利特一定的荣誉。现在阿基米德也受到类似的直觉的引导，而那些直觉是他自己的。他描述说，有一种力学直觉（这使我们想到了卡瓦列里的直觉）[29]，使得他能够构想在求一定的面积时所遵循的方法。他在结果能被证明之前并且确实在尝试证明它之前，

080

---

[27] T. L. 希思：《阿基米德的〈方法〉》（*The Method of Archimedes*；Cambridge，1912），第 13 页。这段陈述出现在阿基米德的《方法》的开篇。

[28] 参见本书第 1 卷，第 227 页和第 444 页。

[29] 博纳文图拉·卡瓦列里（Bonaventura Cavalieri，1598 年—1647 年），伽利略的一个弟子，出版过《一种推进连续不可分量之新几何学的方法》（*Geometria indivisibilibus continuorum nova quadam ratione promota*；Bologna，1635），说明了"不可分量的方法"，这一说明先于牛顿（Newton）和莱布尼茨（Leibniz）的发现，并且有助于他们做出发现。欧多克索和阿基米德使用的穷竭法比卡瓦列里的穷竭法更为严谨。阿基米德做出了他的"卡瓦列里式（à la Cavalieri）"的发现，但并没有因此而满足，直到用穷竭法证明为止。阿基米德是比 18 个半世纪以后的这个意大利人更深刻的数学家。

就对它有了先见之明。读者若想理解进一步的详细情况,可阅读《方法》,不仅可以读希腊语和拉丁语版,而且还可以读英译本的。

我们还应当谈一谈阿基米德在天文学和光学领域的研究。他撰写过一部题为《天球仪的制作》(*Sphere-Making*)的著作(但佚失了),该著作描述了天象仪的构造,并且说明了太阳、月球和行星的运动;这个天象仪非常精确,足以预见未来的日食和月食。在《数沙者》中,他描述了一种简单的仪器(照准仪),他用此仪器来测量太阳的视直径 d;他发现 $27' < d < 32'56''$。喜帕恰斯曾提及阿基米德,并且评论说,他们二人在夏至和冬至的观察中犯了同样的错误。[30] 按照马克罗比乌斯(活动时期在 5 世纪上半叶)的看法,阿基米德确定了诸行星的距离。

另一部佚失的著作《反射光学》(*Catoptrica*)证明了他对光学的兴趣,亚历山大的塞翁(活动时期在 4 世纪下半叶)引述了该著作的一个命题:把物体投入水中时,随着它们越沉越深,它们看起来就越来越大。

考虑一下希腊天文学和光学的历史,人们就不会惊讶阿基米德曾对这些论题产生过一定的兴趣。在他居留亚历山大城期间,他曾与欧几里得的弟子和阿利斯塔克的弟子讨论过这些问题。然而,他本人的主要兴趣是数学,这一点在他留传至今的著作中有极好的例证。

---

[30] 托勒密:《天文学大成》(*Almagest*),Ⅲ,1。参见海贝尔编:《克劳迪·托勒密现存著作全集》(*Claudii Ptolemaei opera quae exstant omnia*;Leipzig:Teubner,1898 – 1903),第 1 卷,《天文学大成》(*Syntaxis mathematica*),第 194 页,23:N. B. 阿尔马(N. B. Halma)译:《克劳迪·托勒密的数学著作》(*Composition mathématique de Claude Ptolémée*;Paris:Grand,1813;facsimilé ed. Paris:Hermann,1927),第 153 页。

二、阿基米德传统

现在出现了这个问题:阿基米德的著作是怎样流传给我们的？这种古代科学的传统几乎像古代科学的发明一样重要,因为没有它,发明可能就是无效的。

这一传统的整个历史太复杂了,无法在这里讲述,因为要讲述,就必须说明以不同方式流传至今的多种著作的传承。为了缩短我的概述,比较方便的办法就是列举出阿基米德的专论;我依据海贝尔所编的阿基米德著作集希腊语第二版的顺序来列举,它的第 1 卷包含 3 项内容,于 1910 年出版;第 2 卷包含剩余的 9 项内容,于 1913 年出版。

1.《论球与圆柱》;

2.《圆的度量》;

3.《劈锥曲面与旋转椭圆体》;

4.《论螺线》;

5.《平面图形的平衡》;

6.《数沙者》(*Psammitēs*,*Arenarius*);

7.《抛物线图形求积法》;

8.《论浮体》;

9.《十四巧板》(几何拼图游戏);

10.《方法》(*Ephodos*);

11.《引理集成》(*Liber assumptorum*);

12.《群牛问题》(*Problema bovinum*)。

古代的阿基米德传统比欧几里得传统更匮乏。非常奇怪的是,在黑暗时代早期,唯一的说明是西塞罗(活动时期在公元前 1 世纪上半叶)提供的。我们知道,托勒密(活动时期在 2 世纪上半叶)和亚历山大的塞翁(活动时期在 4 世纪下半叶）阅读过他的著作，但他们告诉我们的信息寥寥无几。在大概写于 6 世纪（不晚于 7 世纪）的《阿尔切里亚努斯古卷》（*Codex Arcerianus*）中，保存下来一部大约为 5 世纪中叶的罗马官员准备的行政文件集。其科学水平相当低，但它包含了求平方数前 n 项和的阿基米德定理。[31]

阿什凯隆（位于巴勒斯坦海岸）的欧多基乌斯（活动时期在 6 世纪上半叶）撰写的详尽评论，是希腊传统的一座丰碑。这一详尽的评论涉及上面列举的第 1 项、第 2 项和第 5 项。它用了海贝尔所编的希腊语版著作的第 3 卷（1915 年）整整一卷的篇幅。在他的评论之后，除了在由塞萨洛尼基的莱昂（Leōn of Thessalonicē，活动时期在 9 世纪上半叶）发起的 9 世纪和 10 世纪的拜占庭复兴运动期间阿基米德著作的手抄本之外，再没有更多关注阿基米德的迹象。留传下来的最早的那些抄本的原型，很可能是 9 世纪初时的一个拜占庭抄本。最早的那些抄本属于 15 世纪末和 16 世纪初，它们包括以上所列的第 1 项、第 2 项和第 5 项的古本再加上第 4 项、第 6 项和第 7 项的古本。

这个原型不可能（比 9 世纪上半叶）更晚，因为有一个抄本传到了伊斯兰教地区（the Dār al-islām），并且很快被古斯塔·伊本·路加或他的学派的成员翻译成阿拉伯语，而且，一些阿拉伯数学家如马哈尼、萨比特·伊本·库拉、优素福·扈里（Yūsuf al-Khūri）和伊斯哈格·伊本·侯奈因对之

---

[31]《阿尔切里亚努斯古卷》保存在布伦瑞克（Braunschweig）的沃尔芬比特尔图书馆（the Wolfenbüttel Library）。参见《科学史导论》，第 1 卷，第 397 页。这些平方数的总和是阿基米德在《劈锥曲面与旋转椭圆体》（命题 2 的引理）和《论螺线》（命题 10）中给出的。

进行了评注,所有这些数学家都活跃于 9 世纪下半叶。一些阿拉伯语版的著作被译成拉丁语。例如,上面所列的第 2 项(《圆的度量》)在 12 世纪曾两度从阿拉伯语翻译成拉丁语,第一次是蒂沃利的柏拉图(Plato of Tivoli,活动时期在 12 世纪上半叶)或别的人翻译的,第二次是克雷莫纳的杰拉德(活动时期在 12 世纪下半叶)翻译的。这第二个译本使这一文本被拉丁语世界接受了。[32]

　　一个世纪以后,一个佛兰德多明我会修士、穆尔贝克的威廉(William of Moerbeke,活动时期在 13 世纪下半叶)直接从希腊语翻译了几乎所有阿基米德的专论。他对上面所列的第 8 项(《论浮体》)的翻译最为重要,因为该著作在早期的希腊传统中被遗漏了。这一翻译由威廉修士于 1269 年在维泰博(Viterbo)的教廷完成。[33] 第 8 项的希腊语本曾经失

082

----

〔32〕 马歇尔·克拉格特:《中世纪的阿基米德与〈圆的度量〉》("Archimedes in the Middle Ages. The *De mensura circuli*"),载于《奥希里斯》(*Osiris*)10,587－618 (1952)。该作者有关中世纪拉丁语世界的阿基米德传统的其他研究,已发表在《伊希斯》和《奥希里斯》上。参见他的概述,载于《伊希斯》44,92－93(1953),以及《阿基米德论曲面:中世纪蒂尼缪的约翰内斯对〈圆的度量〉的评注》("*De curvis superficiebus Archimenidis.* A Medieval Commentary of Johannes de Tinemue on the *De sphaera et cylindro*"),载于《奥希里斯》11,294－358(1954)。这个蒂尼缪(?)的约翰(John of Tinemue)大概活跃于 13 世纪,他的评注可能是从阿拉伯语翻译过来的;参见《伊希斯》46,281(1955)[也可参见克拉格特:《古代的希腊科学》(*Greek Science in Antiquity*;New York:Abelard-Schuman,1955)]。

〔33〕 维泰博(在罗马西北偏北向 42 英里)是"女大伯爵"托斯卡纳的马蒂尔达(Matilda of Tuscany,1115 年去世)遗留下来的,它是圣彼得(St. Peter)的世袭财产的一部分。穆尔贝克的威廉得到了克雷芒四世[Clement Ⅳ,即居伊·德·富尔克(Guy de Foulques)]的赞助,后者曾在 1266 年命令罗吉尔·培根(Roger Bacon,活动时期在 13 世纪下半叶)把其著作的副本送给他。克雷芒四世于 1268 年在维泰博去世。

传,直到 1906 年才重新出现,这一年,海贝尔在君士坦丁堡[34]重写本中发现了它,该重写本中还包含阿基米德的其他著作的文本,其中最珍贵的就是《方法》。

当穆尔贝克的威廉直接从希腊语把阿基米德的著作翻译成拉丁语时,马克西莫斯·普拉努得斯(Maximos Planudēs,活动时期在 13 世纪下半叶)也许正在利用希腊语本从事他自己的研究,而波斯人纳西尔丁·图希(活动时期在 13 世纪下半叶)正在修订早期的阿拉伯译本。在 14 世纪,为数不多的数学家接触到了阿基米德的手稿——其中有伊斯兰教徒伊拉克人伊本·阿克法尼('Iraqī, Ibn al-Akfānī,活动时期在 14 世纪上半叶);犹太教徒如卡洛尼莫斯·本·卡洛尼莫斯(Qalonymos ben Qalonymos,活动时期在 14 世纪上半叶);他把这些手稿从阿拉伯语翻译成希伯来语,也许还有伊曼纽尔·邦菲尔斯(Immanuel Bonfils,活动时期在 14 世纪下半叶);基督徒如尼科尔·奥雷姆(Nicole Oresme,活动时期在 14 世纪下半叶)以及比亚焦·佩利卡尼(Biagio Pelicani,活动时期在 14 世纪下半叶)。到了 15 世纪接触这些手稿的基督徒的数量增加了,其中最重要的人是雅各布·达·克雷莫纳(Jacopo da Cremona)和雷乔蒙塔努斯(Regiomontanus)。列奥纳多·达·芬奇(Leonardo da Vinci)对阿基米德也有所了解。

---

[34] 有关第 8 项的传承的其他详细情况,请参见亚历山大·波戈(Alexander Pogo)的注释,载于《伊希斯》22,325(1934-1935)。有关一般而言的阿基米德传统,请参见《何露本:科学史指南》(Waltham, Mass.:Chronica Botanica, 1952),18-22;《伊希斯》44,91-93(1953)。重写本由帕帕多普洛斯·克拉梅夫斯(Papadopulos Kerameus)于 1899 年在耶路撒冷东正教牧首辖区(Greek Patriarchate)发现,但首先认识到其重要性的是海贝尔。

《方法》(以上所列的第 10 项)在 1906 年—1907 年以前不为人知;在此之后,它的希腊语本又重新出现了,并且不久被翻译成多种语言。在上述列表中未提及的另外一部专论《论正七边形》被卡尔·绍伊在阿拉伯语手稿中发现,并且被他翻译成德语;在 1926 年以前,它还不为人知。发现其他未知的希腊语手稿文本的机会微乎其微,但有些仍可能会在阿拉伯语抄本中发现,其中许多都未列入目录。[35]

这些阿基米德著作文本所经历的变迁非常之多,以至于人们会感到好奇:它们中的大多数文本究竟是如何留传下来的?许多希腊语文本佚失了,或者像《方法》的情况那样,由于侥幸它们被重新发现了。想一想吧,《方法》是由于古代的某些僧侣把它抹掉才得以保存下来的;如果他们不试图清除它,它可能已经佚失了! 当我写作时我偶然想到的另一个个案是萨迪斯的阿尔克曼(Alcman of Sardis),他是一位抒情诗人,公元前 7 世纪下半叶生活在斯巴达,他的一首诗于1855 年在一具埃及木乃伊的包装材料上被发现了![36] 不过,诗歌可以通过口述传统传播。但在数学中,这种情况是不可能出现的;数学家发现的实质内容也许可以通过教师的传承保留下来,但是他们著作的文本既不会一字不差地被记录下来,也不会被大声宣读。

_083_

---

[35] 例如,可能会在综合性的手稿中发现它们,非数学专业的阿拉伯学者对这些手稿已做过的分析是有缺陷的。

[36] 它是在塞加拉的第二座金字塔附近被发现的。它是一部写于我们这个纪元的第一个世纪的纸草书,现保存在卢浮宫(Louvre)。其文本是一首少女之歌(melē)的残篇,这种诗即通常由少女们在长笛的伴奏下边舞边演唱的颂诗。这首颂诗是阿尔克曼为狄俄斯库里兄弟节(the festival of the Dioscuroi)而创作的,狄俄斯库里兄弟指卡斯托尔(Castōr)和波吕丢刻斯(Polydeucēs)〔即卡斯托耳(Castor)与波卢克斯(Pollux)〕。

在文本被印出来以前,传承是非常不稳定的。无论少数中世纪的学者对阿基米德有什么样的兴趣,他的著作从来都不流行,古版本的匮乏证明了这一点。最早印刷的阿基米德著作是一本题为《求圆的面积》(*Tetragonismus, id est circuli quadratura*; Venice, 1503)的选集,由卢卡·古阿里科(Luca Guarico)编辑(参见图 23)。他的著作的第一个重要的版本在 40 年以后才面世,由尼科洛·塔尔塔利亚(Niccolò Tartaglia)翻译成拉丁语(Venice, 1543)。这个译本限于以上所列的第 5 项、第 7 项、第 2 项和第 8 项(仅翻译了第 1 卷),因此,它来源于一种与拜占庭传统(包含以上所列的第 1 项、第 2 项、第 5 项以及第 4 项、第 6 项和第 7 项)不同的传统,并且来源于穆尔贝克的遗产。塔尔塔利亚的版本是很不完整的,而与此同时,另一个更主要是语言学家的学者韦纳托里乌斯(Venatorius)正在研究一份属于教皇尼古拉五世(Pope Nicholas Ⅴ, 1447 年—1455 年在位)的手稿,克雷莫纳的詹姆斯(James of Cremona)对它进行了翻译,雷乔蒙塔努斯对译本进行了修订。利用这些手稿,韦纳托里乌斯出版了阿基米德著作的初版(Basel, 1544),其中包括拉丁语的译本和欧多基乌斯的希腊语和拉丁语的评注(参见图 24)。塔尔塔利亚以及比他更出色的韦纳托里乌斯向文艺复兴时期的数学家展示了阿基米德的几何学;到了 16 世纪末,学者们不仅对阿基米德有了充分的评价,而且也对他的主要困难进行了充分的讨论。

1544 年的希腊语本被乌尔比诺(Urbino)的费德里科·科曼迪诺翻译成拉丁语[Venice, 1558(参见图 25)],阿基米德的流体静力学著作也被他译成拉丁语(Bologan, 1565)。圭多·乌巴尔多·德尔蒙特(Guido Ubaldo del Monte)用拉丁语出版了这两部关于静力学的著作(Pessaro, 1588)。

084

图 23　《求圆的面积，即由洞悉数学的叙拉古的坎帕尼亚人阿基米德和波伊提乌发现的圆的面积》[*Tetragonismus , id est circuli quadratura per Campanum Archimedem Syracusanum atque Boetium (mathematicae perspicacissimos adinventa* ; 32 × 2 页，20 厘米高），Veice : Sessa , 1503]。这是阿基米德著作的第一个印刷本。书中涉及求抛物线和圆的面积的方法（第 15 页背面—第 31 页背面）。[那不勒斯（ Naples ）] 吉佛尼（ Gifoni ）的卢卡·古阿里科（ 1475 年—1558 年）为该书写序。该书也包括欧几里得和波伊提乌（活动时期在 6 世纪上半叶）的“求面积法”[承蒙哈佛学院图书馆恩准复制]

图 24　阿基米德著作的初版。这是阿基米德著作希腊语的第一版；其中也包含拉丁语译文以及欧多基乌斯（活动时期在 6 世纪上半叶）的希腊语和拉丁语的评注。由被称作韦纳托里乌斯的托马斯·热绍夫（ Thomas Gechauff ）编的版本是完整版（对开本，31 厘米高）[Basel : Joannes Hervagius（ Johann Herwagen ），1544]。它通常分为 4 个部分，但并非总是如此。第一部分和第二部分题献给纽伦堡（ Nürnberg ）的上议院。第一部分（148 页）包含阿基米德著作的希腊语本；第二部分（169 页）包含拉丁语本；第三部分（67 页）包含欧多基乌斯的希腊语评论；第四部分（70 页）包含这些评论的拉丁语译文[承蒙哈佛学院图书馆恩准复制]

非常奇怪的是,法语版的静力学(在拉丁语版之前)已经由贝济耶(Béziers)的皮埃尔·福尔卡德(Pierre Forcadel)出版了[2卷本(Paris,1565),参见图26)]。斯蒂文阅读了这些著作,他在静力学方面的研究著作于1586年出版,先于阿基米德的静力学著作的拉丁语本的出版。

在16世纪末,欧洲已经知道了(除了在我们这个世纪发现的两部著作以外的)所有阿基米德的著作。这些著作有助于引发或者至少激励17世纪的数学创新。

近代版本。J. L. 海尔贝于1880年—1881年编辑了阿基米德著作的希腊语本,并对它进行了修订[3卷本(Leipzig,1910,1913,1915)]。第3卷包含欧多基乌斯的评注和简表。以后又出了新版[3卷本(1930)]。英译本由T. L. 希思翻译[512页(Cambridge,1897)],另附有增补,其中包括《方法》[51页(1912)]。法语本由保罗·维尔·埃克翻译(Brussels,1912)。

有一题为《阿基米德论浮体》(*Liber Archimedis de insidentibus aquae*)的短篇专论被归于阿基米德的名下,编辑者是马克西米利安·库尔策(Maximilian Curtze),载于《数学文库》(*Bibliotheca Mathematica*,1896),第43页—第49页(《科学史导论》,第3卷,第735页)。这一著作来源于阿基米德,但属于中世纪晚期(例如,14世纪上半叶)。可参见恩思特·A. 穆迪(Ernst A. Moody)和马歇尔·克拉格特编辑的新版,题为《中世纪的重力学》(*The Medieval Science of Weights*;Madison:University of Wisconsin Press,1952),第35页—第40页[《伊希斯》46,297-300(1955)]。

085

ARCHIMEDIS
OPERA NON NVLLA
A FEDERICO COMMANDINO
VRBINATE
NVPER IN LATINVM CONVERSA,
ET COMMENTARIIS.
ILLVSTRATA.
Quorum nomina in sequenti pagina leguntur.

CVM PRIVILEGIO IN ANNOS X.
VENETIIS,
apud Paulum Manutium, Aldi F.
M D LVIII.

LE
LIVRE D'ARCHIME-
DE DES POIS, QVI AVSSI EST
DICT DES CHOSES TOMBANTES EN L'HV-
MIDE, TRADVICT ET COMMEN-
té par Pierre Forcadel de Bezies
lecteur ordinaire du Roy es
Mathematiques en l'V-
niuersité de
Paris.
Ensemble ce qui se trouue du Liure d'Euclide intitu-
lé du leger & du pesant traduict & com-
menté par le mesme Forcadel.
A PARIS.
Chez Charles Perier, demourant en la rue
S. Iean de Beauuais, au Bellerophon.
1565.
AVEC PRIVILEGE DV ROY.

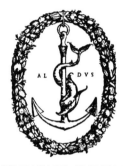

图25　阿基米德著作(6部专论)的拉丁语译本,由乌尔比诺的费德里科·科曼迪诺(1509年—1575年)翻译[对开本,27.5厘米高(Venice: Paulus Manutius, 1558)]。该书分为两部分,第一部分包含阿基米德著作的文本,第二部分是欧多基乌斯和科曼迪诺本人的评注。第一部分题献给枢机主教拉努乔·法尔内塞(Ranuccio Farnese),第二部分题献给另一位法尔内塞(Farnese)。科曼迪诺的译文很重要,因为它们对引发阿基米德学说的复兴产生了影响[承蒙哈佛学院图书馆恩准复制]

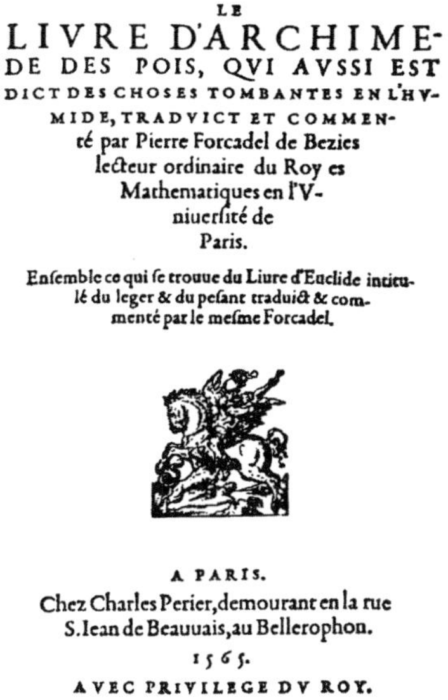

图26　阿基米德流体静力学著作的法译本,由皮埃尔·福尔卡德翻译[19.5厘米高,35页(Paris: Charles Périer, 1565)]。我所使用的这本小书曾经属于皮埃尔·迪昂(Pierre Duhem)。福尔卡德(在同一年通过同一出版商)还出版了静力学的法译本,但这本书我没有看到。这是用希腊语以外的其他语言第一次翻译的阿基米德的静力学著作。圭多·乌巴尔多·德尔蒙特翻译的该著作的拉丁语版是23年以后才出版的(Pesaro, 1588)[承蒙哈佛学院图书馆恩准复制]

三、萨摩斯岛的科农

科农(活动时期在公元前3世纪下半叶)是一位数学家和天文学家,他与阿基米德生活在同一时代,但英年早逝。在题献给多西狄奥斯的专论《论螺线》中,阿基米德在前言中写道:

> 我提供给科农的大多数定理以及你时不时地要求我提供给你的证据,它们的证明已经包含在摆在你面前的赫拉克利德(Hēracleidēs)[37]带去的那些书中了;更多的一些证明包含在我现在送给你的这部书中。请不要惊讶,在公布这些证明之前我花了相当多的时间。之所以如此,是因为,我想先与从事数学研究并且渴望钻研它们的人交流一下。事实上,多少最初看似不实际的几何学定理最终都成功地找到了解答呀!科农还没有来得及研究所提及的那些定理就辞世了;不然的话,他可能会发现并证明所有这些问题,而且可能会用许多其他发现使几何学更加丰富。因为我非常清楚,他在数学方面的能力是出类拔萃的,他的事业是超群绝伦的。但是,尽管自科农去世以来已经过去很多年了,我并没有发现任何由于某一个人而轰动的问题。[38]

科农肯定是一个值得如此赞扬的天才的数学家,而且是人们愿意多了解的人。他研究了圆锥曲线的交点,阿波罗尼奥斯的《圆锥曲线》(*Conics*)第4卷在一定程度上就是以他的研究成果为基础的;帕普斯(活动时期在3世纪下半叶)

---

[37]　若非这里提及,这个赫拉克利德仍不为人知。这个名字十分常见。以赫拉克利德为姓的人们是赫拉克勒斯(Hēraclēs,Hercules)的后代,赫拉克勒斯与多里安人(Dorians)联合,大约在特洛伊(Troy)毁灭80年之后,占领了伯罗奔尼撒。

[38]　T. L. 希思编:《阿基米德著作集》(*The Works of Archimedes*;Cambridge:The University Press,1897),第151页。

也曾提到过他。

　　他写过 7 部天文学著作，它们有一部分源于迦勒底人（或埃及人）的观测结果，而且他可能就是把那些观测结果告诉喜帕恰斯的人。

　　他编制了一个新的日历或天文历（parapēgma），它说明了星辰的升起和降落以及气象预报。这一历表以在西西里岛和南意大利所做的观测结果为基础，这暗示着他与阿基米德既在叙拉古有联系，也在亚历山大有联系。

　　无论如何，他肯定曾活跃于亚历山大，因为他曾把一个星群命名为后发星座［Comē（或 Polcamos）Berenicēs］，以纪念托勒密三世埃维尔盖特的王后贝勒奈西。[39] 据诗人们说，她曾把她的头发用作祭品，以求神保佑她在叙利亚作战的丈夫平安归来。这真是一个动人的故事！

　　对一个数学家来说，能够在阿基米德为其《论螺线》所写的前言中、在阿波罗尼奥斯为其《圆锥曲线》第 4 卷所写的前言中得到赞扬，并且常常被《天文学大成》（Almagest）提及，足以说明他的名望。但是，知道的人依然很少。通过（和他同时代的）希腊诗人卡利马科斯以及拉丁语诗人盖尤斯·瓦勒里乌斯·卡图卢斯（Gaius Valerius Catullus，大约公元前 84 年—前 54 年）的诗句，科农才能够名声大振。[40]

―――――――――

〔39〕这是一个小的星座，我们称它为后发（贝勒奈西之发）星座，它在室女座（Virgo）以北、牧夫座（Boötes）与狮子座（Leo）之间。贝勒奈西王后是昔兰尼国王马加斯（Magas）之女。她于 221 年被她自己的儿子、即位不久的托勒密四世菲罗帕托处死了。

〔40〕我们只有卡利马科斯的诗歌《贝勒奈西的头发》（Coma Berenices）的残篇，见于鲁道夫斯·法伊佛（Rudolfus Pfeiffer）版第 110 号［2 卷本（Oxford：Clarendon Press，1949）］，第 1 卷，第 112 页。卡图卢斯用拉丁语模仿了这首诗（第 66 号）。

四、佩尔格的阿波罗尼奥斯

只有另一位希腊几何学家可以与阿基米德相媲美,他就是与阿基米德同时代但更年轻的阿波罗尼奥斯(活动时期在公元前 3 世纪下半叶)。有些史学家可能会说后者比阿基米德略逊一筹,但这种说法是令人不愉快的。他们二人不仅与古代人相比,而且与各个时代的人相比,都堪称两个科学伟人。如果记住这一点,即天才是无法度量的,那么,说他们其中一个人比另一个人更伟大就没有任何意义。

阿波罗尼奥斯大约比阿基米德年轻 25 岁,我们可以假设,即使阿波罗尼奥斯不是后者的学生,他也完全熟悉后者的所有著作。不过,他的天才在另一个方向发展了。阿基米德总是对测量法(例如求面积法)很感兴趣,对于由曲线围成的平面图形或由曲线形成的三维曲面,对于立体图形,他都获得了一些非常巧妙的与求积分相类似的方法。有人也许会相当谨慎地把他称作微积分学的先驱之一。相反,阿波罗尼奥斯所偏爱的领域是圆锥曲线(Conic sections)理论,他没有测量这些曲线,而是试图理解它们的类型和性质,试图理解也许能区分每一种圆锥曲线的各种关系,或者当两种相同或不同的曲线相交时可能出现的各种关系。简而言之,可以把阿基米德的几何学称为有关测量的几何学,而把阿波罗尼奥斯的几何学称为有关类型和性质的几何学。我们始终应当记住,这两种几何学并非相互排斥的,而可能是重叠的。这里的差异只不过是强调的差异,阿基米德强调测量,而阿波罗尼奥斯强调形式。

阿波罗尼奥斯大约于公元前 262 年出生在潘菲利亚

（Pamphylia）的佩尔格。[41] 我们不知道他父母的名字，但他有一个孩子与他本人同名［小阿波罗尼奥斯（Apollōnios the younger）］。阿波罗尼奥斯非常聪明，年轻时就被送到亚历山大去学习，并且在托勒密三世埃维尔盖特（公元前274年—前222年在位）统治时期和托勒密四世菲罗帕托（公元前222年*—前205年在位）统治时期活跃于该城。在阿塔罗斯一世索泰尔（Attalos I Sōtēr，公元前241年—前197年在位）统治时期，他曾访问过佩加马王国。在托勒密四世统治时期，希腊在埃及的势力开始下降；在阿塔罗斯一世统治时期，佩加马王国逐渐兴旺起来。[42] 阿波罗尼奥斯的去世地点和时间无人知晓，关于他在哪里和如何度过他的余生，我们也一无所知；在这些方面他不如阿基米德走运。阿基米德于公元前212年去世，这时正是阿基米德最辉煌的时期。

　　尽管阿波罗尼奥斯写的著作几乎像阿基米德一样多，但他有一点更像欧几里得，即他有一部著作远比其他著作重要得多，以至那些著作可能会（而且通常都）被忽略。欧几里得以《几何原本》的作者而著称于世，同样，阿波罗尼奥斯也以《圆锥曲线》的作者而闻名天下。

---

[41] 潘菲利亚是小亚细亚南海岸中部的一个小国，它位于塞浦路斯正西方。它的政治变迁的历史太复杂，以致难以在这里讲述。在阿波罗尼奥斯时代，它是佩加马王国的一部分，这有助于我们理解阿波罗尼奥斯的经历。

　* 原文如此，与本书第十六章略有出入。——译者

[42] 佩加马王国的繁荣是由于罗马的保护而促成的，这种保护非常有效，以至于公元前133年阿塔罗斯三世把他的王国遗赠给了罗马！希腊人统治的埃及在公元前2世纪和公元前1世纪期间衰落了，不过，在公元前30年以前它并没有被罗马吞并。托勒密王朝的亚历山大持续的时间比她的竞争对手阿塔罗斯王朝的佩加马多了一个世纪。

　　《几何原本》是一本关于平面几何和立体几何的教科书;《圆锥曲线》也是一本教科书,但它只讨论圆锥曲线。该书有一半的篇幅是对以前的数学家所取得的成果进行概述和系统的重新阐述;它的大部分或者是全新的,或者虽由已知的命题构成,但已用新的方法对它们进行了说明,并且是在新的可以使其意义更加丰富的背景下提出它们的。阿波罗尼奥斯的先驱有许多:门奈赫莫斯(Menaichmos,活动时期在公元前 4 世纪下半叶)、阿里斯塔俄斯(Aristaios,活动时期在公元前 4 世纪下半叶)、欧几里得和阿基米德。[43]

　　值得注意的是,尽管事实上阿波罗尼奥斯在亚历山大度过了他生命的大部分时光,他的这部 *magnum opus*(巨著)仍是题献给佩加马人的,这使我们想起了这个令人遗憾的事实:他去世时的情况完全不为人所知。他是否在博物馆陷入了困境,或者更有可能在放荡和罪恶的托勒密四世菲罗帕托那里遇到了麻烦?《圆锥曲线》第 1 卷至第 3 卷是题献给佩加马的欧德谟(Eudēmos of Pergamon)[44]的,而其余部分题献给了公元前 241 年至公元前 197 年在位的佩加马国王阿塔罗斯一世。阿波罗尼奥斯为第 4 卷、第 5 卷、第 6 卷、第 7 卷(以及第 8 卷?)的每一卷写了各自的前言,每一卷的献辞

---

[43] 关于圆锥曲线早期的历史,请参见本书第 1 卷,第 503 页—第 505 页。

[44] 若非阿波罗尼奥斯提及,这位数学家欧德谟恐怕不为人所知,他在阿波罗尼奥斯《圆锥曲线》第 4 卷的前言写完之前就去世了。不应当把他与其他的欧德谟们(Eudēmoi)相混淆,他们是:塞浦路斯的欧德谟(Eudēmos of Cyprus),柏拉图的弟子;数学家罗得岛的欧德谟(Eudēmos of Rhodos,活动时期在公元前 4 世纪下半叶);亚历山大的欧德谟(Eudēmos of Alexandria,活动时期在公元前 3 世纪上半叶)。欧德谟这个名字(意为好人)十分常见;《古典学专业百科全书》有 20 个关于它们的词条,但没有一个涉及这里的这个欧德谟(参见该书第 11 卷,第 894 页—第 905 页)。

都尽可能地简短:"阿波罗尼奥斯献给阿塔罗斯,顺颂时绥。"这使我们想起了阿基米德题献给叙拉古国王的《数沙者》的献辞,那献辞几乎就是随意的:"有些人,包括革隆国王,认为沙粒的数目是无限的……"革隆和阿塔罗斯都是独裁者,他们掌握和操纵着生杀大权,但希腊人的思想自由和根本的民主精神(甚至在希腊化时代的思想自由和民主精神)似乎很淳朴,既能引起国王的关注,也能引起其他任何人的关注。[45] 把那些献辞与文艺复兴时期的学者们写给地位较低的公爵或勋爵的夸大其词和令人作呕的献辞相比,就会使人觉得古人更值得赞扬。

　　《圆锥曲线》分为 8 卷,最后一卷失传了。在其第 1 卷修订本的前言中,作者对它们总的目的做了非常充分的说明,因此,在这里最好把它复述一下,若想使读者对阿波罗尼奥斯的风格有所了解,就更应该如此;阿波罗尼奥斯的风格是一种卓越的风格,不受任何偏见的约束。

　　阿波罗尼奥斯献给欧德谟,顺颂时绥。

　　如果你有健康的体魄,诸事的其他方面如你所愿,这就很好了;就我而言,一切也还算不错。在我与你一起在佩加马度过的那段日子里,我注意到你对了解我在圆锥曲线方面的研究的渴望;因此,我把第 1 卷送给你,我已经对它进行了修订,当我把其余各卷心满意足地完成之后,我也将把它们送给你。我想你没有忘记,我曾告诉过你,当几何学家璐克

---

[45] 我过去一直想知道,阿波罗尼奥斯把其《圆锥曲线》的下半部分题献给的那个阿塔罗斯,是否真是国王阿塔罗斯? 我之所以这样想是因为,任何其他的阿塔罗斯都需要有一个界定。

拉提斯(Naucratis)[46]来到亚历山大并且与我相处的那段时间里,我应他的请求开始从事这一主题的研究,当我完成了论述这个问题的 8 卷著作时,我立即仓促地把它们送给了他,因为那时他正要去航行;因而当时没有对它们进行彻底的修订,的确,我当时只是把我所想到的一切都表述出来了,而把修订推迟到书成之后。因而,随着良机时不时地出现,我现在分卷修订并出版这一著作。与此同时,也有这样的情况,我认识的其他一些人在第 1 卷和第 2 卷修订完之前就向我索要了它们;因此,如果你无意中发现它们有不同的版本时不要感到奇怪。

这 8 卷著作的前 4 卷构成了一个基本介绍。第 1 卷讨论了三种(双曲线的)截面和相对的部分的制作方式,以及它们的基本性质,该卷比其他著作论述得更充分也更全面。第 2 卷讨论了截面的直径、截面的轴以及渐近线等的性质,还讨论了确定可能性的条件(*diorismoi*)[47]通常和必须运用的其他一些手段,从这卷书中你可以了解到我所说的直径和轴分别指的是什么。第 3 卷含有许多值得注意的定理,它们对合成圆锥曲线和确定可能性的条件是很有用的;其中绝大多数和最好的定理是崭新的。正是对它们的发现使我意识到,欧几里得并没有解决有关 3 条线或 4 条线的轨迹的合成问题,他只有一次部分地提到这个问题,但没有成功地解决它;因为对所说的这种合成而言,没有我所发现的这些补充的定理是不可能完成的。第 4 卷说明了圆锥曲线彼此并且

---

[46] 若非阿波罗尼奥斯提及,这个瑙克拉提斯恐怕不为人所知。

[47] *Diorismos* 意为定界、定义;以复数形式出现时也指某个问题的可能性的条件。

与一个圆的圆周相交可能有多少种方式;它还包含了其他一些问题,这些都是以前的作者们没有讨论过的,亦即这样的问题:一条圆锥曲线或一个圆的圆周上有多少点可能与双曲线的两个分支相交,或者两组双曲线最多可能有多少点彼此相交。

　　书的其余部分毋宁说讨论的是一些枝节问题(*periusiasticōtera*):有一卷比较详细地讨论了极小值和极大值,另一卷讨论了同样的和类似的圆锥曲线,还有一卷讨论了极限确定之本质的定理,最后一卷讨论了特定的圆锥曲线的问题。当然,当所有这些出版后,每个阅读它们的人都可以根据他们个人的感受对它们做出判断。再见。

我们再来引用一下第 4 卷的前言,这是写给阿塔罗斯的:

　　阿波罗尼奥斯献给阿塔罗斯,顺颂时绥。

　　一段时间以前,我给佩加马的欧德谟送去了我关于圆锥曲线的著作的前 3 卷,并向他做了详细的说明,这部著作共写了 8 卷,鉴于他已经去世了,我决定把其余的几卷题献给你,因为你对拥有我的著作的渴望最为真诚。这次,我给你送去书的是第 4 卷。这卷讨论了这样一个问题:假设一圆锥曲线与另一圆锥曲线或某一圆周没有完全重合,它最多可能有多少点与它们相交,更进一步,一圆锥曲线或一圆周上最多可能有多少点与双曲线的两个分支相交[或者两组双曲线最多可能有多少点彼此相交];除了这些问题外,这卷还考虑了许多其他类似的问题。科农向斯拉西达俄斯(Thrasydaios)详述了第一个问题,但并未显示出他掌握了有关证明的正确知识,昔兰尼的尼科泰莱(Nicotelēs of Cyrēnē)[48]与他有冲突并非毫无理由,这一点恰恰就是他们冲突的原因。对于第二个问题,尼科泰莱只不过在他与科农的争论中作为一个可证明的问题提了一下;但我既没有发现尼科泰莱本人,也没有发现其他任何人对它做出证明。至于第三个问题以及其他与之类似的问题,我发现其他人并没有予以这么多的注意。这里所提及的所有问题,我在其他任何地方都没有看到,它们的解决都需要许多不同的新定理,事实上,其中的大部分定理我在前 3 卷已经提出来了,其他的定理则包含在这卷之中。这些定理对处理问题的综合以及可能性的条件都有相当的用途。的确,由于与科农的争论,尼科泰莱未能认识到科农的发现可被用来处理可能性的条件;无论如何,他的这一观点是错的,因为即使根本不运用它们仍有可能得出有关可能性之条件的结论,但无论怎样,它们都可以为读者提供一种观察某些事物的方法,例如有些解答或者如此之多的解答是可能的,又或许,没有任何解答是可能的;这样的先见之明可以确保研究有一个令人满意的基础,而所涉及的定理对分析可能性的条件也是有用的。即使除了这些用途外,人们也将发现,为了证明本身而接受它们也是有价值的,就像我们因为这个理由而非其他理由接受数学中的许多东西那样。[49]

　　　　第 3 卷没有前言,题献给欧德谟的第 2 卷的前言以及题

[48] 若非阿波罗尼奥斯提及,这个昔兰尼的尼科泰莱恐怕不为人所知;他与也叫这个名字的昔兰尼哲学家不是同一人,那位哲学家与其兄弟安尼克里斯(Anniceris)活跃于托勒密一世时期。

[49] 这两篇前言均引自希思的《希腊数学史》(*History of Greek Mathematics*, Oxford, 1921)中的译文,见该书第 2 卷,第 128 页—第 131 页。

献给阿塔罗斯的第 5 卷、第 6 卷和第 7 卷的前言都非常简短。

可以把《圆锥曲线》的内容概括如下：

第 1 卷　三种圆锥曲线的形成。

第 2 卷　渐近线、轴和直径。

第 3 卷　由截线、弦、渐近线和切线的某些部分决定的图形的相等或比例；椭圆和双曲线的焦点。

第 4 卷　直线的调和分割。两条圆锥曲线的相对位置和它们的交点，它们彼此相交时的交点不可能超过 4 个。由于阿波罗尼奥斯在第 1 卷的前言中谈到了这一点，第 1 卷至第 4 卷属于一种基本介绍，而以下各卷包含了为高级研究者提供的补充定理。

第 5 卷　极大值和极小值（这部分被普遍认为是他的杰作）。如何找到某一已知点与一圆锥曲线之间最短和最长的线段。渐屈线，密切之中心。

第 6 卷　圆锥曲线的相似。

第 7 卷和第 8 卷　共轭直径。

门奈赫莫斯和阿里斯塔俄斯通过用一平面切割正圆锥生成了圆锥曲线，该平面与该圆锥的母线垂直。依据圆锥的角是锐角、直角还是钝角，所得到的曲线分别是椭圆、抛物线或双曲线。而阿波罗尼奥斯则指出，这三种圆锥曲线可以从同一个圆锥中获得，从而促进了对它们的统一性的更恰当的理解；[50]所有圆锥曲线都属于同一个家族，它们分为 3 组。门奈赫莫斯为每一组（锐角组、直角组和钝角组）所命的名，已不再适用于以这种新的方式生成的曲线。我们所熟悉的名称是阿波罗尼奥斯引入的：*elleipsis* 或亏曲线（椭圆），*parabolē* 或齐曲线（抛物线），*hyperbolē* 或盈曲线（双曲线）。（如果 p 为参数，则在这 3 种情况下分别有 $y^2 < px$，$y^2 = px$，$y^2 > px$。）他对双曲线的两个分支是单一曲线的认识使得他能够说明所有圆锥曲线的相似性。

阿波罗尼奥斯可以用切线构造一条圆锥曲线（第 3 卷，命题 65—命题 67）。他还能构造一个由 5 个点限定的圆锥曲线，不过他并没有明确说明这种构造法。

对《圆锥曲线》大量命题的讨论可能是没有止境的，不过，指出一点遗漏可能会令人感兴趣。阿波罗尼奥斯从未谈及准线。[51] 他知道椭圆和双曲线的焦点的性质，但并没有认识到抛物线的焦点的存在。

可能在读者看来，这种空白几乎是难以置信的，因为他已经以一种全然不同的方式获得了这个主题的知识。阿波罗尼奥斯在第 3 卷的结尾谈到中心二次曲线的焦点，但我们的年轻学生在他们的数学课程的一开始就听说过它们。对学生们来说，椭圆的定义是，一个动点 E 与两个定点 F_1 和 F_2 的距离 a 及 b 之和等于一个常量：$a+b=k$，这个动点的轨

---

[50] 解析几何以更简单的方式说明了这种统一性。圆锥曲线可用一些含有两个未知数的二次方程来表示。

[51] 而欧几里得知道焦点与准线的关系。按照帕普斯的说法（《数学汇编》第 3 卷；胡尔奇编的希腊语版，第 678 页；维尔·埃克的法译本，第 508 页），他证明了某个点与一已知点的距离和它与一已知直线的距离的比为定值，该点的轨迹为圆锥曲线。当已知的比<1、=1 或>1 时，该曲线分别为椭圆、抛物线或双曲线。

迹就是椭圆,在这里,点 F_1 和 F_2 均为焦点。抛物线的定义是,一个动点 P 与某一定点 F(被称作焦点)和一已知直线 d(被称作准线)的距离相等,它的轨迹就是抛物线。

由于现代的学生是通过解析几何获得有关圆锥曲线的知识的,他们的方法与阿波罗尼奥斯的方法有着本质的区别,后者的方法是一种纯几何方法;因而,他的基本思想也有所不同。不过,古代和现代的数学家必然最终都会发现同样的结果,他们在很大程度上做到了这一点。

现在用阿波罗尼奥斯的方法研究圆锥曲线恐怕是愚蠢的,因为现代的方法(无论是解析几何方法抑或射影几何方法)更简单、更容易、更深入,不过,那种使他用不完备的工具得以做出如此之多发现的聪明才智,实在令人钦佩不已。前面有关阿基米德的评论,也可以用在他的身上;他的那些成就超出了我们的想象,它们几乎是不可思议的。

阿基米德和阿波罗尼奥斯分别在各自著作的前言中提到许多古代数学家。我已经列举了其中的几个,我并不期望读者能记住他们(我自己也记不住他们),只是想通过他们说明,公元前 3 世纪对数学的好奇心相对比较旺盛。除了叙拉古的希伦二世和革隆二世以及佩加马的阿塔罗斯一世这 3 位国王外[52],其他还有多西狄奥斯、宙克西波斯、萨摩斯

---

[52] 现代的国王们对数学家们是否有足够的兴趣从而可以激励数学家把其著作题献给他们?确实,维多利亚女王(Queen Victoria)喜欢查尔斯·勒特威奇·道奇森(Charles Lutwidge Dodgson),但不是因为他的数学,而是因为他的《爱丽丝漫游奇境记》(*Alice's Adventure in Wonderland*,1865)。

岛的科农、佩加马的欧德谟、瑙克拉提斯、菲洛尼德斯
（Philōnidēs）[53]、斯拉西达俄斯、昔兰尼的尼科泰莱。这个
名单太诱人了，人们可能想更多地了解他们。那两位科学伟
人的著作所题献的对象或者他们提及的人，都不是等闲
之辈。

阿波罗尼奥斯的其他著作的希腊语原版都佚失了，我们
只能通过帕普斯（活动时期在 3 世纪下半叶）的汇编来了解
093 它们，其中有一部以阿拉伯语本保存下来。这部著作即《比
例截割》（The Cutting Off of a Ratio，Logu apotomē），最终被埃
德蒙·哈雷（Edmund Halley）翻译成拉丁语。其他著作有
《面积截割》（The Cutting Off of an Area，Chōriu apotomē）、《有
限截面》（The Determinate Section，Diōrismenē tomē）、《论切触》
（Tangencies，Epaphai）、《平面轨迹》（Plane Loci），以及《倾
角》（Inclinations，Neuseis）。由于帕普斯的分析和引用，我们
对这 6 部著作的内容多少有些了解。还有一些著作也可能
被归于阿波罗尼奥斯的名下，但所依据的证据缺乏说服力，
这些著作有：《十二面体与二十面体对比》（Comparison of the
Dodecahedron with the Icosahedron）；《基本原理研究》（A
Study of Fundamental Principles）；《柱面螺旋线》（Cochlias，
Cylindrical Helix），证明了柱面螺旋线是各部同性的[54]；《论
无序无理数》（Unordered Irrationals）；《论点火镜》（Burning
Mirrors）；《快速求解法》（Quick Delivery，Ōcutocion），给出了

---

[53] 阿波罗尼奥斯在以弗所把这位菲洛尼德斯介绍给欧德谟。像每一个优秀的希
　　腊人都可能做到的那样，他们大概也去阿耳忒弥斯神庙朝拜。

[54] 即所有部分都是相等的。

比阿基米德更精确的 π 的近似值,但对实践不太适用。

阿波罗尼奥斯理应把他的一部分注意力放在天文学问题上,这是非常自然的。有一个希腊天文学家们为之努力了两个世纪的著名问题是,找出一种与现象相符并且能够"拯救"现象(*sōzein ta phainomena*)的有关行星运动的运动学说明。例如,一种能解释行星的表观逆行的说明。最早的解释即同心球理论是尼多斯的欧多克索(活动时期在公元前 4 世纪上半叶)发明的,后来基齐库斯的卡利普斯(Callippos of Cyzicos,活动时期在公元前 4 世纪下半叶)、亚里士多德以及皮塔涅的奥托利库(活动时期在公元前 4 世纪下半叶)[55]逐渐对它进行了改进。这种理论取得了令人敬佩的成果,但却不能"拯救"所有现象。还必须找到其他的说明,尤其是关于地球轨道内侧行星的说明。地-日中心体系的奠基者本都的赫拉克利德(活动时期在公元前 4 世纪下半叶),为了说明水星和金星的视运动而发明了本轮理论。为了说明地球轨道外侧的行星(火星、木星和土星)的视运动,阿波罗尼奥斯推广了本轮理论的应用,并且引入或促进引入了第三种理论,即偏心轮理论。按照托勒密的说法[56],阿波罗尼奥斯发明了这两种理论或者使之完善了;喜帕恰斯和托勒密只运用

---

[55] 奥托利库证明,同心球理论与太阳和月球的表观尺寸的差异以及行星的明亮度的变化是矛盾的(参见本书第 1 卷,第 512 页)。

[56] 参见托勒密:《天文学大成》,第 12 卷,1;J. L. 海贝尔编:《克劳迪·托勒密现存著作全集》,第 2 卷《小天文论集》(*Opera astronomica minora*;Leipzig:Teubner,1907),第 450 页及以下;《数学著作》(*Composition mathématique*),第 2 卷《数学著作或古代天文学》(*Composition mathématique ou astronomie ancienne*),N. B. 哈尔玛(N. B. Halma)译(Paris:Eberhart,1816;facsimilé, ed. Paris:Hermann,1927),第312 页及以下。另可参见奥托·诺伊格鲍尔的详细讨论:《阿波罗尼奥斯的行星理论》("Apollonius' Planetary Theory"),载于《纯数学和应用数学通讯》(*Communications on Pure and Applied Mathematics*)8,641-648(1955)。

它们而拒绝同心球理论。以后,同心球理论又被复兴了,在一定程度上,中世纪的天文学史就是本轮与同心球之间或者托勒密天文学与亚里士多德天文学之间延长了的斗争史。[57]

如果我们把萨摩斯岛的阿利斯塔克与哥白尼加以比较,我们也许可以称阿波罗尼奥斯为第谷·布拉赫的先驱,虽然也可以这样称呼赫拉克利德本人,但那样有失公允。

无论如何,即使阿波罗尼奥斯的《圆锥曲线》失传了,他也应当在科学史上享有崇高的地位。他为喜帕恰斯和托勒密铺平了数学的道路,并使得《天文学大成》的写作成为可能。非常荒谬的是,他对数学、天文学的贡献亦即圆锥曲线理论过了18个多世纪之后才被约翰·开普勒加以应用。

五、阿波罗尼奥斯传统

就本轮和偏心轮理论而言,我们提到喜帕恰斯和托勒密对它们的利用,谈论这些已经足够了。其余部分与托勒密传统本身是一致的。

因此,我们现在应把注意力放在《圆锥曲线》上。由于其逻辑上令人信服、条理清晰、易于理解,这一专论马上就被公认是该领域中的一部权威著作(就像欧几里得的《几何原本》在另一个领域被公认是权威著作那样),希腊文化的追随者们都渴望研读这一著作。像谈论阿基米德传统时一样,我们不知道在《圆锥曲线》问世最初的几个世纪(大约从公元前2世纪到公元3世纪这段相当长的时间)中发生了什么

---

[57] 有关这一斗争的概述,请参见我的《科学史导论》,第2卷,第16页—第19页;第3卷,第110页—第137页,第1105页—第1121页。

情况。最早的评注者有帕普斯(活动时期在 3 世纪下半叶),多亏了他,许多阿波罗尼奥斯的次要著作的内容才得以保留下来;随后有亚历山大的塞翁(活动时期在 4 世纪下半叶),他的著名的女儿希帕蒂娅(活动时期在 5 世纪上半叶),最后是欧多基乌斯(活动时期在 6 世纪上半叶)。[58] 在此之后,阿基米德传统的历史又重现了。

　　现存抄本的原型已经佚失了[59],这个原型可能是在塞萨洛尼基的莱昂(活动时期在 9 世纪上半叶)发起的拜占庭复兴时期抄写的,然而,其在 9 世纪末之前产生的成果不是出现在拜占庭,而是出现在伊斯兰国家。《圆锥曲线》(*Kitab al-makhrūtāt*)的第 1 卷至第 4 卷由希拉勒·伊本·希姆西(Hilāl ibn al-Himsī,活动时期在 9 世纪下半叶)翻译成阿拉伯语,第 5 卷至第 7 卷由萨比特·伊本·库拉(活动时期在 9 世纪下半叶)翻译成阿拉伯语。该书的第 8 卷似乎已经失传了;阿波罗尼奥斯是否写完了该卷? 在以后的那个世纪中,阿拉伯数学家如易卜拉欣·伊本·锡南(Ibrāhīm ibn Sinān,活动时期在 10 世纪上半叶)和库希(al-Kūhī,活动时期在 10 世纪下半叶)已经开始写评论并且讨论阿波罗尼奥斯问题,伊斯法罕(Isfahān)的艾布勒−法兹·马哈茂德·伊本·穆罕默德(Abū-l-Fath Mahmūd ibn Muhammad,活动时期在 10 世纪下半叶)译出了更好的《圆锥曲线》的译本并且附有对第 1 卷至第 4 卷的评注。

---

[58] 欧多基乌斯的评注是非常详尽的,在海贝尔所编的阿波罗尼奥斯著作的希腊语−拉丁语对照本中,它占的篇幅达到 194 页,从第 2 卷的第 168 页至第 361 页。

[59] 现存的最好的《圆锥曲线》的抄本只不过是 12 世纪或 13 世纪的,而现存最早的欧多基乌斯评注的抄本是 10 世纪的。《圆锥曲线》的希腊语抄本只有第 1 卷至第 4 卷,其第 5 卷至第 7 卷在阿拉伯语抄本中可以找到。

许多希腊著作的原文版已经失传，我们只是通过阿拉伯译本才知道它们，而《圆锥曲线》这个例子尤为显著。在其他可归功于因阿拉伯人的翻译而保存下来的著作中，没有一部的重要性可以与这一著作比肩而立。我们已经提到的阿波罗尼奥斯的另一专论（《比例截割》）也是以这种方式被保存下来的；埃德蒙·哈雷于1706年在牛津出版了从阿拉伯语翻译成拉丁语的该书（参见图27）。

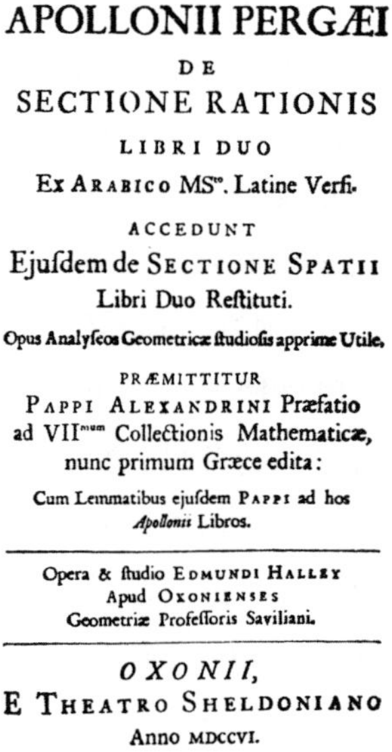

0.95

APOLLONII PERGÆI
DE
SECTIONE RATIONIS
LIBRI DUO
Ex Arabico MS⁵. Latine Verfi.
ACCEDUNT
Ejufdem de SECTIONE SPATII
Libri Duo Reftituti.
Opus Analyfeos Geometricæ ftudiofis apprimæ Utile,

PRÆMITTITUR
Pappi Alexandrini Præfatio
ad VII°ᵘᵐ Collectionis Mathematicæ,
nunc primum Græce edita:
Cum Lemmatibus ejufdem Pappi ad hos
Apollonis Libros.

Opera & ftudio Edmundi Halley
Apud Oxonienses
Geometriæ Profefforis Saviliani.

OXONII,
E Theatro Sheldoniano
Anno MDCCVI.

图27　由埃德蒙·哈雷首次出版的阿波罗尼奥斯的另外两部专论（20厘米高，230页；Oxford，1706）。译本题献给牛津的基督教教长亨利·奥尔德里奇（Henry Aldrich）[承蒙哈佛学院图书馆恩准复制]

只是到了12世纪，随着一个归于克雷莫纳的杰拉德（活动时期在12世纪下半叶）名下、从阿拉伯语翻译过来的阿波罗尼奥斯著作译本的出现，其拉丁语传承才开始，而其希伯来语的传承是随着卡洛尼莫斯·本·卡洛尼莫斯（活动时期在14世纪上半叶）在14世纪才出现的，卡洛尼莫斯把一个阿波罗尼奥斯著作的摘录本从阿拉伯语翻译成希伯来语（这一点并不肯定）。我们可以忽略中世纪传承的其他细节。

缺少古版本说明该书传承（像阿基米德的情况一样）的弱点。《圆锥曲线》（仅限于第1卷—第4卷）的印刷本第一版（参见图 28)是拉丁语译本,由乔瓦尼·巴蒂斯塔·梅莫(Giovanni Battista Memo)翻译成拉丁语并出版(Venice,1537),但这一译本不久便被费德里科·科曼迪诺的另一个好很多的译本(Bologna,1566)取代了,后一个译本包括帕普斯的辅助定理、欧多基乌斯的评论以及阐释性的注释(参见图 29)。

由于该书的第 5 卷—第 7 卷只有阿拉伯语本,它们的出版(或者更确切地说,它们的拉丁语译本)在一个世纪以后才出现。这个版本以伊斯法罕的艾布勒–法兹·马哈茂德·伊本·穆罕默德在 982 年修订的阿拉伯语版为基础,由黎巴嫩的马龙派教徒亚伯拉罕·埃凯伦西斯[Abraham Echellensis = 易卜拉欣·哈吉拉尼(Ibrāhīm al-Haqilānī)]＊与贾科莫·阿方索·博雷利(Giacomo Alfonso Borelli)共同翻译(Florence,1661)。

《圆锥曲线》的希腊语初版应归功于埃德蒙·哈雷的天才(参见图 30),这是一个精美的对开本,包含第 1 卷—第 4 卷的希腊语本,以及第 5 卷—第 7 卷的拉丁语译本(由他根据新的阿拉伯语抄本修订),第 8 卷的推测复原本,以及帕普斯和欧多基乌斯的评注(Oxford,1710)。

文艺复兴时期的数学家可能研究过 1537 年梅莫版的《圆锥曲线》,或者研究过更好的 1566 年的科曼迪诺版。从 1566 年起,他们对《圆锥曲线》的第 1 卷—第 4 卷有了相当多的了解。此外,他们可能使用过墨西拿的弗朗切斯科·莫罗利科(Francesco Maurolico)＊＊以帕普斯的工作为基础所尝

＊ 亚伯拉罕·埃凯伦西斯(易卜拉欣·哈吉拉尼,1605 年—1664 年)是天主教马龙派哲学家和语言学家,曾把《圣经》翻译成阿拉伯语。——译者

＊＊ 弗朗切斯科·莫罗利科(1494 年—1575 年),意大利数学家和天文学家。——译者

图 28 阿波罗尼奥斯《圆锥曲线》的第一次印刷本，这是该书第 1 卷—第 4 卷的拉丁语译本 [对开本，30 厘米高，89×2 页（Venice: Bernardinus Bindonus, 1537）]，由威尼斯贵族乔瓦尼·巴蒂斯塔·梅莫翻译。这个版本是在梅莫去世后由他的儿子编辑的，但他的儿子没有足够的数学知识来担当此任。这个译本题献给枢机主教、阿奎莱亚（Aquileia）的大主教马里诺·格里马尼（Marino Grimani）[承蒙哈佛学院图书馆恩准复制]

APOLLONII
PERGAEI CONICORVM
LIBRI QVATTVOR.
VNA' CVM PAPPI ALEXANDRINI
LEMMATIBVS, ET COMMENTARIIS
EVTOCII ASCALONITÆ.
SERENI ANTINSENSIS
PHILOSOPHI LIBRI DVO
NVNC PRIMVM IN LVCEM EDITI.
QVAE OMNIA NVPER FEDERICVS
Commandinus Vrbinas mendis quamplurimis expurgata è Græco conuertit, & commentariis illuftrauit .

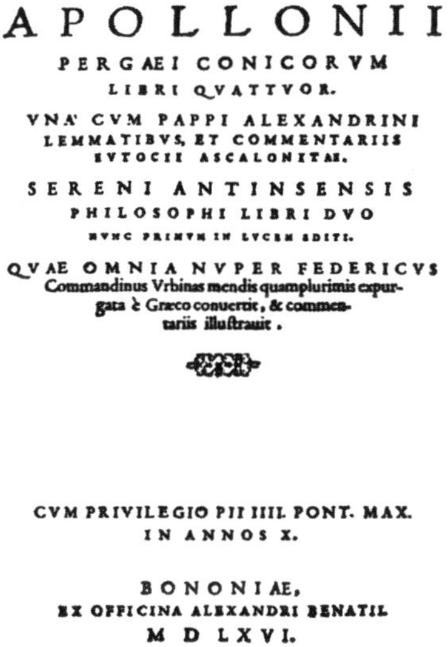

CVM PRIVILEGIO PII IIII. PONT. MAX.
IN ANNOS X.

BONONIÆ,
EX OFFICINA ALEXANDRI BENATII.
M D LXVI.

APOLLONII PERGÆI
CONICORVM
LIBRI OCTO,
ET
SERENI ANTISSENSIS
DE SECTIONE
CYLINDRI & CONI
LIBRI DVO.

OXONIÆ,
E THEATRO SHELDONIANO, An Dom MDCCX.

图 29　阿波罗尼奥斯的《圆锥曲线》第 1 卷—第 4 卷的拉丁语第二版，由费德里科·科曼迪诺翻译，附有帕普斯（活动时期在 3 世纪下半叶）的辅助定理、欧多基乌斯（活动时期在 6 世纪上半叶）的评注以及塞雷诺斯（Serenōs，活动时期在 4 世纪上半叶）对《圆锥曲线》的两卷评论。该书为对开本（27.5 厘米高，3+114×2 页，1+35×2 页），分为两部分（Bologna：Alexander Benatius, 1566）。第二部分是塞雷诺斯的评论。每一部分题献给圭多·乌巴尔多家族（乌尔比诺公爵）的不同成员[承蒙哈佛学院图书馆恩准复制]

图 30　阿波罗尼奥斯著作的初版，由埃德蒙·哈雷（1656 年—1742 年）根据希腊语抄本编辑。这个精美的对开本 [40 厘米高（Oxford, 1710）] 由 3 个部分组成。第一部分（共 254 页）包含《圆锥曲线》第 1 卷—第 4 卷的希腊语和拉丁语版，并附有帕普斯的辅助定理和欧多基乌斯的评注。第二部分（共 180 页）包含从阿拉伯语译成拉丁语的第 5 卷—第 7 卷，以及第 8 卷的复原本。第三部分（共 88 页）是希腊语和拉丁语版的塞雷诺斯（活动时期在 4 世纪上半叶）论圆柱曲线和圆锥曲线的专论。每一部分题献给一个不同的人。如图 13 所示，这幅漂亮的铜版印刷的卷首插图在欧几里得著作的希腊语－拉丁语版（Oxford, 1703）中也曾使用[承蒙哈佛学院图书馆恩准复制]

试恢复的第 5 卷(论极大值和极小值),他们可能也使用过约翰内斯·维尔纳(Johannes Werner)*的《短论》(Libellus;Nürnberg,1522)。这是欧洲出现的第一本论述圆锥曲线的著作。请注意,该书的出版早于阿波罗尼奥斯的著作。

约翰·开普勒(于 1609 年)把有关圆锥曲线的知识应用在天体力学上了。正像笛卡尔(Descartes,于 1637 年)受到阿基米德的鼓舞那样,吉拉尔·德萨尔格(Girard Desargues,于 1636 年)**受到阿波罗尼奥斯的鼓舞,帕斯卡(Pascal,于 1637 年)也间接地受到他的鼓舞。[60] 17 世纪的许多其他数学家都研究阿波罗尼奥斯的著作,如费马(Fermat)、弗朗茨·范斯霍滕(Franz van Schooten)、詹姆斯·格雷戈里(James Gregory)、阿德里亚努斯·罗马努斯(Adrianus Romanus)以及伊丽莎白公主(Princess Elizabeth,她是笛卡尔的弟子)。完整的清单是极其长的。在 16 世纪末和整个 17 世纪,阿基米德和阿波罗尼奥斯的著作像强有力的酵素一样在发挥着作用。第一个把已积累的关于圆锥曲线的知识加以整理的是法兰西学院(the Collège de France)的教授菲利普·德·拉伊尔(Philippe de La Hire)***,他就此撰写了 3 部专论(Paris,1673,1679,1685)。[61]

在此之后,阿波罗尼奥斯传统就像河流融入大海一样在

---

* 约翰内斯·维尔纳,即约翰·沃纳(Johann Werner,1468 年—1522 年),德国纽伦堡教区教士、天文学家。——译者

** 吉拉尔·德萨尔格(1591 年—1661 年),法国数学家和工程师。——译者

[60] 参见《伊希斯》10,16-20(1928);43,77-79(1952)。

*** 菲利普·德·拉伊尔(1640 年—1718 年),法国数学家和天文学家。——译者

[61] 拉伊尔在 1673 年和 1679 年的专论是用法语发表的,最后一部也是最重要的一部专论是用拉丁语发表的,这一专论即《圆锥曲线》(9 卷)(Sectiones conicae in novem libros distributae;Paris,1685)。

一种新的几何学中消失了。

最新的版本。阿波罗尼奥斯著作的所有希腊语文本以及古代的评注都由 J. L. 海贝尔进行了编辑［2 卷本（Leipzig，1891 – 1893）］，英译本由 T. L. 希思翻译［426 页（Cambridge，1896）］，法译本由保罗·维尔·埃克翻译［708 页，419 幅插图（Bruges，1924）］。

至于《圆锥曲线》的第 5 卷—第 7 卷，至今仍无其他版本超过哈雷版（Oxford，1710）。

我将在本卷第十八章继续有关数学史的讨论。

099

第六章

公元前3世纪的地理学与年代学——昔兰尼的埃拉托色尼

虽然阿基米德和阿波罗尼奥斯都对天文学和物理学有兴趣，但他们首先是数学家。而与他们同时代的埃拉托色尼的情况则截然不同。他的数学研究是具有独创性的，但数学在他的生活中居第二位；他首先是一位大地测量学家和地理学家，也是一位文学家、语言学家、一位百科全书编撰者或一个博学者。

一、昔兰尼的埃拉托色尼

埃拉托色尼是阿格劳斯（Aglaos）之子，在第126个四年周期（公元前276年—前273年），大约于公元前273年出生在昔兰尼。他在雅典求学，并且最终应托勒密三世埃维尔盖特（公元前247年—前222年在位）之召去了亚历山大，在这个城市度过了他的余生——一生的大部分时光。他大约于公元前192年在这里去世，享年80岁。我们必须尝试着在三重背景下了解他：昔兰尼、雅典和亚历山大。

他在他的故乡接受了启蒙教育，师从语法学家吕萨尼亚

斯和诗人卡利马科斯。[1] 昔兰尼加在埃及正西方,是一个
文明古国,大约于公元前 630 年由锡拉岛(Thēra)[桑托林岛
(Santorin)]和克里特岛的居民建立;[2] 它的国民中的精英
完全希腊化了。它常常被称作五城之国(Pentapolis),因为
它的主要城市有 5 座:昔兰尼、阿波罗尼亚(Apollonia)、托勒
密(Ptolemais)、阿尔西诺(Arsinoē)和贝勒奈西(Berenicē)。
尤其是它的首都昔兰尼,是希腊化世界最文明的城市之一。
许多著名的人物都出自这里:苏格拉底的弟子和昔兰尼学派
的创始人阿里斯提波,他的女儿接替他担任该学派领袖的阿
莱蒂(Arētē),阿莱蒂的儿子和继任者、外号梅特罗迪达科托
斯(Mētrodidactos,以母为师者)的阿里斯提波二世
(Aristippos II),大量修改了该学派的学说从而使该学派又
被称作安尼克里斯学派(the Annicerian School)的安尼克里
斯(Anniceris),卡利马科斯和埃拉托色尼,我们很快就会对
他们二人有更深入的了解;此外还有新学园(the New
Academy)的第二位初创者卡尔尼德(Carneadēs)以及辩证法
家阿波罗尼奥斯·克罗诺斯(Apollōnios Cronos)。[3]

在埃拉托色尼年轻时,马加斯(Magas)以其同母异父的

100

---

〔1〕 昔兰尼的吕萨尼亚斯(Lysanias of Cyrēnē)写过研究荷马和抑扬格诗人的著作。
   关于卡利马科斯,请参见本卷第十章。
〔2〕 创立者自称为王(在利比亚语中是 battos)。早期的国王被称作 Battos 或
   Arcesilas。古代的昔兰尼是北非海岸的一个希腊文化中心,它位于西面的腓尼基
   的的黎波里地区[Phoenician Tripolis,亦即希尔提蒂卡地区(Syrtica Regio)]与东
   面的埃及之间。亚历山大大帝使昔兰尼成为一个盟友,虽然有过一段反叛时期,
   但它一直是埃及的马其顿诸王的封地,直至最后一位托勒密国王于公元前 96 年
   把它遗赠给罗马为止。在此之后,经过了 22 年的混乱之后,它成为罗马的一个
   行省,而克里特则在公元前 67 年并入该行省之中。
〔3〕 所列举的昔兰尼的这些荣耀参照了斯特拉波的《地理学》,第 17 卷,3,22("洛
   布古典丛书",第 8 卷,第 205 页)。也可参见本书第 1 卷,第 282 页和第 588 页。

兄长托勒密二世菲拉德尔福的名义统治着昔兰尼加,他为反抗其兄长而造反,并自称为王(他于公元前 258 年去世)。不过,昔兰尼在政治和文化上仍然从属于托勒密王朝统治下的埃及。

　　像昔兰尼一样,雅典也在为恢复其政治独立而斗争,尽管几经失败,但它仍然是说希腊语的人的教育和哲学中心。因此,对埃拉托色尼来说,前往雅典以便完成他的学业是很自然的。在那里他师从新学园[4]的创始人皮塔涅(密细亚)的阿尔凯西劳[Arcesilaos of Pitanē(Mysia)]、吕克昂学园园长、尤里斯(凯奥斯岛)的阿里斯通[Aristōn of Iulis(Ceōs)][5]以及犬儒学派成员彼翁(Biōn the Cynic)。[6]应当注意的是,他主要学习的是哲学,但在柏拉图学园和吕克昂学园中,从未停止讲授数学和科学。

　　在公元前 3 世纪中叶以后,埃拉托色尼完成了其学业;几本哲学或文学著作使得一些人注意到他的名字,大约公元前 244 年,他接受了托勒密三世埃维尔盖特的诏令。他在埃及至少生活了 50 年,历经三位国王的统治:埃维尔盖特、菲洛帕托(他是其家庭教师)和托勒密五世埃皮法尼

---

[4] 又称第二学园(Second Academy)或中期学园(Middle Academy)。有关后柏拉图时代的学园史,请参见本书第 1 卷,第 399 页—第 400 页。

[5] 请勿与基蒂翁的芝诺的弟子、斯多亚学派成员希俄斯的阿里斯通(Aristōn of Chios)混淆。值得注意的是,埃拉托色尼似乎并没有关注斯多亚哲学。有关希俄斯的阿里斯通,请参见本书第 1 卷,第 604 页;有关吕克昂学园的历史,请参见该卷第 493 页。希俄斯的阿里斯通大约活跃于公元前 260 年;凯奥斯岛的阿里斯通比他晚一代,大约活跃于公元前 230 年。

[6] 这个人是否可能是波利斯提尼(第聂伯)的彼翁[Biōn of Borysthenēs(Dnieper)]?波利斯提尼的彼翁活跃于公元前 3 世纪上半叶,他是一个大众哲学家或"巡游教士"。参见冯·阿尼姆(von Arnim)的论述,见《古典学专业百科全书》,第 5 卷(1897),第 483 页—第 485 页。

（Ptolemaios V Epiphanēs，公元前 196 年*—前 181 年在位）。我们不必描述他在埃及时的环境，因为前几章已经描述过了。他的一生是在三个伟大的希腊文化中心——昔兰尼、雅典和亚历山大度过的，他在这三个地方从事了富有活力的研究活动；这就好像一个与我们同时代的人在牛津、巴黎和纽约度过他的一生那样。

在埃拉托色尼到达亚历山大之后不久，他便担任了菲洛帕托的家庭教师，[7] 并且被任命为亚历山大博物馆的一名研究员（在许多情况下，一个王子的家庭教师与研究员的任命是相互关联的）。他从那时起或稍晚些时候便成为一名高级（或一级）研究员。在泽诺多托斯去世时（大约公元前 234 年），他已经成为亚历山大图书馆的馆长。

他在这三个城市所受的教育，在很大程度上是哲学和文学方面的教育，不过，他也是吕克昂学园和亚历山大博物馆的一员，因此也受到亚里士多德、塞奥弗拉斯特以及斯特拉托的影响。作为亚历山大博物馆和图书馆的一名成员，除了他自己的科学研究之外，他必然会分担每一个科学研究项目，我们很快就会对之做出描述。

有关埃拉托色尼的最早的文献是保存在《希腊诗选》

---

*　原文如此，与本卷第十六章有较大出入。按照《简明不列颠百科全书》中文版第 8 卷第 54 页以及本卷第十六章原文第 248 页的说法，托勒密五世的执政时期是公元前 205 年—前 180 年。——译者

[7]　我们必须设想这种家庭教师是名义上的；这种教育似乎并没有改变菲洛帕托，他的放荡和罪恶令埃拉托色尼丢脸，就像尼禄（Nero，公元 68 年去世）的放荡和罪恶令哲学家塞涅卡（Seneca）丢脸一样。塞涅卡于公元 63 年被尼禄下令处死，而埃拉托色尼在菲洛帕托罪恶的一生之后依然幸存。必须再补充一句，菲洛帕托是一位艺术和科学的赞助者。

(*Greek Anthology*)[8]的三首警句诗。第一首诗是由他本人创作的,写在一封致托勒密三世埃维尔盖特关于倍立方的信的末尾;[9]第二首诗是阿基米德写给他的朋友埃拉托色尼的;第三首诗是由基齐库斯(普洛庞提斯)的狄奥尼修[Dionysios of Cyzicos(Propontis)]创作的。前两个人是同时代的,第三个人晚一些,但仍属于希腊化时代。[10]

埃拉托色尼有两个外号,它们对他本人和他那个时代都非常有意义。他被称作"贝塔"(*bēta*)和"五项全能运动员"(*pentathlos*)。第一个外号意味着第二的或二流的;第二个外号用来指在 5 个竞赛项目中都非常杰出的运动员,[11]用以比喻什么都想试试的人(无所不能者)。从社会的观点来看,这些称号见证了希腊化时代专业化的发展;不仅科学家和学者专攻这个或那个知识分支,而且他们已经开始蔑视这

---

[8] 从 4 世纪起,人们开始在不同时代收集、编辑希腊诗选(anthologies,在希腊语中为 anthologia,意为花束)。其中的一个主要部分是《王宫诗选》(*Palatine Anthology*),由康斯坦丁·塞法拉斯(Constantinos Cephalas)于大约 917 年汇辑;1301 年马克西莫斯·普拉努得斯(活动时期在 13 世纪下半叶)对它进行了重新编辑;参见我的《科学史导论》,第 2 卷,第 974 页。现代版的《王宫诗选》一般都包含一个普拉努得斯版的补充本。

[9] 埃拉托色尼本人把这个问题与提洛岛(Dēlos)联系在一起 [因此它又有一个别名:提洛岛问题(Delian problem)],有关这个问题的历史,请参见本书第 1 卷,第 278 页、第 440 页和第 503 页。

[10] 参见弗雷德里克·迪布纳(Frederic Dübner):《王宫警句诗选》(*Epigrammatum Anthologia palatine*),希腊语-拉丁语对照版,3 卷本(Paris,1864-1890)。与埃拉托色尼有关的三首警句诗编在第 3 卷,I,警句诗 119 和 VII,警句诗 5 以及第 1 卷,VII,警句诗 78。《希腊诗选》中的英译文为 W. R. 佩顿(W. R. Paton)所译,"洛布古典丛书版"5 卷本(1916-1918)。

[11] 这 5 项竞赛(pantathlon)包括:*halma*(跳远)、*discos*(掷铁饼)、*dromos*(赛跑)、*palē*(摔跤,*lucta*)和 *pygmē*(拳击,*pugnus*)。最后一项也可以替换为 *acontisis* 或 *aeōn*(掷标枪)。

样一些同行:这些人与他们相比在学术雄心方面缺少专一性,并试图尽可能多地理解世界。埃拉托色尼从气质和所受的教育来说是一位博学之士;他的地理学研究晚于哲学研究和文学研究;此外,他作为古代最伟大的图书馆的馆长可以获得无穷的机会,但也是这些机会的受害者。

　　第一个外号"贝塔"说明,那个时代的科学家和学者已经彼此相当妒忌了,他们往往都会贬低他人优势的重要性,他们误解了别人的优势并且对别人的优势感到不愉快。[12] 因而,专业的数学家会认为埃拉托色尼在他们的领域中不够优秀,并对他的非数学兴趣的广泛性和多样性感到恼火。至于文学家和语言学家,他们无法评价他的地理学意图。埃拉托色尼在许多方面的努力也许是二流的,但在大地测量学和地理学方面绝对是一流的;他的确是最早的杰出的地理学家,而且至今依然是所有时代最伟大的地理学家之一。他的批评者们甚至不可能这样推测,因此,他们会蔑视他。在他们当中有这样一个天才,但是,由于他是在一个新的领域从事研究,而他们太愚蠢以致无法赏识他。像通常的这类情况一样,他们并没有证明他是二流的,相反,却证明了他们自己是二流的。

二、埃拉托色尼以前的地理学

　　为了理解埃拉托色尼的贡献,有必要倒叙一下人类在地理学方面更早的努力。到了公元前 3 世纪中叶,人类不仅已经积累了大量的地理学知识,而且这类知识是多种多样的。

_102_

---

〔12〕 那个外号也许还包含另一种讽刺意味,因为埃拉托色尼是亚历山大博物馆的一级研究员,而他的敌人也许会说:"尽管他是一级研究员,但他实际上是二流的学者。"

例如,史学家希罗多德和克特西亚斯(公元前 5 世纪)、埃福罗斯(Ephoros,公元前 4 世纪)、麦加斯梯尼(活动时期在公元前 3 世纪上半叶),通过旅行者和探险者如汉诺(活动时期在公元前 5 世纪)、色诺芬(活动时期在公元前 4 世纪上半叶)、皮西亚斯(Pytheas,活动时期在公元前 4 世纪下半叶)和涅亚尔科(Nearchos,活动时期在公元前 4 世纪下半叶)以及帕特罗克莱斯(Patroclēs,活动时期大约在公元前 280 年)收集了人类地理学的知识。最后提到的这个人不像其他人那样众所周知。他(在大约公元前 280 年)是塞琉西王朝的一个官员,他探索了希尔卡尼亚海(Hyrcanian Sea)[里海(Caspian Sea)]的南部,并且认为它与阿拉伯海相连。[13] 这是旅行者的传说,可能起源于中国,但旅行者的传说无论多么缺乏根据,也许依然包含着一些残缺不全的地理学知识,而且起着像酵素那样的作用。

　　另一种信息是由陆路旅行的作者、环海航行(periploi)的作者和旅行概略(periēgeis,periodoi)的作者以及经验地图、航海图或略图(pinaces,tabula)的编辑者提供的。

　　还有一种信息,其理论性更强、志向更远大,如以下这些

---

[13] 亚里士多德和亚历山大知道存在着两个内海:希尔卡尼亚海(即我们所说的里海)和里海[即我们所说的咸海(Aral Sea)]。但是亚历山大曾对里海是否与阿拉伯海相连表示怀疑。帕特罗克莱斯也曾有过这种想法。至于咸海,它从知识中消失了;古代人认为,贾克撒特斯河[又称赛浑河(Sayhūn)和锡尔河]和奥克苏斯河[又称质浑河(Jayhūn)和阿姆河(Amu Daryā)]这两条河不是流入咸海而是流入里海。可能在远古的时候,这两个湖是相通的。希罗多德所说的阿拉克塞斯河(Araxēs)可能是其中的一条河,或者是伏尔加河(Volga River),它实际上是流入里海的。只依赖旅行者的猜测而不是依靠天文坐标,这样的混乱就不可避免。参见亨利·范肖·托泽(Henry Fanshawe Tozer)和 M. 卡里(M. Cary):《古代地理学史》(History of Ancient Geography;Cambridge,1935),第 135 页—第 136 页,xviii。

作者在其著作中所例证的那样：公元前 6 世纪的两个米利都人阿那克西曼德（Anaximandros）和赫卡泰乌（Hecataios），提供更精确的信息的有尼多斯的欧多克索（活动时期在公元前 4 世纪上半叶）、墨西拿的狄凯亚尔库（活动时期在公元前 4 世纪下半叶）——人们常说他是埃拉托色尼的先驱以及托勒密–菲拉德尔福的舰队司令提莫斯泰尼（Timosthenēs），他写过一部关于海港和四风的研究的专论。[14]

早期的毕达哥拉斯学派已经认识到地球是球状的，这种看法以后一直就是毕达哥拉斯派的一个信条，但并不能由此得出结论说，所有地理学家都接受了它。他们中的许多人都是旅行者和游记作家，对这些人来说，这种观点没有现实意义。然而，一旦试图要发展一种数学地理学并且绘制世界地图，这种观点就变得至关重要了。埃拉托色尼的主要贡献之一恰恰就是建立了有关球形的地球的数学地理学。

三、埃拉托色尼的地理学著作

埃拉托色尼的著作有许多，但没有一部完整地留传下来，留传下来的大部分著作都只是残篇，其真伪并非总能断定。因而，对它们的解释充满了猜测，这也是引起无休止的争论的原因。他的地理学著作的主要使用者是斯特拉波（活

[14] 在荷马时代，人们已经认识了四风——北风（Boreas）、东风（Euros）、南风（Notos）和西风（Zephyros），它们或多或少分别与 4 个基点（北、东或东南、南、西或西北）相对应。亚里士多德又引入了 8 个基点［《天象学》（Meteorologica）2，6］，但他的这些风向点并不像一个正多边形的顶点，而像分成三组，每一组与一个直角相对应的点。参见 H. F. 托泽和 M. 卡里：《古代地理学史》（Cambridge，1935），第 194 页，xxiv。不过，传统的分法是 8 个方向。在叙利亚人安德罗尼卡·西尔赫斯特（Andronicos Cyrrhestēs）所建的风塔（Horologion）亦即所谓雅典风神庙（Temple of the Winds in Athens，建于公元前 1 世纪）中，就体现了这种传统。

动时期在公元前 1 世纪下半叶),斯特拉波对他所陈述的事实和方法予以了批评,并且在必须说出其不同意见时引用了他的观点,而在与他一致时很少引用。有时候,埃拉托色尼的名字会被提及(*Eratosthenus apophaseis*, *Eratosthenēs phēsi*);但在更多的情况下,他不会被提及。

我们现在将要讨论的他的主要著作,按照年代顺序排列有:《地球的测量》(*On the Measurement of the Earth*, *Anametrēsis tēs gēs*)、《地理学概论》(*Geographic Memoirs*, *Hypomnēmata geōgraphica*)以及《赫耳墨斯》(*Hermēs*;这是一首地理学诗)。

埃拉托色尼在古代享有盛名,既然如此,怎么会让他的著作消失了呢?他的同行尤其是斯特拉波和托勒密吸收和修改了他的著作。他最早的评论者之一喜帕恰斯由于同样的原因也遭遇了同样的命运。古代地理学和天文学的成果被托勒密汇集在一起,埃拉托色尼和喜帕恰斯的著作也被托勒密的《地理学指南》(*Geōgraphicē hyphēgēsis*)和《天文学大成》取代了。

四、地球的测量

根据推测,埃拉托色尼写过一部关于“测地术”(指“地球的测量”)的专论,但这种猜测不一定可靠。在他的《地理学概论》中并没有提到这部专论(参见下文);后来的一位证人马克罗比乌斯(活动时期在 5 世纪上半叶)提到过它。《地理学概论》的第二部分探讨了这个主题,但那种探讨也许是对“测地术”的一种概括。

不过,毫无疑问,埃拉托色尼测量过地球,而且他的测量结果准确得令人吃惊。

他的方法是测量位于同一子午线的两个地点之间的距离。如果这两个地点的纬差(difference of latitude) 是已知的,那就很容易推算出 1° 经线的长度或整个子午线的长度。我并不是说 360° 经线,因为埃拉托色尼把一个大圆划分为60 个部分;喜帕恰斯大概是第一个把它分为 360° 的人。

埃拉托色尼的估算并不是最早的。按照亚里士多德的估算,地球的周长等于 400,000 斯达地;按照阿基米德的估算,其周长为 300,000 斯达地;按照埃拉托色尼的估算,其周长为 252,000 斯达地。[15] 据克莱奥迈季斯(Cleomēdēs)说,他的估算结果是 50 × 5000 = 250,000 斯达地,但是他进行了不同的测量,并且认可 252,000 斯达地是最终结果。从现代的意义上讲,这些测量结果都是不准确的;它们都是近似的,从非实验的理由($252 = 2^2 \times 3^2 \times 7$)来看,这个最后的结果更能令人接受。

为了确定纬度,埃拉托色尼使用了某种日圭(*gnōmōn*)或仰仪(*sciothēron*)。[16] 在赛伊尼(Syēnē),[17] 夏至时根本没有影子,他推断这个地方在北回归线之上;他认为,赛伊尼和亚历山大在同一经线上,它们的纬差是 7°12′(一个大圆的 1/50),它们之间的距离等于 5000 斯达地。因此,地球的

---

〔15〕并不能由此推论说,这些估算的比值是 400∶300∶252,因为在每一个个案中,斯达地可能具有不同的值。

〔16〕这里所说的仰仪是一种日暴仪,它的形状像一个碗(*scaphē*),中间是日圭(像一个半球的半径)。"碗"的内部画了一些线,使观察者可以立即测量出日圭影子的长度。

〔17〕赛伊尼[阿拉伯语为阿斯旺(Aswān)]在尼罗河畔的上埃及地区,正好在第一大瀑布下方。它的纬度是 24°5′,它那时的黄赤交角(obliquity of the ecliptic)是 23°43′。埃拉托色尼大概假设黄赤交角为 24°,尽管那时的赛伊尼比北回归线(the Tropic of Cancer)略高一点。

周长是 250,000 斯达地,他把这个结果最终修正为 252,000 斯达地。这些假设并非十分正确。这两个地方的经差和纬差分别是 3°4′(而不是 0°)和 7°7′(而不是 7°12′)[18];距离 5000 斯达地这个数字显然是一个以约整数表示的近似值。这个距离是由 bēmatistēs(经过专门训练可以用同样的步幅行走并进行计数的土地测量员)测量的。显而易见,埃拉托色尼对近似值感到满意:最初的数字(周长的 1/50 和 5000 斯达地)完美得令人难以置信。

据说,他用一口深井确定了回归线的位置;夏至时,正午的太阳会直射到井中把井水照亮,并且不会在井壁上留下任何影子。这并非不可能的,尽管一口井不可能是比日晷仪更好的工具。"埃拉托色尼井"并不位于严格意义上的赛伊尼,而是在埃勒凡泰尼(Elephantine),即尼罗河上的一个岛[又称阿斯旺岛(Jazīrat Aswān)],它与赛伊尼正相对,正好在第一大瀑布下方;不过这没有什么差别。[19] 这口现在在埃勒凡泰尼可以看到的井大概是斯特拉波描述的尼罗河水位的测量标尺(miqyās)。

105

---

[18] 亚历山大:北纬 27°31′,东经 31°12′;赛伊尼:北纬 30°35′,东经 24°5′;差:3°4′,7°7′。

[19] 霍华德·佩恩(Howard Payn):《埃拉托色尼井》("The Well of Eratosthenēs"),载于《天文台》(Observatory)37,287-288(1914),该文附有井的照片。J. L. E. 德雷尔(J. L. E. Dreyer)的批评,同上,352-353。为了比较,还可参见艾丁·萨伊利(Aydin Sayili):《观测井》("The Observation Well"),见于《第七次国际科学史大会文件汇编》(Actes du Ⅶ Congrès international d'Histoire des Sciences, Jerusalem, 1953),第 542 页—第 550 页。埃勒凡泰尼[埃及语称耶布(Yebu),阿拉伯语称阿斯旺岛]在法老时代(Pharaonic times)是一个重要的军事和宗教中心,它也是与埃塞俄比亚(Ethiopia)进行贸易的一个重要商业中心。更值得注意的是,它曾经是一个犹太中心,在那里已经发现了公元前 5 世纪丰富的阿拉米语纸草书;参见《犹太百科全书》(Encyclopaedia Judaica),第 6 卷(1930),第 446 页—第 452 页。远在希腊化时代以前,在埃及就已经建立了犹太殖民地。

即使我们承认252,000斯达地的测量结果,我们的难题也没有因此而得以解决,因为1斯达地是多长呢?在不同时代和不同地区,各种斯达地之间是有差异的,而古代的地理学家对它们几乎没有意识。[20] 也许,这个难解之谜最令人可以接受的答案是普林尼[Pliny,《博物志》,第12卷,53]提供的,按照他的观点,1斯科伊诺斯(schoinos)等于40斯达地。另一方面,按照埃及学家的观点,1斯科伊诺斯等于12,000腕尺(cubit),1埃及腕尺等于0.525米。如果这样,那么1斯科伊诺斯等于6300米,而埃拉托色尼所估算的地球的周长等于6300斯科伊诺斯或39,690公里。[21] 这个结果与正确的值(40,120公里)的接近几乎是令人难以置信的,其误差不超过1%。[22] 据此来看,埃拉托色尼的斯达地等于157.5米,比奥林匹克运动场(185米)和托勒密运动场或皇家体育场(210米)短。

埃拉托色尼的斯达地与英里之比为9.45比1;按照另一种解释,他的斯达地更短,为10比1。[23] 另一些斯达地则更长一些(分别为9、$8\frac{1}{3}$、8和7.5比1英里)。若按其中最短

---

[20] 在重量单位、度量单位、历法、地质年代表甚至在数字方面有各种差异,许多很有学问的人一点也没有觉察到它们。有关斯达地的讨论,请参见奥布里·迪勒(Aubrey Diller):《古代对地球的测量》("The Ancient Measurements of the Earth"),载于《伊希斯》40,6-9(1949)。有关数字请参见斯特林·道(Sterling Dow):《希腊数字》("Greek Numerals"),载于《美国考古学杂志》(American Journal of Archaeology)56,21-23(1952)。

[21] 这里很奇妙的是两个6300的重合:1斯科伊诺斯=40斯达地=12,000埃及腕尺=6300米;而252,000斯达地是40斯达地的6300倍。

[22] 39,690公里=24,662英里。修正后的地球的直径是7850英里,仅比极直径的正确值短50英里,比赤道直径短77英里。

[23] 以此为基础(10斯达地相当于1英里),地球的周长大概是37,497公里,短了6%还多。

的斯达地(9 比 1)计算,地球的周长为 41,664 公里(比实际值大出不到 4%),而按其他斯达地计算,则误差会逐渐增加。不过,这无关紧要。埃拉托色尼的成就在于他的方法;无论根据哪种斯达地来计算,它都不会给出一个似乎不合理的地球的尺寸。这是一项伟大的数学成就。

埃拉托色尼不仅维护了地球是球形的主张,而且对地球进行了测量。他的结论的正确性在一定程度上是偶然的,因为它是以非常不适当的测量结果为基础的。

埃拉托色尼的主要地理学著作是《地理学概论》(*Hypomnēmata geōgraphica*)。从其残篇和苏达斯(Suidas)的描述所能做出的推断是,这一著作分为 3 个部分:(1)历史导论;(2)数学地理学,对地球的测量和对地球上有人居住的部分亦即 *hē oicumenē*(*gē*)(有人居住的世界)的测量;(3)对各个国家的勘测和描述(*periēgēsis*)。由于目录没有保存下来,把这个残篇或那个残篇归于第二或第三部分有时是随意的,不过这无关大局。

历史记述(第一部分)追溯到荷马和赫西俄德时代,并且说明了在球状的地球观念以前的和逐渐为这种观念铺平道路的地理学思想。它对古代的思想进行了评论,这些思想涉及地球的规模、陆地面积与海洋面积的比例、有人居住的世界的形状和规模、环绕的海洋、与其他河流有着巨大差异的尼罗河以及它的神秘的洪水等。亚里士多德和埃拉托色尼是最早对这些做出正确说明的人——他们说明,尼罗河水来自极遥远的高原在春天和初夏时的热带降雨。

第二部分是以球形假说为基础的数学地理学。它也许包括对埃拉托色尼较早的论述"大地测量"的专论的概述。它确定了地理带[24]并对之进行了估量。这些都依赖于对黄赤交角的测量,对于黄赤交角,埃拉托色尼的估算大概与欧几里得相同,都是 24°;[25]这样,热带地区宽 48°,在南北回归线之间。两个极圈与两极相距 24°,温带位于寒带与热带之间的地带。他对每一个气候带的主要物理特性进行了描述。

他认识到,山脉太小了,峡谷太浅了,灾难(洪水、地震和火山爆发)太弱了,它们不足以影响地球的球状。按照士麦那的塞翁(活动时期在 2 世纪上半叶)的说法,他认为最高的山只有 10 斯达地高(相当于地球直径的 1/8000),但是,即使他知道更高的山峰,他仍然会断定它们相对来说还是太小了。

埃拉托色尼所知道的 *oicumenē*(有人居住的世界),其宽度[按照皮西亚斯对他的解释]从图勒(Thulē)纬度地区(他认为这是在北极圈附近)延伸到印度洋和塔普拉班(Taprobanē)[锡兰(Ceylon)],长度从大西洋到中亚和孟加拉湾(the Bay of Bengal)。这形成了一个大约 38,000 斯达地×78,000 斯达地的矩形,亦即长是宽的两倍;然而对长度的估算至少被夸大了三分之一。每个地方都有潮水证明了

107

---

[24] 他关于地理带的观念与更早的公元前 5 世纪韦利亚(埃利亚、叙埃雷)的巴门尼德[Parmenidēs of Velia(Elea, Hyelē)]的观念、与黄赤交角发现以前阿布德拉的德谟克里特的观念(参见本书第 1 卷,第 288 页、第 292 页)有着本质的区别。我们应当记住,黄赤交角在诸多世纪中并不是一个常量。它现在大约是 23°28′,而在埃拉托色尼时代则是 23°43′。

[25] 对古代天文学家而言,24°这个结果具有很高的可接受性,因为与正十五边形的每一个边相对的角都是 24°。

海洋环行的假说。

前面已经提到过亚里士多德和提莫斯泰尼关于风向的观点。有可能,埃拉托色尼熟悉这些观点以及天文学家彼翁(Biōn the astronomer)[26]的那些观点。他本人写过一部论述风向(peri anemōn)[27]的专论,或者在一部著作中有一章论述过这个主题,并且确立了一种新的风向模式图或风向图。它包括 8 个部分:aparctios(北),boreas(东北),euros(东),euronotos(东南),notos(南),lips(西北),zephyros(西),argestēs(西北)。(这些名称有不同的变体,每一个的历史都是相当复杂的。)请注意,这其中只有一个名词,即 euronotos(东南)是按照现代的方式构造的。他对世界风(catholicoi)和区域风(topicoi)进行了区分。

《地理学概论》的第三个部分讨论了地图的制作和描述地理学。在这部分而不是在数学部分讨论地图可能看起来有点奇怪,但是,埃拉托色尼尚未理解制图的数学原理。喜帕恰斯对他的知识中的这一弱点予以尖锐的批评,但是喜帕恰斯的批评与其新的理论以及提尔的马里诺斯(Marinos of Tyre,活动时期在 2 世纪上半叶)的那些理论都失传了,直到许多世纪以后才在托勒密的《地理学》(Geography)中出现并由此而保存下来。埃拉托色尼拒绝对大陆的划分(亚洲、欧

[26] 即 Biōn ho astrologos,参见斯特拉波:《地理学》(Geography),第 1 卷,2,21(“洛布古典丛书”版,第 1 卷,第 106 页)。这个人也许是阿布德拉的彼翁(Biōn of Abdēra),他大约活跃于公元前 400 年。参见胡尔奇的论述,见于《古典学专业百科全书》,第 5 卷(1897),第 485 页—第 487 页。

[27] 格奥尔格·凯贝尔(Georg Kaibel)在《古代的风向图》(“ Antike Windrosen”)中对许多文本进行了编辑,载于《赫耳墨斯》(Hermes)20,579-624(1885)。

洲、非洲等),并且根据两条相交于罗得岛［那里最高的埃塔比利翁(Atabyrion)山上有一个古代的天文台］的垂直线或垂直带来划分有人居住的世界;水平线(大约北纬 35°)从大力神之柱(直布罗陀)［Pillars of Hēraclēs(Gibraltar)］附近经过,沿着地中海延伸,然后,再向更高的托罗斯山脉(Taurus chain)延伸;那条垂直线大致沿着尼罗河延伸。这的确是非常粗略的描述,因此,最好还是不要以经度和纬度来为这些垂直线和与它们平行的线命名。埃拉托色尼尚未足够清晰和精确地阐述这些观念,不必为此感到惊讶,因为在那时,非常精确地确定其纬度和以无论什么样的精确程度确定其经度依然是不可能的。这两条线或两条带仅仅是两条参照线,使得人们可以粗略地把不同国家分为 4 个地区。他并没有尝试从数学上对这些国家进行任何界定,而只做出了一个纯粹与人相关的定义。埃及是埃及人的土地。在后亚历山大时代最典型的是,他拒绝谈论希腊人和蛮族这样的话题。在后者中,有些是文明程度很高的民族,例如印度人、罗马人和迦太基人;而另一方面,希腊人中也有一些卑鄙之徒。 *108*

　　他的地图不是以天文大地网(经纬圈)为基础,而是以许多不确定地置于 4 个平均扇形区的每一个扇形中的不规则框格(*sphragides*)为基础的。[28] 很容易理解喜帕恰斯的轻

---

[28] 按照托泽和卡里的《古代地理学史》第 181 页的说法,埃拉托色尼构想了与辛纳蒙地区(Cinnamon Region)、麦罗埃(Meroē)、赛伊尼、亚历山大、罗得岛、特罗阿德(Troad)、波利斯提尼(第聂伯)河河口附近的奥尔比亚(Olbia)和图勒相对应的平行线,以及与大力神之柱、迦太基、亚历山大、幼发拉底河(Euphrates)畔(靠近它的最西端)的塔普萨库斯［Thapsacos,现称底比斯(Dibse)——译者］、里海隘口(Caspian Gates)、印度河河口和恒河河口相对应的不同的子午线。也许,埃拉托色尼有关这些问题的知识是模糊的。他认识到某些地方处于相同的纬度或经度;但说他有确定的地理学坐标则是不正确的。

蓤。对埃拉托色尼来说,*sphragis*(封印)或 *plinthion*(小砖块)意味着与众不同的形状,每个国家总的外貌都被比作某个常见的物体。这并不是新的观念。希罗多德的 *actai*(海角)与此观念类似。[29] 这是一种通俗的思想而非科学的思想。西班牙被比作一张牛皮,意大利被比作一条腿和一只脚,撒丁岛被比作一个人的脚印,如此等等,不一而足。他也许受到了星座的启发,星座的总体形状是很容易观察到的。请注意,我们自己根据框格来考虑其他国家,我们可以"辨认出"印度、印度支那、西班牙或意大利。我们最好的参照物就是那些说法。确定一颗星体的位置最精确的方法就是给出它的坐标,但在大多数情况下,说出这颗星位于某个已知星座的这个或那个部分更有助益;这样,我们立即就会知道它在哪里。同样,对我们来说,要指出框住意大利的经纬度可能非常麻烦,但我们可以"辨认出"意大利,我们可以辨认出这只靴子。

然而,我禁不住要问:这样的构想怎么能在古人的心中发展起来呢?我们非常了解意大利靴子,因为我们从孩童时起就在地图和地图册上看到了它,但是,如果我们没有地图,那又会是什么情形呢?埃拉托色尼如何能构想伊朗的总体形状?在缺乏天文坐标的情况下,他所知道的能指导其实践的所有知识就是旅行者的报告、具体地点的距离以及相对方位。但这些知识并非十分丰富。

另一方面,埃拉托色尼积累了许多有关每一个国家的自然产物和在那里生活的人们的信息。这些知识的大部分被

---

[29] 希罗多德:《历史》(*History*),第 4 卷,第 37 节—第 39 节。

斯特拉波保留下来,但是,除非在少量的事例中,斯特拉波提到他的这位前辈的错误并批评了他,否则,我们无法辨认哪些知识含有埃拉托色尼因素。

总而言之,埃拉托色尼对人类地理学有着非常丰富的知识,他关于描述地理学的知识是经验性的而且较为贫乏,但他是第一个把积累到他那个时代的所有方法和事实汇集在一起的人。尤其重要的是,他是第一位关于球形的地球的理论家和综合者,是第一位数学地理学家。

五、天文学

按照一位意料之外的天文学见证者盖伦(Galen)[30]的说法,埃拉托色尼的"大地测量"讨论了"赤道的长度、回归线和极圈的距离、极带的范围、太阳和月球的大小和距离、日全食和日偏食、月全食和月偏食以及日子的长度随着纬度和季节的不同而产生的变化"。这说明,埃拉托色尼并没有把自己局限于 geōdaisia (大地测量学,它本身是天文学的一部分),而是对他那个时代的主要天文学问题进行了沉思。

他估算的月球和太阳与地球的距离分别是 780,000 斯达地和 804,000,000 斯达地。按照马克罗比乌斯(活动时期在 5 世纪上半叶)的说法,太阳的规模是地球的 27 倍;这里的"规模"是否意味着体积? 如果是这样,太阳的直径就是地球直径的 3 倍。提及这些测量结果是出于好奇;使知识得以有重大发展的是进行这种测量的大胆的思想,真正的革新者不是埃拉托色尼,而是萨摩斯岛的阿利斯塔克。

[30]　盖伦:《逻辑导论》(Institutio logica)[《辩证法导论》(Eisagōgē dialecticē)],卡罗卢斯·卡尔布弗莱施(Carolus Kalbfleisch)编[98 页(Leipzig, 1896)],第 12 章,第 26 页。这一文本在屈恩(Kühn)编辑的盖伦著作集中却没有。

埃拉托色尼对历法感兴趣是很自然的。他写过一部论八年周期(octaetēris)的专论,他并不认为尼多斯的欧多克索(活动时期在公元前4世纪上半叶)的特别专论是真作。

公元前238年,当埃及的一个僧侣大会考虑修订历法(Calendar)时,托勒密三世埃维尔盖特大概向他做过咨询。这一改革方案在公元前238年3月7日的僧侣大会上被接受了,通常被称作《坎诺普斯法令》(the decree of Canōpos)。[31] 人们通过各种铭文尤其是通过一块用三种字体(楔形文字、古埃及通俗字体和希腊字母)写的铭文了解了这一法令,这块铭文于1881年在库姆·希斯姆(Kūm al-Hism)被发现,现保存在开罗博物馆(Cairo Museum)。

六、数学

归于埃拉托色尼名下的最卓越的数学成就,就是著名的寻找素数的"埃拉托色尼筛法(sieve of Eratosthenēs)"的发明。[32] 假设我们写出了一系列整数,去掉偶数,然后再去掉可被3、5、7、11等整除的数,剩下的整数将是素数。这种筛法简便易行,但适用范围有限。我们这个时代的人所能发现的素数非常巨大,以至于即使人们用机器代替筛子自动筛去

---

[31] 坎诺普斯在尼罗河最西端分支的河口附近,在亚历山大东边一点。它是亚历山大的休养胜地。

[32] 筛子或 coscinon 是农夫和工匠所熟悉的一种工具,也是占卜者熟悉的工具。coscinomantis 就是用筛子进行占卜的人。

所有连续素数之乘积,仍需要为数众多的人花费惊人的时间。[33] 试着解决一个相对简单的问题,即筛选出第一个 100 万中的素数,你就会觉察到其困难了。

110

他撰写了一本题为《论柏拉图》(Platōnicos) 的书,它可能是对《蒂迈欧篇》(Timaios) 或柏拉图的另一篇对话的评论。士麦那的塞翁(活动时期在 2 世纪上半叶)在他关于柏拉图数学的介绍中曾两次提到这本书。该书讨论了算术、几何和音乐等的基本原理。它讲述了有关提洛岛问题的故事:为了阻止一场瘟疫,提洛岛的祭司表达了阿波罗的意愿,要求把他的立方体形状的祭坛的体积加倍。这是一个有关倍立方的问题,从公元前 5 世纪起就引起许多数学家的注意。[34] 埃拉托色尼提出了一种新的方法,在上面提到的那封以警句诗结尾的致托勒密三世埃维尔盖特的信中,他描述了这种方法。[35] 这是在埃维尔盖特的统治期(公元前 247 年—前 222 年)结束以前不久写的。为了表达他对这位国王的感激之情,埃拉托色尼促成了一个圆柱的建立,在上面刻着这首警句诗以及一幅他所设计的用来解决这个问题的方

[33] 至今所发现的最大的素数是 $180(2^{127}-1)^2+1$,见《自然》(Nature) 168,838 (November 10, 1951)。你能证明这个数是素数吗?参见 H. S. 尤勒(H. S. Uhler):《梅森数和最新的大素数发明简史》("Brief History of the Investigations on Mersenne Numbers and the Latest Immense Prime"),载于《数学手稿》(Scripta mathematica) 18,122-131(1952)。按照《拉鲁斯月刊》(Larousse Mensuel; Paris, August, 1955),第 691 页,当时已知的最大的素数是 $(2^{2281}-1)$ 是用电子计算机算出来的。(2018 年 12 月 7 日,美国的帕特里克·罗什(Patrick Laroche)发现了迄今为止最大的素数:$2^{82,589,933}-1$。——译者)

[34] 参见本书第 1 卷,第 278 页、第 440 页和第 503 页。

[35] 参见本章注 10。

案(*mesolabion*)[36]的图解。我们暂时停一停来考虑一下。
埃拉托色尼希望感谢和取悦他自己的国王埃维尔盖特,他所
能想到的最好的方式就是把一个深奥的数学问题的答案献
给这位国王。在各个时代和世界各地有许多侍臣,你听说过
另一个如此行事的国王和廷臣吗?这种情况于公元前222
年之前不久发生在埃及的亚历山大。

七、语言学

埃拉托色尼首先是一个科学家,而且他的声望是建立在
他的地理学基础上的,但非常奇怪的是,他又是第一个被称
作 *philologos*(语文学家)[或者是 *criticos*(文学评论家),
grammaticos(语法学家)]的人。当然,他绝不是第一个有资
格获得此称号的人,但为什么这一称号首先给了他这个本质
上是另一种专家的人呢?这就仿佛把牛顿称作神学家或者
把安格尔(Ingres)* 称作小提琴家似的。这个称号对于其他
具有极高的和专一的语言学兴趣的图书馆管理人员更合适。

也许,埃拉托色尼之所以(大约于公元前234年)被任命
为亚历山大博物馆的图书馆馆长,是因为那时人们已开始感
觉到这样的需要了,即要有一位熟悉数学和科学的馆长,这
样最终就选定了他。让博物馆的一位一级研究员担任此职
似乎是一个明智的选择。那时科学工作者依然相对较少,而

---

[36] 为了解方程 $x^3 = 2a^3$,必须在 a 与 $2a$ 的连比之间找到两个比例中项,亦即 $a/x = x/y = y/2a$。*Mesolabion*(或中项搜寻器)就是一种用来从事这一工作的机械装置。

　* 让-奥古斯特-多米尼克·安格尔(Jean-Auguste-Dominique Ingres,1780 年—1867 年),19 世纪法国新古典画派最后的代表人物,1825 年当选皇家美术院院士,1835 年—1841 年担任罗马法兰西学院院长。其主要作品有《亚加米农的使者》《浴女》《路易十三的宣誓》《贝尔登肖像》《奥德利斯克与奴隶》《泉》《自画像》《土耳其浴》等。——译者

且大多数学者都是语言学家或文学家,而不是别的专家。他们没有能力评价埃拉托色尼所代表的新学问,因此他们不会把他称作 *geographos*(地理学家)或 *mathematicos*(数学家),而是把他称作 *philologos*(语文学家)。

不过,他们称他为语文学家也不是随意的,因为从他在昔兰尼和雅典开始其学习生涯时起,他就研究纯文学和哲学,所以,他有资格享有这个称号。后来他担任图书馆馆长的职务,这必然使他增强了语言学以及百科全书式的倾向。难道他不需要管理所有的图书并照顾所有光顾亚历山大图书馆的学者吗? 是不是那里绝大多数的图书都是文学或哲学书籍,而且绝大多数学者都是文学家而非科学家?

他的语言学杰作是关于古代雅典喜剧的详细研究[《论古代喜剧》(*Peri tēs archaias comōdias*)],[37]拜占庭的阿里斯托芬(Aristophanēs of Byzantion,活动时期在公元前 2 世纪上半叶)和亚历山大的狄迪莫斯(Didymos of Alexandria,活动时期在公元前 1 世纪下半叶)大量利用了这一成果。

埃拉托色尼是否编辑过荷马史诗的修订本(*diorthōsis Homēru*)呢? 这一点令人怀疑,不过,他是像每个有教养的希腊人那样去研究荷马的。我们应当记得,希腊人几乎是把荷马当作一个超人来尊敬的。他们阅读《伊利亚特》和《奥德赛》时的心情,与其他民族的人阅读他们自己的圣典时的心情是一样的。对希腊人来说,批评这些著作就像批评《古

---

[37] "老喜剧"大都出现在公元前 4 世纪以前。雅典的阿里斯托芬(Aristophanēs of Athens,大约公元前 450 年—前 385 年)是唯一一个其部分作品完整保留下来的老喜剧的剧作家,不过,还有大量其他剧作的残篇也保留下来了。

兰经》(Qur' ān)对穆斯林来说一样,是令人震惊的。对于像斯特拉波这样的人而言,荷马是希腊文化的奠基者(archegētēs)。埃拉托色尼好像对荷马作品中的地理学知识特别感兴趣,这些知识在某些方面(地名的准确运用)是令人佩服的,在其他方面就差一些。他的批评是否过于尖锐和轻率了呢?他对荷马作品中的地理学知识的评价是以单独的专论出版的,抑或仅仅是他的《地理学概论》的第一(关于历史的)部分?对此,我们无法确切地知道,但看起来《地理学概论》大概只包含了对一种更详尽的研究的概述;这个概述被斯特拉波保存了下来。[38]

　　我的心里还出现了另一个疑问。埃拉托色尼对荷马作品中的地理学知识的研究是不是他的地理学研究的萌芽呢?很有可能是这样。他不是第一个其天职是由其浪漫的环境决定的科学工作者。天职往往是在认识到天职的合理之前凭借信念的行动。荷马在第一个数学地理学家的前进道路上起到了引导作用,想到这一点是令人愉快的。

　　埃拉托色尼在另一方面与我们非常接近。他是一个史学家,他写过一部哲学史,而他的《地理学概论》的第一部分则是一部地理学史。

---

[38] 斯特拉波:《地理学》,第 1 卷,2,3-22。

他不是第一个科学史家,但却是最早的科学史家 *112*
之一。[39]

在地理学领域,他的主要问题之一就是对地点的确定。
他不可能真正解决这个问题,因为一个地方的纬度不容易测
量,而且测量其经度也极为困难。

在史学领域中,相应的问题是确定某一个时间序列的年
代。每个国家或城市都有它自己的参照当地标准记录事情
的方法,但是,使不同的编年表相协调,即使不是不可能也是
非常困难的。埃拉托色尼试图编制一个从特洛伊战争(the
war of Troy)到他那个时代的科学的编年表,他为此写了两部
有关这一主题的专论,一部的题目是《年代学》
(*Chronographiai*),另一部的题目是《奥林匹克夺冠者》
(*Olympionicai*)。这第二部是奥林匹克比赛夺冠的一览表。
这两部专论都讨论了陶尔米纳的提麦奥斯(Timaios of
Taormina)介绍的在公元前 3 世纪初左右的奥林匹克运动会
的规模。提麦奥斯确立了诸国王与斯巴达(Sparta)的
ephoroi(监察官)、雅典的 *archontes*(执政官)、阿尔戈斯
(Argos)的女祭司[40]以及在奥林匹克比赛上夺冠的时间之
间的对应关系。由于那些著名的运动会的范围是世界性的

---

[39] 有关从罗得岛的欧德谟(活动时期在公元前 4 世纪下半叶)开始的更早的科学
史家,请参见本书第 1 卷,第 578 页。

[40] 斯巴达的 *ephoroi*(单数是 *ephoros*)或监察官是一个由 5 人组成的地方法官群体,
甚至连国王也在他们的控制之下。*Archontes* 即雅典的主要地方行政官,一共有 9
名;第一名亦即领导者被称作 *archon*,即首席执政官,也称作 *archōn epōnymos*,即
命年执政官,因为他会为就任的当年命名。(伯罗奔尼撒半岛东北的)阿尔戈斯
的女祭司是为婚姻和妇女之女神赫拉(Hēra)[即罗马神话中的朱诺(Juno)]服
务的。

（至少在希腊世界中是如此），列举它们就提供了一个国际
性的参考框架。人们可以不说某个事件发生在罗得岛、萨摩
斯岛或别的某个地方的君王或僭主在位的第 7 年，而说它发
生在这一届或那一届奥林匹克运动会的第一年、第二年、第
三年或第四年。《奥林匹克夺冠者》被雅典的阿波罗多洛
（Apollodōros of Athens，活动时期在公元前 2 世纪下半叶）的
类似著作取代了。我不知道埃拉托色尼对提麦奥斯的介绍
补充了多少，阿波罗多洛又对埃拉托色尼的介绍补充了多
少。因为所有这些专论都失传了。活跃于几个世纪以后的
亚历山大的克雷芒（Clement of Alexandria），[41] 提供了最丰
富的专门信息。

公元前 3 世纪是教诲诗盛行的时期。总会有一些史诗
诗人和抒情诗诗人，但是，阅读者主要需要的是知识，亦即用
诗句表达的通俗易懂的知识。我已经向读者介绍过两位教
诲诗诗人，两个亚细亚的希腊人——索罗伊的阿拉图和科洛
丰的尼坎德罗（Nicandros of Colophōn）。* 埃拉托色尼写过许
多诗，其中有一首短史诗《赫西俄德之死》（Anterinys）描述了
赫西俄德之死以及对杀害他的凶手的惩罚，还有一首挽诗
《厄里戈涅》（Ērigonē），颂扬了伊卡罗斯（Icaros）和他的女儿

---

[41] 提图斯·弗拉维乌斯·克雷芒（Titus Flavius Clemens，大约 150 年—约 214 年）
　　出生于雅典，后皈依基督教，曾任亚历山大教理学校（the Catechetical School of
　　Alexandria）的校长，该学校提供基督教教育［以对抗亚历山大博物馆和萨拉匹斯
　　神庙（Serapeum）的异教教育］。这是一所为基督教新入教者或开始接受基督教
　　义者提供服务的学校［参见《加拉太书》（Galatians）第 6 章，第 6 节］。
* 参见本卷第四章，第 60 页—第 67 页；本书第 1 卷，第二十一章，第 558 页。——
　译者

厄里戈涅(Ērigonē);此外还有其他一些诗,不过我们更感兴趣的是两首教诲诗:《赫耳墨斯》和《化星记》(Catasterismoi)。赫耳墨斯-特里斯美吉斯托斯(Hermēs Trismegistos)对希腊人和埃及人有着特别的意义,因为他是埃及的科学之神透特(Thoth)在希腊的化身。《赫耳墨斯》是一首有关天文学的诗,现存的部分(共 35 行)论述了气候带,而且是唯一说明诗人关于这一主题之观点的埃拉托色尼文本;这些观点我们在前面已经概述过了。《化星记》[42] 描述了星座以及有关它们的神话。从希腊文化的观点来看,这是天文学的一个基本组成部分。我们已经提到过另一首教诲诗,这是一首关于倍立方的警句诗。按照古代知道全诗的评论家的观点,《赫耳墨斯》是埃拉托色尼的杰作。这些诗歌既满足了科学求知欲,也满足了托勒密贵族阶层对富有韵律的词语的偏爱;它们也赢得了文艺复兴时期的学者的欢欣,但对于现代的读者,如果他们是天文学家或诗人,这些诗就不太合意。

八、埃拉托色尼传统

埃拉托色尼的活动是十分复杂的,每一方面的活动都各有其自己的传统。对许多古代人来说,他首先是荷马的评论者。对其他人来说,他是数学地理学或者描述地理学的奠基者,甚至是(必须承认,以很不完善的方式进行的)地图制作的奠基者。

他的数学和天文学知识受到了喜帕恰斯(活动时期在公

[42] 或 Astrothesia,总的意思都一样——众星的安置。这一作品的真实性已经受到了质疑。

元前 2 世纪下半叶)的严厉批评,但他的好的名望得到了阿基米德的支持,阿基米德把自己的《群牛问题》和其最伟大的著作《方法》献给了他。的确,如果古代最伟大的数学家选择以这种方式对他表示敬意,他的身上必定有某些喜帕恰斯未能看到的优点。

斯特拉波(活动时期在公元前 1 世纪下半叶)常常修正并且完全吸收了他的描述地理学。向导波勒谟(Polemōn *ho Periēgētēs*,活动时期在公元前 2 世纪上半叶)、阿帕梅亚的波西多纽(Poseidōnios of Apameia,活动时期在公元前 1 世纪上半叶)、克莱奥迈季斯(活动时期在公元前 1 世纪上半叶)、斯特拉波(活动时期在公元前 1 世纪下半叶)、向导狄奥尼修(Dionysios *ho Periēgētēs*,活动时期在 1 世纪下半叶)、盖伦(活动时期在 2 世纪下半叶)和阿喀琉斯·塔提奥斯(活动时期在 3 世纪上半叶)评论和传播了他的大地测量学和地理学思想。至于其他评论和传播他的学说的人,在拜占庭世界有赫拉克利亚的马尔恰诺斯(Marcianos of Hēracleia,活动时期在 5 世纪上半叶)、拜占庭的斯蒂芬诺斯(Stephanos of Byzantion,活动时期在 6 世纪上半叶)、苏达斯(活动时期在 10 世纪下半叶)和约阿尼斯·策策斯(Iōannēs Tzetzēs,活动时期在 12 世纪上半叶);在拉丁世界则有维特鲁威(活动时期在公元前 1 世纪下半叶)、普林尼(活动时期在 1 世纪下半叶)、马克罗比乌斯(活动时期在 5 世纪上半叶)、马尔蒂亚努斯·卡佩拉(活动时期在 5 世纪下半叶)……圣奥梅尔的兰伯特(Lambert of Saint Omer,活动时期在 12 世纪上半叶);在阿拉伯世界有盖兹威尼(al-Qazwīnī,活动时期在 13 世纪下半叶)。

这个名单给人留下了非常深刻的印象,这印象远比它应给人留下的印象深刻得多。这里提到了许多人的名字,因为当人们提起一个人的名字时,不可能略去其他人的名字。实际上,埃拉托色尼的著作很快就变成残篇了,而它们的传承也消失在斯特拉波传统和托勒密传统之中了。不过,许多文艺复兴时期的学者被这些残篇迷住了,他们试图解开它们所引起的诸多谜团。他们对他的信任是令人惊讶的。我来举两个例子。

当荷兰物理学家维勒布罗德·斯涅耳(Willebrord Snel)希望说明他对子午线的一部分进行测量的方法时,他以《荷兰的埃拉托色尼——对地球周长的测量》(*Eratosthenes batavus. De terrae ambitus vera quantitate*,Leiden,1617)为题发表了他的成果。法国人文主义者克洛德·德·索迈斯(Claude de Saumaise)被他的许多崇拜者称为"学术王子"和他那个时代的埃拉托色尼。[43]

在 15 世纪期间,斯特拉波的《地理学》用拉丁语印了 6 次,[44]由于埃拉托色尼在其中被提及了数百次,使用这些古版书的学者们对他也相当熟悉,但是,在帕斯卡尔·弗朗索瓦·约瑟夫·戈瑟兰(Pascal François Joseph Gosselin)的《希腊的分析地理学或埃拉托色尼、斯特拉波和托勒密诸体系的比较》[*Géographie des Grecs analysée ou les systèmes*

---

[43] 斯涅耳(1591 年—1626 年)的荷兰名字是斯涅耳·范罗延(Snel van Roijen),拉丁语名字是斯内利乌斯(Snellius)。索迈斯(1588 年—1653 年)以其拉丁语名字克劳狄乌斯·萨尔马修斯(Claudius Salmasius)更为著名,他是半个荷兰人,从 1631 年至 1650 年在莱顿大学(the University of Leiden)任教授。

[44] 克莱布斯:《科学和医学古版书》,第 935.1—6 号;该书第一版于 1469 年在罗马出版。

d'Eratosthène, de Strabon et de Ptolémée comparés entre eux,
4to, 175 pp.; Paris, 1790(参见图31)]出版以前,对他的地
理学还没有单独的或重要的讨论。

有关现代的版本,请参见我的《科学史导论》,第 1 卷,
第 172 页。那些诗由爱德华·希勒编辑[140 页(Leipzig,
1872)],地理学残篇由胡戈·贝格尔(Hugo Berger)编辑
[401 页(Leipzig, 1880)]。

另可参见亚历山德罗·奥利维耶里(Alessandro
Olivieri):《伪埃拉托色尼的〈化星记〉》(*Pseudo-Eratosthenis
Catasterismi*),见于《希腊神话集》(*Mythographi graeci*, vol.
Ⅲ, fasc. 1, 94 pp.; Leipzig, 1897);该书分为 44 章,从第 1 章
"大熊星座"到第 44 章"银河";最后是"索引"。

九、关于四年周期的注解

奥林匹克运动会每四年在奥林匹亚(Olympia)[属于埃
利斯(Ēlis),位于伯罗奔尼撒半岛西北]举行一次,它们是整
个希腊世界具有国际重要性的大事;我们也许可以说,它们
是全部有人居住的世界的大事,因为人们几乎可以在每一个
地方感受到希腊的影响。这些比赛的胜利者是世界英雄;口
述传统按照年代顺序保留了奥林匹克比赛夺冠者的名字,最
终有人写下了奥林匹克比赛夺冠者的一览表。另一方面,地
方性事件记录在被称作 *horographiai*[45] 的地方志中,那些事
件是通过当地的每一个君王、地方行政长官或祭司的任职开
始来显示其年代的。陶罗梅尼乌姆(Tauromenium,亦即陶尔

---

[45] *Hōra* 意味着有限的一段时间,一个季节,一年或一个小时(小时在拉丁语中即
hora)。编年史被称作 *hōrographia*,而编年史作者被称作 *hōrographos*。

米纳，在西西里岛东海岸）的提麦奥斯是第一个把地方史志加以比较的人，他偶然想到，奥林匹克运动会的举办日期可以提供一种在全世界有效的通用标准。埃拉托色尼继续并完成了他的工作；波利比奥斯（活动时期在公元前2世纪上半叶）、雅典的阿波罗多洛、罗得岛的卡斯托尔（Castōr of Rhodos，活动时期在公元前1世纪上半叶）、西西里岛的狄奥多罗（活动时期在公元前1世纪下半叶）、哈利卡纳苏斯的狄奥尼修（Dionysios of Halicarnassos，活动时期在公元前1世纪下半叶）利用或参照过奥林匹克运动会纪年法，但这种方法从来没有普及，而且也没有在硬币或碑文（除了少数与奥林匹克运动会有关的碑文之外）上使用。

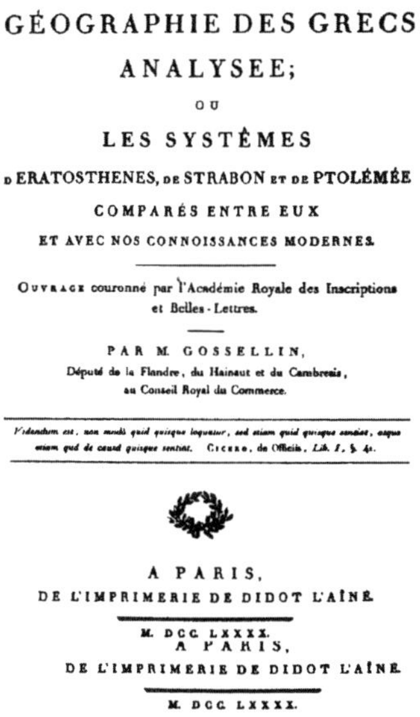
GÉOGRAPHIE DES GRECS
ANALYSÉE;
OU
LES SYSTÊMES
D'ERATOSTHENES, DE STRABON ET DE PTOLÉMÉE
COMPARÉS ENTRE EUX
ET AVEC NOS CONNOISSANCES MODERNES.

OUVRAGE couronné par l'Académie Royale des Inscriptions et Belles-Lettres.

PAR M. GOSSELLIN,
Député de la Flandre, du Hainaut et du Cambresis, au Conseil Royal du Commerce.

Videndum est, non modò quid quisque loquatur, sed etiam quid quisque sentiat, atque etiam quâ de causâ quisque sentiat. CICERO, de Officiis, *Lib. I, §. 41.*

A PARIS,
DE L'IMPRIMERIE DE DIDOT L'AÎNÉ.
M. DCC. LXXXX.
A PARIS,
DE L'IMPRIMERIE DE DIDOT L'AÎNÉ.
M. DCC. LXXXX.

图31　这部由里尔（Lille）的帕斯卡尔·弗朗索瓦·约瑟夫·戈瑟兰（1751年—1830年）撰写的著作是第一部关于埃拉托色尼的科学研究专著［29厘米高，180页，8幅图表，10幅地图（Paris，1790）］。戈瑟兰随后研究的成果以《古代系统和实证地理学探索》［*Recherches sur la géographie systématique et positive des anciens*（4卷本，29厘米高，54幅地图），Paris，1798-1813］为题出版［承蒙哈佛学院图书馆恩准复制］

奥林匹克比赛的起源是无法追忆的，但是，第一个四年周期（公元前776年—前773年）可以从埃利斯的克罗伊波斯（Coroibos of Ēlis）于公元前776年在竞走中夺冠推算出 115

来。奥林匹克节出现在埃利亚历(the Eleian calendar)的第
八个月,与第二个雅典月(Megageitniōn)亦即 7 月至 8 月相
对应。因此,第一个四年周期的第一年的跨度是从公元前
776 年 7 月(或 8 月)至公元前 775 年 6 月(或 7 月)。一般
而言,说第一个四年周期的第一年在公元前 776 年就足够
了,但还是要记住,奥林匹克年(或雅典年)不是从 1 月 1 日
开始的。[46]

在希腊化时代,人们适度地根据四年周期来确定日期,
但在基督时代,人们很少这样做。哈德良(皇帝,117 年—
138 年在位)于公元 131 年(第 227 个四年周期的第三年)恢
复了这一做法,这一年他为雅典的奥林匹亚宙斯神殿(the
Olympieion)举行了落成典礼;有时候,这一年被称作奥林匹
克元年,但如果不加说明,这种说法非常容易造成混淆。

基督教年代学家塞克斯特斯·尤利乌斯·阿非利加努
斯(Sextos Julios Africanos,活动时期在 3 世纪上半叶)编辑的
奥林匹克比赛夺冠时间表被优西比乌(Eusebios,活动时期在
4 世纪上半叶)保存了下来。该表的时间跨度从公元前 776
年至公元 277 年。奥林匹克运动会于 393 年被狄奥多西大
帝(378 年—395 年任东罗马帝国皇帝)最终废止了。

奥林匹克纪年法被自罗马建城算起的罗马纪年法和执
政官纪年法取代了。据猜测,罗马的建立所开启的时代相当

---

[46] 基督教的年也并不总是从 1 月 1 日[割礼节(Circumcision)]开始的。一年也许
从 3 月 1 日或 3 月 25 日[天使报喜节(Annunciation)]或 12 月 25 日[圣诞节
(Christmas)]开始,最不合意地甚至从日期不定的复活节(Easter)开始。日历的
风格[从道成肉身开始算起(a navitate, ab incarnatione),等等]会因不同时期和不
同地域而有所变化,参见《伊希斯》*40*,230(1949)。

于公元前 753 年。[47]

　　在关于年代学以及那些关于古典语言学的专论中,可以找到与这三个年表(四年周期、罗马纪元和公元前)一致的时间表。[48] 弗里德里希·卡尔·金策尔(1850 年—1926 年)的 3 卷本著作(Leipzig,1906,1911,1914)是关于年代学的出色专著,其中第 1 卷限于亚洲和美洲的编年表。

　　奥林匹克纪年法并没有被基督教纪年法取代,因为后者只是大约在公元 525 年才由小狄奥尼修(Dionysius Exiguus,活动时期在 6 世纪上半叶)引入,而且过了很长一段时间以后才被采用;天主教教廷(the Roman Curia)本身直到 10 世

116

---

[47] 对罗马时代的起始有多种界定,从大约公元前 870 年至大约公元前 729 年都有。人们普遍接受的罗马建城的时间是马尔库斯·泰伦提乌斯·瓦罗(Marcus Terentius Varro,活动时期在公元前 1 世纪下半叶)提出来的,即第 6 个四年周期的第 3 年,也就是公元前 754 年 7 月至公元前 753 年 7 月;罗马建城的周年纪念传统上是在 4 月 21 日(XI a. Kal. Maias＝4 月 21 日)的帕勒斯节(Palilia,the feast of Pales,帕勒斯即牧神)上举行。因此,按照传统,罗马城诞生于公元前 753 年 4 月 21 日。这个日期因为是任意的所以又是确定的。参见弗里德里希·卡尔·金策尔(Friedrich Karl Ginzel):《年表手册》(*Handbuch der Chronologie*,Leipzig,1911),第 2 卷,第 192 页—第 201 页。

[48] 为了说明,我们参照奥林匹克年表、罗马年表和基督教年表为以下几个事件标注日期:

	四年周期	罗马纪元	公元前
奥林匹克元年	1.1	……	776
罗马城的建立	6.4	1	753
亚历山大大帝去世	114.2	431	323
托勒密二世菲拉德尔福去世	133.3	508	246
阿基米德去世	142.1	542	212
监察官加图(Cato the Censor)去世	157.4	605	149
卢克莱修(Lucretius)去世	181.2	699	55
西塞罗去世	184.2	711	43
维吉尔去世	190.2	735	19
	194.4	753	1
	195.1	754	公元 1 年

纪才开始使用它(参见《科学史导论》,第 1 卷,第 429 页)。

十、《帕罗斯碑》

在这里,也许应介绍一下一个埃拉托色尼时代的杰出的年代学碑文的例子。它是最著名的希腊铭文之一[《希腊铭文集》,第 2374 篇(*Corpus inscriptionum graecarum*, No. 2374)]。由于它是在帕罗斯[Paros,基克拉泽斯群岛(Cyclades)中第二大岛,在该群岛中最大的岛纳克索斯岛(Naxos)正西]被发现的,因而一般称它为《帕罗斯碑》(*Marmor Parium*)。

它的两大部分(*A* 部分和 *B* 部分)的碑文保留在 81 厘米宽的大理石石板上。*A* 部分(92 行)被 N. C. 法布里·德·佩雷斯克(N. C. Fabri de Peiresc,1580 年—1637 年)*的一个代理商在士麦那购买,但却没有送到他那里,而是被转让给了阿伦德尔伯爵托马斯·霍华德(Thomas Howard, Earl of Arundel,1585 年—1646 年)的一个代理商;它于 1627 年被送到伦敦,并由约翰·塞尔登(John Selden,1584 年—1654 年)出版了它的碑文的初版。这个第一版(London,1628)本身就是希腊学术史上的一座纪念碑。*B* 部分(32 行)到了 1897 年才在帕罗斯被发现,不久便被出版了。

A 部分现保存在牛津的阿什莫尔博物馆(the Ashmolean Museum),*B* 部分保存在帕罗斯博物馆(the Museum of Paros)。

《帕罗斯碑》是雅典和阿提卡(Attica)的年表,从传说中

---

* 法国人文主义者、古物收藏家、天文学家,曾在 1610 年用望远镜发现了猎户星云 M42。——译者

的雅典第一位国王凯克洛普斯(Cecrops)时代开始,到狄奥格内图斯(Diognētos)执政时为止。转换成我们现在的纪元,它的时间跨度是从公元前 1582(1581)年至公元前 264(263)年。它以雅典的历史为中心,但也记录了与普里恩(Priēnē)和马格尼西亚(Magnēsia)的条约,等等。

其资料来源于一神话集(Atthis,或雅典编年史)、塞姆的埃福罗斯(活动时期在公元前 4 世纪下半叶)一本关于发明(peri eurēmatōn)的著作以及其他原始资料。

A 部分的文本被编入《希腊古籍残篇》(*Fragmenta historicorum graecorum*),第 1 卷,第 533 页—第 590 页(1841)。最好的完整版本是费利克斯·雅各比(Felix Jacoby)的版本[228 页(Berlin,1904)]。

我将在本卷第二十三章继续有关地理学史的讨论。

117

第七章
公元前 3 世纪的物理学与技术

　　我将把物理学史限制在与欧几里得和阿基米德有关的方面,讲述这样的物理学史并不难。技术史复杂得多也更难描述,但我将讲述的内容足以使读者对那时的成就和可能的技术有所了解。新技术很少被它们的发明者们加以描述,而且往往总是处于未被描述的状态。有文字记载的描述和论及一般都是比较晚的,而且对涉及年代学的问题都漠不关心。在绝大多数情况下,只能以实物或遗物为基础来理解或评价技术,而对这些实物或遗物,很少能稍微精确地(例如误差在一个世纪之内)确定其年代。

　　既然不能简明扼要地讨论这个主题,我们就得用一些例子进行补充,因而,一个简短的文献目录也许有助于抵消我们没有说到的方面。

　　参照胡戈·布吕姆纳(Hugo Blümner, 1844 年—1919 年)的旧作《希腊人和罗马人的手工业与艺术的工艺和术语》[*Technologie und Terminologie der Gewerbe und Künste bei Griechen und Römern*(4 卷本), Leipzig, 1875 - 1887], 总是很有助益的。该书新的修订版已经开始出版,但因第一次世界大战而停止了;1912 年只修订出版了第 1 卷。布吕姆纳的著作讨论了大量的话题,其数量之多,我们甚至无法一一列举。想一想人们不仅为了工业目的,而且也为了简单的生活需要必须解决的所有问题吧。

艾伯特·纽伯格(Albert Neuburger,1867 年—1955 年):《古代人的技术与科学》[*The Technical Arts and Sciences of the Ancients* (550 页), London, 1930],第一版以德语出版(Leipzig, 1919),再版(1921)。

许多著作讨论了工程与建筑。

库尔特·默克尔(Curt Merckel):《古代的工程技术》[*Die Ingenieurtechnik im Altertum* (四开本, 678 页, 261 幅插图, 1 幅地图), Berlin, 1899]。

坦尼·弗兰克(Tenney Frank, 1876 年—1939 年):《共和国的罗马式建筑——根据它们的材料确定年代的尝试》(*Roman Buildings of the Republic. An Attempt to Date Them from Their Materials*),见于《罗马美国学院论文和专论集》[Papers and Monographs from the American Academy in Rome(第3卷, 150 页), Rome, 1924]。

托马斯·阿什比(Thomas Ashby, 1874 年—1931 年):《古罗马的引水渠》[*The Aqueducts of Ancient Rome* (358 页, 24 幅另页纸插图, 34 幅插图, 7 幅地图), Oxford, 1935]。

埃丝特·博伊斯·范德曼(Esther Boise Van Deman, 1862 年—1937 年):《罗马引水渠的建造》[*The Building of the Roman Aqueducts* (四开本, 452 页, 60 幅另页纸插图, 49 幅插图), Washington, 1934] [《伊希斯》23, 470 - 471 (1935)]。

玛丽昂·伊丽莎白·布莱克(Marion Elizabeth Blake):

《意大利史前时期开始的古罗马的建设——部分基于已故的范德曼所积累的资料的年代学研究》[*Ancient Roman Construction in Italy from the Prehistoric Period. A Chronological Study Based In Part upon the Material Accumulated by the Late E. B. Van Deman*（四开本，442 页，57 幅另页纸插图）Washington：Carnegie Institute，1947][《伊希斯》*40*，279（1949）]。

有关冶金术，请参见罗伯特·詹姆斯·福布斯（Robert James Forbes）：《古代的冶金术——考古学家和技术专家备忘录》[*Metallurgy in Antiquity. A Note Book for Archaeologists and Technologists*（489 页，98 幅另页纸插图），Leiden：Brill，1950][《伊希斯》*43*，283-285（1952）]。福布斯的著作更多关注的是远古时代，主要是近东的远古时代的情况，其数据相对于希腊化时代而言是比较少的。也可参见福布斯的《古代文献目录·自然哲学》（*Bibliographia antiqua. Philosophia naturalis*，parts I to X，Nederlandsche Instituut voor der Nabije Oosten，1940-1950）[《伊希斯》*36*，208（1946）]。尽管它的副标题是《自然哲学》，但这一文献目录所涉及的几乎全都是技术。

从一般的技术史著作，尤其是查尔斯·辛格（Charles Singer）等人编写的杰作《技术史》（*History of Technology*；Oxford：Clarendon Press，1954—　　）*中还可以获得许多信息。在《何露斯：科学史指南》（Waltham, Mass. ：Chronica

---

* 《技术史》的出版历时 30 年（1954 年—1984 年），最终出版了 8 卷，包括正文 7 卷，综合索引 1 卷。——译者

Botanica,1952)的第 167 页—第 168 页,可以找到有关这些综述性著作的一览表。

一、欧几里得

欧几里得是以数学家、《几何原本》的作者而闻名天下,但他也是一位物理学家,是几何光学的奠基者,另外,有一些关于音乐和力学的专论也被归于他的名下。

在两部关于音乐的专论中,有一部是《和声导论》(*Harmonic Introduction*,*eisagōgē harmonicē*),它很有可能是一个叫克莱奥尼德斯(Cleonedēs)的人写的。[1] 第二部专论《标准音》(*Canonic Section*,*catatomē canonos*)可能是真作。[2] 这两部专论都保存了下来。《标准音》说明了毕达哥拉斯学派的音乐理论。按照普罗克洛的观点,欧几里得曾写过《音乐原理》(*Elements of Music*,*hai cata musicēn stoicheiōseis*),而《标准音》大概来源于《音乐原理》。

被阿拉伯人归于欧几里得名下的力学专论肯定是伪作。[3]

---

[1] 这部《和声导论》尽管是相对较晚的作品,但却是研究他林敦的阿里斯托克塞努斯(Aristoxenos of Tarentum,活动时期在公元前 4 世纪下半叶)的理论的重要来源。克莱奥尼德斯活跃于基督纪元以后的第二个世纪。《和声导论》的拉丁语译本由西蒙·贝维拉夸(Simon Bevilaqua)出版(Venice,1497),并且重印于乔治·瓦拉的《古籍汇编》(Venice,1498),克莱布斯:《科学和医学古版书》,第 281 号,第 1012 号。希腊语与拉丁语对照本由让·佩纳(Jean Pena)编辑(Paris,1557)。法译本(Paris,1884)由夏尔·埃米尔·吕埃勒(Charles Emile Ruelle)翻译并加评注。希腊语本由卡尔·冯·扬(Karl von Jan)编入《希腊音乐作家》(*Musici scriptores Graeci*;Leipzig,1895),第 179 页—第 207 页。

[2] 参见卡尔·冯·扬编:《希腊音乐作家》(1895),第 115 页—第 166 页。《和声导论》和《标准音》的希腊语和拉丁语文本由海因里希·门格编辑,编入《欧几里得全集》(Leipzig,1916),第 8 卷,第 157 页—第 223 页。

[3] 参见 T. L. 希思:《希腊数学史》(Oxford,1921),第 1 卷,第 445 页—第 446 页;《科学史导论》,第 1 卷,第 156 页。

据说欧几里得曾写过两篇关于光学的专论《光学》（*Optica*）和《反射光学》（*Catoptrica*）。第一篇是真作，第二篇大概是伪作。我们有《光学》的文本，我们也有亚历山大的塞翁（活动时期在4世纪上半叶）对这两篇专论的校订本。《光学》从定义开始，或者更确切地说，从假设开始，它们来源于毕达哥拉斯的这一理论，即光线是直线，并且它的传播方向是从眼睛到所看到的对象（而不是沿着相反的方向传播）。[4] 欧几里得对透视法问题做了说明。《反射光学》（*Catoptrica*）讨论了镜子并提出了反射定律。这是数学物理学的精彩之作，在很长的一段时间里，它几乎是独一无二的。然而，它是公元前3世纪的作品吗？抑或它是以后甚至是很久以后的作品？我们应当记住，欧几里得与塞翁之间相隔的时间是非常之长的（超过了6个半世纪）。

J. L. 海贝尔：《欧几里得光学》（*Euclidis Optica*），《塞翁校订的〈光学〉》（*Opticorum recensio Theonis*），《古代的反射光学学派》（*Catoptrica cum scholiis antiquis*），见《欧几里得全集》，第7卷 [（417页）；Leipzig，1895]。这三篇著作的法译本由保罗·维尔·埃克翻译成《光学和反射光学》[*L' optique et la catoptrique*（174页）；Bruges，1938]［《伊希斯》30，520–521（1939）]。《光学》原文的英译本由哈里·埃德温·伯顿（Harry Edwin Burton）翻译，载于《美国光学学会杂志》（*Journal of the Optical Society of America*）35，357–372（1945）。

---

[4] 这种观念是很古怪的，因为它意味着光线是从眼睛发出去寻找对象的，在光线没有到达它那里之前，眼睛是无法看到它的。

二、阿基米德

我们在第五章已经讨论了阿基米德的力学专论,因为这些专论是他的数学天才的例证。他是静力学和流体静力学的创立者,我们也许可以说,他还是数学物理学的创立者。正如我们在前面说明的那样,他给他的同时代的人以及大部分后代留下深刻印象的,既不是其数学创造,也不是其物理-数学创造,而是其实用的发明。几乎在 2000 年中,他被认为是发明家和机械奇才的典范。

三、公元前 3 世纪希腊东部的工程与公共建筑·大型船舶

公元前 3 世纪的著名建筑是尼多斯的索斯特拉托斯大约于公元前 270 年在亚历山大港修建的灯塔。[5] 该灯塔是在拉吉德王朝的第二任国王托勒密二世菲拉德尔福(公元前 285 年—前 247 年在位)统治期间建造的。另一项工程业绩是一条连接地中海和红海的运河的开凿,这是对他的统治的例证。这是一项非常古老的事业,始于中王国(the Middle Kingdom,公元前 2160 年—前 1788 年)时期,并由尼科(国王,公元前 609 年—前 593 年在位)和大流士一世(波斯和埃及国王,公元前 521 年—前 486 年在位)延续下来。[6] 在托勒密二世时代,使这一运河尽可能完善是他的荣耀。

他还修建了许多公路,其中著名的一条公路从尼罗河畔的科普图斯(Coptos)[吉夫特(Qift)](北纬 26°)通往红海

---

[5] 有关法罗斯岛的描述,请参见本卷第一章。
[6] 有关这条运河早期的历史,请参见本书第 1 卷,第 182 页。

的一个港口贝勒奈西。[7] 这条道路穿越东部沙漠,是尼罗河与红海之间距离最短的。这条路对埃及与阿拉伯半岛和印度的贸易来说,具有十分重要的意义。贝勒奈西在 4 个或 5 个世纪中都是红海西海岸贸易重要的 *entrepôt*(货物集散地)。它的重要性随着附近的金矿和翡翠矿的发现和开采日益提高。

120

　托勒密二世的孙子托勒密四世菲洛帕托(公元前 222 年*—前 205 年在位)由于拥有大型船舶而常常受到赞扬,那些船是古代最著名的船。在瑙克拉提斯的阿特纳奥斯(活动时期在 3 世纪上半叶)的《欢宴的智者》中保留了对其中 3 艘船的详尽描述:[8]那些描述如此引人入胜,因而对于久利克的译文,值得基本上全文引用。关于第一艘船,阿特纳奥斯借用了罗得岛的卡利克塞诺(Callixeinos of Rhodos)大约写于公元前 3 世纪的一本关于亚历山大的书中的描述:

　　菲洛帕托建造了他的 40 排桨的船,船长 420 英尺;[9]船梁从通道到通道[10]的长度为 57 英尺;船底到舷缘的高度为 72 英尺。从艉柱顶端到吃水线是 79.5 英尺。它有 4 只舵桨,每只长 45 英尺,还有最高层划手桨,它们是最长的桨,全长 57 英尺;这些桨,虽然其操纵柄上加了铅因此内侧非常

---

[7] 这里以托勒密一世索泰尔的王后和托勒密二世菲拉德尔福的母亲贝勒奈西的名字命名。

　* 原文如此,与本卷第十六章略有出入。——译者

[8] 见第 5 部,203-209;查尔斯·伯顿·久利克(Charles Burton Gulick)编辑的阿特纳奥斯的《欢宴的智者》,见"洛布古典丛书"(Cambridge,1928),第 2 卷,第 421 页—第 447 页。

[9] 雅典的 3 排桨古战舰吃水线的长度不超过 120 英尺(久利克)。

[10] 每一侧从船首到船尾都有一条通道(*aprados*)。

沉,但因为它们处于良好的平衡状态,因此在实际使用时很容易操纵。它有双船首和双船尾,并装有 7 个撞角;其中一个最大,其他的尺寸逐渐减小,有些安装在船首锚架上。[11]它装有 12 根纵桁,每根长 900 英尺。[12] 它的比例非常完美。船的内部饰物也十分出色;它的船首和船尾都有不低于18 英尺高的画像,每一个可利用的空间都精心地用壁画加以装饰;从船桨伸出处下至龙骨的全部表面,绘有常春藤的叶子和酒神的权杖等图案。它在武器装备方面也非常丰富,而且,船上的装备可以满足这艘船各个部分的所有需要。在一次试航中,用了 4000 多人操纵船桨,还有 400 人做替补;甲板上配备了 2850 名水手;此外,在甲板下面,还有同等数量的替补人员和装备。[13] 最开始,它是从一个支船架下水的,他们说,这个支船架放在 55 排桨的船的木料旁边,在欢呼声和小号奏鸣声的伴随下,这艘船被一条绳索拉入水中。不过,后来一个腓尼基人构想出这样一种使船下水的方法:在靠近岸边的船的下面挖一条渠,其长度与船长相等。他为这种船渠修建了坚实的石头地基,渠深 7.5 英尺;从这些底座的一端到另一端,他安装了一排滑动垫木,[14]它们横跨在船渠上,下面留了 6 英尺深的空间。在挖了一条从海边引水的引水渠后,他可以让海水流入开凿出来的船渠,并把那里

[11] 撞角或破船槌是从船首凸出用来撞沉敌舰的铁嘴,它安装在吃水线以上或低于吃水线。锚架是船首附近一个凸出的木质部件,由此起锚并固定住锚[《韦氏词典》(Webster)]。

[12] 由于船长 420 英尺,这些船缆长 900 英尺,这段话似乎明确地证明这些纵桁装在船体外部,从船首到船尾,再从船尾到船首(久利克)。

[13] 这些水兵和海员的数量(4000、400、2850 以及更多的替补人员的数量)是不可信的,原文中肯定有错误,不过,这里的这些数字是根据正确的希腊词标明的。

[14] 或"滚木"(久利克)。

注满;海水进入这个空间后,他就很容易在没有什么技术的人的帮助下拖动船……当他们把起初被敞开的入口堵住时,他们可以再次用器械把海水排干。完成了这样的作业后,船就可以安全地停在前面提到的滑动垫木上了。

阿特纳奥斯并没有指出他关于第二艘船的描述的来源,但它肯定来源于一个亲眼见证者,或者一个从同时代人处获得船的尺寸以及其他资料的人。

菲洛帕托还建造了一艘内河船,即所谓"客轮",[15] 长300英尺,船梁最宽处为45英尺。船的高度,包括支起来的豪华的帐篷,几乎达60英尺。它的形状既不像战舰也不像圆底货船,而是一艘在吃水深度方面有所改变以便适于在河中使用的船。在吃水线以下,它是扁平而宽阔的,但从它的货舱开始,它高高耸起;它的两舷的顶部,尤其是靠近船首的地方,相当大的一部分向外突出,并且外表有着非常优雅的反向曲线。它有着双船首和双船尾,它们都高翘着向外突出,因为河面上常常会掀起很高的浪。中部的船舱建有供晚宴使用的社交大厅、浴室以及所有其他的生活便利设施。围绕着船的三面,有两个散步区。[16] 其中一个的周界不小于5浪。* 下甲板的散步区的结构类似于一个列柱走廊;上甲板的散步区类似于一个封闭的列柱走廊,周围有墙和窗户。走上靠近船尾的甲板,就会看到一个前面敞开、侧面有一排柱子的门廊;在面对船首处设有一个前大门,这个大门用象牙和最名贵的木材建造。从这里一进去,马上就可以看到一个

---

[15] 即 *thalamēgos*(大游艇)。它实际上是国家的游艇。

[16] 在上甲板和下甲板上(久利克)。

* 浪(furlong),英国长度单位,等于1/8英里。——译者

带屋顶的舞台。与大门相配套的是第二个门廊,位于船尾侧加强肋处,[17]门廊有一个入口,有4扇门通向里面。在左右两侧,走廊下安装了一些舷窗,从而可以提供良好的通风。与这些入口相连的是最大的船舱,它的四周有单排的圆柱,可以放下20张长沙发。这个船舱的大部分用劈开的雪松和米利都柏建造;四周的门总计有20扇,门上镶嵌着精心粘在一起的香柏镶嵌板以及用象牙制成的装饰品。门的表面镶嵌的饰钉以及把手是用红铜制作的,它们曾在火中镀了一层金。至于那些柱子,它们的柱身是柏木制作的,柱头是科林斯式的,通体覆盖着象牙和黄金。整个柱顶盘都是黄金制成的;在其上方固定着檐壁,上面有引人瞩目的象牙雕像,高度超过1英尺半,但工艺确实平平,显然是奢侈的炫耀。餐厅的厅顶是一层漂亮的柏木方格天花板;天花板配上了雕刻的饰物,外表镀了金。与这个餐厅相邻的是一个寝室,有7个铺位,与寝室毗连的是一个狭窄的通道,从船舱的这一边横穿到另一边,并且把供女士使用的船舱隔开。在船的后部,也有一个餐厅,有9张长沙发,它也像大餐厅一样华丽,还有一个有5个铺位的寝室。

　　以上所描述的是第一层甲板的布局。与最后提到的那个寝室紧邻的是舱室扶梯,登上扶梯是另一个舱室,它非常宽敞,足以放下5张长沙发,它的天花板上有菱形镶嵌板;在它附近有一个圆形的阿芙罗狄特的神龛,其中安放着这位女神的大理石雕像。在这个神龛对面是一个豪华的餐厅,它的周围是一排圆柱,它们是用来自印度的大理石建造的。在这

122

---

[17]　即后甲板,"侧"面与两边的侧向甲板相连(久利克)。

个餐厅的旁边,是一些寝室,它们的布置与前面提到的寝室的布置一致。当你向船首走去时,你就会见到一个供奉狄俄尼索斯的房间,它宽敞得足以放下13张长沙发,它的周围有一排柱子;它的檐口以及环绕房间的过梁线脚都镀了金;它有着与这个神的意志相吻合的天花板。在这间房子中,靠右舷的一侧修了一个壁龛;从外表上看,它像一个用石头造的艺术品,但实际是用宝石[18]和黄金造的;置于神龛之内的是一些帕罗斯大理石制的皇家雕像。在最大的船舱的顶部,建有另一间非常可爱的餐厅,它像一个遮阳篷,没有天花板,而它的弓形窗帘杆伸出去相当长的一段距离;当船行驶时,这些窗帘杆会被罩上紫色的窗帘。与它相邻的是一块露天甲板,[19]占据的空间相当于它下面的整个门廊;螺旋形舱室扶梯从这层甲板通向有顶的散步区和一个排放了9张长沙发的餐厅。这个建筑是埃及风格的;因为在这里建造的那些柱子的上方是逐渐突出的,而且其拱顶筒也有所不同,黑色、白色相间而列。其中有些柱子的柱头是圆形的,它们所刻画的全部图形类似略微绽放的玫瑰花簇。但与希腊式柱头不同的是,在被称作"柱蓝"[20]的周围部分,所刻的既不是螺旋饰也不是糙叶饰,[21]而是睡莲的花萼和刚开始生长的枣椰树的果实;在几个柱子上还刻上了其他种类的一些花。柱头当然是置于与它紧邻的拱顶筒之上,在柱头底部以下有一个类似的图案,它是由仿佛相互缠绕的埃及豆的花和叶子构成

---

[18] 或"玛瑙";对希腊手稿的解读是不相同的。

[19] 一种"中庭"(这是罗马房屋的一个重要组成部分,一种露天建筑)。

[20] 即 *calathos*,意为梁托,指科林斯式柱子的柱身与柱顶上部之间展开的部分。

[21] 糙叶饰(*phylla trachea*),科林斯式柱头的叶形装饰。

的。埃及人就是用这种风格建造他们的柱子的；墙也是这样建的，一排黑色一排白色的石头使它们的墙体有了变化，但有时候，它们也是用被称作条纹大理岩的岩石建造的。从船首到船尾，在船舱凹进去的地方还有许多其他房间。船的桅杆高 105 英尺，上有一面用精制的亚麻布做的帆以及一面增强其作用的紫色的上桅帆。

　　第三艘船的建造者不是托勒密四世，而是与他同时代的长者叙拉古国王希伦（公元前 270 年—前 216 年在位），为后者提供技术合作的不是别人，正是阿基米德（公元前 212 年遇害）。阿特纳奥斯对该船的描述来自莫斯基翁，他大概是与希伦同时代的人。

　　叙拉古国王希伦在各方面都对罗马表示赞赏，他本人不仅对建造神庙和体育馆有兴趣，而且还是一名热心的造船者，他对建造运麦船有兴趣，下面我就来描述一下其中一艘运麦船的结构。谈到木材，是他派人从埃特纳（Aetna）[22]运来的，其数量足以建造 60 艘 4 排桨战船。与此同时，他下令准备木钉、食物、支柱以及所有通常需要的材料，其中有些是从意大利运来的，有些是从西西里运来的；大麻缆绳是从伊比利亚（Iberia）运来的，大麻纤维和树脂是从罗讷（Rhone）河运来的，所有其他必需的物资都是从许多地方运来的。他召集了造船工和各种其他工匠，从他们当中他指定科林斯人阿基亚斯（Archias）担任设计师，热情地力劝他着手开始建造工作；在造船的那些日日夜夜，他自己也勤勉地投入到工作之中。这样，全船的一半用了 6 个月造好了……当船的每

[22] 埃特纳（Aitnē）是叙拉古北部的著名火山，位于西西里岛东北部地区。

一部分完工时,都会镶上铅制的贴砖;加工材料方面的工匠有 300 人,这还不算他们的助手。根据命令,船的这部分要送入海水中,在那里接受最后的加工。但对把它送入水中的方法进行了相当多的讨论之后,只有机械学家阿基米德能够在几个人的帮助下把它送下水。通过制造一个卷扬机,他就能把如此巨大的船送入水中。阿基米德是第一个发明卷扬机的人。船的其余部分另外用了 6 个月的时间造好了;船全部用青铜铆钉固定,大部分铆钉重 10 磅,而其余的比它们重半倍;阿基米德和他的助手用螺旋钻把这些铆钉安在适当的位置,并且把支柱都支起来了;木材上固定了铅贴砖外壳,外壳下面铺上了涂过树脂的亚麻帆布带。当把外部造好后,他开始进行船内的布置。

这艘船可以容纳 20 排划手,并有 3 条通道。最下层的通道通往货舱,有一个结构坚固的舱室扶梯向下通到这里;第二条通道是为那些想进入船舱的人而设计的;在这之后是第三条也是最后一条通道,这条通道是为安置准备作战的人员而设计的。与中间通道相连的是排列在船的两舷供人使用的船舱,总计 30 间,每间宽敞得足以摆放 4 张长沙发。官员的船舱宽敞得足以摆放 15 张沙发,这种船舱有 3 个单元房,每个单元房可以放下 3 张长沙发;船上厨房对着船尾。所有这些房间都有用不同石头制作的镶嵌地板,上面用《伊利亚特》全部故事的图案装饰着,太奇妙了;在家具、天花板以及门上,也都用艺术手法再现了所有这些主题。在最上层的通道的上层,建有一个与船的规模相称的健身房和散步区,在这些地方有各种花坛,茂盛的植物茁壮成长,有一个隐蔽的铅制排水管为它们浇水;那里还有一些凉亭,上面有白色常春藤和葡萄藤,它们的根从装满土的木桶中吸收营养,并且像那些花坛那样得到灌溉。这些凉亭为那些散步区遮荫蔽日。在它们旁边是一间阿芙罗狄特的圣祠,它宽敞得足以摆放 3 张长沙发,它的地板是用玛瑙和在这个岛上所能找到的最漂亮的其他石头建造的;它的墙壁和天花板是用柏木制作的,几个门则是用象牙和香柏制作的;而且,对它的装饰极为奢侈,使用了绘画、雕塑以及形状各异的饮料容器。

与阿芙罗狄特的圣祠比邻的是一间图书室,[23]宽大得足以摆放 5 张长沙发,[24]它的墙和门是用黄杨木制作的;图书室中有一些藏书,天花板上有一个凹进去的刻度盘,它是阿克拉丁(Achradinē)[25]日晷的仿制品。那边还有一个浴室,其规模可以摆下 3 张长沙发,浴室中有 3 个青铜浴盆和一个杂色的陶罗梅尼大理石的盥洗盆,容积达 50 加仑。还有一些为水兵和操纵水泵的人建造的房间。在船的两舷、这些房屋的旁边,有 10 间马厩;挨着马厩的是储存马饲料以及骑手及其奴隶的行李的仓库。船首也有一个蓄水池,它被盖子盖着,能盛下 20,000 加仑的水;它是用厚木板制作的,用沥青防漏,并且铺了防水油布。在它的旁边是一个用铅和厚木板围起来的鱼池,里面装满了海水,并且养了很多鱼。在船的每一侧都有一些悬臂梁,它们按照适当的比例间隔分布;在这些梁上建有存放木头、烤炉、炊具、手磨以及一些其

121

---

[23]　希腊语原词是 *scholastērion*,意为书房,即一个可以学习或休闲的地方。

[24]　*Clinē* 这个词被用来表示椅子、长沙发或床。*Pentaclinos* 这个词可能是指 5 张长沙发或 5 张长沙发所占的空间;比较一下日本人对草垫的标准用法:榻榻米(6英尺×3尺)被用作一间房屋面积的计量单位。作为面积的单位,一个垫子被称作 *jō*,例如,一间 6*jō* 的房间被称作 *rokujō*,8*jō* 的房间被称作 *hachijō*。

[25]　阿克拉丁是叙拉古东端可俯瞰大海的"外城"。

他器具的仓库。在外面,环绕船身排列着一排 9 英尺的高大雕像;它们支撑着上面的重物和三槽板,所有这些雕像也都按照适当的比例间隔排列。整艘船都用与之相配的绘画装饰。船上还有 8 个其规模与船的重量相称的塔楼,其中两个在船首,两个在船尾,其余在船的中部。每个塔楼上都固定着两个升降架,在塔楼上建有舷窗,通过这里,可以把石头投向在下面行驶的敌船。在每个塔楼上都配备了 4 个强健的全身披甲的士兵,还有两个弓箭手。所有塔楼的内部都装满了石头和投掷物。从船的一侧到另一侧,在基座上建了一道有城垛和平台的围墙;在围墙的上面安置了一台投石器,它可以凭借自身的力量把一块 180 磅重的石头或一只 18 英尺长的标枪投掷出去。这个武器是阿基米德制造的。它可以把每一种投掷物投出 600 英尺。走过这里,就可以看到一些连在一起的皮帘子,它们被青铜链悬挂在粗大的横梁上。这艘船有 3 个桅杆,每个桅杆上都悬着两个投石升降架;从这些升降架上也可以把抓升钩和铅块抛向攻击者。船的周围有一排铁栅栏,可以阻挡那些试图爬上船的人;在船的各处还有铁制的抓钩,它们由一定的装置操纵,可以抓住敌人的船体,把它拖到旁边使之更易受到打击。船的两侧均布置了 60 个强健的全身披甲的士兵负责守卫,还有同样数量的人操纵桅杆和投石器。在桅杆的桅顶(它是用青铜制作的)也安排了一些人,前桅上安排了 3 个人,主桅上安排了 2 个人,后桅上安排了 1 个人;奴隶们为这些士兵提供补给,他们用滑轮装置把装在柳条筐里的石头和投掷物提起运送到桅顶瞭望台。[26] 船上有 4 个木制的锚,8 个铁制的锚。制造主桅和后桅的木材比较容易找;而制造前桅的木材却是一个养猪人非常艰难地从布鲁蒂人(Bruttii)[27] 的山上找到的;它是由陶罗梅尼乌姆的工程师菲莱亚斯(Phileas of Tauromenion)[28] 拖到海岸的。舱底如果有水,即使当它们已经很深时,一个人也可以很容易地在阿基米德发明的螺旋水泵的帮助下把它们抽出来。这艘船被命名为“叙拉古号(Syracusia)”;但是当希伦使船下水时,他把船的名字改成了“亚历山大号(Alexandris)”。它拖曳的小船,是第一种可承载 3000 塔兰特 * 的船载艇;这种船载艇完全是靠桨驱动。后面还有可承载 1500 塔兰特的渔舟以及一些小艇。全体船员的数目不少于……[29] 除了刚才提到的这些以外,在船首还有 600 多人随时候命。对在船上所犯的任何罪行,有一个由船长、舵手和船首的军官组成的法庭,他们会按照叙拉古的法律对之进行审判。

　　船上可装载 90,000 蒲式耳谷物、10,000 罐西西里咸

---

[26] 读者也许会感到惊讶,这艘运麦船(ploion sitēgon)竟然有如此多的武器装备。由于从史前时代起,海盗就是地中海的一种区域性灾难,因而这样的装备是必要的。船只不仅会受到日常的海盗的困扰,而且也会受到为某一国对抗另一国而效力的武装民船的侵扰。庞培在公元前 67 年为罗马做出了他最伟大的贡献,这一年他击败并消灭了东地中海的海盗集团,但是不久之后,海盗又重新出现了,直到奥古斯都建立了正规的打击海盗的巡逻舰队,他们的活动才受到阻止。只要罗马强大得足以把地中海的和平维持下去,那里就可以保持安宁,但这段时期不足 3 个世纪。参见亨利·阿德恩·奥默罗德(Henry Arderne Ormerod):《古代世界的海盗》(Piracy in the Ancient World ,286 pp. ;Liverpool,1924)。

[27] 布鲁蒂人,亦即生活在意大利的西南端、面对西西里的布雷蒂亚(Brettia)地区的人或布鲁蒂乌姆(Bruttium)地区的人。

[28] 陶罗梅尼乌姆,西西里岛东部的一个繁荣的城市,它是埃特纳地区的一个港口。

* 塔兰特(talent),古希腊、罗马和中东的一种重量和货币单位。——译者

[29] 具体数字已经无从查找了(久利克)。

鱼、600 吨羊毛以及相当于 600 吨重的其他货物。为船员提供的食品就更不用说了。但是，当希伦开始收到有关所有港口的报告时，他发现，它们要么根本无法接纳他的船，要么可能会给船带来巨大的危险，他决定把这艘船作为礼物送给亚历山大的托勒密国王；因为事实上，整个埃及缺乏谷物。他这样做了，船送到了亚历山大，在那里，它被拖上了海滨。希伦也用 1500 蒲式耳小麦对诗人阿基米洛斯（Archimēlos）表示敬意，自费把这些小麦运送到比雷埃夫斯，因为阿基米洛斯曾写过一首警句诗赞美这艘船。

尽管事实上，这些描述中的许多部分似乎与技术史家无关，我还是逐字地复述了它们。这些不相关的情况在那个时代是很典型的。希腊化时代的船主与上个世纪美国佬式的船主是截然不同的。

那些提到阿基米德的话极有可能是真实的。他是为希伦效力的机械工程师，就像列奥纳多·达·芬奇为洛多维科·依·莫罗（Lodovico il Moro）效力一样。

在这些描述中，使我们的读者最感惊讶的可能是它们对有关航行的问题竟然一语不发；例如，它们没有提到那些船可能达到的速度以及它们的可操纵性。有可能阿特纳奥斯所描述的这 3 艘船更适于在尼罗河而不是地中海中航行。我们对从亚历山大到罗马运送埃及谷物的那些船所知甚少，尽管如此，它们仍然是罗马经济生活的主要依靠。

有关地中海航行方面的研究，我所知道的少量信息属于相对较晚的时期，但它们可能是很有用的，因为航海术在公元前的几个世纪和公元后的几个世纪中几乎是无变化的。关于圣保罗的航行，可以参见詹姆斯·史密斯（James

Smith）：《圣保罗的航行和遇难》（*The Voyage and Shipwreck of St. Paul*；London，1848），第 3 版（1866）。

萨莫萨塔的琉善（Lucian of Samosata，大约 120 年—180年以后）在他的《船》［*Navigium*（*Ploion*）］中描述了罗马最大的谷物船之一"伊希斯"号。参见莱昂内尔·卡森（Lionel Casson）：《"伊 希 斯"号 及 其 航 行》（"The Isis and Her Voyage"），载 于《美 国 语 言 学 协 会 会 刊 和 会 议 录》（*Transactions and Proceedings of the American Philological Association*）*81*，43 - 56（1950）［《伊希斯》*43*，130（1952）］；《古船航行时的速度》（"Speed under Sail of Ancient Ships"），同上刊，82，136-148（1951）。卡森得出结论说："遇到顺风时，一个舰队可能会以 2 节到 3 节之间的速度航行。而在逆风时，舰队通常最快也超不过 1 节到 1.5 节。"[30]

正如圣保罗在很早以前就发现的那样，在地中海中航行可能是很困难的。直到 1569 年，当造船和航海有了很大改进时，法律仍然禁止威尼斯的船在 11 月 15 日到来年 1 月 20日之间从近东返航。

参见奥古斯特·雅尔（Auguste Jal）：《海洋考古学》（*Archéologie navale*，Paris，1840），第 2 卷，第 262 页；勒菲弗·德诺埃特（Lefebvre des Noëttes）：《从古至今的海运业》（*De la marine antique à la marine moderne*，Paris，1935）；《科学史导论》，第 3 卷，第 157 页。

---

[30] 也可参见卡森的论文：《希腊化世界的谷物贸易》（"The Grain Trade in the Hellenistic World"），载于《美国语言学协会会刊和会议录》*85*，168-187（1954）。

　　叙利亚塞琉西王朝的统治者们竭力仿效埃及的托勒密诸王,有人把一些伟大的成就归于他们的名下。这个王朝的缔造者塞琉古-尼卡托(公元前 312 年—前 280 年在位),也是(大约公元前 300 年)塞琉西亚佩里亚(Seleuceia Pieria)这座城市和要塞的建立者,塞琉西亚佩里亚位于安条克以西大约 4 英里的海岸。那时所能获得的所有技术手段使它变得固若金汤。安蒂奥基亚[安条克(Antioch)]既是由这位国王、也是由他的儿子安条克-索泰尔(公元前 280 年*—前 261 年在位)建立的,该城配备了一个供水设施,在以后的两个世纪中,这一设施得到了逐步完善和发展。

四、罗马西部的工程与公共建筑

　　在罗马和各个行省中,人们修建了各种公共工程。例如,那里最早的引水渠(Aquedusts)阿皮亚引水渠(Aqua Appia)于公元前 312 年修建,第二条引水渠老阿尼奥引水渠(Anio vetus)于公元前 272 年修建。无论如何,罗马人不是最早修建引水渠的人,但他们做得非常好。他们把为建造下水道而发明的方法用在他们的建设之中。

　　最早的阿皮亚引水渠是阿比·克劳狄(Appius Claudius)修建的,他的别名为失明者(Caecus,因为他成年时失明了);当他于公元前 312 年被任命为监察官时,他修建了这条引水渠以及罗马最著名的道路阿皮亚大道(Via Appia),这条路从罗马西南通往卡普阿(Capua)[后来又通往布林迪西(Brindisi)]。

　　阿皮亚引水渠大约 11 英里长,大部分在地下,它的工艺

---

　　*　原文如此,与本卷第十四章略有出入。——译者

比较粗糙。

　　失明者阿比·克劳狄是第一位拉丁语(散文或韵文)作家,他的名字一直留传至今。非常令人感兴趣的是,这第一位拉丁语作家还是一条引水渠和一条著名大道最早的建设者。

　　在阿皮亚引水渠修建后的 40 年间,罗马城的规模有了相当可观的增加,并且需要更多的供水设施。因此,当马尼乌斯·库里乌斯·登塔图斯(Manius Curius Dentatus)于公元前 272 年成为监察官时,他下令修建一条新的更大的引水渠,这项工程 3 年以后竣工。在很长一段时期里,这条引水渠被称作阿尼奥引水渠,因为它从阿尼奥河上游输送水;阿尼奥河〔泰韦罗内河(Teverone)〕是台伯河(Tiberis)〔特韦雷河(Tevere)〕的一个支流。后来不得不把这条引水渠改称为老阿尼奥引水渠(the Anio vetus),以便与克劳狄(Claudius)皇帝于公元 52 年修建的新阿尼奥引水渠(Anio novus)相区别。

　　老阿尼奥引水渠开始修建时距离罗马大约 20 英里,但由于它绕了很多弯,以至于长度扩展到大约 43 英里;它的大部分都在地下;有些部分的水从低桥上流过。最宏伟的桥 S. 格雷戈里奥桥(Ponte S. Gregorio)横跨一条宽阔的峡谷 S. 格雷戈里奥峡谷,不过,它不是老引水渠的组成部分,而是 4 个世纪以后在哈德良(皇帝,117 年—138 年在位)的命令下为缩短旧的迂回路线而修建的。在坎帕尼亚(Campagna),老引水渠的很多部分保存了下来,但是每一部分都重建了多次,因而很难想象它原来的状况了。

　　老阿尼奥引水渠的建设确实是一项卓越的成就,在公元前 3 世纪,这样的成就后来就没有再现。在公元前 144 年至

公元 226 年之间,还修建了其他 9 条引水渠;对其中的 5 条,
我将在本卷第二十章进行简略的描述。

　　M. 库里乌斯·登塔图斯是罗马人爱戴的英雄之一,他
常常作为古代简朴、节俭和无私的象征而受到赞扬。

　　罗马人在公元前 3 世纪所修建的重要的港口大概就是
塔拉科(Tarraco)港。[31] 塔拉科是马赛(Marseilles)的一块旧
殖民地;它在公元前 218 年第二次布匿战争开始时被罗马人
夺走了,这里被斯基皮奥两兄弟当作总部,他们修建了一座
要塞和一个非凡的港口。他们的目的主要是建立一个抵御
迦太基人的海军基地,不过这个地方选得非常好,因而使塔
拉科变成了一座繁荣的城市。公元前 26 年,在与坎塔布里
人(the Cantabri)作战期间,奥古斯都在那里建立了他的冬季
营地,并且使这座城市成为伊斯帕尼亚半岛塔拉科尼希斯行
省(Hispania Tarraconensis)的首府。[32]

128　　更多的城市、要塞和港口在地中海世界建起来,但它们
在技术上没有创新。那些建筑物从管理的角度看比从技术
的角度看更为重要。它们说明了罗马的国力增长和罗马的
体制的发展。

　　我将在本卷第二十章继续有关物理学史和技术史的
讨论。

---

〔31〕 现代称塔拉戈纳(Tarragona),在巴塞罗那(Barcelona)西南 54 英里。
〔32〕 这个西班牙半岛被奥古斯都分成了 3 个行省:(1)卢西塔尼亚(Lusitania),大致
　　　为现在的葡萄牙;(2)巴埃蒂卡(Baetica),大致为现在的安达卢西亚
　　　(Andalusia);(3)塔拉科尼希斯,整个东北部地区,它是最大的一个行省,相当于
　　　前二者的两倍。

第八章
公元前 3 世纪的解剖学

天文学和数学活动已经让我们离开亚历山大博物馆一段时间了，不过，解剖学（Anatomy）又会把我们带回到这里，而且所有人都认为，正是解剖学研究使亚历山大博物馆获得了它最大的荣耀。我们关于解剖学研究的知识大部分来自盖伦（活动时期在 2 世纪下半叶），虽说他是一个较晚的证人，但他仍有可能不仅在亚历山大，而且在别的其解剖学传统依然可以追溯到古代的城市，收集了很有价值的证据。

早期的亚历山大学派活跃于托勒密王朝最初的两位国王统治时期（公元前 3 世纪上半叶），他们使得对人体结构的全面研究第一次成为可能。以前，希波克拉底、他的弟子们以及其他医生也进行过解剖学研究，但他们的研究从未如此连贯，也从未使用过如此恰当的方法。这是一个例外的不受宗教偏见影响的时期，解剖学家们被允许按照他们的意愿进行解剖。他们在亚历山大博物馆中的工作只受国王支配，平民对它几乎是一无所知；因此，他们有着全面的研究自由。两个天才的人物很好地利用了那些绝好的机会，结果导致了一个解剖学的黄金时代。只有两个时代可以与这个时代相媲美：一个是盖伦时代（2 世纪下半叶），那是一个复兴的时代;另一个是维萨里(Vesalius)及其后继者的时代(16 世纪),如果我们想到这些,我们就会对这个时代有更高的评价。亚历山大时代与其说是一个复兴的时代,毋宁说是大规模系统解剖学研究的真正开端;维萨里的复兴则是现代解剖学的前奏。

我们先来考虑两个重要的人物。

一、卡尔西登的希罗费罗[1]

希罗费罗于公元前 4 世纪末出生在卡尔西登,他是在随后的那个世纪之初被托勒密一世索泰尔吸引到亚历山大的科学家之一。从而,他成了希腊-埃及复兴(the Greco-Egyptian renaissance)的发起者之一,他也是系统解剖学的奠基者之一。他所做出的发现数量巨大、领域广泛,人们得出结论说,他必然对整个的人体构造进行了细致的研究。显而易见,如果给一个有能力的研究者提供足够数量的尸体,给他必要的解剖自由,他必然会发现很多东西。希罗费罗与他的年轻的助手和后继者埃拉西斯特拉图斯(Erasistratos)像最早进入某个新的地区的探险者那样拥有优先权。

关于希罗费罗在接受托勒密的召唤之前的生活,我们所知寥寥,只知道他是科斯岛的普拉克萨戈拉(Praxagoras of Cōs)的弟子,普拉克萨戈拉则与卡里斯托斯的狄奥克莱斯(Dioclēs of Carystos,大约公元前 340 年—前 260 年)是同时

---

[1] 卡尔西登或更准确些但不常用的卡尔凯登(Chalchēdōn)在比提尼亚(Bithynia),位于博斯普鲁斯海峡(Bosporos)的入口处,几乎正对着拜占庭。这里是一个古老的希腊(麦加拉)殖民地,建于公元前 685 年。这里现称卡德柯伊(Kadiköy)。

代的人,但比他年轻。[2]

　　按照盖伦的说法,希罗费罗是从事人体解剖的第一人;我们很难接受这种说法,除非对它进行限定;有可能盖伦所指的是与助手和学生一起进行的公开解剖(Dissection)(当然是很小范围的公开解剖)或者系统解剖。作为一个先驱者,他必须发明解剖的技术,每当一种新的器官被发现时,他必然要为它命名。这些新名称的大部分通过盖伦流传给我们,因而,盖伦的著作成为它们第一次以文字形式出现的载体。希罗费罗写了一部 3 卷本的论述解剖学的专著、一部较短的论述眼睛的著作以及一本助产士(maiōticon)指南。

　　举例来说,希罗费罗的发现有:对大脑的详细描述,对大

---

〔2〕关于普拉克萨戈拉是希罗费罗的老师的说法,是盖伦说的;参见 K. G. 屈恩(K. G. Kühn)主编:《盖伦全集》(Galeni opera omnia,Leipzig,1821－1833),第 7 卷,第 585 页。沃纳·耶格(Werner Jaeger)对卡里斯托斯的狄奥克莱斯的年代做出了一种断定(参见本书第 1 卷,第 562 页)。他断定的狄奥克莱斯的活动时期必定比我(在《科学史导论》第 1 卷,第 121 页)断定的晚,这样他受到亚里士多德的影响才能成为可能;另一方面,这会使狄奥克莱斯、普拉克萨戈拉和希罗费罗这 3 代学者(如果我们加上希罗费罗的弟子埃拉西斯特拉图斯的话是 4 代学者)的时代相隔很短。我们最初的倾向是把师生关系看作类似于父子关系,但情况并非总是这样。老师一般都比学生年长,但不一定年长许多。我的同事沃纳·耶格在写给我的一封(1952 年 5 月 4 日寄自马萨诸塞州剑桥的)信中说,狄奥克莱斯的《论饮食》(On Diet)写于公元前 300 年以后。普拉克萨戈拉、希罗费罗和埃拉西斯特拉图斯都活跃于此后不久,亦即大约公元前 3 世纪上半叶。耶格说,没有理由认为普拉克萨戈拉是狄奥克莱斯的弟子;他们是同时代的人。
　　我们以这种方式概括一下:吕克昂学园创建于公元前 335 年。如果狄奥克莱斯活跃于公元前 4 世纪与公元前 3 世纪之交,他有充足的时间受到亚里士多德的影响。普拉克萨戈拉、希罗费罗和埃拉西斯特拉图斯活跃于公元前 3 世纪上半叶;他们是同时代的人,其中每一个比他们后面的人年长一些。因此,普拉克萨戈拉和希罗费罗是同时代的人,希罗费罗和埃拉西斯特拉图斯也是同时代的人,但埃拉西斯特拉图斯可能是在普拉克萨戈拉去世后或者在他去世前不久出生的。与以下这种情况比较一下:埃斯库罗斯、索福克勒斯和欧里庇得斯是同时代的人,而索福克勒斯、欧里庇得斯和阿里斯托芬也是同时代的人,但埃斯库罗斯与阿里斯托芬不是同时代的人。

脑、小脑、脑膜、写翻(*anaglyphos calamos*)和窦汇(*lēnos*)的区分;对腱和神经的区分[他称后者为 *neura aisthētica*(审美神经),意味着对它们的一种功能即鉴赏力的认识];对视神经和眼睛包括视网膜的描述(他用 *amphiblēstroeidēs* 这个词来表示视网膜,这个词的意思是"像网一样的";拉丁语和英语的词都呈现了同样的比喻);经过大量改进的对血管系统的描述;对十二指肠(*dōdecadactylos*,意为十二指)的描述,十二指肠是胃附近的一部分小肠,之所以这样称呼它,是因为它的长度大约相当于 12 个手指的宽度;对肝脏、唾腺、胰腺、前列腺[3]和生殖器官的描述,对脉糜管的观察。他对动脉(Arteries)和静脉(Veins)进行了明确的区分;动脉的厚度是静脉厚度的 6 倍;它们输送的是血液而不是空气,在人死之后,它们就会变空、变平。他把肺动脉称作动静脉,把肺静脉称作静动脉,这些名称一直沿用到 17 世纪。

他认为,有四种力量控制着机体:提供营养的力量、提供热量的力量、感知的力量和思考的力量,它们分别储存在肝脏、心脏、神经和大脑。亚里士多德最大的错误之一就是认为心脏而非大脑是智力的住所。希罗费罗抛弃了这种错误而复兴了阿尔克迈翁(Alcmaion,活动时期在公元前 6 世纪)

---

[3] 此词的希腊语是 *adenoeideis prostatai*,意为位于前面的腺。我不理解为什么用复数;在男性尿道口周围只有一条前列腺。本杰明·斯佩克特博士(Dr. Benjamin Spector)是波士顿塔夫特学院(the Tufts College)的解剖学教授,他好心地(于 1954 年 1 月 23 日)写信告诉我,前列腺有时可能看起来像有多条而不是一条腺;有可能希罗费罗把子腺误认为是前列腺了。注意到这一点是很有趣的:列奥纳多·达·芬奇既没有提及更没有描绘这条腺。在《六页集》(*Tabulae sex*,1538)中,维萨里没有给它命名,但是在《论人体的构造》(*Fabrica*,1543)中,他有时称它为 *corpus glandulosum*(女性前列腺体),有时称它为 *assistens glandulosis*(前列腺)[*assistens* 是对 *prostatēs* 的糟糕的翻译,后者意指站在前面并起保护作用者]。

的更为古老的观点,按照这种观点,大脑是智力的中心。

　　希罗费罗既是一个杰出的教师,也是一个杰出的研究者,而且创建了一个学派,这个学派有着不断增加的活力,一直持续到托勒密时代结束。

二、尤里斯的埃拉西斯特拉图斯

　　埃拉西斯特拉图斯与希罗费罗是同时代的人,但更年轻一些;有可能,他是以后者的助手的身份开始其生涯的。他大约于公元前 304 年出生在尤里斯(Iulis)。[4] 因此他并不像希罗费罗那样是一个亚洲的希腊后裔,而是一个土生土长的希腊人。因而对他来说,在雅典接受教育是很自然的,他曾拜亚里士多德的女婿梅特罗多洛(Metrodōros)[5]以及斯多亚学派成员索罗伊的克吕西波为师。他继续了希罗费罗的研究,但他对生理学和把物理学思想(例如原子论)应用于对生命的理解更有兴趣。相对于希罗费罗,他更具有理论家的特点,而且很可能更多地受到了斯特拉托的影响。如果我们称希罗费罗为解剖学的奠基者,那么,也许就应该称埃拉西斯特拉图斯为生理学的奠基者;也有人把他称作比较解剖学和病理解剖学的奠基者(但对这类称号必须谨慎使用)。

　　"比较解剖学"是很自然的,因为古代的医生必须既解剖动物,也解剖人体。人们之所以赋予他病理解剖学家这个

132

────────────

[4] 尤里斯是基克拉泽斯群岛之一的凯奥斯岛的主要城市,靠近阿提卡大陆,现称为齐亚(Zea 或 Zia)。尤里斯是公元前 5 世纪两位伟大的诗人西摩尼得(Simōnidēs)和他的侄子巴克基利得斯(Bacchylidēs)的出生地。

[5] 这个梅特罗多洛是一位医生,尼多斯的克吕西波(Chrysippos of Cnidos,活动时期在公元前 4 世纪上半叶)的弟子。他是亚里士多德的女儿皮蒂亚斯(Pythias)的第三任丈夫。参见《古典学专业百科全书》,第 30 卷(1932),1482,第 26。

称号,是因为他从事过尸检,亦即对刚刚去世的人的尸体的解剖,而且他知道去世的人的病史,因而能够辨认出导致他们死亡的损伤的情况。

埃拉西斯特拉图斯的生理学最初是以原子论、重理医派(Dogmatic School)的那些理论和"horror vacui(厌恶真空)"的格言为基础的。许多思想是从曾为希罗费罗之师的普拉克萨戈拉那里传到他那里的,但埃拉西斯特拉图斯比希罗费罗对它们更有兴趣。他试图用自然原因说明一切,并且拒绝诉诸任何超自然的原因。

他的主要解剖学发现涉及大脑、心脏、神经系统和血管系统。若不是因为他确信动脉中充满了气[生命元气(pneuma zōotikon, spiritus vitalis)]以及他的一般气体理论,他也许已经发现血液循环了。例如,他认识到,当一个活的动物的动脉被割开时就会流血,而且他猜想,动脉和静脉最后的分支是彼此相连的。他观察了肠系膜中的乳糜管。他认识到,每一个器官都通过一个由动脉、静脉和神经组成的三重导管系统与机体的其余部分相连。他正确地描述了会厌(epiglottis)的功能(我们仍在使用最初所用的这个词epiglōttis)以及房室瓣的功能[他把右边的房室瓣称作triglōchin = tricuspid(三尖瓣)]。他认识到运动神经和感觉神经,对大脑和小脑进行了更细致的区分。他观察了脑回,并且注意到脑回在人体中比在动物体中复杂得多。他探索了大脑自身的脑神经,在活体内进行了试验以便确定脑膜的特殊功能和大脑不同部分的特殊功能。他还研究了肌肉与运动的关系。

仔细地重新阅读这一长串举例之后,我必须请读者像我

一样在接受许多细节时要小心翼翼。我们对解剖学事实的
描述也许可以信赖;而生理学事实需要更多的限定,因为人
们可能很容易误解埃拉西斯特拉图斯的思想,但我们只是通
过盖伦才了解到这些思想的,而盖伦的用语可能使我们想到
的并非他心中所想的,更不用说是埃拉西斯特拉图斯心中所
想的了。使我们回到他们当时的心态几乎是不可能的,相对
容易的是用我们自己的知识来解释他们的思想。

三、活体解剖

　　我们刚才说过,埃拉西斯特拉图斯做过活体实验,以确
定大脑不同部分的功能。这意味着活体解剖,而且几乎可以
肯定,他和希罗费罗都在活的动物身上进行过实验。但他们
是否在人体上做过同样的实验值得怀疑。这种怀疑是基于
塞尔苏斯的一段话,这段话非常令人感兴趣,值得逐字逐句
地引用:

　　此外,他们认为,对于那些产生于身体内部更深处的病
痛和疾病,没有一个自己对这些部分一无所知的人可以施
治;因此,必须剖开尸体对其内脏和大小肠进行仔细观察。
他们认为,希罗费罗和埃拉西斯特拉图斯是做得最好的,他
们切开了当时还活着的人——从国王那里得到的被监禁的
罪犯的身体,当时这些人还有呼吸,他们观察了在自然状态
下被隐藏起来的器官,它们的位置、颜色、形状、大小、排列、
硬度、柔软性、平滑度、关系以及每个器官的凸起和凹陷的部
分,哪个部分是被嵌入或被接纳到另一部分的。因为当病痛
在内部发作时,除非自己已经熟悉了每个器官或肠所在的位
置,否则不可能知道是什么使患者痛苦;如果不知道有病的
部分是什么,也不可能对其进行医治。当一个人的内脏因受

伤而暴露出来时,不知道一个器官健康时的颜色的人就无法
辨认哪个器官是未受损的,哪个器官受到了伤害;因此,他就
更无法减轻受伤害的器官的痛苦。一个熟悉内部器官的位
置、形状和大小的人,也有可能更恰当地运用外部疗法,同样
的理由在以上所举的所有例子中都成立。正如大多数人所
说的那样,处决罪犯并不是残忍的,而从少数罪犯身上,我们
理应寻找对未来各个时代无罪的人的治疗方法。[6]

　　考虑到那个时代的冷酷,我倾向于接受塞尔苏斯的陈
述。不管怎么说,罪犯可能会遭受各种酷刑——毫无疑问,
他们会受到折磨,如果这样,难道就不能原谅那些最早的生
理学家吗? 活体解剖实验并不比滥用酷刑更可怕。但我们
必然仍会感到恐惧。[7] 教会中阅读过塞尔苏斯著作的拉丁
教父们,包括最早的阅读者迦太基的德尔图良(Tertullian of
Carthage,大约 155 年—230 年)以及后来的塔迦斯特的圣奥
古斯丁(St. Augustine of Tagaste,活动时期在 5 世纪上半叶),
在他们对异教表达憎恶时,都毫不犹豫地利用这种情形大做
文章。异教徒被认为是非常不道德的,以致即使当他们试图

---

[6] 塞尔苏斯(活动时期在 1 世纪上半叶):《医学》(De medicina),《序言》
　　(Prooemium),引自 W. G. 斯宾塞(W. G. Spencer)的译文,见"洛布古典丛书"
　　(1935),第 1 卷,13-15。
[7] 纳粹对囚徒的实验更令我们恐惧。参见亚历山大·米切利希(Alexander
　　Mitscherlich)和弗雷德·米尔克(Fred Mielke):《声名狼藉的医生:纳粹医学犯罪
　　内幕》[Doctors of Infamy:the Story of the Nazi Medical Crimes(165 页,16 幅另页纸
　　插图),New York:Schuman,1949] [《伊希斯》40,301(1949)]。J. 舍恩贝格(萨
　　洛尼卡)[J. Schoenberg(Salonica)]:《医学史新的一章》("Un nouveau chapitre
　　dans l'histoire de la médecine"),载于《第七次国际科学史大会文件汇编》
　　(Jerusalem,1953),第 557 页—第 563 页。有关中世纪的活体解剖,请参见《科学
　　史导论》,第 3 卷,第 266 页,那是诺让的吉贝尔(Guibert of Nogent,活动时期在
　　12 世纪上半叶)讲述的一段历史。

行善时他们也是邪恶的。德尔图良谴责了希罗费罗的碎胎术实践,就像今天它受到天主教医生谴责那样。

　　对这段叙述持怀疑态度的主要理由是,盖伦并没有提到它,而实际上我们对所有早期的解剖学家的了解都应归功于他。对盖伦的沉默也许可以用他的恐惧来解释。塞尔苏斯能够讲述这段历史而没有受到谴责,是因为在他写作时,基督教的慈悲还不足以消除异教的冷酷;不过,一个世纪以后,在新的方向上取得了某种进步,而盖伦大概比塞尔苏斯更有同情心。无论如何,这种对人体活体解剖的谴责是未经证实的。

四、亚历山大的欧德谟

　　据说,亚历山大解剖学派一直延续到希腊化时代末期,然而,即使这是真的,它这时也已经失去了其特性和活力。在那两位大师之后唯一值得一提的解剖学家,是与他们同时代但比他们年轻的欧德谟,他大约活跃于这个世纪中叶。他对神经系统、骨骼、胰脏[8]、女性生殖器以及胚胎学[9]进行了比较深入的研究。

　　简而言之,人们可以非常清楚地探索解剖学的第一个世纪(大约公元前 350 年至公元前 250 年)的传统。以下这些前后相继的人们代表了这一传统:亚里士多德、狄奥克莱斯、

---

[8] 亚里士多德已经知道了这个器官,并且把它命名为 *pancreas*[胰脏,见《动物志》(*Historia animalium*),541 b 11]。为了使非解剖学家明白,我们也许可以回想一下,胰脏是一个向十二指肠排出腺液的大腺体。用作食物的小牛的胰脏被称作杂碎。

[9] 在《古典学专业百科全书》第 11 卷(1907),904 中,有关于他的解剖学知识的更详细的介绍。

普拉克萨戈拉、希罗费罗、埃拉西斯特拉图斯、欧德谟。其中有一半人活跃于亚历山大并且在亚历山大博物馆工作。

第九章
公元前 3 世纪的医学

在论述解剖学的前一章,已经含蓄地涉及医学研究,因为解剖学家也是医生,亦即他们也接受过医学教育,即使他们不行医术,他们也会留意医学问题。此外,解剖学和医学这两种传统如此紧密地交织在一起,以至于谁也无法把它们完全分开。

在前一章中,我已经描述了亚历山大的解剖学家令人震惊的成就,概括地说,这些成就是以下这些人所代表的一种传统的顶峰:卡里斯托斯的狄奥克莱斯、科斯岛的普拉克萨戈拉、卡尔西登的希罗费罗、凯奥斯岛的埃拉西斯特拉图斯和亚历山大的欧德谟。

这 5 个人在一个世纪(大约公元前 340 年—前 240 年)中前后相继,彼此相隔的年代很近。从盖伦讲述的一段逸事可以断定,普拉克萨戈拉是一位伟大的医学教师。当有人问盖伦他属于哪个学派时,他回答说:"哪个也不属于。"而且他补充说,他认为那些把希波克拉底、普拉克萨戈拉以及任何其他人的学说当作最终理论接受下来的人与奴隶并无二致。[1] 一个人被盖伦看作与希波克拉底比肩,这对他而言

---

〔1〕《盖伦全集》(屈恩主编),第 19 卷,13。

当然是一种莫大的荣誉。

普拉克萨戈拉、希罗费罗和埃拉西斯特拉图斯首先是解剖学家,但他们也是医生。想一想脉搏问题。尽管事实上埃及医生已经考虑过脉搏并且试图对之进行测量,[1a]但在希波克拉底的著作中对它几乎没有关注。就我们所知,普拉克萨戈拉是第一个研究脉搏并把它应用于诊断之中的希腊医生。

希罗费罗改进了那种理论,他用漏壶测量脉搏的频率,由此辨认热病。他认识到,脉搏有力就显示了心脏的活力。他的病理学是经验性的;他改进了诊断和预后。他引入许多新的药物并且常常反复提及放血。他认为,胚胎只有肉体的生命没有灵魂的生命。他发明了一种碎胎术(Embryotome),可以在子宫中把胎儿切成碎片,这是古代的产科医师在毫无希望的情况下使用的一种手段。像更古老的希腊医生一样,他认为饮食和锻炼非常重要。

埃拉西斯特拉图斯是第一个完全抛弃体液说(the humoral theory)的医生,他也是第一个更明确地区分卫生学(Hygiene)与治疗学并且认为前者更为重要的医生。因此,他强调饮食、适当的锻炼和洗澡。他反对极端疗法,反对使用过多的药物和过量地放血(Bloodletting)(在许多这类情况下,他只不过是遵循了希波克拉底的观念)。他发明了S形导管。

我们对这些人的了解是不充分的,但人们依然可以得出这样的印象:他们的医学活动都是从属于他们的科学研究

[1a] 参见詹姆斯·亨利·布雷斯特德:《埃德温·史密斯外科纸草书》(*The Edwin Smith Surgical Papyrus*, Chicago, 1930),第 105 页—第 109 页 [《伊希斯》15, 355 - 367 (1931)];赫尔曼·格拉波(Hermann Grapow):《古埃及医学概述:(一)解剖学与生理学》(*Grundriss der Medizin der alten Aegypter*: *I. Anatomie und Physiologie*; Berlin: Academie Verlag, 1954),第 25 页、第 28 页、第 52 页、第 69 页和第 71 页。

的。由于他们是这样杰出的科学工作者,并且受到亚历山大博物馆在这门科学领域中的成就的鼓舞,他们必然已经认识到,在病理学和治疗学仍不可避免地充满许多未知事物的时候,解剖学研究导致了切实的成果。他们不能完全逃避医疗责任,而且每一次治疗都是一个医学实验,但他们的主要兴趣在别的地方。

一、亚历山大的阿波罗多洛和科洛丰的尼坎德罗

亚历山大的阿波罗多洛(Apollodōros of Alexandria)在其失传的专论中描述了托勒密时代早期的医学文献,其中有一篇专论讨论了有毒的动物(《论野兽》, *Peri thērion*),另一篇(不太可靠)讨论了有害的或致命的药物(Drugs)[《论致命的(有毒的)药物》, *Peri thanasimōn*(*dēlētēriōn*)*pharmacōn*]。这些专论似乎是大量其他讨论药物(主要是毒药)的著作的重要来源。古代人非常害怕毒药,因为毒药可能会使他们遭遇厄运或敌视。独裁者有着特别的害怕它们的理由,而且想方设法试图找到解毒药;我们稍后还会遇到有关这种值得注意的执着的例子。

第一个利用阿波罗多洛的研究的是(爱奥尼亚)科洛丰的诗人尼坎德罗,他以阿拉图为农夫和天文学家提供服务的方式,为农学家、植物学家和医生提供了服务。很难确定尼坎德罗具体的生卒年代。如果我们认为阿波罗多洛的活动时期是公元前 3 世纪之初,那么也许可以把尼坎德罗的活动时期定在这个世纪中叶。[2] 这样,他应该是与阿拉图和忒奥克里托斯同时代但比他们年轻的人。他是(科洛丰附近的)克拉洛斯(Claros)世袭的阿波罗祭司。他写过有关许多主题的诗,如史诗和艳情诗,但主要是一些教诲诗,涉及农事(*geōrgica*)、养蜂(*melissurgica*)、预后学(在希波克拉底之后为 *prognōstica*)、各种疗法(*iaseōn synagōgē*)、蛇(*ophiaca*)等。他的某些著作也许是用散文写作的,但他留传至今的每一著作都是用韵文(六步格)写成的。尼坎德罗是一个典型的*metaphrastēs*(改写者)或解释者,他的主要工作就是把可获得的知识转变成韵律的形式(这些人的任务与现在的科普作家的工作有些相似)。西塞罗知晓他关于农事和养蜂的诗,这些诗对维吉尔也有影响。我还没有提到他最重要的诗作,即他仅有的两部完整地保留到现在的诗,一部涉及有毒的动物[《致毒动物》(*Thēriaca*),958 行],另一部涉及解药[《解毒药》(*Alexipharmaca*),630 行],它们均来源于阿波罗多洛。《解毒药》(从第 74 行及以下)含有非常可靠的有关铅中毒的临床描述[2a]以及有关治疗的描述。除了动物外,这两部

〔2〕 我确定的年代亦即大约公元前 275 年(《科学史导论》,第 1 卷,第 158 页)也许太早了。有人提到尼坎德罗时把他作为托勒密二世时代的七大诗人之一,据说他曾与阿拉图一起活跃于安提柯—戈纳塔(马其顿国王,公元前 283 年—前 239 年在位)的朝廷。那一年代的确定是我暂时接受的。其他人可能认为他在一个世纪以后,在佩加马的最后一任国王阿塔罗斯三世菲洛梅托(Attalos III Philomētōr,公元前 138 年—前 133 年在位)统治时期。《古典学专业百科全书》第 33 卷(1936)250-265 中有详尽但非定论性的讨论。也可参见《牛津古典词典》(*Oxford Classical Dictionary*)的词条《尼坎德罗》("Nicander")。

〔2a〕 慢性铅中毒或铅中毒,即白铅(*psimython*)导致的中毒。参见科洛丰的尼坎德罗:《诗歌与诗歌残篇》(*Poems and Poetical Fragments*),由 A. S. F. 高(A. S. F. Gow)和 A. F. 斯科菲尔德(A. F. Scholfield)编辑并翻译(Cambridge:University Press,1953)。

诗还提到了 125 种植物,第二部诗还提到了 21 种毒药。他
是第一个提到水蛭(leeches)的治疗价值的人。[3]

　　尽管这些著作是有许多错误的传播媒介,我们仍难以忽
略它们的普遍价值。它们不仅给医生而且也给每一个受过
教育的人送去了少许医学知识。它们在早期没有被译成拉
丁语,因而它们的传播仅限于拜占庭世界。据说约阿尼斯·
策策斯(活动时期在 12 世纪上半叶)写过一篇相关的希腊
语评注。这些著作的古版本证明了其传承仅限于希腊世界。
这两部诗的第一版都是用希腊语出版的(参见图 32),与迪
奥斯科里季斯(Dioscoridēs,活动时期在 1 世纪下半叶)的著
作的希腊语初版编在一起,由奥尔都·马努蒂乌斯(Aldus
Manutius)印制(Venice,1499;Klebs,No. 343. 1)。

　　后来还有少量的希腊语和拉丁语版,第一次以其他本国
语出版的这两部诗,是法国医生、诗人和剧作家雅克·格雷
万〔Jacques Grévin,大约于 1540 年出生在克莱蒙－博韦西
(Clermont en Beauvaisis),1570 年在都灵(Torino)去世〕编
辑的法语本,亦即"关于毒药的两本书,在这两本书中他详
细地讨论了有毒的动物、治毒蛇咬伤等的药、毒药和解
药……把它们译成了诗歌"(*deux livres des venins*,*ausquels il
est amplement discouru des bestes venimeuses*,*thériaques*,*poisons
et contrepoisons … traduictes en vers francois*,2 parts;Avers:

---

〔3〕 希波克拉底没有使用过水蛭。我们不知道尼坎德罗是否成功地使它们的用途
　　普及了。劳迪塞亚的塞米松(Themisōn of Laodiceia,活动时期在公元前 1 世纪上
　　半叶)使用过它们。在中世纪"leech"这个词既可以指水蛭这种动物也可以指医
　　生。因此我们可以设想,水蛭的使用已经流行起来了;这种使用在 19 世纪非常
　　流行(《科学史导论》,第 2 卷,第 77 页)。

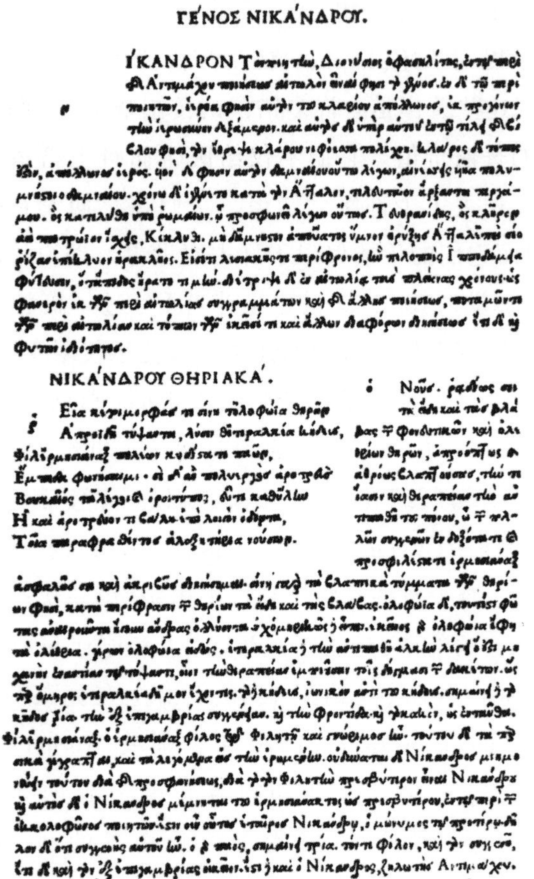

图 32　科洛丰的尼坎德罗(活动时期在公元前 3 世纪上半叶)的著作的初版。《致毒动物》的第一页。页的上部是尼坎德罗简短的传记。《致毒动物》的前 7 行位于这页中间偏左的部分,周围印的是有关它们的评注。这是一个大的对开本(30.5 厘米,184 页)的一部分,由奥尔都·马努蒂乌斯印制(Venice,July 1499)。这卷书中第一部分也是最大的部分是迪奥斯科里季斯(活动时期在 1 世纪下半叶)的著作的初版;随后是尼坎德罗的《致毒动物》和《解毒药》;最后是对《解毒药》的评注(第 175 页—第 184 页),大概是分开印的;在我所得到的这卷中没有包含这些注释[承蒙波士顿医学图书馆恩准复制]

Plantin, 1567–1568)。[4] 这个标题对文艺复兴时的人们颇有吸引力。

二、科斯岛的菲利诺斯

菲利诺斯(Philinos)是希罗费罗的学生,因而我们可以设想,他活跃于公元前 3 世纪下半叶。除了在普林尼和盖伦的著作中保留的一些残篇外,他没有别的著作留传给我们。[5] 据说他写过一篇对塔纳格拉的巴科斯(Baccheios of Tanagra)所编的希波克拉底词汇表的评论,还写过有关植物或简单药物的笔记。他与他的导师希罗费罗分道扬镳了(例如,他拒绝以脉搏为基础的诊断),并且创建了所谓医学经验学派(Empirical School of Medicine)。对于这一学派,我们将在关于亚历山大的塞拉皮翁(Serapiōn of Alexandria,活动时期在公元前 2 世纪上半叶)的另一章中讨论。

三、希罗费罗的弟子安德烈亚斯

这个安德烈亚斯(Andreas)有时被称作卡里斯托斯的安德烈亚斯(Andreas of Carystos),[6]但这可能是与另一个人混同了。我们并不确切地知道他是什么时候出生的,但他于公元前 3 世纪下半叶活跃在埃及。他是希罗费罗的一个弟子,并且是托勒密四世菲洛帕托(公元前 222 年*—前 205

_238_

---

〔4〕普朗坦(Plantin)也出版了这位格雷万著作的拉丁语版(Antwerp,1571),而格雷万的两篇论锑的功效的演说文稿于 1566 年在巴黎出版。

〔5〕转述自卡尔·戴希格雷贝尔(Karl Deichgräber):《希腊经验论学派——这种学说的介绍和残篇汇集》(*Die griechische Empirikerschule. Sammlung der Fragmente und Darstellung der Lehre*;Berlin,1930),第 163 页—第 164 页。

〔6〕卡里斯托斯位于爱琴海最大的埃维希亚岛(Euboia),靠近阿提卡海岸。有关这个安德烈亚斯的详细情况,请参见戴希格雷贝尔(散见于各处)和马克斯·韦尔曼(Max Wellmann)的论述,见《古典学专业百科全书》,第 2 卷,2136。

＊原文如此,与本卷第十六章略有出入。——译者

年在位）的医生。他于公元前 217 年在拉菲亚战役（the
Battle of Rhaphia）[7]之前遇害[在拉菲亚,菲洛帕托出人意
料地、彻底地打败了叙利亚国王安条克大帝（Antiochos the
Great）]。

　　归于他名下的著作有许多,但没有一本留传至今。这些
著作论述了蛇咬伤[《论有毒的动物》（Peri dacetōn）]、迷信
或谬误[《论错误的信念》（Peri tōn pseudōs pepisteumenōn）]以
及王冠[《论王冠》（Peri stephanōn）]。[8] 其中最重要的就
是一种药典,以《纳香》（Narthēx）为标题,在该著作中,他描
述了植物和根茎。这个标题是很有意义的;纳香是一种伞形
科植物（像胡萝卜那样）,古代人对它评价很高,因为它可以
生产一种颇有价值的药阿魏胶（抗痉挛药）。[9] 它有坚硬的
茎秆,普罗米修斯（Prometheus）[10]把从天上盗取的火种藏在
纳香的茎中运到人间。纳香的茎曾被当作棍棒和藤条使用。

　　我们关于安德烈亚斯生平和著述的知识来源于亚历山
大的塞拉皮翁（活动时期在公元前 2 世纪上半叶）、他林敦
的赫拉克利德（Hēracleidēs of Tarentum,活动时期在公元前 1

[7] 拉菲亚[拉法（Rafa）]靠近埃及-巴勒斯坦边境的海岸,位于加沙南 15 英里、沙
　　漠的边缘。
[8] 我不明白这个标题的真正含义。原文为 stephanos,这个词指环绕的东西,如皇
　　冠、胜利的花冠（palma）等;stephanē 有类似的含义,也指头盔的边缘、头盔、女用
　　皇冠、任何东西的边缘或边界等。
[9] 这种植物来自中东[阿富汗（Afghānistān）]。它的拉丁语名称是 Ferula narthex。
　　迪奥斯科里季斯（活动时期在 1 世纪下半叶）在其著作第 3 卷 91 中讨论过纳香
　　或大茴香（Ferula communis）。他在同一著作的第 3 卷的 55、87、94-98 还讨论了
　　其他阿魏属植物（Ferulae）。
[10] 普罗米修斯（先知者）是厄皮墨透斯（Epimētheus,后觉者）的兄弟。人们把许多
　　技艺的发明归功于他;他用泥土造人并且用从奥林匹斯山（Olympos）盗取的人工
　　取火术（entechnon pyr）使人富有了活力。

世纪上半叶)以及盖伦。例如,塞拉皮翁介绍了《纳香》中提到的一种 *malagma*(膏药,泥罨剂)。

四、罗马的阿查加托斯

我们现在转向罗马。它在政治方面的重要性已经有了相当大的、快速的增长。但在科学和文学方面,罗马的视野仍然非常狭窄。科学是通过医学之门进入这座城市[11]的,这一点毫不奇怪,因为有病的人迫切需要医生,以至于如果他们无法找到一个好医生,他们很容易成为庸医的受害者。最早的罗马医生是希腊医生,既有良医也有庸医;许多希腊奴隶具有某种医学知识,他们的主人和主人的朋友们就向他们咨询。现在我们所知道的第一个希腊医生是伯罗奔尼撒人阿查加托斯(Archagathos),他于罗马建城 535 年亦即公元前 219 年[12]在罗马开了一家 *taberna*(小店);有许多人活跃于首都和罗马帝国终结之前的所有重要城市,而他是这些人之中的最早者。他的小店亦即他的办公室或诊所在马切利广场(Forum Marcelli)附近。我们不清楚,人们是否按照希腊的方式[13]把他当作一个公共医生以发挥其作用并付给他津贴;无论如何,他必然取得了一定的成功,因为他的名字流传了下来。他被接纳为罗马市民,但因他更相信治疗学而不太相信家庭之神(*Dii penates*)的保护,而受到了亵渎神灵和不虔诚的指控。这类指控在每个地方都曾一而再、再而三地

---

[11] 原文为 *urbs*,*to asty*。

[12] 亦即在第一次布匿战争(公元前 265 年—前 242 年)以后,第二次布匿战争(公元前 218 年—前 201 年)之前。

[13] 科斯岛上的一块铭文上写着:"在这个城市中为公众服务的医生。"参见威廉·迪滕贝格(Wilhelm Dittenberger):《希腊铭文汇编》(*Sylloge inscriptionum graecarum*),第 3 版(Leipzig,1920),第 3 卷,第 25 页,铭文 943,1. 7。

出现过;显然,对迷信的人来说,任何医学治疗都是缺乏宗教信仰的一个标志。治疗的方法愈科学,它看起来就愈渎神。我们既不知道阿查加托斯的科学实践是怎么样的,也无法评价他的医学知识,但他是一个专业医师,而不是一个巫师。

　　另一个其名字流传了许多世纪、活跃于罗马的希腊医生是比提尼亚的阿斯克列皮阿德斯(Asclēpiadēs of Bithynia,活动时期在公元前 1 世纪上半叶),不过我们也许可以肯定,在他们二人之间消逝的一个半世纪中,还有许多其他希腊医生在罗马行医。唯有他们是专业人员,唯有他们是这样的医生:他们可能携带着从科斯岛、雅典、亚历山大、罗得岛以及其他地方的医学院校中获得的相当于文凭或资格证书之类的东西。在拉丁世界,那时还没有医学院校,尽管我们一定会料想,开业医生会对他们自己的助手进行培训。对希腊医生的阻力是巨大的;这种阻力不仅限于那些无知的人,即使受过教育的人,如果他们是保守的并且觉得有责任捍卫罗马的美德以抵抗先进医学的入侵,他们也会阻碍希腊医生。

　　我们将在本卷的第二十二章更详细地讨论这些问题,在那一章将论述塞拉皮翁(活动时期在公元前 2 世纪上半叶)、监察官加图(活动时期在公元前 2 世纪上半叶)和阿斯克列皮阿德斯(活动时期在公元前 1 世纪上半叶)。那一章不仅涉及这些人,还涉及希腊医学向罗马人以及向我们的传播。

第十章
亚历山大图书馆

亚历山大博物馆（Libraries Alexandria）是自然科学的研究中心，附属于它的亚历山大图书馆则是人文科学的中心，但它本身也是该博物馆必不可少的一个部门。因此，讨论亚历山大图书馆是不是该博物馆的一部分是徒劳无益的。它与我们一些主要大学的图书馆一样，这些图书馆不仅为大学的各个系服务，而且也要满足许多校外的需要。有一点是肯定的，即亚历山大博物馆和图书馆即使不是在皇家庭院内，至少也是在皇家区内[1]（亚历山大的马其顿-希腊区），它们二者都是受皇家意志所控制的。

在创建亚历山大博物馆时，建造几个大厅和柱廊，招收一些研究者就足够了。最初的设备都是最基本的。图书馆的发展则不同。首先要求的是收集抄本，当有了足够丰富的抄本时，就需要有一个建筑物来储藏它们，使它们有序地排放。

世界上许多伟大的图书馆都是以这种方式发展起来的；也就是说，在图书馆本身建起来之前，它们的有些珍藏品已

---

[1] 皇家区（Bruchion 或 Brucheion）是这个城市的贵族区，在亚历山大港的正南，它一直延伸到该港东部的洛基亚斯角（Cape Lochias）。这个区包括皇家宫殿和政府部门，马其顿和希腊贵族的寓所，皇家陵墓，亚历山大博物馆和图书馆。

经收集到了,有些收集工作已经开展得很充分了。

一、古代的图书馆(ancient libraries)

亚历山大图书馆是古代最著名的图书馆之一,但绝不是唯一的图书馆,也不是最早的图书馆。我们可以肯定,那里收藏有埃及的纸草书以及美索不达米亚的楔形文字泥板。最古老的图书馆已经不复存在或变成废墟了(尽管它们的某些珍藏品可能留传至今),但是,考古学家非常幸运地在尼尼微(Nineveh)的废墟中发现了亚述巴尼拔(Ashur-bani-pal)的皇家图书馆,亚述巴尼拔[希腊语称之为萨丹纳帕路斯(Sardanapalos)]是亚述最后的国王之一,公元前 668 年—前 626 年在位。[2] 我们可以假设,那些私人的和公共的[3]图书馆在希腊语世界并非罕见的。亚里士多德曾拥有一个大图书馆,而且,如果我们可以相信斯特拉波,那么正是亚里士多德本人说明了如何整理埃及的皇家图书馆。[4] 在雅典以及后来在安蒂奥基亚、佩加马、罗得岛、士麦那、科斯岛以及别的地方还有其他的公共图书馆,但毋庸置疑,亚历山大图书馆是最大的,而且使所有的其他图书馆都黯然失色了。尽管事实上它已经片瓦不存,但我们对它的了解比对任何其他的图书馆都更多一些。

它是古典时期最卓越的图书馆,但奇怪的是,它的原名

---

〔2〕参见本书第 1 卷,第 157 页有关古代亚述图书馆的注释。亚述的最后一任国王一直执政到公元前 606 年。

〔3〕"公共的"这个词不要从现代的意义上来理解,尤其是它并不暗示着美国图书馆无比的好客和宽宏。"私人的"和"公共的"这些词是相对的。没有哪个私人图书馆会对所有者的朋友关上大门,也没有哪个公共图书馆任何人都可以进,它的使用也许有严格的限制。

〔4〕斯特拉波:《地理学》,第 13 卷,1,54。这几乎是不太可能的,因为亚里士多德在公元前 322 年—前 321 年就去世了,不过他对早期的图书馆仍有间接的影响。

并没有留传下来,也没有像"Museum"这个词那样使欧洲的语言得以丰富。在许多语言中出现的专业术语 *bibliothēcē* 最初意指书架,从图书馆的意义上讲,它也可以指图书收藏地[就像我们会说"la bibliothèque rose(玫瑰图书馆)"那样];但用它来指"图书馆"是比较晚的事,而且并不普及。波利比奥斯是第一个在此意义上使用 *bibliothēcē* 这个词的人。[5]

至于一个图书馆的特征,我们会说,它是一个图书收藏地,一个保存图书的建筑,一个负责管理图书的机构。这个机构最开始也许只有一个人,一旦它在藏书量和重要性方面有了发展,就需要雇用许多人,而且还需要一个主管或图书馆馆长。

这就引出了这样一个有待讨论的问题:谁是第一任图书馆馆长?

1. **亚历山大图书馆馆长**。亚历山大图书馆最初的图书是帕勒隆的德米特里在希腊收集的。也许可以把他称为该图书馆的创办者,尽管这一荣誉也许应该同样地或者更公平地归于这个王朝的第一任和第二任国王。这座图书馆是按照托勒密-索泰尔的意愿并由他出资建立的;组织工作是由他的继任者托勒密-菲拉德尔福完成的。因此,若要最公正地概括这件事,也许就应当说这座图书馆是由索泰尔、菲拉德

─────────────

〔5〕波利比奥斯(活动时期在公元前 2 世纪上半叶):《历史》(*History*),第 27 卷,4。许多希腊作者使用 *bibliothēcē* 这个词作为他们自己的著作汇编的标题,例如,雅典的阿波罗多洛(活动时期在公元前 2 世纪下半叶);然而,他的《论丛》(*Bibliothēcē*)至少是在他一个世纪以后才出现的;其他的例子还有西西里岛的狄奥多罗(活动时期在公元前 1 世纪下半叶)以及佛提乌(Phōtios,活动时期在 9 世纪下半叶),等等。在《七十子希腊文本圣经》中〔《以斯帖记》(*Esther*)第 2 章第 23 节〕使用了 *en tē basilicē bibliothēcē*(在国王图书馆中)这些词。

尔福和德米特里创办的。德米特里是第一个图书馆馆长吗？
如果你愿意,也可以这么说;但是,称以弗所的泽诺多托斯为
第一个图书馆馆长或许更正确。[6]

143   爱德华·亚历山大·帕森斯发表了对亚历山大图书馆
详细研究的成果,[7]以下是他所列的图书馆馆长的名单:

	暂时确定的任期
1. 帕勒隆的德米特里	大约公元前 284 年
2. 以弗所的泽诺多托斯	公元前 284 年—前 260 年
3. 昔兰尼的卡利马科斯	公元前 260 年—前 240 年
4. 罗得岛的阿波罗尼奥斯（Apollōnios of Rhodos）	公元前 240 年—前 235 年
5. 昔兰尼的埃拉托色尼	公元前 235 年—前 195 年
6. 拜占庭的阿里斯托芬	公元前 195 年—前 180 年
6″. 图书分类者阿波罗尼奥斯（Apollōnios Eidographos）	公元前 180 年—前 160 年
7. 萨莫色雷斯的阿里斯塔科斯（Aristarchos of Samothracē）	公元前 160 年—前 145 年

---

[6] 这个问题与前面问的问题有关。亚历山大图书馆是否独立于亚历山大博物馆?
答案是:"即使它一开始不是独立的,随着它自身的发展它越来越独立。"当亚历
山大图书馆成为一个独立的机构并设在不同的建筑中时,也就有了一个管理员
或图书馆馆长。这种发展在现代的机构(实验室、气象台等)中反复出现过。当
图书馆很小时,它可以由一个职员照料并由这个机构的主管来管理。当它有了
充分的发展时,就需要独立的房屋、管理和指导。

[7] E. A. 帕森斯:《亚历山大图书馆:希腊世界的辉煌——它的起源、古建筑和毁
灭》[468 页,有插图(Amsterdam:Elsevier,1952)][《伊希斯》*43*,286(1952)]。
图书馆一览表在第 160 页。我抄录了这些图书馆馆长的名字,但没有完全采用
他所确定的年代。

除了图书分类者阿波罗尼奥斯以外,所有这些人在我们后面的叙述中都会再次出现,因为图书分类者阿波罗尼奥斯是一位时代无法确定的语法学家,他在亚历山大图书馆专心地从事品达罗斯抒情诗的整理。[8]

这个清单在其他方面是不确定的。在以上名单中,每一个学者都会承认的大概只有这几个人:泽诺多托斯、罗得岛的阿波罗尼奥斯、埃拉托色尼、阿里斯托芬、另一个阿波罗尼奥斯以及阿里斯塔科斯。这样的话,这个清单需要两点明确的备注:第一,该图书馆是亚历山大"天下一家"的主张的恰当例证。第二,该图书馆终结于公元前2世纪中叶,任何人都没有提到过晚于那个时代的该馆的馆长。我们将很快回过头来讨论那种具有预示性的事实。从人们所知道的它的那些图书馆馆长来看(没有馆长的图书馆是什么样呢),这个图书馆持续了不到一个半世纪。

2. **图书馆的发展**。由于亚历山大图书馆的皇家赞助者们的热心和他们最早的顾问德米特里和泽诺多托斯的能力,该图书馆发展得非常快。到了公元前3世纪中叶,原有的建筑已经太小了,必须在萨拉匹斯神庙(Sarapeion 或 Serapeum)[9]再建一座副馆。主图书馆赠与或借给了萨拉匹斯图书馆大约42,800卷书;通过清理出一些不完整的抄本或完全相同的副本这种方式,也许可以为主馆腾出一些空间。

---

[8] 这就是人们对他的全部了解[《古典学专业百科全书》,见词条"阿波罗尼奥斯" ("Apollōnios"),第82]。*Eidographos* 这个名称指著作形式的分类者。

[9] 德国著名的关于图书馆、手稿和古代文献的杂志取名为《萨拉匹斯杂志》 (*Serapeum*,共出版了31卷;Leipzig,1840-1870),这一事实反映了这个副馆的重要性。我们将使用它的拉丁语名称 Serapeum,因为人们对它更熟悉。

埃及诸国王十分渴望丰富他们的图书馆,为了达到这个目的,他们使用了专横的方法。托勒密三世埃维尔盖特(公元前247年—前222年在位)下令,所有从国外到亚历山大旅行的人都必须把他们携带的书籍交出来。如果这些书是亚历山大图书馆没有的,它们将被图书馆收藏,如果它们是用廉价的莎草纸抄写的副本,它们将被退还给所有者。他请求雅典图书馆馆长把埃斯库罗斯、索福克勒斯和欧里庇得斯等人著作的国藏本(state copies)[10]借给他,以便抄录它们,作为返还借物的抵押,他总共付了15塔兰特的保证金;后来他决定保存它们,他认为它们比他的押金更值钱,因而返还了抄本而不是原件。

　　亚历山大图书馆是亚历山大博物馆科学分部的存储器。医师们需要希波克拉底和其他先辈的著作;天文学家需要早期的天文观测记录和理论。有人可能想知道在那里是否可以找到巴比伦人和埃及人的观测结果。他们有多少更早的天文学纸草书和占星术纸草书?亚历山大博物馆的科学家们必须知道在他们以前已经做过什么工作了。不过,不能因此推论说,这座图书馆中保存的古代记录都是准确的。许多古代的科学著作并非有重大价值的,对科学工作者们来说,把它们放在家里的或他们实验室的私人书架上都更方便一些。我们可以肯定,现代大学图书馆馆长的一种痛苦经历在亚历山大已经有人体验过了,这就是,如何协调一般读者的

---

[10] 我不理解"国藏本"指什么,也不知道谁是它们的管理者。这个词组是 H. 伊德里斯·贝尔(H. Idris Bell)在《埃及:从亚历山大大帝到阿拉伯人对外征服时期》[*Egypt from Alexander the Great to the Arab Conquest*(176 页), Oxford: Clarendon Press]第 54 页使用的。

需要与那些专业人士的需要，以及如何在主图书馆和分馆之间分配这些图书？

无论如何，当人们从自然科学转向人文学时，图书馆的重要性无限地增加了。对人文学来说，图书馆并非只提供信息，它所保存的可能就是杰作本身。解剖学家或许可以在图书馆中找到所需要的书，但找不到尸体；天文学家也可以在这里找到所需要的书，但看不到星辰和天空的辉煌。而与之形成对照的是，如果人文学家想阅读《伊利亚特》和《奥德赛》、阿那克里翁的诗歌或西摩尼得的抒情诗，他就可以在亚历山大图书馆中得到这些宝物，在其他地方也许得不到。亚历山大图书馆也许可以称作亚历山大博物馆的大脑或存储器；它是人文学的心脏。

亚历山大图书馆像亚历山大博物馆一样，是一个真正的新的开端。像在自然科学领域中一样，在人文学领域中以前也已经做了许多工作，因而我们充分意识到，就希腊世界而言，至少从公元前4世纪以降，人们已经出版、销售、搜集和评论了许多书籍。图书馆也有很多，有大有小，有私人的也有公共的，但从亚历山大图书馆开始，首次有大量学者被委派来为图书馆服务。

这种服务比现代的图书馆管理员的服务要复杂得多也困难得多。使印刷书籍排列有序相对比较容易，因为每一本这样的书都是一个明确的可辨认的个体。亚历山大图书馆的管理员们不得不费力地处理数量巨大的莎草纸卷，首先必须对每一卷进行鉴别，然后对之进行分类、编目、编辑。在所面临的主要困难中，最关键的部分是编辑。在纸卷中呈现的大量文本没有任何标准可言，只要尚未对它们进行彻底的研究、编辑并且把它们转变成一种规范的形式,它们几乎就不可能是清晰的。

换句话说,亚历山大图书馆的管理员们不仅像今天的管理员们那样是管理者和编目员,他们还必须是而且事实上也是合格的语言学家。的确,亚历山大图书馆是培育语言学家和人文学家的基地,恰如亚历山大博物馆是培育解剖学家和天文学家的基地一样。当我们描述一个个学者的活动时,我们将对此进行较为详细的说明。

亚历山大图书馆及其翔实的图书目录已经不复存在了,除了知道它的藏书极为丰富并且收藏了许多现已失传的著作外,我们对其藏书的内容一无所知。在埃及被发现并在我们这个世纪得到研究的成千上万卷纸草书,已经揭示出埃及的希腊移民(以及讲希腊语的东方人)对希腊文献相当熟悉。荷马显然是最知名的作者;荷马纸草书的数量比所有其他文学纸草书加起来还要多;[11]随后按递减频率排列的是:狄摩西尼(Dēmosthenēs)、欧里庇得斯、米南德(Menandros)、柏拉图、修昔底德、赫西俄德、伊索克拉底(Isocratēs)、雅典的阿里斯托芬、色诺芬、索福克勒斯、品达罗斯、萨福(Sapphō)等人著作的纸草书。还有很少的亚里士多德的残篇,但在大英博物馆的纸草书中发现的他的完整著作《雅典政制》(*Constitution of Athens*)把这弥补了。很奇怪的是,本应对埃及的希腊人有着特殊意义的希罗多德的著作却几乎没有呈现在这些纸草书中。上述这些纸草书不仅给我们提

---

[11] 非常古怪的是,《伊利亚特》比《奥德赛》更普及。纸草书中《伊利亚特》残篇的数量超过了《奥德赛》残篇的数量,就像荷马著作的残篇的数量超过了所有其他作者著作的残篇那样。

供了许多已知的著作的残篇,而且展示了许多失传的著作,如《雅典政制》(*Athēnaiōn politeia*,刚刚提到过)以及伦敦医学纸草书(the medical papyrus of London);与此同时,它们还大大地增加了我们关于其他作者的知识,如米南德、巴克基利得斯、希佩里德斯(Hypereidēs)、赫罗达斯(Hērōdas)、提谟修斯(Timotheos)[12]和埃福罗斯。"Toutes proportions gardées(比较而言)",埃及的希腊人比我们当代的美国人更精通文学。[13]

3. **莎草纸卷**。我们在本书第 1 卷中[14]已经讲述了埃及人在公元前第三千纪所发明的莎草纸。莎草纸制造的要义在希腊时代和以后的时代一直保持原貌,但埃及人的莎草纸与希腊人的莎草纸之间有许多明显的差异。埃及纸卷通常是由较大的纸张构成的,而且可能很长,有时超过了 100 英尺(最长的记录是 133 英尺);希腊纸卷无论在纸张规模还是在长度方面都比较小(大约短于 50 英尺),但数量更多。

在埃及时代早期,莎草纸已经是一种昂贵的材料了,

116

---

〔12〕 即米利都的提谟修斯(Timotheos of Milētos,大约公元前 450 年—前 360 年)。在埃及的一座希腊人的坟墓中发现了他的诗《波斯人》[*Persai*,对萨拉米斯(Salamis)的记述]。这是已知最早的文学纸草书,其年代可以追溯到公元前 4世纪末,几乎与作者是同一时代(现保存在柏林)。

〔13〕 从以下两部杰出的小型著作中可以找到有关纸草学(papyrology)的简单介绍:弗雷德里克·乔治·凯尼恩(Frederick George Kenyon,1863 年—1952 年):《古希腊和古罗马的书籍和读者》(*Books and Readers in Ancient Greece and Rome*,Oxford:Clarendon Press,1932,1951),第 40 页—第 74 页;贝尔:《埃及:从亚历山大大帝到阿拉伯人对外征服时期》,第 1 页—第 27 页,参考文献,第 152 页—第161 页。关于纸草学的国际会议(1930 年及以后),请参见《何露斯:科学史指南》(Waltham,Mass.:Chronica Botanica,1952),第 298 页。

〔14〕 参见本书第 1 卷,第 24 页—第 26 页。在普林尼的《博物志》中有关于莎草纸的最古老的说明,见该书第 13 卷,11-12,但其中包含许多错误。

ostraca[陶片,例如《约伯记》(Job)第 2 章第 8 节中约伯(Job)用来刮身体的陶器碎片]的使用就是其证明。如果已经可以得到一张很好的莎草纸,没有人会把重要的事情写在陶片上。在牛津的阿什莫尔博物馆(Ashmolean Museum)有一块陶片,上面保存了埃及文学的经典之一《西努希的故事》(*Story of Sinuhe*)的 90% 的内容;这个故事大概创作于公元前 12 世纪末,这个陶片属于拉美西斯时代(Ramesside age,大约是公元前 13 世纪至公元前 12 世纪)。也许,它是现存最大的刻有文字的陶片,不过,还有大量铭文比较短的陶片。[15]

充分利用莎草纸卷的空间,例如为了书写新的与原来的著作无关的内容而利用它的空白处和背面,擦掉原文以便腾出空间从事另一写作(重写本)等等,这些做法也证明了莎草纸的昂贵。

我们也许可以肯定,莎草纸到了希腊化时代仍然昂贵,因为制造莎草纸需要相当的技艺和耐心。政府垄断了纸的供应,并承包给个体承包商去出售。羊皮纸(Vellum)的使用开始得比较晚,在公元前 3 世纪末以前,小亚细亚尚未使用,而且,由于羊皮纸甚至比莎草纸还要贵,因而它当时并没有取代后者,只是在托勒密-埃皮法尼(公元前 205 年—前 182

---

[15] 参见约翰·W. B. 巴恩斯(John W. B. Barnes):《阿什莫尔博物馆的西努希陶片》(*The Ashmolean Ostracon of Sinuhe*, London: Oxford University Press, 1952);《美国东方学会杂志》(*Journal of the American Oriental Society*) 74, 58–62(1954);弗朗斯·容凯雷(Frans Jonkheere):《陶片上的僧侣书写体药方》("Prescriptions médicales sur ostraca hiératiques"),载于《埃及编年史》(*Chronique d'Egypte*) 29, 46–61(1954)。

年*在位)禁止莎草纸出口后亚洲无法得到莎草纸的情况下,它才取代了莎草纸。[16]

　　无论在埃及还是在希腊,莎草纸的单位都是张(sheet);把许多张莎草纸一张接一张在边上粘贴起来(一般来说就是一张更长的莎草纸)构成了一卷。张的复数(sheets)被称作collēma(粘贴页),也可以把它翻译为某种同质的一个接一个粘在一起的东西。纸卷的宽度大约 10 英寸(也许略宽一点,或者窄很多),长度很少超过 35 英尺。莎草纸是按卷出售的,而且写作也是在纸卷上进行的(也就是说,在写作之前而不是在之后,一张张莎草纸已被粘在一起了)。

　　莎草纸是用纸莎草这一植物的木髓条制造的:把这些木髓条并排地铺在一起,在它们上面再铺一层,第二层木髓条的排列方向与第一层呈直角。由于木髓有粘性,把这两层木髓条压紧,它们就粘在一起了。在制造一卷纸时,所有排成横向的木髓条或纤维都朝同一面(这面就是纸的内面或正面),所有排成纵向的木髓条或纤维都朝外(这面就是纸的背面)。纸的内面或正面最适于书写,最好的莎草纸的外面(或背面)是不用的(以后为了节省可能会用)。所有横向排

─────────

＊　原文如此,与第十六章略有出入。——译者

[16]　即使在中世纪,莎草纸也没有完全被羊皮纸取代。直到大约 1022 年,它还用于教皇诏书;参见《大英博物馆季刊》(*British Museum Quarterly*)5,27(1931)。莎草纸和羊皮纸最终都被穆斯林率先使用的纸取代了。纸的最早使用和最早的纸手稿,其年代在不同国家是不同的。这是一个非常复杂的历史,有关的情况请参见托马斯·弗朗西斯·卡特(Thomas Francis Carter):《印刷术在中国的发明及其向西方的传播》(*The Invention of Printing in China and Its Spread Westwards*, New York:Columbia University Press,1925),修订版(Ronald Press,1931)[《伊希斯》8,361–373(1926)]以及我的《科学史导论》(通过索引查找)。

列的纤维都在内面,只有最后一张例外,当整卷莎草纸卷起来时,这张纸的横向纤维是朝外的。在这张纸上,木髓条的排列方向是相反的,为了增加强度,内面的木髓条是纵向的。到了后来(罗马时代和拜占庭时代),朝外的那张纸有了不同的管理方面的意义;一卷纸的最后这一张,在打开这卷纸时是第一张,因此它被称作第一粘贴页(*collēma*)或第一页(*prōtocollon*)*[因而我们有了这个词 protocol(备忘录,原始记录)]。

读者也许会对我们怎么知道所有这些感到疑惑,如果他是一个老人,不熟悉最新的发现,就更会如此。我们关于(希腊)莎草纸的了解的确是相当晚的。尽管早在 1778 年就发现了一些纸草书,但直到 19 世纪末它们才引起人们的注意。1895 年至 1896 年一个被称作"纸草学(papyrology)"的科学的新学科或语言学新的辅助学科诞生了,这一年正是伦琴(Röntgen)做出其发现的那一年。纸草学和放射学在同一年诞生了! 这是一种非常奇妙的巧合。正如 X 射线是这门新的物理学的开端一样,纸草学是一门新的埃及史学和古典史学的开端。恰似 X 射线使一些学者可以超越并透过外表进行观察那样,[17] 莎草纸使少数其他学者可以对过去有更深入的了解。

通过许多国家的研究者略多于半个世纪的研究,人们已

---

* 在希腊语中,prōtocollon 这个词是指整卷的莎草纸的第一页,这一页通常有该卷纸的制造、鉴定和日期等资料。——译者

[17] 有关放射学初期的历史,请参见 G. 萨顿:《X 射线的发现以及伦琴发表于 1896 年初第一次对它们的说明的复制本》("The Discovery of X-rays with a Facsimile Reproduction of Röntgen's First Account of Them Published Early in 1896"),载于《伊希斯》26,349-369(1937)。

经发现了大量纸草书（大部分是残篇，即 *disjecta membra*），其年代从公元前 4 世纪末到公元 8 世纪中叶；其中大多数是希腊语的，也有一些是拉丁语、古埃及语或阿拉伯语的。储藏最丰富的是利比亚沙漠边缘的俄克喜林库斯（Oxyrhynchos）遗址。[18] 单单在这一处发现的文献就足以更新我们关于古典时代和中世纪早期的知识的许多细节。

莎草纸书卷如何在亚历山大图书馆的书架上排列，或者它们在哪些方面与我们的图书排列相似？对此不可能做出回答。显而易见，这些书卷不可能像图书那样竖着放在书架上，它们可能是水平放置的。即使当这些书卷最终被手抄本取代了，这些抄本仍有可能是平放在书架上的，就像如今在东方国家中摆放阿拉伯语、波斯语和汉语的书籍时常见的情况那样。[19] 然而，抄本直到很晚才出现，而且它们在我们这个纪元的 5 世纪以前并未成为主流。正如凯尼恩概括的那样："纸草书使用了一千年，继而羊皮纸抄本又使用了一千年，直到这时才让位给纸印的书籍，到目前为止，这些纸印书籍的历史只有其前辈的一半。"[20]

但我们切不可过多地预测。这些书卷是怎样摆放的？

---

〔18〕 这个地方是以尼罗河的圣鱼 *oxyrhynchos*（意为"有斑点的大鼻子"）命名的，这种鱼是长颌鱼（阿拉伯语为 *mizda*）的一种。这个地方地处北纬 28°30′，现在的名称是拜赫奈萨（al-Bahnasa）。莎草纸只有在干燥的地方才可以保存；因此，不能指望在尼罗河三角洲发现任何莎草纸。

〔19〕 西方的书籍有时也这样摆放。我们可能知道，有些古书的复制本，其标题是沿着书页的边缘水平地书写的，它们就是这样摆放的。阿拉伯语和汉语的书籍的标题常常是这样。

〔20〕 《古希腊和古罗马的书籍和读者》，第 86 页。莎草纸卷时代，从公元前 6 世纪到公元 5 世纪；羊皮纸抄本时代，从 5 世纪到 15 世纪；印刷书籍时代，从 15 世纪到 20 世纪。这里关于莎草纸卷时代的确定，参照的是希腊的纸草书；埃及的纸草书更古老。如果我们把它们也考虑进去，纸草书可能沿用了 3000 年！

由于它们已被分类,因而必然会把它们分在不同的组中。当把它们平放在书架上时,只有在它们不会滚动并离开它们同类书卷的情况下,这样的分组才是可能的;在书架上增加足够多的垂直隔板从而按照所希望的那样把它们分成许多隔间或分类架,这样就很容易避免纸卷的滚动。

对于更宝贵的纸卷大概就要像日本人对 *kakemono*(直幅)或 *makimono*(手卷)[21]那样处理。也就是说,分别在纸卷的两端用一根木轴把它们加固,木轴在纸的两边凸出来,从而使之易于卷起或展开。在卷轴上也许会贴上突出的标签(*sillybos*)。在罗马时代,许多纸卷被放在一个桶(*capsa*)中,这个桶也许有它自己的书目。桶或分类架是对同一个问题的两种等效的解决方法,我们可以肯定,这种或另一种方法都会在任何一个大型图书馆中使用。

我们还没有谈及抄录本身。抄录在现成的纸卷上进行,每卷未用完的部分很容易裁下来。抄写员在每一栏(*selis*)[22]上誊写,若抄写的是诗歌,栏的宽度是由诗行的长度决定的;若抄写的是散文,栏的宽度大约为 2.5 英寸—3英寸,栏与栏的间隔是 0.5 英寸或略多一点。每栏大约有 25 至 45 行,每行有 18 至 25 个字母;词与词之间没有间隔,也许除了圆点和短划线(*paragraphos*)以表示停顿外,并没有其他标点符号。有时候,一篇著作的结尾会用一个精致的花

---

[21] 可以卷起来的日本书画的名称。*kakemono* 是纵向悬挂在墙上来展示的;*makimono* 是横向的,这一点更像莎草纸卷;读者在阅读书卷时一只手把它展开,另一只手把它卷起来。

[22] *Selis* 这个词原来指两排桨手长凳(*selmata*,拉丁语为 *transtra*)之间的空间;后来它被用来指两栏或(两页)之间的空间;再后来,它指栏(或页)本身。

饰图(*corōnis*,拉丁语为 *corona*,花冠或花环)来表示。著作的标题,如果有的话,会写在书卷的一端,因为这里是人们开始展开书卷时就会阅读的部分。

由于各位图书馆馆长都渴望增加他们的藏书,而有些书若非抄写就无法得到,因此就有了大量被誊写的纸草书。亚历山大图书馆的一些厅室肯定看起来像中世纪的 *scriptorium*(写字间)。有可能,有些书吏负责监督和校正其他抄写员的工作,但似乎没有形成某种抄写方法或风格,就像后来在中世纪的写字间形成的图尔(Tours)或科尔比(Corbie)、圣奥尔本斯(St. Albans)或贝里-圣埃德蒙兹(Bury St. Edmunds)的那些方法,这些方法使得训练有素的古文书学家不仅能确定手稿的年代,而且还能说出写作它时所处的具体地点。把托勒密时代的书卷与后来的书卷区分开是可能的,但是(以古文书学为依据)无法做出更进一步的说明了。

希腊化时代的抄写员们一般都是可以信赖的,他们所犯之错误的主要原因,与现代打字员们所犯之错误的原因是一样的,遗漏了一行或几行是由于眼睛把两个在两行开头相似(*homoioarcton*)的词或结尾相似(*homoiteleuton*)的词混淆了。不过,他们的可信度一开始就无法与希伯来的抄写员相比,因为后者的职责是宗教性的。

4. **亚历山大图书馆的规模**。亚历山大图书馆非常大,已不可能知道它收藏了多少卷书。不同的作者所提到的藏书数量有很大差别。随着该图书馆的稳步发展,藏书的数量日益增加;按照一种记述,到了索泰尔统治末期,那里已经有了200,000 卷;按照另一种记述,在他的儿子统治末期,那里只有 100,000 卷;还有一种记述说,在凯撒时代,那里已有

500,000卷甚至700,000卷。对那些有冲突的年代不要在意。与具体的年代相关的数字可能具有不同的含义;它们可能是指著作或书卷,有时候一卷中包含许多著作,有时候,许多卷构成一部著作。即使在今天,要精确和清晰地回答"你们图书馆有多少藏书"这个看似简单的问题也是困难的。毕竟,藏书的数量并不那么重要;有些书籍可能是非常重要的,其他的书籍可能是无足轻重的和没有价值的;它们可能是完整的也可能是不完整的,也许有许多是不完整的或重复的抄本,也许这样的书很少。对一个图书馆而言,它是否真的丰富和重要,主要是取决于它的藏书的质量而不是其数量。

遗憾的是,我们无法形象化地介绍亚历山大图书馆。毫无疑问,它是一座漂亮的建筑,有着精美的大厅和柱廊。人们可能会看到"成堆"的纸草书、为读者准备的桌子或办公室、允许读者在其中进行研究的地方。大厅也许是用雕像、浅浮雕或壁画装饰的。不过,一个科学机构最重要的特点并不在于其墙壁和固定设备,而在于使用它们的人;一个伟大的图书馆值得骄傲的与其说是它的藏书,莫如说是对它们进行研究的杰出的学者,因为没有后者,前者是没有价值的。

我们先来介绍几个学者,因为我们是把他们当作亚历山大图书馆的主管或负责其藏书的组织工作的科学研究人员而论及的。

二、以弗所的泽诺多托斯

有些学者似乎兼任了图书馆馆长和皇太子的私人教师的职务。这没有什么可奇怪的,因为在托勒密王朝统治的埃及,一切事物都是围着国王转的。国王不是具有神授特权的国君,他本身就具有神性。斯特拉托是菲拉德尔福的私人教师,当他大约于公元前288年应邀去雅典担任吕克昂学园园长时,他的私人教师的职务由诗人、科斯岛的菲勒塔斯代替了。亚历山大图书馆的第一任馆长[23]、以弗所的泽诺多托斯(活动时期在公元前3世纪上半叶)是菲勒塔斯的学生;他的学术活动非常重要,因而他大概把没有被图书馆的管理工作耗尽的全部时间都用在了这些活动上。不过,很有可能是这样,那时的管理仍然是初步的;这是一个真正的黄金时代,但也是管理知识匮乏的时代。所有日常工作都是友好地分担或分配的,没有繁文缛节,而且人们都是不拘形式、全心全意地去做这些工作的。有大量工作需要做,因为仅仅把书卷有序地摆放是不够的,有必要对每一卷进行专门的研究,不仅如此,还需要对文本进行编辑。

　　泽诺多托斯与他的助手[位于埃托利亚(Aitōlia)的]普洛伦的亚历山大(Alexander of Pleurōn)和[位于埃维亚(Euboia)的]哈尔基斯的吕科佛隆(Lycophrōn of Chalcis)讨论了这个问题,亚历山大和吕科佛隆都是严格意义上的土生土长的希腊人,他们三人分担了一项重大的任务,即收集和修订希腊诗人的作品。泽诺多托斯自己承担了最大份额的工作,负责荷马和其他诗人的作品。他完成了对《伊利亚特》和《奥德赛》的第一次校订(*diorthōsis*)[24];他指出,某些

---

[23] 他是相对于其创办者德米特里而言的第一位明确无疑的馆长。泽诺多托斯大约生活于公元前325年—前234年;他从托勒密-菲拉德尔福(国王,公元前285年—前247年在位)统治初期开始其图书馆生涯。他编辑荷马著作的工作是公元前274年以前做的。

[24] 我说的不是第一版。他的编辑既不是第一次,也不是最后一次(参见本书第1卷,第136页)。

诗行是伪造的,但没有去掉它们,而是引入了新的解读。他编辑了荷马术语汇编(*glōssai*)以及一本外来语词典(*lexeis ethnicai*)。他大概负责把每一部诗史分成 24 卷。[25] 他对文本的研究意味着要进行语法分析,因而这种研究也导致了语法的改进。他还对赫西俄德的《神谱》(*Theogonia*)进行了校订,并对品达罗斯和阿那克里翁的一些诗歌进行了校正。

保存在纸草书中的荷马著作的残篇显示了不同的变体,有些诗史的吟诵者有兴趣加上他们自己的诗句,这恰似一个演奏大师在演奏某个音乐经典时可能会插入他自己的一段装饰乐那样。泽诺多托斯有机会对许多荷马书卷加以比较,他的任务就是使它们相互协调。

普洛伦的亚历山大促进了对悲剧和艳情剧的分类,并且被苏达斯(活动时期在公元前 10 世纪下半叶)称作 *grammaticos*(语法学家)。他本人是一个悲剧诗人,是以“亚历山大七星(Alexandrian Pleias)”闻名的 7 位诗人之一。[26]

哈尔基斯的吕科佛隆整理了喜剧诗人的书卷,并且撰写了详细的有关喜剧(*peri cōmōdias*)的专论。我们还会在下面

[25] 有人指出,分卷是分成不同的书卷的结果,但这种说法并不成立,因为书卷的平均长度长得足以容纳《伊利亚特》的两卷或《奥德赛》的三卷。

[26] Pleias 是普勒阿德斯(Pleiades,昴星团)的复数,指阿特拉斯(Atlas)和仙女普勒俄涅(Plēionē)的 7 个女儿,她们与星为伍。她们也被按照她们父亲的名字命名为阿特兰蒂德斯(Atlantides),罗马人称她们为春天之星(Vergiliae)。昴星团中的 6 颗星可以用肉眼看到,第 7 颗星因为其羞愧,用肉眼看不到;因为她允许一个凡人爱上了她。七星(Pleiad)这个名字也被用来称呼七哲(参见本书第 1 卷,第 167 页—第 169 页)。亚历山大七星的成员除普洛伦的亚历山大之外,还有卡利马科斯、罗得岛人阿波罗尼奥斯、阿拉图、吕科佛隆、尼坎德罗和忒奥克里托斯(还有些其他人选)。七星也被用来称呼以龙萨(Ronsard,1524 年—1585 年)为核心的 7 位法国诗人团体即七星诗社。这个古老的名字是他们的考古学倾向的典型代表。

回过头来讨论他作为一个诗人的工作。

三、昔兰尼的卡利马科斯

卡利马科斯大概出生于公元前 310 年。他在雅典与阿拉图是同学,阿拉图比他年长几岁。卡利马科斯有一段时间曾在亚历山大附近的埃莱夫西斯(Eleusis)担任语法教师。后来他被引见给国王托勒密二世,大约于公元前 260 年被任命为亚历山大图书馆馆长;他担任此职一直到他去世,那一年大约是公元前 240 年。那时,亚历山大图书馆已经有了丰富的藏书,以至于如果没有一个图书目录就无法使用它。卡利马科斯编辑了一部目录,题为《全部希腊文化名著及其作者目录》(*Pinaces tōn en pasē paideia dialampsantōn cai tōn ōn synegrapsan*, *Tables of the Outstanding Works in the Whole of Greek Culture and of Their Authors*),这个目录非常详细,以至于需要 120 轴书卷。目录中的图书分为 8 类:(1)剧作家;(2)诗史和抒情诗诗人;(3)立法者;(4)哲学家;(5)史学家;(6)演说家;(7)修辞学家;(8)各种各样的作者。这种分类非常有意思,因为它显示出亚历山大图书馆基本上是一个文学机构。科学著作被分在哪一类了呢?也许是在第 4 类,或者是在第 8 类,这类是"杂录""杂集",有了它,任何分类方案都必然会变得完善。在有些分类中,著作是按年代顺序排列的,在其他分类中则是按照主题或按照字母顺序排列的。对于每一部著作,都会标明其标题、作者姓名(如果必要的话,还会讨论作者的身份)、开始(*incipit*)以及行数。其中的有些指标大概会在贴于每一书卷的标签(*sillybos*)上重复出现,因为对大量不同项目的分类需要有某些辨认标志,对每一项都要贴上某种标签。

152

《全部希腊文化名著及其作者目录》远远不只是一个简单的一览表,因为它包含了历史的评论和考证;因此,它是一种 *catalogue raisonné*(分类目录),或者,甚至也许可以把它称作一种希腊文献大事记。我们要是有这个目录就好了,因为许多亚历山大的学者们可以得到的书籍完全失传了,还有许多书我们只是从编者对它们的引用中才知道。要评价《全部希腊文化名著及其作者目录》,提一下穆罕默德·伊本·伊斯哈格·伊本·奈迪木(Muḥammad ibn Isḥāq ibn al-Nadīm,活动时期在 10 世纪下半叶)的《群书类目》(*Fihrist*)就足够了,幸亏这一著作,我们才对很大一部分失传的阿拉伯语文献有所了解,若非此书,我们对它们就会像对许多希腊著作那样一无所知。

《全部希腊文化名著及其作者目录》的写作是一项巨大的任务;以此而论,可以说卡利马科斯是第一个编目者(尽管他的工作无论在困难和原创性方面,都是现代编目者远远无法比的)。有人已经证明,他不是亚历山大图书馆的馆长或主管,而是其编目者。在完全不定义那些职位的情况下,对这个问题不可能进行有益的讨论。我们应该永远记住,那些早期的图书馆主管并非像今天那样仅仅是图书管理者,他们还是文学家、语言学家、编辑、词典编纂者、史学家、哲学家和诗人。他们每个人可能具有其中的某些或所有身份。

卡利马科斯是 3 位后来的图书馆馆长的老师,他们是罗得岛的阿波罗尼奥斯、昔兰尼的埃拉托色尼(他们两人的活动时期均在公元前 3 世纪下半叶)和拜占庭的阿里斯托芬(活动时期在公元前 2 世纪上半叶)。

四、罗得岛的阿波罗尼奥斯

阿波罗尼奥斯是希腊裔埃及人,出生在亚历山大或瑙克拉提斯;他接替他的老师卡利马科斯担任了亚历山大图书馆馆长,但担任此职的时间不是很长(大约从公元前 240 年—前 235 年),之后就去了罗得岛,在那里,他作为修辞学教师名望非常大,以至于他获得了那里的国籍,因而一般被称作 Rhodios,即罗得岛人。他最终返回了亚历山大,他在托勒密-埃皮法尼统治时期(公元前 205 年—前 181 年*)在这里去世。他首先是一个诗人,并且因他的诗史《阿尔戈号英雄记》(*Argonauts*)而名扬千古。他担任图书馆馆长的时间尚未确定;有可能是在他第一次逗留亚历山大期间(大约公元前 240 年—前 230 年),或者是在他第二次逗留期间,亦即在埃拉托色尼去世或退休之后(大约公元前 195 年—前 192 年)。这并不十分重要,因为他是作为一个诗人而非图书馆馆长保存在我们的记忆之中的。我们甚至不知道他为亚历山大图书馆做了什么。也许,该图书馆已经组织协调得非常好了,或者,国王们对组织工作已经不那么操心了,以至他们认为把管理者的职位给予一个著名的修辞学家和诗人是适当的,这个职务对他来说是个闲职,而对亚历山大图书馆来说则是一种荣誉。[27]

五、昔兰尼的埃拉托色尼

无论我们是否把德米特里算在内,亚历山大图书馆最早的那些馆长都是文学家。人们是否最终认识到了对科学著

---

　*　原文如此,与前后文略有出入。——译者

〔27〕在欧洲、尤其是在法国,图书馆馆长的职务往往被认为是杰出的文学家的一种闲职。勒孔特·德·李勒(Leconte de Lisle,1818 年—1894 年)就是一个例子。

159　作的分类和研究需要科学工作者的关心？至少，下一位图书馆馆长、昔兰尼的埃拉托色尼（活动时期在公元前 3 世纪下半叶）是古代最伟大的科学家之一。他不仅是一个数学家、天文学家和地理学家，而且也是年代学家，甚至还是语言学家。有人或许会更进一步，说他是第一个自觉的语言学家，因为他是第一个使用 *philologos*（语文学家）这个名称的人。不过，这种说法也许完全是错的，因为在他以前，不仅在希腊，而且在法老统治下的埃及、美索不达米亚和印度，有许多人比他更值得拥有这个称号。

　　埃拉托色尼在雅典完成了他的学业，不过，他应托勒密三世埃维尔盖特（公元前 247 年—前 222 年在位）之召去了亚历山大，并且大约于公元前 235 年被任命为图书馆馆长；他大概一直担任此职直至大约公元前 192 年去世＊，享年 80 岁。在他丰富的著作中有两部是他从事图书馆馆长工作的副产品。一部是对古代雅典喜剧的详细研究（《论古代喜剧》），另一部是他的《年代学》（*Chronographia*），这是他把古希腊年代学建立在科学基础之上的一种尝试。卡利马科斯和他的继任者们常常为年代学难题感到困惑。这些困难在古代是巨大的，因为每个地方的年表都是彼此独立的，而且往往不一致。因而很自然，需要一个像埃拉托色尼这样科学家出身的图书馆馆长纠正那些年代学中的混乱，使之变得有序，就像他在大地测量学和地理史学中所做的那样。

　　有人也许会得出结论说，埃拉托色尼并不仅仅是一个

＊ 原文如此，与后文略有出入。另外，按照《简明不列颠百科全书》中文版第 2 卷第 773 页的说法，埃拉托色尼大约于公元前 194 年去世。——译者

（阿波罗尼奥斯意义上的）图书馆馆长,他促进了考证年代学之基础的建立,而且可能是第一个对科学书籍进行分类的人。

六、拜占庭的阿里斯托芬

埃拉托色尼大约于公元前 195 年去世,其继任者是阿里斯托芬(大约公元前 257 年—大约公元前 180 年),他主要是一位语法学家和词典编撰者,而且可能是古代最伟大的语言学家。他改进了文本考证的技术,并且编辑了版本更好的荷马的作品、赫西俄德的《神谱》以及阿尔凯奥斯(Alcaios)、阿那克里翁、品达罗斯、欧里庇得斯和雅典的阿里斯托芬的作品。他对语法上的相似性或者不同规则进行了研究,换句话说,他促进了希腊语法的系统化,并且编写了一本希腊语词典(lexeis)。欧迈尼斯二世(Eumenēs II,公元前 197 年—前 159 年在位)试图偷偷把阿里斯托芬从托勒密-埃皮法尼(公元前 205 年—前 182 年在位)那里挖走,为他自己在佩加马的图书馆服务,为此,托勒密把阿里斯托芬投入了监狱。[28]

阿里斯托芬对语法的最大贡献是发明了标点符号或使之系统化。我们已经习惯了阅读已有充分标点的文本,以至我们认为标点符号理当如此,就像我们认为全部语法或文字本身理当如此那样。显然,标注标点并非绝对必要的,只有当人们必须去读既没有标点符号也没有大写字母(像阿拉伯语那样)的原文时,才会意识到非常需要它们的帮助。一个

151

---

〔28〕 参见 F. G. 凯尼恩:《古希腊和古罗马的书籍和读者》(Oxford:Clarendon Press, 1931)。

精心写作的文本,读起来就比较容易,在这样的文本中,单词是分开写的,专有词汇会用大写字母拼写以示强调,还会借助标点符号使句子得以明确地表达;甚至可能会这样:标点会消除模糊和误解。阿里斯托芬是第一个清晰地理解所有这一切的人,但是,由于他遥遥领先于他的时代,那些语法改革直到很久以后才被那些抄写员接受;而早期的印刷商仍然漠视这些改革,在16世纪中叶以前仍未普遍采用它们。

阿里斯托芬的情况例证了亚历山大图书馆馆长们所做的工作的复杂性。现代意义上的图书馆馆长的职责只是他们职责的一部分;他们的主要工作是语言学方面的。把书籍分类是不够的,他们还必须对它们进行编辑和改写,或者至少,要使必要的改写成为可能。

阿里斯托芬不仅发明了常用的标点符号(与我们使用的那些类似),而且还发明了各种文本考证所需要的符号,例如标示伪造的行、遗漏的词、韵律的改变以及重复等的符号。他在其编辑荷马著作的工作中使用了这些符号。他所编辑的品达罗斯的著作集,是第一个全集本,颂诗被分为16卷,其中8卷以神为主题,另外8卷则以人为主题。对他所编辑的文本,他都加上了注释(*scholia*),有时还附上一些介绍。[29] 有一篇关于卡利马科斯的《全部希腊文化名著及其作者目录》的评论被归于他的名下,这证明了我们的这种信念:《全部希腊文化名著及其作者目录》绝不仅仅是一个目录,它更接近于希腊文献史。阿里斯托芬对埃斯库罗斯、索

---

[29] 有关他的语言学工作更详细的讨论,请参见 J. E. 桑兹(J. E. Sandys):《古典学术史》(*History of Classical Scholarship*),第 3 版(Cambridge, 1921),第 1 卷,第 126 页—第 131 页。

福克勒斯、欧里庇得斯和雅典的阿里斯托芬的作品进行了校
订。最终他编写了一部词典或术语汇编（*lexeis*），一本语法
上的相似（或规则）与异常（不规则）的实例汇编，一本谚语
汇编，等等。这些著作都是鸿篇巨著，令人不可思议，尤其是
当人们想到他常常是一个先驱而且缺乏现代语言学家唾手
可得的非凡工具时，就更令人感觉如此。

七、萨莫色雷斯的阿里斯塔科斯

下一位重要的图书馆馆长，也是最后一位其名字留传给
后人的图书馆馆长，来自爱琴海北部靠近色雷斯海岸的萨莫
色雷斯小岛。这个岛在古代因为其与史前的双胞胎神卡比
里（Cabiri, Cabeiroi）有关的神秘仪式而著名，希腊艺术最受
欢迎的作品之一《萨莫色雷斯的胜利女神》（"Victory of
Samothracē"，卢浮宫引以为荣的藏品之一）则使它的名字流
传千古。这个小岛还诞生了最伟大的语言学家之一的阿里
斯塔科斯，这是它引以自豪的另一个原因。[30]

阿里斯塔科斯（活动时期在公元前 2 世纪上半叶）是阿
里斯托芬的直接或下一任的继任馆长，他继续了阿里斯托芬
作为文献考证者和语法学家的工作。他写了许多评注
（*hypomnēmata*）和考证性的专论（*syngrammata*），其数量之多
足足有 800 卷（?）。他是第一个认识到词类有 8 个部分的
人之一，这 8 个部分包括名词（以及形容词）、动词、分词、代
词、冠词、副词、介词和连词，他在他所编辑的希腊诗人的作
品中引入了一些新的必要的考证符号。

---

[30] 它的确很小，只有 68 平方英里，不比英吉利海峡的泽西岛（Jersey, 45 平方英里）
　　大多少。

从泽诺多托斯到阿里斯塔科斯有两种平行的发展,这就是文本考证和语法的逐渐建立。这并非一种偶然的巧合,没有语法分析是不可能对文本进行讨论的,而这种分析的日渐清晰与文献考证的日益细微是成正比的。

另一件同时发生的事虽然同样自然,但更令人惊讶。解剖学和语法,亦即对身体的分析和对语言的分析,是同时发展的。在这两种情况下,都必须以大量经验、知识为出发点,而在亚历山大时代,这两种发展变得更有意识、更系统。要说明人体的起源和人类语言的起源是同样困难的,或者说是同样不可能的。让人不可思议的是,希腊语中所有最精美的部分——非常复杂的语法以及丰富的并且构成了一个完美整体的词汇,在很大程度上是人们无意识地创造出来的。希腊文献的主要创作者们并不懂语法,亚历山大的语言学家们从他们的作品中提炼出语法,就像人们从人体中提炼出解剖学那样。这一点道出了这些作者们的成就的重要性:既不是杰出的作家也不是语法学家创造了语法,而是语法学家从隐含着语法的著作中把它提炼出来了。

阿里斯塔科斯的考证不仅是语言学考证,它在一定程度上还是考古学考证。他试图发现并讨论 *realia* 或主旨,亦即词所指的是什么。

不幸的是,在托勒密六世、七世和八世的统治下,埃及的环境恶化了,而且亚历山大图书馆被忽视了。公元前 145年,阿里斯塔科斯不得不离开亚历山大去塞浦路斯,几年之后,他在那里去世;据说他去世时享年 72 岁,他是故意拒绝进食而身亡的,因为他患有无法治愈的浮肿,痛苦不堪。

在他去世后,他所创建的语法学派仍在延续;他的弟子雅典的阿波罗多洛(活动时期在公元前 2 世纪下半叶)和狄奥尼修·特拉克斯(Dionysios Thrax,活动时期在公元前 2 世纪下半叶)很出名,但亚历山大图书馆本身似乎已经无人过问了。有可能,面对日益增加的困难和麻烦,诸国王们失去了他们的兴趣,并且减少了对它的支持。

八、亚历山大图书馆晚期的历史

读者们也许会感到好奇,现在就想知道亚历山大图书馆在公元前 2 世纪下半叶以后发生了什么情况。事实上,任何人都无法说出在萨莫色雷斯的阿里斯塔科斯以后担任该图书馆馆长者的名字,这一事实足以证明亚历山大图书馆的衰落,而这只不过是希腊化的埃及衰落的一部分。

在公元前 48 年凯撒围攻亚历山大时,亚历山大图书馆的藏书依然极为丰富。由于凯撒无法控制在海港中行驶的埃及舰队,而这支舰队也许在埃及指挥官阿基勒斯(Achillas)的掌控之中并被用来与他对抗,他就放火把舰队烧了。这场大火蔓延到码头,并且据说把亚历山大图书馆的一部分烧毁了。这是令人难以相信的,因为亚历山大图书馆的主馆距海港和码头相当远,而萨拉匹斯图书馆则在非常远的山坡上。不过,有可能,有大量的图书被运到了海边准备装船运往罗马,而正是这些书被烧毁了。

这也许可以说明,为什么古罗马三执政官之一的马可·安东尼(Marcus Antonius)在公元前 41 年把从佩加马图书馆(the Library of Pergamon)掠走的大约 200,000 卷书送给了克莱奥帕特拉七世。这段传说远非确定的,但似乎是可能的。如果亚历山大图书馆因凯撒的行动而减损,那么,无论是这位王后的抱怨,抑或马可·安东尼以他敌人的损失为代价为她提供充足的补偿,这些都是很自然的。

在罗马统治时代初期,亚历山大图书馆依然非常重要,罗马人把自己看作埃及的解放者。然而,约瑟夫斯·弗拉维乌斯(Josephus Flavius,活动时期在 1 世纪下半叶)的记述并没有证明这一点,[31]他并没有提到他所处时代的亚历山大图书馆。在奥勒利安(Aurelian,皇帝,270 年—275 年在位)统治期间,皇家区很大一部分已经被毁。这是否也包括图书馆主馆遭到的破坏呢?无论如何,萨拉匹斯图书馆仍继续存在。

还有可能,这两个图书馆中的一个或者两者的藏书都被罗马当局没收并运到首都去了。在我们这个世纪,征服者导致了许多这样的破败;而我们这个纪元之初,把它们运走更为容易。不过,亚历山大图书馆的主要敌人不是罗马人而是基督徒。随着无论是正统派还是阿里乌派[32]的主教们对亚历山大的控制愈来愈有效,亚历山大图书馆的衰落也加速了。到了 4 世纪末,异教在亚历山大日趋衰落;亚历山大博物馆(如果它还存在的话)和萨拉匹斯神庙是它最后的庇护地。旧基督徒和皈依者憎恨亚历山大图书馆,因为在他们眼中它是怀疑和不讲道德的大本营;它逐渐被破坏并且被彻底毁掉了。

亚历山大图书馆那时集中在萨拉匹斯神庙,而后者最终被狄奥多西大帝(皇帝,379 年—395 年在任)根据狄奥斐卢

[31] 参见《犹太古史》(*Antiquitates judaicae*),ⅩⅡ,2。这一章主要讨论了《七十子希腊文本圣经》。

[32] 阿里乌教(Arianism)从 337 年至 381 年的君士坦丁堡会议(the Council of Constantinople)是帝国的正教。

斯(亚历山大主教,385 年—412 年在位)的命令摧毁了,狄
奥斐卢斯有着极端的反异教狂热。许多书可能被抢救下来,
但是按照奥罗修斯(Orosius,活动时期在 5 世纪上半叶)的说
法,亚历山大图书馆在 416 年实质上已不复存在了。

常常有人提到这样的传说,即当穆斯林于 640 年占领亚
历山大,后来又再次于 645 年洗劫这座城市时,他们把亚历
山大图书馆毁掉了。[33] 据猜测,哈里发欧麦尔('Umar)曾
经说过:"《古兰经》中或者包含了这些书籍的文本或者不包
含:如果包含,我们就不需要它们;如果不包含,它们一定是
有害的。"这一传说未经证实。如果后来被毁坏的这座独特
的图书馆有什么东西留下来,那也不会留下很多。基督教的
宗教狂们已经用与他们的穆斯林竞争者同样的口气进行了
论证。而且,这些异教书籍对基督徒来说威胁更大,因为他
们比穆斯林更容易阅读它们,而后者根本不可能阅读它们。

[33] 有关的详细讨论和参考文献,请参见《科学史导论》,第 1 卷,第 466 页。

158

第十一章
公元前 3 世纪的哲学与宗教

在同一章中讨论哲学和宗教是很有益的,因为它们常常是交织在一起的。斯多亚学派的学说既是宗教的也是哲学的,而拜星教则既来源于哲学也来源于科学。

尽管雅典已处在政治衰败和经济贫困的境地,但它依然是哲学教学的中心。因此,对希腊化时代哲学的讨论,应当从对雅典的环境的说明开始。这里有过 4 个主要的学派,即柏拉图学派、吕克昂学派、花园学派以及柱廊学派,除此之外,犬儒学派(Cynics)和怀疑论学派的努力也必须予以考虑,尽管这些努力是缺乏整体组织的。[1]

一、柏拉图学园

在柏拉图于公元前 347 年去世之后,学园相继由他的外甥斯彪西波(Speusippos,公元前 347 年—前 339 年在任)、色诺克拉底(Xenocratēs,公元前 339 年—前 315 年在任)、波勒谟(Polemōn,公元前 315 年—前 270 年在任)和雅典的克拉特斯(Cratēs of Athens,公元前 270 年—前 268 年或前 264 年在任)担任领导。在这 5 个人中,除了色诺克拉底来自卡尔

---

[1] 我在本书第 1 卷中已经对这些学派进行了充分的表征。

西登(Chalcēdōn,在博斯普鲁斯海峡入口附近)以外,其余的均是雅典人,他们都是最早的学园或老学园(the Old Academy)的主管。

在克拉特斯于公元前 268 年或前 264 年去世后,皮塔涅[埃奥利斯(Aiolis),密细亚]的阿尔凯西劳担任了学园的园长,并且使它有了一个新的转变,由此,它被称为新学园(the New Academy)。他致力于与斯多亚学派的辩论;为了反对他们的教条主义,他恢复了苏格拉底、柏拉图甚至皮罗*(Pyrrhōn)的怀疑论倾向;与他们过度强调伦理学不同的是,他强调清晰的思维和逻辑怀疑论。这与那个时代的科学趋向是一致的。阿尔凯西劳的继任者昔兰尼的拉居得(Lacydēs of Cyrēnē,公元前 241 年—前 224 年或前 222 年在任)使新学园的怀疑论倾向加重了。最早的几位园长受到佩加马诸国王的赞助,阿尔凯西劳受到欧迈尼斯一世(Eumenēs I,公元前 241 年去世)的赞助,拉居得受到阿塔罗斯一世索泰尔(公元前 241 年—前 197 年在位)的赞助。阿塔罗斯是一位伟大的文学艺术的赞助者;他送给拉居得一个新的教学花园(lacydeion),并且邀请拉居得去佩加马;拉居得非常委婉地拒绝了这一邀请。

拉居得的继任者有特里克勒(Tēleclēs,公元前 224 年或前 222 年—前 216 年在任)、福西亚人埃万德罗(Evandros the Phocian,公元前 216 年—? 在任)和佩加马的赫格西努(Hēgesinus of Pergamon)。有可能,最后提到的这个人的任期是从公元前 2 世纪才开始的。

159

---

* 　又译皮浪。——译者

　　已经提到的柏拉图学园园长的名字既是对这一机构连续性的证明,也是对它逐渐衰落的证明。柏拉图最早的继任者斯彪西波和色诺克拉底都是杰出的哲学家和数学家。那些在公元前3世纪担任园长的人,例如波勒谟、克拉特斯、阿尔凯西劳、拉居得、特里克勒和埃万德罗,几乎完全被人遗忘了;他们的名字我们听起来很陌生。

二、麦加拉学派和昔兰尼学派

　　在讨论其他的雅典学派之前,最好还是简单谈一下外地的昔兰尼学派和麦加拉学派。[2] 麦加拉学派是麦加拉的欧几里得(大约公元前450年—前380年)创建的,他是苏格拉底的一个学生。我们对这个学派所知不多;该学派从巴门尼德和埃利亚学派(the Eleatics)那里得到了启示,但它持续的时间不超过两代导师。欧几里得的继任者是麦加拉(Megara)的斯提尔波(Stilpōn,大约公元前380年—前300年),他似乎是一位出色的老师,因为在他的领导下,麦加拉学派享有了相当高的声望。斯提尔波既是犬儒学派成员第欧根尼的学生,也是欧几里得的弟子,他在后者的学说中加入了犬儒学派的倾向;他本人的影响力是由于他的个性,而不是由于他有什么独创的学说。他的学生之一美涅得谟(Menedēmos)在自己的家乡埃雷特里亚(Eretria,在埃维亚,一个靠近阿提卡的岛)创建了一个新的哲学学派;他是安提柯-戈纳塔的老师和朋友。埃雷特里亚学派(the Eretrian School)持续的时间不太长,我们只能说出一个弟子的名字,

---

[2] 麦加拉在把科林斯湾(the Gulf of Corinth)与萨罗尼科湾(the Saronic Gulf)分开的地峡上。若与中美洲进行类比,有人可能会把这个位于希腊北部与伯罗奔尼撒之间的地区称作"中希腊"。

这个弟子就是克特西比乌斯(Ctēsibios);斯多亚学派成员、波利斯提尼的斯菲卢斯(Sphairos of Borysthenēs,至少活跃到公元前 221 年)对它的学说提出了批评。有可能,麦加拉学派持续的时间甚至还没有埃雷特里亚学派长。

至于昔兰尼学派,它是由苏格拉底的嫡传弟子之一、昔兰尼的阿里斯提波创建的。阿里斯提波是一个理性主义者和快乐主义者,他的学说是伊壁鸠鲁哲学(Epicureanism)的一种发展。使这一学派持续发展的有他的女儿阿莱蒂、阿莱蒂的儿子小阿里斯提波、昔兰尼的安提帕特(Antipatros of Cyrēnē)、无神论者塞奥多洛(Theodōros the Atheist,一个古怪的名字组合!)、赫格西亚(Hēgēsias)和小安尼克里斯(Anniceris the Younger)。这一学派在公元前 3 世纪末以前已经结束了,但个别导师影响了其他哲学家。最后提及的这 3 个人的观点是有分歧的。也许,在这种情况下不应使用这个学派的名称,除非是在宽泛的意义上使用。

除非用这些事实来说明对哲学的热爱,否则它们并不重要,哲学在全体希腊国民中有着如此广泛的传播,以至于雅典诸学派不足以满足其需要。因此,在麦加拉、埃雷特里亚、昔兰尼也许还有其他地方,就需要地方性的学派。我不知道全世界哪里还有其他类似的哲学如此繁荣的例子。在一定程度上,由于没有占统治地位的宗教和不墨守成规,因而对希腊人来说,他们同时既强大又虚弱是很自然的。

三、吕克昂学园、柱廊和花园

吕克昂学园创建者的继任人中有两位是伟大的天才,因而它比柏拉图学园幸运得多。亚里士多德对它的领导只持续了 13 年(公元前 335 年—前 323 年),但埃雷索斯的塞奥弗拉斯特担任园长达 38 年之久（公元前 323 年—前 286年），而亚历山大博物馆的创办者兰普萨库斯的斯特拉托也担任了 19 年的园长（公元前 286 年—前 268 年）。下一任的园长是特洛阿斯的吕科，他担任此职达 44 年（公元前 268年—前 225 年），但他相对来说不太重要。

吕科的继任者是尤里斯（凯奥斯岛）的阿里斯通，多亏了他，第欧根尼·拉尔修才获得了最初 4 位领导者的传记资料、著作目录和遗嘱。阿里斯通与其说是个哲学家，莫如说是个文学家；他沿着塞奥弗拉斯特以其《品格论》（*Charactēres*）所开辟的道路继续前进，并且以犬儒学派-学园学派成员波利斯提尼的彼翁（大约公元前 325 年—前 255年）为榜样。吕克昂学园的黄金时代持续了不到 70 年（公元前 335 年—前 268 年）。

请注意，虽然老学园基本上是一个雅典人的学校，但老吕克昂学园则由外国人领导；亚里士多德是马其顿人，塞奥弗拉斯特是莱斯沃斯岛人，斯特拉托是密细亚人，吕科是特洛伊人（后面这 3 个人来自同一地区——安纳托利亚西北部）。不过，最后一位园长阿里斯通很可能是雅典人，因为他的故乡凯奥斯岛距雅典非常近。

在所有学派中最有影响的是柱廊学派或斯多亚学派。就伦理学和政治学而言，怎么评价斯多亚哲学的重要性也不过分；在一个混乱和道德沦丧的时代，斯多亚哲学是对个人和公民的美德最好的维护。它强调良心和责任、对天意的信仰、对个人命运的顺从[3]、个人生活与宇宙（或自然）的协调、对神的服从（*eupeitheia*）、*ataraxia*（心神安宁）、*eudaimonia*（幸福，人的意志与神的意志一致）、*autarceia*（自足），也强调平等参与、人类友谊、公正和手足情谊（*coinōnia*）。[4] 斯多亚哲学是古代世界最高的伦理学说；在异教时代结束以前，它一直引导和激励着最优秀的人们。

不幸的是，斯多亚学派的哲学家们即使对科学有所注意，也是微不足道的，他们偏爱占卜（*manteia*）和占星术；在伦理学方面他们的学说太抽象、太冷漠、太没有人情味；这也可以解释基督教最终战胜斯多亚哲学的原因，因为基督徒重新强调了爱、仁慈和怜悯。

柱廊学园的第一位导师是基蒂翁的芝诺（活动时期在公元前 4 世纪下半叶），他大概出身于腓尼基人家庭，一直活到公元前 264 年，因此，他既属于我们目前所讨论的公元前 3 世纪也属于公元前 4 世纪。他的弟子有基蒂翁的培尔赛乌（Persaios of Cition）和波利斯提尼的斯菲卢斯。最早接替他担任柱廊学园主持人的有阿索斯的克莱安塞（活动时期在公元前 3 世纪上半叶）和索罗伊的克吕西波（活动时期在公元前 3 世纪下半叶）。克莱安塞不仅是一个哲学家，促进了对

---

〔3〕 顺从（Submission），希腊语为 *eupeitheia*（服从）。在希腊语中没有一个像阿拉伯语中的 *islām* 这个词那么强烈地表达这一思想的词。

〔4〕 我们关于早期斯多亚术语的知识是不完整的，因为只有芝诺和克莱安塞的著作残篇留传了下来。芝诺和克莱安塞使用过 *eudaimonia*（人的意志与神的意志一致）和 *pronoia*（天意）；芝诺也谈到过 *eupeitheia*（服从）、*apatheia*（漠然）和 *homonoia*（*concordia*，和谐）。马可·奥勒留使用过 *apatheia*（漠然）、*ataraxia*（心神安宁）以及从 *coinos*（共同的）引申出的各种派生词；他大概发明了 *coinonoēmosyne*（手足情谊感）这个词。在普卢塔克的著作中出现过 *aphilochrēmatia*（漠视钱财）。斯多亚学派的术语（例如 *ataraxia*）也被伊壁鸠鲁学派使用，他们也像斯多亚学派一样主张心灵的宁静。

斯多亚学说的阐释,而且是一个富有灵感的诗人,他是希腊最伟大的宗教赞美诗的作者。[5] 他从公元前 264 年至公元前 232 年担任柱廊学园的主持人,克吕西波则从公元前 232 年至公元前 207 年担任主持人。由于克莱安塞还是一位诗人,因而他的哲学比芝诺哲学更多愁善感;他认为宇宙就是一个生物,神是它的灵魂,太阳是它的心脏。但是他强调,除非没有偏见,否则不可能有美德。一个有感情的人怎样才能无偏见呢?斯多亚学派的无偏见是令人钦佩的,但与它不可分割的冷漠却远非如此。[6] 至于克吕西波,他为斯多亚哲学补充了如此之多和如此深刻的思想,以至于有人说:"没有克吕西波就没有斯多亚学派。"

克吕西波撰写了大量的著作,他的继任者塔尔苏斯的芝诺(Zēnōn of Tarsos)的著作非常少,不过在那个时代(公元前 3 世纪末),斯多亚哲学的名气如此之大,因而芝诺有众多弟子。他也许是一个有灵感的教师,但他的成功在很大程度上是由于他收获了其前辈们播种的种子所结出的果实。除了斯菲卢斯是西徐亚人(Scythian)之外,所有这些斯多亚学派的导师都是亚洲人!

花园学园在许多方面与柱廊学园相似;它们的相似也许是由于它们有着共同的东方起源,不仅如此,它们的作用也有着相似之处。从与花园学园及其创建者有关的残篇来看,

---

〔5〕指一首关于宙斯的赞美诗[《宙斯颂歌》(Hymnos eis Dia)],共 38 行。它是对"愿您的旨意实现"的优美的详述。

〔6〕斯多亚学派的无偏见是用 apatheia、ataraxia 以及 aphilochrēmatia(普卢塔克用语)来定义的。冷漠与无偏见之间的冲突常常出现,但在它们之间又很难画出一条界线。例如,圣人们常常被指责为冷漠的或麻木不仁的。这种责备也适用于斯多亚学派的哲学家甚至他们之中最伟大者。

与其他学校相比,花园学园更不正规也更简陋;这里的生活
一般来说是简朴而生机勃勃的,并且受到定期的宗教节日的
鼓舞,因为宗教节日会使成员们更紧密地聚在一起;妇女们
也被允许参与这种交往(这一点我们可以肯定,因为这个大
胆的革新使得许多当时的人产生了反感并导致了一些恶言
相讽)。第一位导师伊壁鸠鲁来自萨摩斯岛,第二位导师赫
马库斯(Hermarchos)来自[莱斯沃斯岛(Lesbos)的]米蒂利
尼(Mytilēnē)。伊壁鸠鲁在雅典的教学生涯开始于公元前
307 年,他于公元前 270 年去世。另外可以列出的公元前 3
世纪的园长只有两位:波利斯特拉托(Polystratos)[希波克列
德(Hippocleidēs)是他的助手]和一个名叫狄奥尼修
(Dionysios,大约活跃于公元前 200 年)的人。波利斯特拉托
可能是伊壁鸠鲁的嫡传弟子;他的某些著作留传至今。[7]
对其他的园长实际上我们一无所知。

四、犬儒学派与怀疑论学派

　　为了使我们对公元前 3 世纪的哲学的描述更加全面,我
们必须再简略地谈谈一些哲学倾向,这些倾向从未以某个明
确的学派为代表,它们是非组织化的和个人化的。组织和制
度化既是强大的原因也是虚弱的原因。一个机构集体的力
量和荣誉,给人留不下什么印象;它对有独创精神的人影响
不大。因此出现了这样的现象:尽管事实上人们可能很难说
有一个有组织的犬儒学派或怀疑论学派,但犬儒派和怀疑论
派在各地却有众多门徒。犬儒主义和怀疑论都只有精神形

162

[7] 卡罗勒斯·威尔克(Carolus Wilke)根据赫库兰尼姆纸草书(Herculaneum
papyri)编辑:《伊壁鸠鲁主义者波利斯特拉托论其他人的不合理批评》[*Polystrati
Epicurei peri alogu cataphronēsēos libellus*(58 页),Leipzig,1905]。

态而无组织形式,它们存在于各个地方和各个时代的某些人的内心之中。不过,最早表述这些精神状态的是希腊人,他们早在公元前 4 世纪就表述了这类状态。

第一位犬儒学派哲学家是安提斯泰尼(Antisthenēs),他是苏格拉底的弟子之一,但最著名的犬儒学派哲学家是西诺普的第欧根尼,他曾挑战亚历山大大帝的权威。在第欧根尼的弟子中我们回想一下这些名字[8]:底比斯人克拉特斯(Cratēs the Theban),希帕基亚(Hipparchia)姑娘和她的兄弟、[色雷斯(Thrace)的]马罗尼亚的梅特罗克勒斯(Mētroclēs of Marōneia),以及[佐泽卡尼索斯群岛(Dōdecanēsoi)之一的]阿斯蒂帕莱阿的奥涅希克里托斯(Onēsicritos of Astypalaia)。在他们之中,安提斯泰尼是唯一的哲学家;其他人更像是托钵会修士或圣徒,他们试图过一种简单的生活,蔑视世俗和唠叨。

第一个正式的怀疑论者皮罗(大约公元前 360 年—前 270 年)来自埃利斯(Ēlis)[9]。他的弟子讽刺诗作家(ho sillographos)弗利奥斯的提蒙(Timōn of Phlius)使他名扬千古,直至蒙田(Montaigne)时代及其以后,都可以看到他的许多拥护者和效仿者。每一个科学工作者在一定程度上都是个犬儒主义者,因为对于词语和惯例,他不会根据其表面价值接受它们;在一定程度上他又是一个怀疑论者,因为他拒绝相信没有适当证据的任何事情。

---

[8] 有关的详细论述,请参见本书第 1 卷,第 584 页—第 586 页。那一卷对所有希腊哲学学派都做了定义和描述,因为所有这些学派都是公元前 4 世纪的遗产。

[9] 埃利斯在伯罗奔尼撒西北。我不知道这里指的是埃利斯市还是埃利斯州。举办奥林匹克运动会的奥林匹亚也在这一州,在埃利斯市以南。弗利奥斯[Phlius(州和市)]在伯罗奔尼撒东北。Sillographos 意指一种讽刺诗(silloi)的作者。

甚至像斯多亚哲学和伊壁鸠鲁哲学一样,犬儒主义和怀疑论都倾向心灵的宁静。在这一点上,即追求冷静和无偏见甚至漠然,许多不同学派的哲学家是一致的,这并不奇怪,因为他们周围的世界是残酷的,不摆脱周围的混乱就不可能获得安宁。除了在人的灵魂之中,在哪儿也找不到安宁。

五、皇家赞助者

虽然大多数科学研究都在亚历山大进行,但几乎所有卓越的哲学家都活跃于埃及以外。托勒密诸王不喜欢哲学,除了埃拉托色尼或弗利奥斯的提蒙以外,我几乎无法想象一个哲学家会得到他们中的某个人的赞助,可是,埃拉托色尼主要是一个科学家,而提蒙则是作为文学家而出类拔萃。

其他希腊化国家的国君们对哲学爱好者更为宽容。佩加马国王欧迈尼斯一世(公元前 263 年—前 241 年在位)关照过学园派成员皮塔涅的阿尔凯西劳,而他的继任者阿塔罗斯一世索泰尔(公元前 241 年—前 197 年在位)则关照过昔兰尼的拉居得。斯多亚派哲学家波利斯提尼的斯菲卢斯被斯巴达国王克莱奥梅尼三世(Cleomenēs Ⅲ,公元前 235 年—前 222 年在位)当作朋友,而斯菲卢斯则帮助他进行了推动社会变革的尝试;在公元前 222 年失败后,克莱奥梅尼投奔他的支持者托勒密三世埃维尔盖特寻求庇护,但却被埃维尔盖特的继任者菲洛帕托投入监狱,后来他自杀身亡(公元前 220 年或前 219 年)。斯菲卢斯是否与他一起去了埃及呢?

无论怎么说,哲学最重要的赞助者是安提柯-戈纳塔,[10]他帮助了犬儒派哲学家波利斯提尼的彼翁、斯多亚派哲学家基蒂翁的芝诺和培尔赛乌以及埃雷特里亚的美涅得谟。安提柯二世本人也是一个哲学家,而且是文学和艺术的赞助者,他试图恢复马其顿的声望。

六、斯多亚哲学・梯刻

这些哲学中最有影响的是斯多亚哲学,在它的指引下,希腊人既可以成为善良的人也可以成为好公民,而城邦既可以得到净化也可以得以巩固。由于斯多亚哲学家的主要原则之一就是生活要与自然和理性相一致,因而也许有人会料想,他们偏爱对自然不偏不倚的研究,但不幸的是,他们被引入了歧途。为了顺从神意,让我们通过占卜(*manteia*)来了解神的意志吧;占卜最体面的形式就是占星术。他们偏爱拜星教和起源于此的占星迷信。

希腊神话(它们从未被人们遗忘或被替代),在塞琉西的国王的庇护下已成为希腊知识一部分的巴比伦思想或者更确切地说是迦勒底思想,以及在埃及培育并在托勒密王朝下希腊化的类似思想,都对斯多亚哲学的谬见起了鼓励作用。

女神梯刻(福耳图娜)(Tychē, Fortuna)和 *moira* 或 *aisa*(命运)观是纯粹的希腊因素。[11] 神话学者强化了这些思

---

[10] 安提柯二世戈纳塔从公元前 283 年至公元前 239 年担任马其顿国王。参见威廉・伍德索普・塔恩:《安提柯-戈纳塔》[*Antigonos Gonatas*(513 页),Oxford,1913]。戈纳塔不仅关照哲学家,而且也关照诸如索罗伊的阿拉图这样的诗人和诸如卡迪亚的希洛尼谟(Hierōnymos of Cardia)这样的史学家。

[11] *Moira* 源于 *meiromai*,认命;*hē eimarmenē moira* 或 *hē peprōmenē moira* 均表示注定的命运。在这两个短语中,*moira* 这个词一般都可以省略。

想,即认为有三个命运之神(*Moirai*)亦即三个女神管理着我
们的命运,她们分别是:克洛托(Clōthō),她负责纺出生命之
线;拉克西斯(Lachesis),她主管分配命运;不可抗拒的阿特
罗波斯(Atropos),她负责切断生命之线。[12]

　　这是神话学对一个抽象概念加以详细阐述的很好的例
子。有人以一种富有诗意的方式对命运观念进行了分析,命
运的每一个部分都由一个妇女来代表:克洛托、拉克西斯或
阿特罗波斯。这成了诗人和雕塑家们的灵感无穷无尽的来
源。进一步的讨论是多余的;每一个艺术家都心甘情愿地再
现这种普遍的命运观或者它的某一部分,如纺出生命之线,
分配命运,以及最终阿特罗波斯切断生命之线,每个人的命
运不可避免之结局就是去见 *atra mors*(恐怖死神)。[13] 每个
人都在不同程度的字面意义或象征意义上接受了这个寓言。
神话最令人着迷之处就在于它的佚名特性。谁发明了命运
三女神或者其他的神或女神?这是不可能知道的;神话是民
间传说的基本部分。克洛托的名字是谁起的?谁命名了普
通的植物和动物?像绝大多数的词语和语法范式的发明一
样,象征着生活和思想的许多方面的诸神和女神的发明也是
佚名的和神秘的。

　　在发明神话方面,希腊天才是多产的,因为从本质上讲,

---

〔12〕 按照《柏拉图》(*Plato*)的观点,命运三女神是阿南克〔*Anankē*(必然的化身)〕的
　　　女儿。在拉丁语中,命运三女神被称作 *Parcae*,她们的名字分别为诺娜(*Nona*)、
　　　德库玛(*Decuma*)和莫塔(*Morta*)。
〔13〕 参见斯蒂芬·德·伊尔赛(Stephen d' Irsay):《评"恐怖死神"这种表述的起源》
　　　("Notes to the Origin of the Expression Atra mors"),载于《伊希斯》8,328–332
　　　(1926)。我想知道 atra 这个词的不祥的含义是否没有受到对阿特罗波斯的记
　　　忆的影响;可是,德·伊尔赛没有提到这一点。

希腊人富有诗人的天才。当人们把他们的这种天才与闪族的(Semitic)天才加以比较时就更容易理解这种特性。穆斯林比希腊人更相信宿命论,他们常常用一些与 moira(命运)意义相同的词(qisma、"kismet"或 nasīb)来表达这种观念,但他们没有想象出象征这种观念的妇女,反而把在诗歌和艺术中发展的这种观念扼杀在萌芽之中了;而在希腊文学和艺术中,这类观念的发展给了我们巨大的享受。

七、占星术

占星术的技术要素和星辰崇拜的细节,来源于巴比伦和埃及。黄道十二宫有它们各自的属性,埃及年的 36 旬(或 36 个 10 天周期)也是如此。不过,命运的主要解释者(hermēneis)是七"行星"(Hēlios、Selēnē、Hermēs、Aphroditē、Arēs、Zeus 和 Cronos,或太阳、月球、水星、金星、火星、木星和土星)。在人类事件与星际事件或行星事件之间,或者换句话说,在微观世界与宏观世界之间,[14]人们建立了复杂的对应关系。事实上,这不多不少的七颗行星被赋予了神秘的重要性。"七"这个数字的神圣性也许是一种巴比伦的概念。"七颗行星被赋予了它们各自的颜色,分别与巴比伦神庙的七个平台、它们各自的矿石、植物和动物相对应;希腊字母表中的七个元音成为它们的记号;由此导致了在我们(希腊化)的星期中一直保持着'七'的使用,并且在以下这些观念中都有'七'的出现:长眠七圣(the Seven Sleepers),世界七大奇迹,(莎士比亚从占星术中引申出来的)人生的七个

---

[14] 这些天文学和占星术观念在公元前 3 世纪已经很古老了。微观世界与宏观世界的对应,可能起源于伊朗或巴比伦;在希腊可以把它追溯到柏拉图和德谟克利特(参见本书第 1 卷,第 177 页、第 216 页、第 421 页和第 602 页)。

阶段,伊希斯的七件长袍,密特拉神的七阶梯子,《撒拉铁启示录》(Salathiel Apocalypse)中正直的人们的七天欢乐,[15]《启示录》(The Revelation)中的七个天使和七个碗,地狱的七道门以及七重天(极乐世界)。"[16] 希腊最早的有关这一主题的文献是伪希波克拉底的专论《论七元组》(De hebdomadis),这一著作的写作至少不晚于公元前 6 世纪。黑格尔(Hegel)的《关于行星轨道的哲学论文》(Dissertatio philosophica de orbitis planetarum,1801),为我们提供了这种迷信的古怪残留物的一个例子,他在其中"证明"行星的数量不可能超过七个![17]

恰逢阿利斯塔克和阿拉图的时代,占星术却在埃及被如此稳固地建立了起来。怎么会出现这样的情况呢?由于有一种偏爱占星术幻想的双重传统,因而对它的继承导致了科学的天文学与占星术的并行发展。在希腊,有一种从《蒂迈欧篇》(Timaios)开始或者更显著地从《伊庇诺米篇》

---

[15] 《撒拉铁启示录》更经常地被称作《以斯拉先知书下》(Second Book of Ezra the Prophet)或《以斯拉续篇下》[2 Esdras,在《通俗拉丁文本圣经》(Vulgate)中则是《以斯拉记卷四》(4 Esdras)]。它现存的版本既不是最初的阿拉米语(Aramaic)本也不是希腊语本(在俄克喜林库斯纸草书中发现的残篇除外),而是古拉丁语和各种东方方言的版本。它大概写于 66 年—250 年。它包括撒拉铁(Salathiel 或 Shealtiel)的六个梦想。耶路撒冷于公元前 586 年被毁。大约过了 30 年之后(亦即在公元前 556 年),这些梦想变成了现实。相关的分析见罗伯特·H. 法伊佛(Robert H. Pfeiffer):《〈新约全书〉时代的历史》(History of New Testament Times,New York:Harper,1949)[《伊西斯》41,230(1950)],第 81 页—第 86 页。

[16] 承蒙 W. W. 塔恩惠允,这段引文引自他的《希腊化文明》(London:Arnold),第 3 版(1952),第 346 页。

[17] 关于《论七元组》,请参见本书第 1 卷第 215 页。关于黑格尔,请参见《何露斯:科学史指南》(Waltham,Mass.:Chronica Botanica,1952),第 37 页。

(*Epinomis*)开始的传统。[18] 也许,有人大概会主张,希腊占星术是希腊理性主义的成果。无论如何,希腊占星术接受了某种源于这样的宇宙观的证明,按照这种观念,宇宙被安排得非常合理,没有哪个部分独立于其他部分和整个宇宙。这难道不是被太阳和月球引起的潮汐、被妇女的月经、被农夫关于月球的知识、被对精神错乱的一般信念*证明了吗?[19] 人们不断观察星辰,这一事实确立了它们与我们之间存在着某种联系。占星术的基本原则认为星辰与人之间有一种对应关系,它使得前者可以影响后者,这种原则并不是非理性的。这种原则来源于伊朗,来源于波斯的巴比伦,并且被希腊科学巩固了;托勒密的占星学家们从与他们同时代的迦勒底人(新巴比伦人)那里获得了更多的启示,[20] 因而有了这两种传统,即希腊-巴比伦传统和纯巴比伦传统;这两种传统一方面都包含着一门科学即天文学,另一方面同时又都包含着一门神学或宗教即拜星教,而占星术在各个阶层的流行正是由于这种结合造成的。

　　无论占星术士的目的为何、出现了什么样的偏差,他们的技术基础都是天文学,恰恰是由于这个事实导致了这个时

---

[18] 本书第 1 卷第 451 页—第 454 页已经用了一定的篇幅对此进行过讨论。

　*　即认为精神错乱与月亮的变化周期有关的观念。——译者

[19] G. 萨顿:《月球对生物的影响》("Lunar Influence on Living Things"),载于《伊希斯》*30*,495-507(1939)。

[20] 这一点是非常自然的,因为波斯人大约在同一时期统治着巴比伦和埃及,这一时期大约从公元前 538 年或公元前 525 年开始,在这两个国家都于公元前 331 年被亚历山大征服时结束。经历了数年无政府状态后,巴比伦先是被塞琉西诸王统治(公元前 312 年—前 171 年),随后被帕提亚人(Parthians,公元前 171 年—公元 226 年)、萨桑诸王(Sassanids,226 年—646 年)统治,最后又被穆斯林统治。巴比伦占星术始于波斯时代,塞琉西王朝的天文学是非常尖端的,参见本卷第十九章。

代关于占星术思想的巨大混乱。如果一个人的命运依赖于他出生(或开始被孕育)时的行星和恒星的位置,那就有必要尽可能准确地确定这些位置,而这是一个纯天文学问题。在那些年代,由于科学与宗教混合在一起,这种混乱就更大。

那时的占星术士分为两种,更倾向于科学的那些人称他们自己是数学家(*mathēmaticoi*),更倾向于宗教的那些人则称他们自己是祭司或占卜者,亦即 *hōroscopoi*。[21] 那些祭司要么是希腊祭司,要么是希腊化的埃及祭司,他们都不局限于占星术,他们还从事许多其他形式的占卜术(*manteia*,*manticē*,*technē*)。

可以推断,在公元前 3 世纪期间,有许多用埃及语撰写的占星术专论,但其中的大部分都已经不复存在了。现存最古老的文本大概就是归于赫耳墨斯–特里斯美吉斯托斯(最伟大者)[22]名下的一篇著作,它的拉丁语译文被威廉·贡德尔(Wilhelm Gundel)在一个非常古老的拉丁语手稿中发现了[现保存在大英博物馆,哈里亚努斯(Harleianus)译本第 3731 号,标注日期为 1431 年];除了它最重要的一章被阿诺·德·坎克姆布瓦(Arnaud de Quinquempoix,活动时期在

---

[21] 占卜者(hōroscopos,单数)是观察出生时辰的人(因为出生不仅与日子有关,而且与时辰有关)。这一操作过程被称作 hōroscopēsis(占星),因而才有我们的词 horoscope(占星),这是指一种操作,而不是指人。

[22] 赫耳墨斯是宙斯和迈亚(Maia)之子,是秘术之神。他相当于埃及的神透特,并且被罗马人称作墨丘利(Mercury)。我们的"hermetic"这个词就是指秘术的,很奇怪的是,它还指密封的!炼金术常常被称作秘术,人们也会谈到炼金术医学(hermetic medicine)。

14 世纪上半叶)[23] 为法国皇后卢森堡的玛丽(Marie of Luxemburg)翻译成法语[皮卡德语(Picard)]之外,它没有更早的译本了。[24]《赫耳墨斯秘义书》(Liber Hermetis)显然是某个希腊-埃及专论的残篇;它包含了一些埃及的因素和波斯祖先的表达方式。它讨论了 36 星宿、希腊天球(sphaera graecanica)的大约 72 颗星球以及蛮族天球(sphaera barbarica)的其他星球。[25]

167　　　赫耳墨斯-特里斯美吉斯托斯秘义书的原作的年代是无法确定的。贝罗索斯(Bērōssos,活动时期在公元前 3 世纪上半叶)使我们有了更坚实的基础,因为他或许是把占星术从巴比伦输入西方的主要人物。[26] 请注意,他关于巴比伦史的著作是题献给塞琉西国王安条克一世索泰尔(公元前 280 年*—前 261 年任国王)的。据说贝罗索斯在科斯岛已经开

---

[23] 参见《科学史导论》,第 3 卷,第 453 页。拉丁语文本由威廉·贡德尔以典型的方式编辑在《巴伐利亚科学院论文集》[Abhandlungen der bayerischen Akademie der Wissenschaften, phil. hist. Abt. Part 12(386 页);Munich, 1936]中。也可参见克莱尔·普雷奥(Claire Préaux)的分析,载于《埃及年代学》12,112-115(1937)。

[24] 玛丽是美男子查理四世(Charles Ⅳ le Bel)的皇后,她于 1324 年去世。因此,法译本比标注为 1431 年的拉丁语的哈里亚努斯译本早一个多世纪。

[25] 希腊天球中包含阿拉图和阿利斯塔克已知的星球;蛮族天球则包含非希腊天文学家所知道的其他星球。早期的埃及人把赤道区分成 36 个部分,每个部分 10°;巴比伦人把黄道带分成 12 宫(houses 或 signs),每宫 30°。由于赤道带与黄道带交叠,因此对星群来说从一个体系进入另一个体系并不困难。参见本书第 1 卷,第 27 页、第 29 页和第 119 页。

[26] 在贝罗索斯之前,迦勒底占星术已经渗入希腊世界了。在塞奥弗拉斯特论征兆(peri sēmeiōn)的专论中有它的一些痕迹。按照普罗克洛的观点:"塞奥弗拉斯特告诉我们,与他同时代的迦勒底人具有一种令人钦佩的理论,它可以预见任何事件,预见每一个人的生和死。"它并非仅仅具有预言诸如好天气和坏天气这样的一般性作用。参见埃内斯特·迪尔(Ernest Diehl)编:《普罗克洛对柏拉图〈蒂迈欧篇〉的评论》(Procli in Platonis Timaeum commentaria;Leipzig, 1906),第 3 卷,第 151 页。

＊ 原文如此,与第十四章略有出入。——译者

办了一所占星术学校。这是非常令人感兴趣的,因为它证实
了这个岛在文化上的重要性,这个岛位于连接希腊、埃及、安
纳托利亚以及叙利亚的交叉路口,具有战略意义。[27] 希波
克拉底就出生在那里,而且它成了最早的医学学派之一的所
在地;它也是最早的占星术学派的摇篮,听到这一点没有什
么可惊异的。学者们很容易从三块大陆来到科斯岛;在这个
小岛上,医学研究者们有可能误入歧途,转而拜贝罗索斯为
师;这种情况有助于说明,在后来的医学著作例如盖伦(活
动时期在 2 世纪下半叶)的那些著作中,为什么可以发现一
些占星术奇想。

佩加马的苏迪内斯(或苏迪诺斯)[Sudinēs(Sudinos)of
Pergamon] 即使不是贝罗索斯本人的学生,也可能是该校的
学生。从科斯岛到佩加马的行程并不很远。苏迪内斯是希
腊-巴比伦文化汇合的例证,因为他撰写过一篇关于阿拉图
的评论,但他名扬数个世纪是因为他的月球周期表,该表起
源于迦勒底。他在阿塔罗斯一世索泰尔(公元前 241 年—前
197 年任国王)统治期间活跃于佩加马,阿塔罗斯一世征服
了塞琉西的大片国土,而且可能招募或劫持了迦勒底的天文
学家。

我们再来谈一谈公元前 3 世纪的其他几个占星术士。
维特鲁威提到过贝罗索斯的另外两个弟子,安提帕特
(Antipater)和阿基纳波罗(Achinapolos),但他们的著作已经
佚失了。他们都坚持认为,占星应当以个人开始被孕育的时
间为基础而不应当以出生的时间为基础。这是一种更适宜

---

[27] 参见本书第 1 卷,第十五章《科斯岛考古》,第 384 页—第 391 页。

的观念,但关于如何实现它,他们是怎样想的呢?[28] 一篇名
为 Salmeschniaka 的有关秘术的文本有一些希腊语残篇,这
一著作源于埃及(大约 250 年?)。门多斯的阿波罗尼奥斯
(Apollōnios of Myndos,门多斯在卡里亚海岸,非常靠近科斯
岛)和拜占庭的埃皮根尼斯(Epigenēs of Byzantion)可能属于
同一时代,而且可能都是贝罗索斯学派的弟子。阿波罗尼奥
斯和埃皮根尼斯讨论了迦勒底的彗星理论,他们对这些理论
的认识产生了分歧。按照埃皮根尼斯的观点,迦勒底人把彗
星看作旋转空气的火球;按照阿波罗尼奥斯的观点,迦勒底
人把它们看作行星,它们的轨道也许可以被计算出来。阿波
罗尼奥斯的假设得到了塞涅卡(活动时期在 1 世纪下半叶)
的证实,塞涅卡的说明以这样一段预见性的文字作为结尾:
"有一天将出生这样一个人,他将发现彗星的轨道以及为什
么它们的路径与其他行星的路径有如此差异的原因。对已
完成的发现我们应该满足了,未来的数代人也同样会为真理
做出他们力所能及的微小贡献。"[29] 这些令人惊讶的评论使
我们有点离开希腊化时代了,但离得并不远;塞涅卡大约是

---

[28] 当然,他们可以从出生日期减去 9 个月,但这样做是非常武断的。在大英博物
馆中有一份楔形文字的占星书,其中既使用了实际的出生日期:公元前 258 年
12 月 15 日,也使用了由此而推断出的受孕时间:公元前 258 年 3 月 17 日。参见
弗雷德里克·H. 克拉默(Frederick H. Cramer):《罗马法律与政治中的占星术》
(Astrology in Roman Law and Politics,Philadelphia:American Philosophical Society,
1954),第 14 页。

[29] 塞涅卡:《自然问题》(Quaestiones naturales),第 7 章,3。整个第 7 章都用于讨论
彗星;在这章中间(第 7 章,25,4-5)塞涅卡表述了他对科学发展的预见性观点。
在后来致卢克莱修的一封信中,他表述了类似的观点(第 64 封信,引文见《科学
史导论》,第 2 卷,第 484 页)。

在公元 63 年写下这些评论的。[30]

很大一部分中世纪的占星术文献基本上都来源于希腊化的赫耳墨斯秘义书以及其他著作；从阿拉伯语翻译成拉丁语的书籍大概也是如此。

托勒密王朝时期的占星术最显著的特点是，它对人死后的生活毫无兴趣。那些文本宗教性极强，但都避免末世论方面的因素。在这个方面它们与印度和基督教的占星术著作截然不同。[31]

斯多亚学派对占星术的赞同大大增加了它在学术圈中的声望。在某种程度上，由于斯多亚学派的宇宙观、他们关于宇宙整体的观念、关于人与宇宙的一体性、人与宇宙的和谐以及人与宇宙的"一致"等观念，[32]因而他们的这种赞同是很自然的；他们愿意接受巴比伦人关于宏观世界与微观世

---

[30] 雷乔蒙塔努斯和第谷·布拉赫开始把塞涅卡的预言转变为现实，雷乔蒙塔努斯于 1472 年、第谷·布拉赫于 1577 年对彗星轨道进行了观察研究。有关彗星的知识的增长是非常缓慢的。乔瓦尼·阿方索·博雷利(Giovanni Alfonso Borelli)在 1666 年指出，彗星的轨道是抛物线形的，1681 年格奥尔格·萨穆埃尔·德费尔(Georg Samuel Dörfel)在对 1680 年的彗星的论述中证明了这一点。许多轨道的确是抛物线形的；其他轨道则是椭圆形的，但这些椭圆往往有很大的离心率。埃德蒙·哈雷(1656 年—1742 年)在他发表于《哲学学报》(Phil. Trans.) 24，1882(1705)上的《彗星天文学概论》("Astronomiae cometicae synopsis")中澄清了这个问题，该著作作出版了英语单行本(Oxford，1705)，他在该著作中证实了同一颗彗星亦即"哈雷彗星"在 1531 年、1607 年和 1682 年的周期性返回，并且预见了它下一次返回的时间是 1758 年。实际上，它是 1759 年返回的，并且在 1835 年和 1910 年再次返回。可以说，哈雷是在过了 1641 年之后第一个使塞涅卡的预言应验的人！

[31] 弗朗茨·居蒙：《占星家的埃及》[L' Egypte des astrologues (254 页)，Bruxelles：Fondation égyptologique，1937][《伊希斯》29，511(1938)]。

[32] 希腊的专门术语是 symphōnia(柏拉图和亚里士多德用语)和 sympatheia(亚里士多德和普卢塔克用语)。

界的"对应"和关联的观念。他们把这些加在其关于占卜的信念上,并证明占星术是合理的。他们所面临的巨大困难是如何协调命运与天意(即 *moira* 与 *pronoia*)的关系以及宿命论与自由和责任的关系。基督教神学家在数个世纪中也为同样的矛盾而苦恼。[33]

169　　伊壁鸠鲁主义者常常受到指责,指责他们的快乐主义(这种指责是恰当的)和"不道德"(这种指责是不恰当的)。在这方面,他们的品德肯定高于斯多亚派。他们拒绝了与迷信和非理性妥协;他们拒绝了占星术。

八、东方宗教

天文学是占星术的科学基础,而拜星教则为占星术提供了证明。对学者来说,这种宗教是可接受的,但即使对他们来说,它也是绝对不充分的。无论如何,他们的宗教情感要用神话诗以及他们的祭典、礼拜和仪式来满足,要用一些宗教的神秘仪式诸如俄耳甫斯仪式和酒神节来满足。这使我们想到,狄俄尼索斯(Dionysos)[34]是希腊世界最受大众喜爱的神之一。他被人用萨巴梓俄斯(Sabazios)这个名字东方化了,这是一个弗利吉亚的神,他被等同于《七十子希腊文本圣经》的万军之主(Cyrios Sabaōth),并被称为至高神(*Theos Hypsistos*)。这只不过是宗教东方化的诸多例子中的一个,这种宗教的东方化不仅在埃及和亚洲而且在希腊大地甚至罗马的西欧版图上蓬勃发展。要列举出外国的神,如马其顿的

---

〔33〕 参见我的《科学史导论》中关于占星术的讨论,散见于各处。教会在理论上对占星术进行了批判,但在实践上却又不得不一次又一次与它妥协。

〔34〕 在拉丁语中,狄俄尼索斯被称作巴科斯(Bacchus),酒神节被称作 Bacchanalia。Bacchus 这个拉丁语名称实际上是上希腊语,来源于吕底亚语的 Bacchos。

神、安纳托利亚的神、波斯的神、叙利亚的神以及美索不达米亚的神,可能需要很多篇幅。尽管有人在为一神而奋斗,但希腊人的宗教融合和对女神梯刻(福耳图娜)的盲目崇拜正在毁灭宗教。[35]

我们已经在本卷第一章中谈到过被希腊化的埃及诸神,因为这些神是托勒密王朝和托勒密文化的象征和守护神。这些神不仅与埃及相关,而且被希腊人引入希腊甚至引入提洛岛,并且被罗马人引入西地中海。在提洛岛的神庙中,埃及的三联神由萨拉匹斯、伊希斯和安努比斯组成,[36]但最流行的三联神或三位一体神是萨拉匹斯、他的妻子伊希斯和他们的儿子何露斯(Hōros)[哈耳波克拉特斯(Harpocratēs)]。萨拉匹斯和伊希斯是救星;在所有神中最伟大的是伊希斯,地中海世界的宗教渴望逐渐集中在她身上,正如她的数不清的头衔和名字所展示的那样。痛苦中的人们(谁又不痛苦呢?)不仅需要一个救星,而且还需要一个天国之母和助人者(paraclēta)。有关伊希斯复杂的和令人印象深刻的宗教仪式,为对圣母玛丽亚(Virgin Mary)的崇拜铺平了道路。

---

[35] 希腊人的宗教融合走得非常远,以至于希腊人不仅崇拜异邦的神,而且崇拜它们的各种组合。例如,安条克一世索泰尔(塞琉西国王,公元前 281 年—前 261 年在位)的皇后斯特拉托尼塞(Stratonicē)用赫拉波利斯(Hierapolis)的叙利亚女神阿塔迦蒂斯(Atargatis)和士麦那的埃及神安努比斯(Anubis)来装饰提洛岛的阿波罗神庙。她是否认为他们是同一个神的不同显现呢?或者,她仅仅是为了求安全?

[36] 安努比斯是死亡之神,负责死者的葬礼和通往阴间的安全通道。希腊人有时把他等同于赫耳墨斯[赫耳马努比斯(Hermanubis)]。对他来说豺是圣物,对何露斯来说猎鹰是圣物。伊希斯的圣像就像对她的崇拜一样令人费解,这种崇拜传播到各地,并且一直延续到基督纪元 4 世纪之末。公元 391 年狄奥斐卢斯主教捣毁了亚历山大的萨拉匹斯神庙,这标志着埃及宗教在基督教世界的终结。

170

九、以色列

有一种希腊人没有吸收也不可能吸收的东方宗教,这就是以色列教。之所以如此并不是因为缺乏实际的接触,在东地中海世界和近东有大量的犹太人。请记住,以色列的犹太人被尼布甲尼撒于公元前597年和公元前586年驱逐到巴比伦;许多人在50年以后或更晚之后返回了家园,在波斯人统治时期(公元前520年—前516年),耶路撒冷神殿又被重建了。不过,还有许多犹太人没有从巴比伦返回或者没有到达耶路撒冷,而是在安纳托利亚和叙利亚的不同地方定居了。

至于在埃及尤其是在埃勒凡泰尼岛(即尼罗河上游的阿斯旺岛),犹太人的殖民活动已经是非常久远的事了,大约是在公元前7世纪到公元前5世纪。从公元前323年至公元前198年,巴勒斯坦是托勒密王国的一部分,因而犹太人可以很容易地从耶路撒冷来到亚历山大。很有可能,在埃及的犹太人口中,有相当一部分是在当地出生的。

犹太人很快分裂成两个敌对的群体。那些倾向于希腊文化的犹太人采用了希腊的语言和希腊的生活方式,有时候还取了希腊人的名字;而那些信仰更坚定的人认为其他人是背教者和"通敌者",他们则坚持说希伯来语,或者更确切地讲,他们说阿拉米语。[37] 在塞琉西王国和托勒密王国中,希腊化的犹太人是他们这一派中的精英;这些人的思想反映在写于公元前250年与前150年之间的《传道书》[Ecclēsiastēs; the

---

[37] 阿拉米语(一种古叙利亚语)是波斯帝国的通用语,一直在近东被犹太人和其他民族广泛使用。参见《科学史导论》,第3卷,第356页。

Preacher, Qōheleth] 和写于大约公元前 180 年的《德训篇》
[Ecclēsiasticos，又称《便西拉智训》(The Wisdom of Ben Sira)]
之中。[38] 他们既说希腊语也说阿拉米语,他们的希伯来知识
很少,在一些极端的情况中,甚至是残缺不全的。他们的希腊
化一般而言并不意味着放弃他们的宗教,他们会去犹太教堂,
那里可以用希腊语为他们举办宗教仪式。他们自己说希伯来
语时,不时地会冒出一些希腊词汇。对统治阶层的人来说,这
种同化毫无疑问是不可避免的。

　　大约在公元前 3 世纪末,主要是在托勒密四世菲洛帕托
(公元前 222 年*—前 205 年在位)统治时期,某些希腊化的
犹太人大概效仿了希腊人的宗教融合倾向,这两个群体(希
腊人和犹太人)都被错误的类比愚弄了,并且都误入歧途。
托勒密四世梦想着只有一个神狄俄尼索斯,这个神被等同于
萨巴梓俄斯和撒巴特(Sabaōth),甚至被等同于萨拉匹斯。
这可能会令许多人尤其令犹太人感到不快,甚至令那些称我
主(Adonai)为至高神的人感到不快。

　　还有许多犹太人,尤其是普通人,他们坚持正统的倾向
非常强烈,或者说他们无知至极,试图保护自己不被希腊玷
污。他们关于希腊思想的知识非常有限而且往往是错误的。
例如,他们认为伊壁鸠鲁是一个无神论者和嘲弄者,并且把

171

[38]　罗伯特·H. 法伊佛:《〈旧约全书〉导论》(Introduction to the Old Testament, New
　　　York: Harper, 1941) [《伊希斯》*34*, 38(1942-1943)],第 724 页—第 731 页。
　*　原文如此,与本卷第十六章略有出入。——译者

"伊壁鸠鲁的（Epicurean）"这个形容词当作一种侮辱；[39]他们从那时起一直这样认为。但我们切不可先行讨论。

由于正统的犹太人的语言是阿拉米语，他们需要把《圣经》（Scriptures）翻译成这种语言。那种翻译[阿拉米语翻译，即 *targum*（塔古姆），"迦勒底语意译（Chaldee paraphrase）"]是口头的，因而很难确定其年代。这种翻译在公元前6世纪末[巴比伦囚虏（Babylonian exile）末期]至公元前3世纪或者更晚些时候间进行。其间，希伯来文士（*scribes*，*sopherim*）试图使希伯来语文本确定下来；他们的工作十分缓慢，在我们这个纪元的第2个世纪之前仍未完全完成。与业已提到的口头意译形成对照的《圣经》的书面迦勒底语意译，也是在基督纪元之后（从1世纪至4世纪或者更晚）进行的。有一部希伯来语的摩西五经（Pentateuch）写于公元前3世纪，该著作为了便于撒马利亚大众阅读而使用了撒马利亚字体。[40] 最后，《旧约全书》的希腊语翻译也是从公元前3世纪开始的，这就是所谓《七十子希腊文本圣经》；我将在后面论述亚历山大博物馆中的东方主义的那一章中对它进行讨论。

---

[39] 参见本书第1卷，第597页。常常会发生这样的事情，这种侮辱的历史根源会逐渐被忘却。西门·本·策马·杜兰（Simeon ben Zemah Duran，1361年—1444年）是中世纪第一个重新发现伊壁鸠鲁是一个希腊哲学家的人！（所罗门·甘兹来信，1952年12月16日寄自纽约州大西洋城。）

[40] 撒马利亚教会分裂（Samaritan schism）出现于公元前432年—前332年，因此，他们的摩西五经的编写可能略早于公元前300年。撒马利亚通俗字体（Samaritan script）是古腓尼基语字母的变体，犹太人在公元前200年后不久为了他们的摩西五书（Torah）把它放弃了。参见法伊佛：《〈旧约全书〉导论》，第101页—第104页，并散见于各处；也可参见我的《科学史导论》，第1卷，第15页。在盖里济姆山（Mount Gerizim）附近的纳布卢斯（Nāblus）或示剑（Shechem）还残留着少数撒马利亚人共同体，那里是他们的庇护地。

172

第十二章
公元前 3 世纪的历史知识

一、亚历山大大帝时代的早期史学家与亚历山大的传奇

希腊化时代最伟大的英雄是亚历山大大帝,他于公元前323 年 6 月在巴比伦去世。公元前 3 世纪初许多曾经认识他的人依然健在,并且愿意崇拜他,就像"*vieux grognards*(近卫军老兵)"崇拜拿破仑(Napoleon)那样。亚历山大曾有幸师从亚里士多德,因而他不仅是一个军人和征服者,而且是一个人文主义者。当他到了特洛阿斯时,他拜谒了阿基里斯(Achilleus)的陵墓,并且嫉妒他有荷马这样一位使他流芳百世的作者。[1] 他决心要让足够多的人见证他的英雄伟业,以确保他本人名垂千古。他不仅有修史部秘书或首席书记官卡迪亚的欧迈尼斯(Eumenēs of Cardia),而且他周围还有一些文学家和哲学家。在这方面,他的亚洲战役可以与波拿巴的埃及战役相媲美。这两个相隔了 2100 多年的征服者,

---

[1] 西塞罗在《为阿基亚斯辩护》(*Pro Archaia*, x)中写道:当亚历山大站在西革昂(Sigeum)阿基里斯的墓附近时,他说:"哦,幸运的年轻人啊,你们遇到了一个荷马赞美你们的美德!如果《伊利亚特》不存在,甚至他遗体上面的古冢的名字也会被遗忘。"西革昂[耶尼谢里(Yenisheri)]是一个海角,按照荷马的记述,希腊的舰队和营地就安置在它附近。

在他们对文学和艺术的爱好、他们惊人的判断力以及他们精心为自己身后的荣耀所做的准备等方面有着惊人的相似。

在亚洲战役期间,紧随在亚历山大左右的有诸如亚历山大的克利塔库(Cleitarchos of Alexandria)、拉古斯之子未来的托勒密一世、卡桑德里亚的阿里斯托布勒(Aristobulos of Cassandreia)、奥林索斯的卡利斯提尼(Callisthenēs of Olynthos)〔2〕、乐观主义者阿那克萨库[Anaxarchos *ho Eudaimonicos*(the optimist)]以及他的学生怀疑论者皮罗,还有阿斯蒂帕莱阿的奥涅希克里托斯和克里特人涅亚尔科,这两个人分别是他的领航员和舰队司令。所有这些人都写了回忆录,但只有一些残篇留传给我们,不过它们已被用在现存的史学著作中了。

尼科美底亚(Nicomēdeia)的阿利安(活动时期在 2 世纪上半叶)的著作是留传至今的重要史学著作之一,在帮助亚历山大和爱比克泰德(Epictētos)青史留名方面,他立下了双重功勋。他的著作在很大程度上以托勒密王朝的创建者托勒密-索泰尔的回忆录为基础,而托勒密-索泰尔曾是亚历山大大帝的朋友和将军之一。托勒密-索泰尔的文稿也许是留传至今的有关亚历山大的历史著作中最出色的部分。他的回忆录是根据官方的远征记录和其他官方文件写的,并且从他的亲身体验中获得了灵感。托勒密-索泰尔是最早的写出自己的回忆录的实干家之一,在这方面他是凯撒的先驱。

---

〔2〕卡利斯提尼是亚里士多德的侄子。他把亚历山大描述为泛希腊主义的拥护者和宙斯之子。但他反对亚历山大的东方文化倾向,例如,对 *proscynēsis*(在东方的国君面前所需要的跪拜或顿首)的引入。他于公元前 327 年因其背信而被处死,而这也使得亚里士多德与亚历山大的友谊就此终结。

除了阿利安的著作之外,现存的还有其他 3 部相关的史学著作,一部是西西里岛的狄奥多罗(活动时期在公元前 1 世纪下半叶)写的,即他的《历史论丛》(*Bibliothēcē*)第 17 卷;另一部是昆图斯·库尔提乌斯(Quintus Curtius,活动时期在 1 世纪上半叶)的《亚历山大大帝传》(*De rebus gestis Alexandri Magni*);还有一部是查士丁(Justinus)在安东尼父子(Antonines)时期(138 年—180 年)* 写的拉丁语著作,但它是奥古斯都时代(Augustan age)的特罗古斯·庞培乌斯(Trogus Pompeius)更早的著作的抄本。最简单地说,阿利安的史学著作主要来源于托勒密-索泰尔和阿里斯托布勒,而另外 3 部著作基本上来源于克利塔库。

　　除了这 4 部史学著作之外,还应当加上普卢塔克(活动时期在 2 世纪上半叶)撰写的亚历山大的传记,但要与它们区分开。普卢塔克主要是一个文学家,而且是一位非常伟大的文学家,他根据其诗人的想象力和他的天才,既使用过最糟糕的原始资料也使用了最出色的原始资料。人们会有这样的感觉,他对亚历山大的描写尽管有许多细小的不准确之处,但基本上还是真实的。

　　这 5 部留传至今的古代有关亚历山大的史学著作来源于大约 50 部已经失传的著作。这足以说明亚历山大非凡的功绩和个性马上引起了人们的注意和赞扬。此外,他开创了一个世界主义的新纪元,而他的那些从众多国家中吸引来的史学家们延续了这些世界倾向,他向塞姆的埃福罗斯(活动时期在公元前 4 世纪下半叶)传播的正是这些倾向。他的声望如此巨大,以至于史学家的希腊语著作和拉丁语著作难以满足大众的渴望,因而产生了大量循环传说。"亚历山大的传奇"传遍了世界各地;业已在 24 种语言中收集到的这种传奇达 80 多个版本。[3]

由于那些流行的传说,亚历山大成为世界上最知名的英雄之一。有乔叟(Chaucer)的话[《僧人的故事》(*Monk's Tale*),3821-3823]为证:

亚历山大的故事流传极广,略有见识的人对他的部分或全部命运都有所耳闻。

174
二、其他希腊史学家

公元前 3 世纪的其他史学家例证了同样的世界主义倾向和科学倾向。我们再从诸多史学家中选出几个思考一下。我们始终应当记住,当我们试图描述希腊化时期的学术和文学时,我们只能就这个主题选取一些范例,因为尽管作家的数量非常大(整个希腊化时期有 1100 多位),但他们的作品只有很少一部分传播至今;因此我们的选择是非常任意的,这不是由我们自己决定的,而是由命运之神决定的。

1. 小克拉特罗斯(Crateros the Younger)。当亚历山大开

---

[3] 相关的历史,请参见 W. W. 塔恩:《亚历山大大帝》(*Alexander the Great*,2 卷本,Cambridge:University Press,1948);小查尔斯·亚历山大·鲁宾逊(Charles Alexander Robinson,Jr.):《亚历山大大帝传》[*The History of Alexander the Great* (296 页)Providence,R. I.:Brown University,1953]。有关传说,请参见本书第 1 卷,第 491 页;《亚历山大大帝》("Iskandar-nāma"),《伊斯兰百科全书》(*Encyclopaedia of Islam*),第 2 卷(1921),第 535 页;伪卡利斯提尼:《马其顿的亚历山大大帝传》(*The Life of Alexander of Macedon*),伊丽莎白·黑兹尔顿·海特(Elizabeth Hazelton Haight)翻译并编辑(New York:Longmans,Green,1955)。

始他的亚洲远征时,他把马其顿的摄政权委托给他的同胞和
将军之一安提帕特(Antipatros),在亚历山大去世后,马其顿
和希腊的政府由这位安提帕特和另一个马其顿人、也是这位
征服者的朋友克拉特罗斯(Crateros)共同掌管。克拉特罗斯
娶了安提帕特的女儿菲拉(Phila)。这桩婚姻结出的果实就
是小克拉特罗斯(公元前 321 年—前 255 年),他大概是在
其父去世后出生的。菲拉后来又嫁给了围城者德米特里,并
生下了另一个儿子亦即未来的安提柯-戈纳塔。[4] 因此小
克拉特罗斯和安提柯-戈纳塔是同母异父的兄弟。提供这些
细节有助于说明小克拉特罗斯的工作。他出版了一本《雅典
法令集》(*Psēphismatōn synagōgē*),[5]其中有些来源于铭文;
其中大部分只能从档案中获得。对处在他的位置上的人来
说,编辑此书比一般的史学家更为容易。小克拉特罗斯必然
认识到了,编辑这样的法令集对撰写历史是十分重要的。他
对此的理解类似于与他同时代的人对天文学和解剖学的理
解。在所有这些事例之中,只有在耐心地收集相关的事实并
把它们置入适当的框架之后,才可能得到真正的知识。

　　2. **雅典的菲洛科罗斯**(Philochoros of Athens)。在吕克昂
学园的影响下,不同的人编辑了有关阿提卡的史实的文集;

---

〔4〕 安提柯二世戈纳塔的卓越在一定程度上应归功于他的母亲菲拉——最好的希
　　　腊皇后和品德高尚的妇女。她的两个儿子小克拉特罗斯和安提柯二世彼此忠
　　　诚,普卢塔克在其短论《论手足之情》[*Brother Love*,《道德论丛》(*Moralia*),478 -
　　　492]中对之进行了赞扬。参见格雷丝·哈丽雅特·麦柯迪(Grace Harriet
　　　Macurdy)对她的描述:《希腊皇后》(*Hellenistic Queens*, Baltimore, 1932),第 58
　　　页—第 69 页。也许应该把这个菲拉称作菲拉一世(Phila I),以区别于她的儿
　　　媳、安提柯的妻子菲拉二世(Phila II),后者的婚礼颂歌(epithalamion)是由索罗
　　　伊的阿拉图创作的。
〔5〕 卡尔·米勒(Karl Müller)把大约 18 个残篇编入了《希腊古籍残篇》(Paris,
　　　1848),第 2 卷,第 617 页—第 622 页。普卢塔克利用了克拉特罗斯的法令集。

这些被称作 *atthides*（阿提卡史著）的文集按照年代顺序编排，它们在政治史或军事史方面论述得不多，更多论述的是 *atthidographoi*（阿提卡史著编纂者）所理解的文化史，亦即神话以及崇拜的起源。在这些著作中，最著名的是雅典人菲洛科罗斯写的题为《阿提卡史》（*Attis*）的历史著作。公元前 306 年，菲洛科罗斯是一个官方占卜者（*mantis cai hieroscopos*）。他的《阿提卡史》一直写到公元前 261 年，但此后不久，在他大概年事已高时，安提柯－戈纳塔以所谓背叛托勒密二世菲拉德尔福为由把他处死了。[6] 该著作包含许多有关雅典的历史、政体、节日、宗教崇拜以及警句诗的信息，并且是依据国王和执政官的年代顺序编排的。非常有可能的是，在希腊的其他城市也编辑过类似的编年史。

提到编年史，就会使人想起在本卷有关埃拉托色尼的那一章的结尾已经讨论过的更大的年代学问题。陶尔米纳的提麦奥斯第一个认识到需要这样一种年代学框架，它不仅应当适用于个别的城邦或国家，而且应当适用于全部有人居住的世界，或者至少，适用于希腊世界。他发明了奥林匹克纪年法；这种方法被埃拉托色尼系统化了，并且得到了少数史学家的应用。大多数史学家无视它；对这些人而言，更为简单的是坚持他们当地的编年表，而不试图根据其他的年表对它们加以修订。

　　3. **卡迪亚的希洛尼谟**。这个时期最优秀的史学家也许是

---

[6] 这两个国王在同一时期执政。安提柯－戈纳塔从公元前 283 年至公元前 239 年统治马其顿，并在此期间统治阿提卡的一部分；托勒密－菲拉德尔福从公元前 283 年至公元前 246 年统治埃及。

卡迪亚的希洛尼谟。卡迪亚位于达达尼尔海峡色雷斯半岛
(the Thracian Chersonēsos)。希洛尼谟是卡迪亚的欧迈尼斯
的朋友,欧迈尼斯则是腓力普斯(Philippos)和亚历山大的秘
书。在欧迈尼斯于公元前 316 年去世后,希洛尼谟为独眼王
安提柯一世(Antigonos I the Cyclōps)、围城者德米特里和安
提柯二世戈纳塔效力。他撰写了一部从亚历山大去世到伊
庇鲁斯国王皮洛士去世(亦即从公元前 323 年至公元前 272
年)的希腊史,该著作涵盖了战争连绵的大变革时期,而且
也许以 *Hai peri diadochōn historiai*(《后继者的历史》)为题。
希洛尼谟是一个军人而不是文人,但他擅长对情景和人物的
描写,而且真实可信。狄奥多罗、普卢塔克和阿利安大量使
用了他的著作。

4. **加达拉的墨尼波斯**(Menippos of Gadara)。对其他史
学家来说,简单描述几句就足够了,我们的目的就是要介绍
他们这个群体,他们的活动有着重大的意义,这些活动获得
了吕克昂学园主要是塞奥弗拉斯特的激励。帕勒隆的德米
特里撰写了一部有关他自己的短暂统治的历史(公元前 317
年—前 307 年;他于公元前 283 年去世);拜占庭的德米特里
(Dēmētrios of Byzantion)详细描述了高卢人对小亚细亚的入
侵;皮洛士(公元前 319 年—前 272 年)发表了他自己的回
忆录;西锡安的阿拉图(Aratos of Sicyōn,公元前 271 年—前
213 年)[7]撰写了《自述》(*Hypomnēmatismoi*,一种自传);萨

----

[7] 参见 F. W. 沃尔班克(F. W. Walbank):《西锡安的阿拉图》(*Aratos of Sicyon*,232
页;Cambridge,1933);这是一部研究政治史的著作。西锡安是伯罗奔尼撒西北
非常小的西锡安尼亚(Sicyōnia)地区的主要城镇。有人认为,它是希腊最古老的
城市之一,在荷马时代之前就已经存在。这里有希腊最早的绘画和音乐学派之
一。伟大的雕塑家利西波斯就是西锡安人。

摩斯岛的僭主杜里（Duris, tyrant of Samos, 公元前 340 年——前 260 年）撰写了一部萨摩斯编年史以及（到公元前 280 年为止的）马其顿史和希腊史, 更为新颖的是, 他还撰写了包含许多逸闻趣事的文学、音乐和绘画的编年史；赫拉克利亚——本都卡的卡梅利翁（Chamaileōn of Hēracleia Pontica）编纂了一部诗歌史；菲拉尔库（Phylarchos）续写了杜里的历史, 一直写到公元前 219 年。许多学者都编辑了传记（bioi）集, 如索罗伊的克里尔库（Clearchos of Soloi）、萨堤罗斯（Satyros）和埃维亚的卡里斯托斯的安提柯（Antigonos of Carystos in Euboia）（他们编辑的是哲学家的生平）。叙利亚人（或腓尼基人？）犬儒学派成员、加达拉的墨尼波斯（Menippos of Gadara）的讽刺作品非常出名, 以至于瓦罗（活动时期在公元前 1 世纪下半叶）把他自己的讽刺作品称作《墨尼波斯式讽刺诗》（Saturae Menippeae）。这个题目有着奇怪的运气, 因为它曾作为一本政治小册子的标题。这本小册子是许多作者的讽刺作品的汇辑, 它们有的是用散文、有的是用韵文写的, 有的使用的是法语, 有的使用的是拉丁语, 它们都反对"Ligue（联盟）"而拥护亨利四世（Henri IV, 法国国王, 1589 年——1610 年在位）的统治。"la Satire Ménippée（墨尼波斯式讽刺)"〔8〕是文艺复兴时期法国语言的一座丰碑。

由于许多理由,上述选择是任意的,但实际上,它足以说明那些历史倾向,它们既表现出希腊文化复兴的特征,也表现出它的科学事业的特征。人们对与事实有关的知识有着广泛的需求,一些学者或多或少满足了这种需求,但他们中的大多数人并非训练有素的史学家,当然远远低于修昔底德的水平,但他们仍然为波利比奥斯(活动时期在公元前 2 世纪上半叶)铺平了道路。

不过,我们还未涉及最有创造性的史学研究。我将把它留在专门论述"公元前 3 世纪的东方文化"那一章中予以讨论。它所涉及的历史研究不仅与严格意义上的希腊世界有关,而且与印度、巴比伦、埃及和以色列有关。

三、最早的罗马史学家:费边·皮克托和辛西乌斯·阿利门图斯

公元前 3 世纪由始至终,近东前后相继的王国之间有着如此之多的战争,以至于要想对它们做出清晰的说明可能相当困难,简略的说明是根本不可能的。罗马势力的增长以及罗马人在希腊世界相互竞争的国家之间所施的阴谋的增多,

---

〔8〕即《对西班牙天主教道德及巴黎侍从举止的墨尼波斯式讽刺诗》(*La Satire Ménippée de la Vertu du Catholicon d' Espagne et de la tenue des Estats de Paris …*; Paris, 1593-1595)。它的诸多作者中的皮埃尔·勒鲁瓦(Pierre Le Roy)是一位 *boute-en-train*(擅长逗乐者),他是圣礼拜堂(Sainte Chapelle)的教士和波旁皇室枢机主教的施赈人员。该书早在 1595 年就被译成英语。它出版了许多法语版。"原始文本(texte primitif)"由查尔斯·里德(Charles Read)编辑(Paris, 1878)。它的新版和诸多其他文件的新版由爱德华·特里科泰尔(Edouard Tricotel)编辑(2 卷本;Paris, 1877-1881)。后来的一些作家也使用了"墨尼波斯"这个词,例如《乡村的墨尼波斯》(*Menippeus Rusticus*, London, 1698);亨利·詹姆斯(Henry James):《墨尼波斯式讽刺》(*Menippea*, Dresden, 1866)。

常常会使这种情况变得更严重。这些国家中的每一个都非常愿意获得罗马的帮助以对付其对手,而罗马人同样愿意利用他们的愿望和冲动,并且操纵每一个国家去反对其邻国。在公元前3世纪初,罗马人的阴谋已经盛行于西西里岛、马其顿和希腊。第一次大的冲突是与伊庇鲁斯(希腊东北一个非希腊世界的国家)的国王皮洛士的战争,这场战争持续了10年(公元前282年—前272年)。皮洛士是一个足智多谋的统帅,他赢得了胜利,但代价是损失惨重["Pyrrhic victories(皮洛士式的胜利")],以致最终他还是不得不屈服了;他于公元前272年被杀身亡(享年46岁),留下的是他那被打败、被耗尽并且被彻底毁灭的国家。这使得罗马可以巩固她在意大利的势力。不过,她被迦太基控制了,唯一的出路就是再打另一场更可怕的战争。第一次布匿战争(公元前264年—前241年)以意大利的绝大部分被征服而告结束;罗马于公元前238年占领了撒丁岛,于公元前227年占领了科西嘉岛(Corsica),于公元前211年占领了西西里岛的东部。同时,一只罗马舰队被派往亚得里亚海(the Adriatic)去平定托伊塔女王(Queen Teuta)[9]的海盗。这场胜利令希腊人无比欣喜,因而在公元前228年,他们允许罗马人参加地峡运动会(Isthmian Games)和埃莱夫西斯神秘宗教仪式。由此,希腊向一个文明的朋友敞开了她的内门,但是在两个世纪或者不到两个世纪的时间里,罗马便成了希腊这所房子的女主人。

---

〔9〕 她是伊利里亚(Illyria,在伊庇鲁斯以北,亚得里亚东海岸)的女王,罗马人与她的战争被称作第一次伊利里亚战争(the First Illyrian War,公元前229年—前228年)。

除了迦太基帝国以外,在地中海世界没有什么可以阻止罗马,这两个帝国之间的战争再次变得不可避免。由于各个时代最伟大的将军之一汉尼拔的天才,迦太基帝国几乎就要赢得第二次布匿战争(公元前 218 年—前 201 年)了,但罗马人还是最终取得了胜利。公元前 202 年,非洲征服者大斯基皮奥(Scipio Africanus major)在扎马(Zama)[10]歼灭了迦太基的军队。[11] 迦太基人不得不放弃西班牙和所有岛屿,并且把非洲的一部分让给罗马的同盟者马西尼萨(Masinissa)。*罗马现在成了西地中海的女主人,并且成为整个地中海地区潜在的女主人。

这段非常简短的概述是过于简单了,这是不可避免的。这段概述的目的只不过是要说明,罗马在公元前 3 世纪期间有了长足的发展。有人可能会期待,出现一些罗马史学家来讲述这些政治奇迹,并且把这些政治奇迹归因于命运女神,

---

[10] 在努米底亚(Numidia)境内,迦太基边境正西方。

[11] 不过,汉尼拔设法逃跑了。几年之后,罗马人用阴谋把他赶出了迦太基。他到安条克三世大帝(叙利亚国王,公元前 223 年—前 187 年在位)的朝廷寻求避难,在安条克于公元前 188 年战败后,他又来到普鲁西亚斯(Prusias,比提尼亚国王)的朝廷寻求避难,但却被普鲁西亚斯出卖给罗马人。为避免被捕,他于公元前 183 年自杀,享年 64 岁。汉尼拔是亚历山大、皮洛士和他自己的父亲哈米尔卡尔·巴尔卡(Hamilcar Barca)的学生,他不仅是一个伟大的将军,而且还是一个出色的领导者,一个伟大的人。

* 马西尼萨(约公元前 240 年—前 148 年),北非努米底亚国王。他曾协助迦太基帝国对罗马作战,但在迦太基人战事失利后,他又转过头来帮助罗马人进攻迦太基。——译者

而她自己证明了她是一个民族的女神。[12]

罗马有两位早期的史学家 Q. 费边·皮克托(Q. Fabius Pictor, 活跃于公元前 225 年—前 216 年)[13] 和 L. 辛西乌斯·阿利门图斯(L. Cincius Alimentus, 公元前 209 年在西西里岛任执政官), 他们编写了从埃涅阿斯(Aeneas 或 Aineias) 的到来至第二次布匿战争的罗马史, 但他们都是用希腊语写作的。罗马正在为使她自己成为世界的女主人做准备, 但是她的语言, 归根到底她的文明仍然是不成熟的, 她意识到了它的不发达。

我将在本卷第二十四章继续有关希腊编史学的历史的讨论。

---

[12] 命运女神偏爱罗马, 罗马人也热爱她。在拉丁姆(Latium), 尤其是在昂蒂乌姆[Antium, 位于进入第勒尼安海(Tyrrhenian Sea) 的海角] 以及普勒尼斯特[Praeneste, 罗马附近, 现称帕莱斯特里纳(Palestrina)], 人们都会举行崇拜她的仪式。在最后提到的这座城市的神庙中所发布的神谕被称为普勒尼斯特抽签占卜(*Praenestinae sortes*)。

[13] 他的祖父是 C. 费边·"皮克托"(C. Fabius "Pictor"), 之所以这样称呼, 源于他在奎里莱尔山(the Quirinal) 健康、繁荣和公共福利女神萨卢斯(或罗曼娜)[Salus publica(or Romana)] 的神庙中的一幅画像。这是有记载的最早的罗马绘画(大约公元前 307 年—前 302 年)。萨卢斯(Salus) 原来在拉丁语中等同于许革亚(Hygieia, 健康女神。——译者), 但她逐渐变得非常像幸运女神。

第十三章
语言、艺术与文学

一、希腊语言学的早期发展

公元前 3 世纪是希腊语言学的黄金时代，我在本卷有关亚历山大图书馆的第十章中已对这个时代所做的工作进行了说明。因而我们已经清楚了，"图书馆管理员"并非像现代意义上的图书馆管理员那样，其工作只是使公众能够利用某些图书。因为那时，这样的"图书"尚不存在。图书馆管理员不得不对数量巨大的莎草纸卷进行整理。

由于这些纸卷是由雄心勃勃的国王们迅速搜集的，并且大量堆积着，因而必须对它们进行记述并把它们按类分组。每一组，例如诗歌组，委托给一个有足够能力的学者。它不久又被分为亚组——剧作家、诗史、抒情诗等，渐渐地，所有与某一个诗人例如荷马有关的纸卷又与其他纸卷区分开。这仅仅是开始。还有必要区分《伊利亚特》的不同版本，每个版本都占有许多纸卷的篇幅(这些纸卷并非总是相同的笔迹)。[1] 一方面,所有属于某一个版本的纸卷最终都被放在一起。另一方面,其他文本非常短,同一纸卷中也许会容纳许多这样的文本,因而必须在个人的记述中记录下这个事实,并且最后写在总目录中。

亚历山大图书馆(以及所有古代图书馆)的馆长就像是手稿收藏品的管理者,或者毋宁说,像是现代保管者的先驱,他们编写了最早的目录,他们不仅必须考察每一份手稿,而且必须对其大部分进行阅读,还要把每一份手稿与其他许多手稿加以对比。这些图书馆馆长不仅是十足意义上的语言学家,而且是开拓型的语言学家。

有许多优秀的人如以弗所的泽诺多托斯、普洛伦的亚历山大、哈尔基斯的吕科佛隆、昔兰尼的卡利马科斯、昔兰尼的埃拉托色尼、拜占庭的阿里斯托芬等,都以这种方式致力于对希腊语言的研究和对古典文献的编辑,而在这时,其他人(当然,这些人也同样)在用他们自己的作品丰富希腊文献。同时我们也必须承认,除了少数例外,他们自己所奉献的礼物与古代遗留下来的那些财富相差甚远。我们已经谈到教诲诗诗人如阿拉图和尼坎德罗,他们满足了一个时代的需要,在这个时代,从整体上讲科学比诗歌更为繁荣。然而,值

---

[1] 一个(平均长度)大约有 32 英尺至 35 英尺的纸卷可能足以容纳《新约全书》中篇幅较长的那些卷[《马太福音》、《路加福音》(Luke)或《使徒行传》(Acts)],或者修昔底德著作中的某一卷。因此,任何一部相当长的著作都不可能被单一的载体容纳。只有当纸卷被抄本取代、莎草纸被羊皮纸取代时,这种情况才变得可能。这也可以说明为什么大多数作者的文集未能留传给我们;只有少数纸卷流传下来,其他都失传了。参见弗雷德里克·G.凯尼恩:《古希腊和古罗马的书籍和读者》(Oxford:Clarendon Press),第 2 版(1951),第 64 页。

得注意的是,他们二人都不是亚历山大人。阿拉图是奇里乞亚人,他生命中有一半在马其顿度过,另一半在叙利亚度过。尼坎德罗来自爱奥尼亚。他们二人都是亚细亚的希腊人。

二、雅典的米南德

亚历山大的变革并没有终止雅典戏剧业的发展。创作"新喜剧(New Comedy)"的新剧作家出现了。其中卓尔不群者有两位:菲莱蒙(Philēmōn)和米南德,尤其是这第二个人,他是世界文学史上最伟大的作家之一。

索罗伊的菲莱蒙于公元前 361 年出生在(奇里乞亚的)索罗伊,他的一生在雅典和亚历山大或者在比雷埃夫斯度过,在比雷埃夫斯他和他的情人格莱希亚(Glycera)拥有一座别墅;他于公元前 262 年雅典被围困时期在比雷埃夫斯去世,享年 99 岁。他写了 97 部喜剧,其中 54 部我们知道其标题。除此以外,我们对它们的了解仅限于一些残篇或者罗马人普劳图斯(Plautus,公元前 254 年—前 184 年)对他的模仿,普劳图斯生活的年代与他非常接近。菲莱蒙在喜剧情景的虚构方面颇有天赋,并且在雅典取得了巨大成功。他成为一个完全的雅典公民,并且在许多竞赛中获胜。但是,他的艺术手法流于表面,而且他不擅长创造人物。

他的竞争对手米南德(公元前 342 年—前 291 年)是一个真正的雅典人。米南德比菲莱蒙晚出生 20 年,但比他少活 50 年,因此,菲莱蒙在米南德去世后仍然活了 30 年。当我们认为他们是同时代的人时,我们必须记住这一点。尽管菲莱蒙的某些"新"剧在米南德之前发表,但米南德是一个真正的新喜剧之"星(astēr)"。他是一对富有的父母之子,接受过哲学方面的教育,并且主要受塞奥弗拉斯特和伊壁鸠

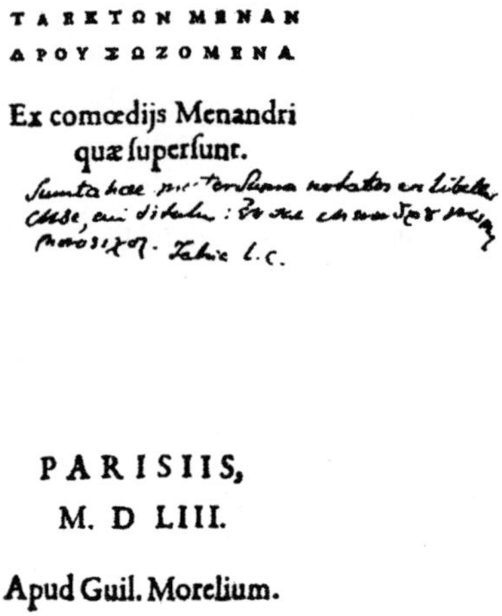

ΤΑ ΕΚΤΩΝ ΜΕΝΑΝ
ΔΡΟΥ ΣΩΖΟΜΕΝΑ

Ex comœdijs Menandri
quæ superſunt.

Sumta hæc ... tonsliona notaten en libelle,
... cui ditelin : ... ...
... Tahin l. c.

PARISIIS,
M. D LIII.

Apud Guil. Morelium.

图 33　纪尧姆·莫雷尔（Guillaume Morel）印制的米南德著作的残篇的初版（Paris, 1553），它们编在题为《古代喜剧残篇 42 篇》[*Veterum comicorum XLII quorum integra opera non extant sententiae*（小开本，15 厘米高，27×2 页）][承蒙哈佛学院图书馆恩准复制]

鲁的影响。他比菲莱蒙更多产，因为他在比菲莱蒙短得多的一生中创作了 100 多部喜剧（已知其标题的有 98 部）。他的艺术手法比菲莱蒙高明得多，尽管后者的剧作有时比他的剧作更受欢迎。他没有一部完整的剧作留传给我们，不过，我们有许多他的作品的残篇，其中最知名的剧作《农夫》（*Geōrgos*）保存在一部纸草书中。[2]他的许多剧作是通过普劳图斯和迦太基人泰伦提乌斯的拉丁语改编本而传播的。

180　　　米南德没有达到他大加赞赏的欧里庇得斯的水平；但他既是一位诗人也是一位伦理学者，并且有着出色的戏剧天赋。他确实创造了不同的人物，并且能够使他自己的语言多样化以适应每个人物的需要，他是一个十分注重写实的作家。拜占庭的阿里斯托芬以幽默询问的方式说明了他的这种特性："米南德和自然究竟谁模仿了谁？"他无疑是希腊化

---

[2] 参见朱尔·尼科尔（Jules Nicole）编：《米南德的〈农夫〉》（*La laboureur de Ménadre*, Geneva, 1898）。

时代的作家,因为他的第一部剧作出现在舞台上时是亚历山
大去世后的第二年。他的许多诗句甚至成了英语的
谚语。[3]

　　米南德曾被托勒密一世索泰尔邀请去亚历山大,但是他
选择留在雅典。在他那个时代,菲莱蒙有时比他更受雅典观
众欢迎,但是他的优势很快就显示出来了。纸草书中缺少菲
莱蒙的剧作就是这点的一个重要证据,而许多纸草书都有米
南德剧作的长篇残篇(整幕的戏)。

　　他得到了昆提良(Quintilian,活动时期在 1 世纪下半叶)
和普卢塔克(活动时期在 1 世纪下半叶)的赞誉,但后来有
点被人忘记了,因为那些原文未能保存下来(在 19 世纪以前
不为人知的纸草书除外)。他确实是最伟大的喜剧作家之
一,堪与莫里哀(Molière)相媲美。[4]

　　三、次要诗人

　　我们再来更简略地谈一下另外几个诗人。萨摩斯岛的
阿斯克列皮阿德斯(Asclēpiadēs of Samos,活跃于公元前 270
年)写了一些爱情诗和警句诗。尽管有些警句诗(或者有韵
律的铭文)可以追溯到公元前 7 世纪,在希腊化时代,这种流
派即使不是更加声名显赫的话,至少已经变得更为流行了。
没有哪个希腊化时代的警句诗作家获得了西摩尼得(公元前

_181_

---

〔3〕 例如:"良心可壮懦夫胆(Conscience makes cowards of the bravest)。"对这些诗句
　　的收集促进了它们的保存,大概在罗马时代,它们被收集在《单行诗体箴言集》
　　(*Gnōmai monostichoi*)中。
〔4〕 米南德戏剧作品的初版(1553)编入了文集《古代喜剧残篇 42 篇》(Paris,
　　1553),第 3 页—第 56 页;16 世纪和更晚的时代有更多的版本出版。最便利的
　　希腊语-英语对照本是弗朗西斯·G. 艾利森(Francis G. Allison)编的:《米南德
　　的主要残篇》(*Menander, the Principal Fragments*),见"洛布古典丛书"
　　(Cambridge,1929)。

556 年—前 468 年) 以及其他公元前 5 世纪和公元前 4 世纪
的诗人那样的魅力和实力,但我们仍要感激希腊化时代的那
些作家为我们提供了这门艺术诸多富有感染力的和新奇的
例子。科斯岛[5]的菲勒塔斯是托勒密-菲拉德尔福和泽诺
多托斯的私人教师,他既是一位诗人也是一位语法家,而且
也许可以把他称为亚历山大诗学学派的创始人。他的身体
像他的诗歌一样柔弱,而且变成了传奇:据说,他不得不穿铅
底鞋以免被风吹走![6]

　　哈尔基斯的吕科佛隆(大约出生于公元前 325 年)写过
许多悲剧,但人们记得他主要是因为他的一部诗史《亚历山
大》(*Alexandra*,共计 1474 个抑扬格),这部诗有两个不同凡
响之处,一方面它非常晦涩,另一方面它又有相当大的价值,
因为它是罗马强权压迫希腊化世界的见证。《亚历山大》的
主题是惊天动地的重大事件:特洛伊的毁灭、希腊人的返回、
欧洲与亚洲之间的斗争;尤其是希腊遭受的苦难让人感到是
对特洛伊苦难的抵偿(请记住,罗马人的荣耀也被认为是一
种为特洛伊的复仇;埃涅阿斯在成为罗马英雄之前是特洛伊
英雄)。不过,吕科佛隆在处理他的主题方面并不是很坦诚
的,过浓的学术味和过于贫乏的艺术技巧毁了他的诗。由于
蹩脚的创作、神话的混淆以及过多的自造词汇导致了该诗的

---

〔5〕 科斯岛曾经被马其顿帝国统治,但在公元前 310 年被托勒密-索泰尔"解放"了;
　　从那时起,它与亚历山大城有着密切的关系。有可能,托勒密诸王把它当作避暑
　　胜地了。托勒密-菲拉德尔福于公元前 308 年出生在那里。公元前 5 世纪的希
　　波克拉底,公元前 4 世纪的画家阿佩莱斯(Apellēs),公元前 3 世纪的至少 4 位诗
　　人:菲勒塔斯、阿拉图、忒奥克里托斯和赫罗达斯,他们都是这个小岛讨人喜欢的
　　例证。
〔6〕 依据 J. E. 桑兹:《古典学术史》(Cambridge),第 3 版(1921),第 118 页。

晦涩(即使对他的同时代人也是如此,对我们就更不用说了)。[7] 它是希腊文学中最糟糕的作品的典型;但它却给各个时代的学究们带来了快乐。[8]

我们还是离开吕科佛隆回到诗歌上吧。1890 年发现的一部纸草书展示了埃及诗人赫罗达斯的作品,其中 8 部笑剧不仅描写了情人,而且也描写了拉皮条的人。赫罗达斯描述了他周围的卖淫生活,但他是一个真正的艺术家,而不是一个学究。[9] 他大概在托勒密－菲拉德尔福时代活跃于科斯岛和埃及。

虽然昔兰尼的卡利马科斯学识渊博,但他也是一个名副其实的诗人。他是亚历山大图书馆的主管,不幸的是,他的主要著作即关于亚历山大图书馆的 *Catalogue raisonné*(《目录全集》)佚失了。他的其他散文著作也佚失了,不过,他有很多的诗作留传给我们,足以展示他的天才。这些诗作有对宙斯、阿波罗、阿耳忒弥斯、提洛岛、帕拉斯(Pallas)和得墨忒耳的颂歌,64 首警句诗以及许多残篇。他的最长的诗歌是一部哀歌作品《起因》(*Aitia*),全诗长达 3000 多行,但我们现在所能得到的只是其中的很少一部分。它以梦的形式

182

---

[7] 在其所用的 3000 个词中,有 518 个词在任何别的地方都没有见过,有 117 个是首次使用(《牛津古典词典》)。这肯定创造了一项纪录!

[8] A. W. 梅尔编辑的《亚历山大》的希腊语－英语对照阅读起来很方便,见《卡利马科斯、吕科佛隆和阿拉图》("洛布古典丛书";Cambridge,1921)第 477 页—第 617 页。

[9] 赫罗达斯作品的第一版由弗雷德里克·乔治·凯尼恩编辑在《包括新发现的赫罗达斯的诗作在内的大英博物馆纸草书中的古典文本》(*Classical Texts from Papyri in the British Museum Including the Newly Discovered Poems of Herodas*;London,1891)。艾尔弗雷德·迪尔温·诺克斯(Alfred Dillwyn Knox)编辑了赫罗达斯作品的希腊语－英语版,把它们与塞奥弗拉斯特的《品格论》(*Characters*)编在了一起,见"洛布古典丛书"(Cambridge,1929)。

描述了许多希腊传说和宗教仪式,监察官加图(活动时期在公元前 2 世纪上半叶)用拉丁语在其《起源》(*Origines*)中对之进行了模仿(无论怎么说,*Origines* 这个标题与 *Aitia* 完全对应)。他的另一首诗《贝勒奈西的头发》(*The Lock of Berenice*, *Berenicēs plocamos*)有着独特的运气。这首诗是献给昔兰尼国王马加斯的女儿贝勒奈西的,她于公元前 247 年嫁给了托勒密三世埃维尔盖特。她把她的头发作为感恩奉献物悬挂在阿尔西诺·阿佛罗狄忒(Arsinoē Aphrodite)神庙之中,但是它消失了,并且被送上了天空,在那里它变成了后发(Coma Berenices)星座。对一个诗人来说,这是一个美丽的故事。卡利马科斯的这首诗只保留下来 10 行,但我们有该诗卡图卢斯的拉丁语译文,它曾赋予奥维德以灵感。丁尼生(Tennyson)的《特里西亚斯》(*Teresias*)来源于卡利马科斯的第 5 首有关帕拉斯沐浴的颂歌。它讲述了一个年轻的底比斯人特里西亚斯的故事。特里西亚斯碰巧看到了帕拉斯·雅典娜洗澡,她就把他变成盲人,并使他具有预言的能力;他一直活到非常老,而且成为古代最著名的"先知者"之一。卡利马科斯的许多其他警句诗也都非常雅致和富有感染力,例如有一首(第 6 首)涉及鹦鹉螺外壳,这首诗是献给泽菲里恩(Zephyrion)的阿尔西诺·阿佛罗狄忒的。[10] 不幸的是,它起到了为亚里士多德的错误说明摇旗呐喊的作用,亚

---

[10] 阿尔西诺·阿佛罗狄忒是阿尔西诺二世(公元前 270 年去世)的神的显现,阿尔西诺是她的弟弟托勒密二世菲拉德尔福的妻子;在亚历山大城以东的泽菲里恩海角有一座寺庙是供奉她的。她是水手的保护神[Aphroditē Euploia, Pelagia(航行和水手的女守护神)]。在她被尊为神之前,她已经证明她自己是一个美貌绝伦和聪慧无比的女人,但却像她那个时代的诸王一样寡廉鲜耻。相关的更详细的信息,请参见本章注释 23。

里士多德以为,鹦鹉螺用其隔膜作帆,用其触角作桨。[11] 当
卡利马科斯处在最佳状态时他是相当出色的,但他不可能总
是全神贯注,因为他不得不挑起一副沉重的担子。[12]

弗利奥斯(伯罗奔尼撒东北)的提蒙是皮罗的弟子和他
的学说的倡导者。他是一个怀疑论者和智者,最终在雅典定
居,大约于公元前 230 年在这里去世,享年 90 岁。他写了一
些讽刺诗,或者更确切地说写了一些滑稽性模仿诗文,它们
被称作讽刺诗(silloi),因此他有了"讽刺作家(ho
sillographos)"的绰号。

哈尔基斯的欧福里翁(Euphoriōn of Chalcis)曾在雅典学
习哲学,他活跃于埃维亚和科林斯的统治者亚历山大的朝
廷,他娶了后者的寡妇为妻,并且被安条克大帝(叙利亚的
统治者,公元前 223 年—前 187 年在位)任命为安条克
(Antioch)[13]图书馆的馆长。他大概在安条克度过了他的余

---

[11] 有关亚里士多德的传说涉及"纸鹦鹉螺"(船蛸属),相关的论述,请参见本书第
　　1 卷,第 542 页。鹦鹉螺(nautilos,在希腊语中意指水手)属就是因这个传说而得
　　名的。纸鹦鹉螺并非真的是一种鹦鹉螺,而是一种船蛸,它们都属于头足纲,但
　　不是同一个属,纸鹦鹉螺与章鱼有亲缘关系。达西·W. 汤普森爵士在《鹦鹉螺
　　的外壳》("La coquille du Nautile")中令人惊叹地说,要是卡利马科斯知道真正
　　的鹦鹉螺及其日晷式生长(gnomonic growth)就好了,见《科学与经典》(London:
　　Oxford University Press,1940)[《伊希斯》33,269(1941-1942)],第 114 页—第
　　147 页。

[12] A. W. 梅尔编辑的卡利马科斯著作的希腊语-英语对照本阅读起来很方便;参见
　　注释 8。鲁道夫斯·法伊佛编辑的卡利马科斯的著作非常详尽(Oxford:
　　Clarendon Press,1949,1953)。

[13] 人们对安条克有一座图书馆不会感到惊讶,因为这里是一个繁荣的城市。塞琉
　　西时代始于公元前 312 年。塞琉西帝国的缔造者塞琉古一世尼卡托(公元前
　　358 年—前 280 年)于公元前 321 年在底格里斯河畔建立了他的第一个首都塞
　　琉西亚(Seleuceia),大约于公元前 300 年又在奥龙特斯河(Orontēs)河畔建立了
　　他的第二个首都安条克。这两座城市都是非常希腊化的城市,并且试图在建设
　　方面仿效亚历山大城。

生并且被安葬在那里(或阿帕梅亚)。归于他名下的诗作有许多:包括警句诗、神话作品和 *epyllia*(短篇诗史)。其中没有多少保留下来,不过,许多其他希腊和拉丁诗人包括卡图卢斯和维吉尔对他的赞扬和借鉴,证明了他在当时的影响。他编撰过一部希波克拉底词典(现已失传)。

　　克里特人里阿诺斯(the Cretan Rhianos)在公元前 3 世纪的最后 25 年活跃于亚历山大。他编辑了新版的《伊利亚特》和《奥德赛》,并且写了一些警句诗和诗史,这些作品包含了许多地理学知识的细节;他的这些诗实际上已经佚失了,但那些知识的细节中有许多被拜占庭的斯蒂芬诺斯(活动时期在 6 世纪上半叶)在其地理学词典中保存下来。里阿诺斯关于第二次美塞尼亚战争(the Second Messenian War)和阿里斯托梅尼(Aristomenēs)的英勇事迹的记述由保萨尼阿斯(Pausanias,活动时期在 2 世纪下半叶)为我们保存下来。[14]

　　迈加洛波利斯的塞西达斯(Cercidas of Megalopolis,大约公元前 290 年—前 220 年)[15]是一个犬儒主义者、自由派政治家和诗人。他的诗作已经佚失了,这太令人遗憾了,因为它们代表了一个新的流派,它们在一定程度上是为那些不幸

---

[14] 美塞尼亚在伯罗奔尼撒西南。与斯巴达作战的第二次美塞尼亚战争(公元前685 年—前 668 年),尽管有阿里斯托梅尼的英勇,但最终还是被美塞尼亚人输掉了,而美塞尼亚也被敌方占领了。阿里斯托梅尼的晚年在罗得岛度过。

[15] 迈加洛波利斯在阿卡迪亚,是伯罗奔尼撒的中心;阿卡迪亚人(Arcadians)认为他们自己是希腊最古老的民族,是真正的皮拉斯基人(Pelasgoi,史前先于希腊族人居住在希腊的民族。——译者),他们热爱音乐和自由。迈加洛波利斯是一个相对较新的城市,它是在伊巴密浓达(Epameinōndas,约公元前 410 年—前 362年,希腊将军和政治家。——译者)取得了留克特拉战役(Leuctra battle)大捷(公元前 371 年)之后,根据他的建议而建立的,那场战役终结了斯巴达人的霸权。

的人申辩。塞西达斯即使不是第一个政治诗人,大概也是最早的政治诗人之一。

前面的评述无论多么简洁,都足以让人们铭记这些次要诗人并说明他们的来历和天赋的多样性。我们最后对罗得岛人阿波罗尼奥斯和叙拉古的忒奥克里托斯的短评略长一些。前者所致力的主题使他获得了受人尊崇的声誉,而后者则因为他的诗歌的真诚永远活在人们的心中。

四、罗得岛的阿波罗尼奥斯

若想精确地确定阿波罗尼奥斯的生卒年代是很难的,不过,他是卡利马科斯的学生之一,这样就可以把他的活动时期定在公元前 3 世纪下半叶。他也许接替卡利马科斯担任了亚历山大图书馆的主管(大约公元前 240 年—前 235 年)。他一生中最著名的事件就是他与卡利马科斯的争吵,这是一场被这两个竞争者的刻薄的评论逐渐加剧并恶化的文人之战。他们的争论是希腊化时代的这类冲突中最大的一场,人们仍不能确切地知道是什么引起了这一冲突。也许,除了年龄和性格差异以及相互妒嫉外,没有其他什么具体的原因。

181

阿波罗尼奥斯出生在亚历山大或在其附近,但从某一时间起他隐退到罗得岛,并且在那里度过了他的晚年。他的背井离乡可能是由于与卡利马科斯的争吵所致,而且可能缩短了他的亚历山大图书馆主管的任期。我们可以假设他的主要文学创作是在那个岛上进行的,而且他正是在那个岛上出了名。意味深长的是,他从来没有被称作亚历山大的阿波罗尼奥斯,而是被称作罗得岛人阿波罗尼奥斯。[16]

他的名作是一部诗史《阿尔戈号英雄记》(*Argonautica*,参见图 34),这部诗作尽管相对较短,但被完整地保存下来。[17] 他并非第一个用诗句讲述阿尔戈诸英雄的传奇故事的人,品达罗斯在他的第 4 首皮提亚颂诗(大约写于公元前462 年)中就已经这样做过了。

这个古老的故事可以概述如下。佛里克索斯王子(Prince Phrixos)和他的妹妹赫勒(Hellē)被献给宙斯作祭品,但是他们的母亲涅斐勒(Nephelē)设法去解救他们。作为对她的祈祷的回应,一只会飞并且有金羊毛的公羊把他们带走了;在飞行过程中,赫勒落入海里,那里就用她的名字命名为赫勒斯滂(Hellēspontos,即现在的达达尼尔海峡)。佛里克索斯王子逃到了科尔基斯(Colchis),[18]受到国王埃厄特斯(Aiētēs)的欢迎,埃厄特斯把女儿卡尔克俄佩(Chalciopē)嫁给他为妻。至于金羊毛(the Golden Fleece,*to chrysun cōdion*),国王把它悬挂在圣林中的一棵橡树上,并派不用睡觉的巨龙来看守。希腊的冒险者们在萨色利人(Thessalian)伊阿宋(Iasōn)的率领下去夺取金羊毛。阿尔戈斯(Argos)为他们建造了一艘大船阿尔戈号[因此她的航行

---

[16] 在希腊或任何其他地方,这都不是例外。如果有人按照习惯说雅典人腓力(Philip the Athenian)、根特的约翰(John of Ghent)或穆罕默德·巴格达迪(Muhammad al-Baghdādī),不能由此推断说腓力、约翰和穆罕默德分别出生在雅典、根特和巴格达,只能说,更多的人把他们与这些城市而非任何其他城市联系在一起。

[17] 它总计 5835 行,比《奥德赛》的一半略短一些。有关其他诗史的长度,请参见本书第 1 卷,第 134 页。

[18] 科尔基斯是黑海东端的一个小国,费西斯(Phasis)河横贯该国,雉(pheasant,*ho phasianos ornis*)因此而得名。

者被称作阿尔戈诸英雄(Argonautai)]。伊阿宋不是一个普通的英雄,他是由半人半马怪喀戎(Cheirōn)培养起来的;他与 50 个像他本人一样杰出的勇士[其中包括赫拉克勒斯、卡斯托尔、波吕丢刻斯和忒修斯(Thēseus)]一起航行,他们最终抵达了科尔基斯。由于国王埃厄特斯的另一个女儿美狄亚(Mēdeia)与他们合谋,巨龙被弄得昏迷不醒,其他障碍也被克服,金羊毛被他们夺走了。伊阿宋娶了美狄亚,他们一起返回希腊,但他们后来并不幸福。

　　这个虚构的故事可能包含着现实的内核,即米诺斯人穿越黑海的航行。因此,水手辛巴德(Sindbād the Sailor)在《一千零一夜》(*Thousand and One Nights*)中的冒险大概就是从商人苏莱曼(Sulaiman the Merchant,活动时期在 9 世纪上半叶)横渡印度洋和中国海的航行中得到了启示。[19] 阿尔戈诸英雄的传奇,与无数其他神话混合在一起,变成了希腊民

185

[19] 参见《科学史导论》,第 571 页,第 636 页;让·索瓦热(Jean Sauvaget):《中国印度见闻录》[*Akhbār as-Sin wa-l-Hind*(122 页), Collection arabe Guillaume Budé, 1948][《伊希斯》*41*,335(1950)];《印度的奇迹》("Les merveilles de l'Inde"),见《索瓦热回忆录》(*Mémorial Sauvaget*, Damas: Institute français, 1945),第 189 页—第 309 页。

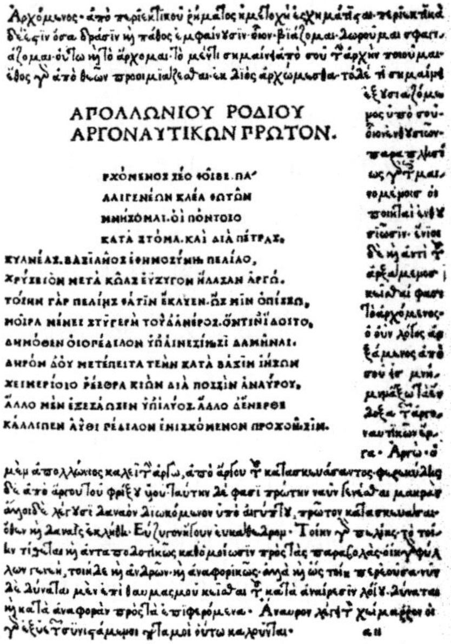

ΑΠΟΛΛΩΝΙΟΥ ΡΟΔΙΟΥ
ΑΡΓΟΝΑΥΤΙΚΩΝ ΠΡΩΤΟΝ.

图34　罗得岛的阿波罗尼奥斯的《阿尔戈号英雄记》的初版,原文周围附有评注[172×2页,未编页码(Florence:Lorenzo Francisci di Alopa,1496)];第1页上有希腊语的作者生平和家谱[引自现保存在哈佛学院图书馆中的菲尔曼·迪多(Firmin Didot)的副本]

间传说内在的一部分,并且最终成了欧洲民间传说的一部分。[20]

阿波罗尼奥斯的诗史分为4卷。第1卷和第2卷主要讲述的是向科尔基斯的航行,第3卷的主要部分讲述了伊阿宋与美狄亚的爱情,第4卷讲述了他们返回的旅程。爱情故事是全诗的精华;它是同类中第一个详细讲述爱情故事的作品,并且对罗马和欧洲文学产生了深刻的影响。第4卷中丰富的地理学知识的细节是世界主义时代的象征,他对地理学

〔20〕勃艮第(Burgundy)公爵、善良的菲利普(Philip the Good)于1429年在布鲁日(Bruges)创设"金羊毛"骑士勋位,这可以证明这个传奇的持续流行,参见H.凯尔万·德·勒特诺夫(H. Kervyn de Lettenhove):《金羊毛》(*La Toison d' Or*,104页;Brussels,1907)。1848年及以后诸年去加利福尼亚寻金的冒险者有时也被称作阿尔戈英雄。*Argonauta* 这个名称还被用来指纸鹦鹉螺。

的这种求知欲受到了埃拉托色尼的激励。[21]

写一本以"文学艺术中的阿尔戈诸英雄"为题的书可能是件很有诱惑力的事,但这可能需要相当多的努力和时间,因为这个浪漫的故事已经赋予了无数诗人和艺术家以灵感。

五、叙拉古的忒奥克里托斯

现在我们也会像有些人那样,将以最优秀的诗人作为这部分讨论的结束,并且将颂扬希腊化时代最伟大的诗人忒奥克里托斯。他在公元前 4 世纪末出生在叙拉古,亦即出生在阿加索克利斯(Agathoclēs)[22]担任僭主的时期,在这个时期末,这个城市变成了一片废墟。因而,他离开西西里就不会令人惊讶了;他的一生的大部分时光在亚历山大和科斯岛度过。我们应当记住,科斯岛是托勒密帝国的一部分,而且该帝国的第二位君主托勒密–菲拉德尔福于公元前 309 年在该

186

---

〔21〕 在拉斯卡里斯(Lascaris)编辑了《阿尔戈号英雄记》(Florence,1496)的初版之后,又出版了许多其他版本:威尼斯版,1521 年;巴黎版,1541 年;日内瓦版,1574 年;莱顿版,1641 年;牛津版,1777 年(最后这两个版本都附有拉丁语文本)。R. C. 西顿(R. C. Seaton)编辑了希腊语–英语对照本,见"洛布古典丛书"(Cambridge,1912)。

〔22〕 阿加索克利斯是西希腊人中的唯一一希腊国王,从公元前 317 年起为叙拉古僭主,并于公元前 304 年宣布他自己是(东)西西里的国王,他于公元前 289 年去世。他的统治被不停的争斗和频繁的战事毁了。他的敌人有迦太基人、西西里西部的希腊人、罗马人,还有他自己的人,即他自己的家族。

岛出生。在忒奥克里托斯的一首诗中,他提到阿尔西诺王后[23]依然健在(她于公元前 270 年去世)。有可能忒奥克里托斯一直活到公元前 3 世纪中叶,因此,他的文学生涯覆盖了公元前 3 世纪上半个世纪的全部时光。

　　忒奥克里托斯是一位真正的诗人,他创建了一个新的流派,这不是像提蒙的讽刺诗那样的二流的流派,相反,它是最重要的诗歌流派之一——田园诗或田园短诗(idyllic poetry)[24]流派(参见图 35)。有可能,他在叙拉古或科斯这个可爱的小岛获得了灵感,同时,他可能是在同样的地方从菲勒塔斯和他周围的诗人那里,或者,从一些像阿拉图这样的来访者那里,接受了某种正规的训练。不过,关键是他的天才,而科斯岛则是它的完美的培育基地。在托勒密-菲拉

---

[23] 即阿尔西诺二世,托勒密一世和贝勒奈西的女儿,也许是希腊最伟大的王后。她嫁给了亚历山大的一个朋友和继承者利希马科斯(Lysimachos),在利希马科斯战败并去世(公元前 281 年)之后,她又嫁给了她的同父异母哥哥托勒密-塞劳诺(Ptolemaios Ceraunus),在他战败并去世(公元前 280 年)之后,她逃到埃及,在那里她(于公元前 279 年)嫁给了她的弟弟托勒密二世菲拉德尔福,菲拉德尔福热烈地投向了她的怀抱。她的权力相当大,但却没有用她的权力做什么善事。在她于公元前 270 年去世前不久,她被冠以菲拉德尔福之名而受到尊奉。以下事实可以证明她的影响:利比亚沙漠中的一块富饶的绿洲法尤姆省(Faiyūm)就曾被用她的名字命名为阿尔西诺伊特省(Arsinoitē nomē),该省的一座城市被命名为克罗克戴勒-阿尔西诺城(Crocodeilopolis-Arsinoē)。有关她的传记,请参见奥古斯特·布谢-勒克莱尔(Auguste Bouché-Leclerq):《拉吉德王朝史》(Histoire des Lagides;Paris,1903),第 1 卷,第 164 页—第 181 页;格雷丝·哈丽雅特·麦柯迪:《希腊皇后》(Baltimore,1932),第 111 页—第 130 页。也可参见多萝西·伯尔·汤普森(Dorothy Burr Thompson):《阿尔西诺·菲拉德尔福的肖像》("Portrait of Arsinoē Philadelphos"),载于《美国考古杂志》59,199-206,另页纸插图 54-55(1955),该文论述了雅典的西西里岛收藏品中的一尊小石像,据说该头像雕塑的是阿尔西诺。

[24] 在英语中"idyl"这个词就是希腊语 eidyllion 的音译,这个希腊词的意思是次要的理念(eidos),小型的、小塑像、小画像。动词 eidō,意为看见或知道,其在拉丁语的同义词是 video。在忒奥克里托斯的作品中没有出现 eidyllion 这个词,它是后来的语法学家们引入的。

187

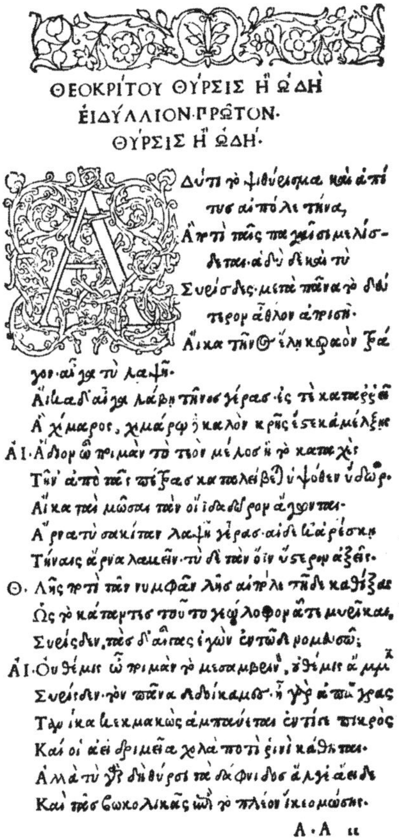
ΘΕΟΚΡΙΤΟΥ ΘΥΡΣΙΣ Η ΩΔΗ
ΕΙΔΥΛΛΙΟΝ ΠΡΩΤΟΝ.
ΘΥΡΣΙΣ Η ΩΔΗ.

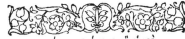

图 35　忒奥克里托斯和赫西俄德的作品的希腊语合编本[小对开本,30 厘米高,140×2 页,未编页码(Venice: Aldus Manutius, Feb,1495)]。[引自哈佛学院保存的两个副本中的一个。]这不是初版,初版由伯纳斯·阿库修斯(Bonus Accursius)大约于 1480 年在米兰出版。初版也包含了赫西俄德的作品;本书第 1 卷(第 149 页)复制了第 1 版中的一页

德尔福时代,他也在亚历山大度过了一段时光,[25]并且受到亚历山大博物馆所培养的诗人的影响,不过他的主要老师是悦人的风光和优雅的田园生活,先是在叙拉古,后来是在科斯岛。他不是第一个田园诗人——在他以前,在希腊或中国,可能有过其他田园诗人,但他是所有时代和所有国家文

[25] 他在第 14 首、第 15 首和第 17 首田园诗中表示过赞扬。在第 15 首田园诗,l. iii 中,他提到了阿尔西诺。

学史上最伟大的田园诗人之一。他是一个阳光诗人。他的天才作品所表现的自然,既不像赫西俄德所表现的那样是严酷的,也不像维吉尔所表现的那样是忧郁的,而是充满欢笑和阳光的。

按照古代的传说,有另外两个田园诗人以忒奥克里托斯为榜样,一个是语法学家叙拉古的摩斯科斯(Moschos of Syracuse),他是萨莫色雷斯的阿里斯塔科斯(活动时期在公元前2世纪上半叶)在亚历山大的一个学生;另一个是绰号"牧牛人"的士麦那的彼翁(Biōn of Smyrna),他所处的时代可能稍晚一些(大约公元前100年)。他们几乎没有什么作品留传下来,这里的"几乎没有"不是指田园诗。忒奥克里托斯远远超过了他们。把他的诗句的简洁、美妙以及和谐描述为像音乐一样毫不为过。您不妨阅读一下那些优雅的描绘,或者听听那些悦耳的词句吧。[26]

188 　　忒奥克里托斯是比他的希腊前辈更伟大的诗人,另外,他的那些诗还具有一种永恒的价值。任何一个敏锐的读者,无论阅读的是它们完美的翻译还是原文(这样当然更好),都会立即理解它们,并且与他产生共鸣。与之形成对照的

---

[26] 忒奥克里托斯作品的初版是与赫西俄德的作品合编在一起的(Milan,1480)。本书第1卷第149页复制了其中的一页。初版包括忒奥克里托斯的30首田园诗中的18首。阿尔蒂涅(Aldine)版(Venice,1495)包括几乎29首田园诗,另外还有摩斯科斯和彼翁的诗作的残篇。田园诗作品最好的版本是维拉莫维茨-默伦多夫(Wilamowitz-Moellendorff)所编的那一版(Oxford,1905)。约翰·麦克斯韦尔·埃德蒙兹(John Maxwell Edmonds)编辑了田园诗作品的希腊语-英语对照本,见"洛布古典丛书"(1912)。参见阿瑟·S.亨特(Arthur S. Hunt)和约翰·约翰逊(John Johnson):《两部忒奥克里托斯纸草书》(Two Theocritus Papyri;London,1930)。在"洛布古典丛书"版中,忒奥克里托斯的作品占了380页(包括30首田园诗、24首警句诗和残篇),摩斯科斯的作品占了40页,彼翁的作品占了32页。

是,现在可能去阅读古代警句诗和像《阿尔戈号英雄记》这样的诗的人,即使有也很少,这并不仅仅是因为它们的知识味太浓了,更主要的是它们的那些知识已经过时了。直到18世纪甚至19世纪,有教养的人大概都熟悉古典神话,但那种知识现在已变得不常用了,一个人如果几乎在阅读每一部分时都必须查词典以便理解他所读的诗歌,那他就不可能从阅读中得到享受。文艺复兴时期的学者仍然可能欣赏阿波罗尼奥斯,但我们不可能了。相反的是,忒奥克里托斯的读者却在增加,而且还将继续增加。诗歌不会受到科学的危害,但却会受到虚假知识和卖弄学问的危害。[27]

六、雕塑

托勒密诸王延续了埃及的各种艺术传统,他们热爱它们,此外,希腊艺术也在这里呈现出一定的繁荣。[28] 摩索拉斯陵墓[29]雇用的雕塑家之一布里亚克西斯(Bryaxis)为(安条克附近的)的达夫尼(Daphnē)神庙创作了一座"阿波罗"塑像,为托勒密-索泰尔创作了一座"萨拉匹斯"塑像。无论如何,希腊艺术在其他希腊化王国中有更好的繁荣发展的机会,因为在那里不像在埃及那样有着与希腊艺术的激烈竞争。

---

[27] 我将在本卷第二十五章继续有关希腊化时期的希腊和拉丁文史学史的讨论。

[28] 本卷图1—图5和图39提供了托勒密王朝时期的埃及艺术的6个例子。其他的例证,请参见何塞·皮霍安(José Pijoán):《艺术大全》(*Summa artis*),第3卷和第4卷(Madrid,1932);玛格丽特·比伯(Margarete Bieber):《希腊化时代的雕塑》(*The Sculpture of the Hellenistic Age*;New York:Columbia University Press,1955)。

[29] 这是由阿尔特米西娅二世在哈利卡纳苏斯[位于卡里亚(Caria),在小亚细亚西南角]修建的一座纪念性建筑物,以纪念她的兄长和丈夫摩索拉斯(卡里亚的统治者,公元前377年—前355年在位)。它的许多遗物现保存在大英博物馆。

　　许多艺术中心都通过它们的那些名家的竞争保持了其活力。这些艺术中心频繁的竞争深深地留在我的记忆之中，在它们之中我要提到的是西西里岛的叙拉古和阿克腊加斯（Acragas），非洲的昔兰尼，希腊的雅典、埃皮道鲁斯、西锡安、奥林匹亚、提洛岛，亚洲的佩加马、安条克和罗得岛。

　　1. **西锡安的利西波斯和林佐斯的卡雷斯**。西锡安的利西波斯[30]是亚历山大的雕塑师，并且是他那个时代最伟大的雕塑家，他在许多方面对希腊化时代产生了影响。亚历山大常说，除了阿佩莱斯以外没人能为他画像，除了利西波斯以外没人能为他塑像。利西波斯的创作活动是惊人的；普林尼把1500件作品归于他的名下，但毫无疑问，普林尼有些夸大了；不过，他的许多作品散布在希腊全国各地，它们向人们传授了一种新的、比旧的人体比例更为修长的标准，并且传授了一种新的技术。利西波斯发表的亚历山大的头像和塑像作品如此之多，以至于他创造了一种亚历山大肖像学，即用艺术展现亚历山大的理想的学问。他的群雕表现了格拉尼库斯河战役（the battle of Granicos）[31]，其他浅浮雕可能是所谓"亚历山大"石棺灵感的来源，该石棺在（腓尼基的）西顿（Sidon）被发现，现保存在伊斯坦布尔。利西波斯最著名的弟子是西锡安的欧提基狄斯（Eutychidēs of Sicyōn），他以其

189

---

[30] 西锡安在伯罗奔尼撒东北，它从亚历山大时代开始一直到公元前1世纪都是艺术的中心；那里有一所艺术学校，可能还有一座博物馆。

[31] 格拉尼库斯河是密细亚的一条河，流入马尔马拉海（the Sea of Marmara）。就是在格拉尼库斯河附近，亚历山大于公元前334年打败了古代波斯的最后一个国王大流士-科多曼（Darios Codomannos）。

在安条克的"梯刻"群雕而名垂青史。[32] 利西波斯的大部分作品都是小型的,但至少有一件是巨型作品,这就是在塔拉斯[Taras(他林敦)]的"宙斯"雕像,高达60英尺。这促成了他的另一个弟子,林佐斯的卡雷斯设计了罗得岛巨像(公元前281年完成);尽管"巨像"被公元前225年的一次地震毁坏了,但它给大众的想象留下了如此深刻的印象,以至于它总是作为世界七大奇迹之一被提起(参见图36)。卡雷斯是直到罗马时代活跃于罗得岛的著名学派的创始人之一。

利西波斯的一个兄弟,西锡安的利西斯特拉托(Lysistratos of Sicyōn)也是一位雕塑家;他主要感兴趣的是创作写实的肖像。他是第一个从他姐妹的脸上制作石膏模型的人。他把熔化的蜡倒入通过这样的方式获得的模子中,就制作出脸部的塑像(普林尼:《博物志》第34卷,19;第35卷,44)。

2.卡里斯托斯的安提柯。阿塔罗斯一世(公元前269年—前197年)促成了另一个伟大的学派在佩加马的形成,由于他(于公元前230年以前)战胜了加拉太人(Galatians),被冠以索泰尔之称号而受到尊奉。他是一位伟大的文学和艺术的赞助者,并且发起了使佩加马成为希腊最美丽的都城之一的改革。他的主要雕塑家是(埃维亚岛)卡里斯托斯的安提柯,他从雅典把安提柯带来修建一些纪念性建筑物以祝贺加拉太大捷。阿塔罗斯不仅赞助对佩加马的装饰,而且下令

---

[32] 群雕包括:一个优雅的妇女(梯刻)坐在山坡上,奥龙特斯(Orontēs)河从山下流过,塞琉古和安条克为她戴上皇冠。这组作品的原作已经不复存在,但在梵蒂冈有其大理石的复制品。梯刻是安条克的幸运之神,也是这座城市的女神,在其他城市也有类似的纪念性建筑。

190

图 36　想象的罗得岛"巨像",引自 B. E. A. 罗捷(B. E. A. Rottiers)的画册《罗得岛古
迹》(*Monuments de Rhodes*;Brussels,1828)。这是一尊表现罗得岛的守护神太阳神赫利
俄斯[即索尔(Sol)]的青铜塑像。它是为纪念公元前 305 年罗得岛人英勇地抗击围城
者德米特里以保卫他们的城市而修建的。塑像由林佐斯的卡雷斯设计,于公元前 281
年完成,公元前 225 年被地震损毁。根据斯特拉波(《地理学》第 14 卷,2,5)引自一个
佚名诗人的一句抑扬格诗,这个巨像"高达 70 腕尺"。70 腕尺几乎等于 31 米,这么高
和这种形状的纪念像是非常容易受损的。也可参见普林尼《博物志》,第 34 卷,18

为一些希腊圣殿创作艺术品。他在基齐库斯[33]修建了一座
寺庙,以纪念他的妻子阿波罗尼斯(Apollōnis),她就出生在

---

[33]　基齐库斯是马尔马拉海中的一个岛,而不是王子群岛(the Princes' Isles)中的一
　　　个岛,现在已不再是一个岛。这个地点现在被称作卡珀达厄(Kapidagi),是马尔
　　　马拉海南海岸的一个海角。

这个岛上。她不是皇家血统,但却是一个高贵的女人,是希腊最高贵的王后之一,她是一代佩加马国君的妻子和另外两个佩加马国君的母亲。当有一天她和她的两个儿子回到她的故乡旧地重游时,他们对她的那种彬彬有礼的态度非常令人感动,因而基齐库斯人把他们比作庇同(Bitōn)和克勒奥庇斯(Cleobis)。[34] 还有一个镶嵌学派(school of mosaic),其领导者是佩加马的索苏斯(Sosos of Pergamon);他发明了一种新型的嵌花式路面,它们在希腊化时代和罗马时代经常被模仿。

比提尼亚(位于马尔马拉海南部和东南)有一个雕塑家名叫多伊达尔塞斯(Doidalsēs),[35] 他创作了尼科美底亚的《宙斯-斯特拉提奥斯》("Zeus Stratios" of Nicomēdia,我们只是通过硬币才知道它)和《沐浴中(或蹲下)的阿芙罗狄特》["Bathing(or Crouching)Aphroditē"],后一件作品有一些复制品(卢浮宫博物馆有收藏)。

3.《**萨莫色雷斯的胜利女神**》。《萨莫色雷斯的胜利女神》是公元前 3 世纪的一个杰作,该作品于 1863 年在萨莫色雷斯[36]的卡比里神庙(the Temple of the Cabeiroi)被发现,现在成了卢浮宫博物馆的镇馆之宝之一。学者们对它的年代仍然意见不一,不过,它肯定不会早于公元前 3 世纪。它有

---

[34] 庇同和克勒奥庇斯以非常爱他们的母亲库狄普(Cydippē)而享有盛名。库狄普是阿尔戈斯的赫拉的祭司,她向这位女神祈祷把最宝贵的礼物送给他们;那天夜里他们兄弟双双在赫拉的神庙中去世。

[35] 多伊达尔塞斯这个名字不是希腊语而是比提尼语,有碑文为证;参见《古典学专业百科全书》第 9 卷(1903),1266。

[36] 这是爱琴海北面的一个小岛,离些雷斯大陆不远。萨莫色雷斯是卡比里诸神的中心圣所,双胞胎神卡比里是非希腊的丰产和航海事业的保护神。那些崇拜的神秘宗教仪式曾具有相当高的声望。

可能是安提柯－戈纳塔竖立的,以纪念他的故乡在公元前
258 年把托勒密二世赶出科斯岛的胜利;或者,它可能是为
了纪念罗得岛舰队在这个世纪之交的一次胜利而竖立的。

191　　　那位胜利女神的姿态优雅而单纯,令人赞叹。几乎没有
别的希腊雕塑作品也曾同样向感恩的人们传达了这种希腊
美的寓意。但请记住,这座雕塑不是黄金时代而是希腊化时
代的遗产。

　　4.《埃尔切夫人》。这里要提及这个时代的另一件杰作,
不仅是因为它的优雅和神秘,而且也因为它是地中海西端的
代表。也许可以把《埃尔切夫人》("Lady of Elche")称作希
腊化的作品,因为它是一件具有明显差异的希腊风格的作
品,但我们的希腊化艺术的观念一般来说具有一种潜在的东
方特质,而《埃尔切夫人》毋庸置疑是西班牙人的作品(参见
图 37)。在公元前 4 世纪和公元前 3 世纪,埃尔切市[37] 及其
周围地区仍然是迦太基人统治下的西班牙的希腊文化中心。
对这位"夫人"的出生地没有任何疑问,[38] 但学者们对她所

---

[37] 埃尔切(Elche)在拉丁语中是伊利基(Ilici)或伊利蔡(Illice),在从新迦太基
[Carthago Nova(Carthagena,卡塔赫纳)]到巴伦西亚(Valencia)的路上。它原本
是一个希腊殖民地,但在公元前 229 年被迦太基人哈米尔卡尔·巴尔卡围困,巴
尔卡也死在那里;后来,它成了罗马的一个殖民地,被免除了税务和其他负担[免
税殖民地(colonia immunis)]。因此,伊比利亚的、希腊的、古迦太基的和罗马的
影响奇怪地混合在一起。

[38] 显然,《埃尔切夫人》与马德里国家考古博物馆(Museo Arqueológico Nacional,
Madrid)的"伊维萨磨坊山的赤陶"女像(Figura femenina de "Barro Cocido
procedente del Puig d'es molins,Ibiza")和《阿尔瓦塞特圣徒山的伟大女性奥菲伦
特》("Gran Dama Oferente del Cerro de Los Santos,Albacete")有密切关系。这三
位夫人塑像的照片见《伊斯帕涅的艺术》(Ars Hispaniae),第 1 卷(Madrid:
Editorial Plus-Ultra,1947),插图 138、257-258、299-300。

处的年代众说纷纭。有人会认为她比实际的年龄更老，并且把她的时代向后推移到公元前 5 世纪；其他人则认为她更年轻一些，并且推断她处在罗马时代，晚于公元前 2 世纪甚至公元前 1 世纪。[39] 无论她所处的确切年代是什么时候，她确实非常漂亮并且具有（非希腊的）异国风韵。认为她是与埃及和叙利

192

图 37　埃尔切夫人（细节）。西班牙东部最美的杰作和古代最令人好奇的作品之一 [马德里普拉多博物馆]

亚的希腊公主同时代的人，这种想法是很诱人并且是令人愉快的。

　　5. **塔纳格拉小塑像**。雕塑作品，无论是大理石还是青铜制的，都非常昂贵；大众的需要只能用焙烧黏土制成的、有时上彩的塑像来满足。这种小塑像的制作很早（大约在公元前

---

[39] “埃尔切夫人”塑像于 1897 年被发现并被送往卢浮宫，后来它被维希法国（Vichy France）送回西班牙，以换回法国的杰作，不过，它没有被送回埃尔切，而是被送到马德里的普拉多博物馆（the Museo del Prado）。参见安东尼奥·加西亚－贝利多（Antonio Garcia y Bellido）:《埃尔切夫人塑像及考古发掘物 1941 年重返西班牙》（*La Dama de Elche y el conjunto de piezas arqueologicas reingresadas en España en 1941*；Marid：Instituto Diego Velasquez，1943）；《伊比利亚的艺术》（“El arte iberico”），见《伊斯帕涅的艺术》，第 1 卷（Madrid：Editorial Plus-Ultra，1947）。里斯·卡彭特（Rhys Carpenter）在《美国考古学杂志》52，474－480（1948）上对这一卷发表了颇有启示意义的评论。感谢波士顿美术博物馆（the Boston Museum of Fine Arts）的黑兹尔·帕尔默（Hazel Palmer）小姐（在 1945 年 8 月 17 日的来信中）提供的文献信息。

7 世纪和公元前 6 世纪）就开始了，而且其中的许多是没有
艺术价值的，也就是说，它们并没有显示出任何艺术的目的，
但是从家庭摆设的角度看，它们还是很有吸引力的。在塔纳
格拉（Tanagra）[40]，大众艺术在普拉克西特利斯（Praxitelēs）
及其学派的影响下达到了顶峰；普拉克西特利斯大约活跃于
公元前 370 年至大约公元前 330 年，因此，塔纳格拉陶俑展
示了属于公元前 4 世纪末至公元前 3 世纪的普拉克西特利
斯式的优雅和柔情。黄金时代的陶俑比较精致和可爱，因为
它们简洁而自然。它们常被用来作为死者的陪葬品，1870
年至 1874 年之间，在塔纳格拉的古代墓地出土了大量的陶
俑。后来还在别的地方发现了其他一些陶俑，有些陶俑则从
希腊和近东的"古物（antika）"商店进入西方博物馆；由于塔
纳格拉陶俑现在非常值钱，我们这个时代的一些无赖便制造
出许多赝品。真正的用焙烧黏土制成的小塑像是在其他地
方而不是在塔纳格拉制造的，可是，即使在希腊以外，例如在
亚历山大[41]，人们也赋予它们"塔纳格拉"之名；现在，它已
经成为一个类的名称，而并非必然指其产地。

七、绘画：科洛丰的阿佩莱斯

　　描述绘画的历史更为困难，因为没有什么杰作留传下
来，不过，既然我们谈到西锡安的利西波斯，我们就必须回想
一下与他同时代的（爱奥尼亚的）科洛丰的阿佩莱斯。阿佩

---

[40] 塔纳格拉在维奥蒂亚（Boiōtia）以东，在从雅典到底比斯（Thebes）的铁路沿线
　　　上，距雅典 64 公里，距底比斯 27 公里。它的出名不仅是因为它的陶俑，而且是
　　　因为它是女诗人科琳娜（Corinna）的出生地，科琳娜与品达罗斯同时代但比他年
　　　长，品达罗斯生活在公元前 518 年至公元前 438 年。

[41] 埃瓦里斯特·布雷恰在《与埃及接壤的亚历山大城》（*Alexandria ad Aegyptum*；
　　　Bergamo，1922）中，对（当地的?）塔纳格拉陶俑进行了描述。

莱斯应召去了派拉担任腓力和亚历山大的宫廷画师。他画了许多亚历山大的画像,其中最重要的一幅是为以弗所的阿耳忒弥斯神庙创作的,在这幅画中,这位伟大的君王在驾驭雷电。然而,他最著名的画作是《从海中升起的阿芙罗狄忒》("Aphroditē Anadyomenē"),该画曾在科斯岛向人们展示,它在这里吸引朝圣者们前来朝拜长达 3 个世纪之久;后来,奥古斯都从科斯人手中把它买走了,并且把它挂在罗马的儒略·凯撒的神庙中。阿佩莱斯使自己的技艺达到了炉火纯青的地步,他是希腊化时代最伟大的画家。他的热情与他的天才不相上下,可以用一句相当于"*Nulla dies sine linea*(没有一天不工作)"的希腊格言来形容他。

在亚历山大出征亚洲后,阿佩莱斯活跃于以弗所、罗得岛、亚历山大(?)和科斯岛。据说他在科斯岛复制一幅他的《阿芙罗狄特》时去世;这大概是在公元前 3 世纪之初。

我们知道他那个时代的其他一些画家的名字以及他们的部分作品的标题,但对其他方面几乎一无所知。他们中最年长的是阿姆菲波利斯的潘菲勒斯(Pamphilos of Amphipolis),他是阿佩莱斯的老师,也是鲍西亚(Pausias)和墨兰透斯(Melanthios)的老师。潘菲勒斯活跃于西锡安,他在那里领导着一个画派;他不仅强调绘画知识的重要性,而且也强调算术知识和几何学知识的重要性。

西锡安的鲍西亚采用蜡画法[42]作画。他创作过一幅卖花姑娘格莱希亚(Glycera)的肖像以及许多其他小型的绘画

---

[42] 蜡画法是一种用混入颜料的蜡来作画的方法;作画时用热烙铁把蜡熔化,再把蜡涂在要装饰的表面。

作品。

墨兰透斯大概在潘菲勒斯去世后成为西锡安画派(the School of Sicyōn)的带头人;他既是一位构图大师也是一位色彩大师。

他们的群体中还有另一位画家,在最杰出画家的排名中仅次于阿佩莱斯,他就是卡乌诺斯[43]的普罗托格尼斯(Protogenēs of Caunos),他活跃于罗得岛。直到年过半百,他几乎还不为人所知,他不得不靠为船装潢维持生计。幸亏有了阿佩莱斯对他的大加赞扬,他才成了罗得岛最著名的画家;当围城者德米特里于公元前304年围攻这里时,他在一定程度上起到了使它免遭毁灭的作用,为的就是保护普罗托格尼斯的作品!

我要提及的另外两个与阿佩莱斯同时代的画家,一位是埃及人安提菲罗斯(Antiphilos),他曾画过腓力和亚历山大的肖像;另一位是萨摩斯岛的塞翁(Theōn of Samos),他因富于想象力的构图(*phantasiai*)而闻名。所有这些都说明绘画像雕塑一样流行。

有一些关于绘画的专论分别被归于阿佩莱斯、墨兰透斯和普罗托格尼斯的名下。所有这一切都证明了这一事实:西锡安画派是一个正规的艺术流派。

有大量的艺术品都是公共财产,这暗示西锡安曾有一个博物馆。在罗马人征服它之后,它不得不出售它的那些珍宝以便偿还其债务。其中的大部分大概都被苏拉(Sulla)的继子、掌管营造司的小 M.埃米利乌斯·斯考鲁斯(M. Aemilius

---

[43] 卡乌诺斯在卡里亚南海岸,是罗得岛的纳贡者。

Scaurus junior)于公元前 58 年运到罗马了。这个斯考鲁斯是一个掠夺大王。

　　这一节所提到的所有画家都属于亚历山大时代，但其中有些人可能一直活到公元前 3 世纪初。

　　送到罗马的绘画作品被用来装饰神庙或有钱人的殿堂。其他绘画可能来源于伊特鲁里亚，我们对这些绘画比对希腊绘画更为了解。也就是说，所有希腊绘画都已经不复存在了，而在今天，仍有相当数量的伊特鲁里亚绘画可以被我们欣赏。我们关于希腊绘画的知识纯粹是文字知识，换句话说，这种知识几乎是没有价值的；我们关于伊特鲁里亚绘画（从公元前 7 世纪末至公元前 1 世纪末的 6 个多世纪）的知识是以一些杰作为基础的。[44] 没有证据表明，在罗马城中可以获得伊特鲁里亚绘画，现存的那些样本主要留存在塔尔奎尼（Tarquinii）或其他伊特鲁里亚遗址。不过，罗马的艺术鉴赏家们知道伊特鲁里亚绘画，而且这些绘画可能激励了罗马人去模仿。

　　最早的罗马画家是 C. 费边·皮克托，他于公元前 302 年为罗马的奎里纳莱山的萨卢斯神庙[45]进行过装潢。由于这个原因，这个费边获得了皮克托这个姓，这个姓传给了他的后代，例如他的孙子 Q. 费边·皮克托（活动时期在公元前 3 世纪上半叶），是罗马最早的用散文（希腊散文）写作的历史学家。

---

[44] 参见马西莫·帕洛蒂诺（Massimo Pallottino）：《伊特鲁里亚的绘画》[*Etruscan Painting*（140），Geneva：Skira，1952]，其中有非常精美的彩色插图。

[45] 萨卢斯是健康、繁荣和公共福利（Salus publica 或 Romana）的守护女神。对她的公共崇拜日是 4 月 30 日，与对帕克斯（Pax）、孔科耳狄娅（Concordia）和雅努斯（Janus）的崇拜日在一起。

萨卢斯神庙的落成仪式由监察官 C. 朱尼乌斯·布鲁图斯·布布尔库斯(C. Junius Brutus Bubulcus)主持。有可能 C. 费边·皮克托的绘画再现了布布尔库斯战胜萨谟奈人(Samnites)的情景。[46] 这也许激励了其他以历史为题材的绘画创作,这种题材的绘画在公元前 3 世纪及其以后的罗马成为一种时尚。这是一种典型的罗马人的处事方式,即用绘画为国民教育服务。公元前 263 年,M. 瓦勒里乌斯·梅萨拉(M. Valerius Messalla)在元老院会堂(Curia Hostillia)展示了一幅表现他在西西里战胜迦太基人及其盟友叙拉古国王希伦二世(公元前 270 年—前 216 年在位)的绘画,这一做法后来被其他一些获胜的将军效仿。不能由此推论说那些画家是罗马人,很有可能他们是希腊人。无论如何,那些绘画不是作为艺术品而是作为炫耀国威的例子留在人们的记忆中的。

八、印章学·皮尔戈特勒斯

当我们谈及伟大的雕塑家林佐斯的卡雷斯时我们曾评论说,他是一直到罗马时代后期依然繁荣的罗得岛镶嵌学派的创始人。这暗示着我们也许应该讨论其他的工艺美术活动,但这个主题是无穷无尽的。我们只例外地讨论一下宝石的雕刻,这又把我们带回到亚历山大时代。

的确,这可能会使我们回到更久远的过去,因为远在希腊人以前,巴比伦人和埃及人就已经发展了宝石雕刻艺术,伊特鲁里亚人也发展了这门艺术。这一艺术的根源是非常

---

[46] 萨谟奈(Samnium)是意大利中部的一个山国,罗马人在公元前 343 年—前 290 年费了很大周折才把它征服。

自然地形成的。经过雕刻的宝石是稀有且价格昂贵的物品，它们被用来象征国王的卓越和高贵。指环和御玺作为君权传承的实物证明是必不可少的，例如，在亚历山大临终前，他把他的指环交给了佩尔狄卡斯；更为常见的是，需要用它们作为亲笔签字以使文件生效，或者使政府的使节和大臣的权威得到证明。此外，人们很情愿赋予珍贵的宝石和珠宝[47]各种不可思议的价值。皮尔戈特勒斯（Pyrgotelēs）是我们所知道的最早的雕刻师之一，[48]他曾为亚历山大大帝效力，而且亚历山大大帝认为，他与其画师阿佩莱斯和雕塑师利西波斯属于同一水平。正是这位皮尔戈特勒斯，也唯有他为这位国王雕刻了指环和御玺。在这位国王看来，他自然是非常重要的，因为他创造了皇权的象征和护身符。

我将在本卷第二十七章继续有关希腊艺术史的讨论。

195

---

[47] 读者大概会想起我在本书第 1 卷第 190 页讲述的有关波吕克拉底（Polycratēs of Samos）的指环的美丽故事。萨摩斯岛的波吕克拉底于公元前 522 年被处死。其他许多有关指环和宝石的故事，请参见 E. A. 沃利斯 · 巴奇（E. A. Wallis Budge）：《护身符与迷信》（*Amulets and Superstitions*；London，1930）。

[48] 最早的雕刻师是萨摩斯岛的塞奥多洛（Theodōros of Samos），大约活跃于公元前 550 年—前 530 年，前一个脚注中所提及的波吕克拉底的指环就是他雕刻的。另一个是与他同时代的涅萨尔库（Mnēsarchos），亦即毕达哥拉斯的父亲，也是萨摩斯岛人。公元前 5 世纪最著名的雕刻师是希俄斯的德克萨莫诺（Dexamenos of Chios）。由于在波吕克拉底时代与亚历山大时代期间生产了许多指环、印章、经过雕琢的宝石，因而在塞奥多洛与皮尔戈特勒斯之间必定还有许多金匠和雕刻师。

196

第十四章
公元前 3 世纪的东方文化

希腊学术最令人惊讶的部分是对东方国家及其文化的研究。不过,一旦我们认识到,亚历山大入侵了亚洲并且在之后成立的诸国中延续了希腊人、埃及人、犹太人和亚洲人之间的接触,而这种研究是这些情况的自然后果,我们就不会那么惊讶了。我们的说明将分为 5 个部分,分别讨论印度、埃及、巴比伦、腓尼基和以色列。

一、印度

1. **涅亚尔科和麦加斯梯尼**。克里特人涅亚尔科(活动时期在公元前 4 世纪下半叶)活跃于阿姆菲波利斯、马其顿以及腓力的朝廷。腓力把他放逐了;但是,亚历山大一掌权,他就想起涅亚尔科,并且带领涅亚尔科参加了他的亚洲远征。根据亚历山大的命令,一只舰队于公元前 326 年在希达斯佩河[1]组建,涅亚尔科受命指挥该舰队。他沿河顺流而下,来到印度河口,不得不到一个被他称作亚历山大港[Alexandri Portus(Karachi,卡拉奇港)]的天然港躲避西南季风;后来,他沿着食鱼者(Ichthyophagi)海岸继续向西航行到波斯湾。

---

[1] 或杰赫勒姆河,印度河的 5 条支流即旁遮普邦五河的最北端的一条。

他在霍尔木兹海峡[Harmozia(Hormuz)] 登陆,因而可以去拜访亚历山大,亚历山大和他所率领的部队在离海岸不远的地方。涅亚尔科观察了采珠场和鲸鱼群,并且航行到波斯湾的尽头,沿底格里斯河和(苏西亚那的)帕西底格里斯河(Pasitigris)上行,他在帕西底格里斯河遇到了正向苏萨进军的亚历山大的部队。

涅亚尔科的航行用了 5 个月的时间(从公元前 326 年 9 月至公元前 325 年 2 月)。他记述了这次航行,但他的记述已经佚失了,不过其内容已经被弗拉维乌斯·阿利安(活动时期在 2 世纪上半叶)保留下来。在亚历山大去世后,涅亚尔科接手管理以独眼王安提柯(亚细亚国王,公元前 311 年—前 301 年在位)为最高领导的吕基亚(Lysia)和潘菲利亚。

亚历山大对北印度的野蛮入侵激怒了印度人,他们认为他是一个"像外部的野蛮人一样的恶魔"[2],对他们的习惯和传统没有丝毫的尊重。因此,他们不会向他学习任何东西,甚至不会向他学习作战。旃陀罗笈多[3]在很大程度上延续了一种四重部队(乘马、步行、驾战车、用大象)的传统,并且把马其顿驻军赶出了旁遮普邦。西亚的塞琉西王朝的创立者塞琉古－尼卡托(叙利亚国王,公元前 312 年—前 281

[2] 这是文森特·A. 史密斯(Vincent A. Smith)在《牛津印度史》(The Oxford History of India ,Oxford)第 2 版(1923)第 139 页的用语:"像外部的野蛮人一样的恶魔,他毫不犹豫地把婆罗门贵族绞死,并且用蔑视圣典的亵渎方式赢得了战斗……"
[3] 旃陀罗笈多在希腊语中称作桑德罗柯托(Sandrocottos),他的首都华氏城位于恒河中游,在希腊语中称作巴特那(Patna)。他是公元前 322 年建立的孔雀王朝(公元前 322 年—前 185 年)的创始人。随着这个王朝的出现,印度年表变得即使并不总是很精确,但也比较清晰了。

年*在位)跨过印度河,并且试图收复已沦丧的领土,但是,他大概在旁遮普邦被旃陀罗笈多打败了,因而不得不放弃所有北部的领土;作为交换,旃陀罗笈多送给他 500 头大象,塞琉古可以用它们来抵抗他西方的敌人。签订和约之后,塞琉古把麦加斯梯尼(活动时期在公元前 3 世纪上半叶)作为他的使节派往旃陀罗笈多的王国,麦加斯梯尼曾在坎大哈(Kandahār)效力。麦加斯梯尼大约是在公元前 305 年出任该使节的。我们不知道他在孔雀王朝(Maurya)的朝廷待了多长时间,但这段时间肯定长得足以收集大量有关印度的知识。遗憾的是他的著作佚失了,但其基本部分已经被狄奥多罗(活动时期在公元前 1 世纪下半叶)、斯特拉波(活动时期在公元前 1 世纪下半叶)并且主要是被弗拉维乌斯·阿利安在其《印度志》(Indica)中保留下来。麦加斯梯尼认识到印度的幅员辽阔、主要的河流恒河和印度河的气势磅礴、它的耕地肥沃并且城市众多。他陈述说,那里一共有 118 个印度民族或部落。他描述了连接印度河流域与恒河流域的皇家大道。这条大道以印度河为起点,穿过旁遮普邦到达朱木拿河**(Jumna River),然后沿该河而下,就到达它与恒河上游的汇合处。这条大道本身(与那些河不同的是)绿树成荫,沿途有依固定的间隔设立的水井、客栈和捕房。他的记述的重要性几乎怎么说也不会夸大,因为它即使不是关于古代印度的唯一希腊语原始资料,也是其主要的原始资料;它的大部分内容已被印度权威证实。

---

* 原文如此,与前文略有出入。——译者
** 又译亚穆拿河。——译者

还应当补充一下,麦加斯梯尼所了解的印度仅限于印度的北部、德干(Deccan)以北地区。他意识到塔普拉班(锡兰)的存在,但却认为它远在这个半岛的南部。他不仅描述了印度的地理和气候,而且描述了它的行政管理机构及其人民的宗教、生活方式和风俗习惯。他的记述充满了友善,阅读起来令人愉悦。[4]

公元前 298 年,旃陀罗笈多的儿子宾头沙罗(Bindusāra)继承了他的王位,而麦加斯梯尼的继任者是塞琉西的另一位使节狄马库斯(Dēimarchos)。由于狄马库斯是塞琉西第二任国王安条克一世索泰尔(公元前 281 年—前 261 年在位)的使节,所以,接替他的时间不可能早于公元前 281 年。另外,托勒密-菲拉德尔福(公元前 285 年*—前 246 年在位)向华氏城派去了一位特使名叫狄奥尼修。这可能是在宾头沙罗或阿育王统治时期,阿育王于公元前 273 年继承了宾头沙罗的王位。遗憾的是,无论狄马库斯还是狄奥尼修都不像麦加斯梯尼那样是个作家,因而希腊的信息完全来源于麦加斯梯尼。

2. 阿育王与佛教的扩展。派往旃陀罗笈多朝廷和宾头沙罗朝廷的塞琉西王朝的麦加斯梯尼和狄马库斯使团以及派往宾头沙罗朝廷或阿育王朝廷的托勒密王朝的狄奥尼修使团,使希腊世界了解了孔雀王朝最初的三个皇帝、印度及其宗教——印度教(Hinduism)、耆那教(Jainism)和佛教。

---

[4] 麦加斯梯尼的记述见于卡尔·米勒:《希腊古籍残篇》,第 2 卷(Paris,1848),第 397 页—第 439 页,附有拉丁语译文;另可参见克里斯蒂安·拉森(Christian Lassen):《印度考古学》(*Indische Alterthumskunde*,Bonn,1847−1862),5 卷本。也可参见不同版本的狄奥多罗、斯特拉波和阿利安的著作。

＊ 原文如此,与本卷第十二章有出入。——译者

　　孔雀帝国确实是一个庞大的国度,它的组织管理令人钦佩。它在大约公元前 250 年(在阿育王统治下)达到其鼎盛时期时,其疆土包括[除泰米尔(Tamil)南端、在北纬 15 度以下的地区以外的]整个印度半岛,并且向北扩张到俾路支斯坦(Balūchistān)、兴都库什山脉脚下的阿富汗(Afghānistān)、克什米尔(Kashmir)以及尼泊尔[Nepal,但不包括阿萨姆(Assam)]。当然,帝国的权威并未以同等的力量渗入这块不断扩张的领土的每一个部分,许多部落都设法在山坡和丛林中享受他们自己的自由。

　　旃陀罗笈多(公元前 322 年—298 年在位)创建了这个帝国,这个帝国比亚历山大帝国更宏大,持续的时间也更长久。旃陀罗笈多是一个名副其实的征服者,也是一个非常精明的管理者,但他完全寡廉鲜耻。旃陀罗笈多的大臣考底利耶[Kautilya 或阇那迦(Cānakya)]以十足的愤世嫉俗的态度,在其阐述详尽的专论《政事论》(Arthaśāstra)[5]中揭示了孔雀王朝的管理政策,这一著作必须与麦加斯梯尼的著作一起读。《政事论》在一定程度上来源于早期梵语的原始资料,即来源于《吠陀经》(Vēda)第 4 部《阿闼婆吠陀》(Atharva-vēda),它讨论了魔法和巫术。《政事论》的主要部

---

[5] 参见我的《科学史导论》第 1 卷第 147 页的特别参考文献;R. 沙马·萨斯特利(R. Shama Sastry):《词语索引》(Index verborum, Mysore, 1924 - 1925);约翰·雅各布·迈尔(Johann Jakob Meyer):《有关世界和国家生活的印度古籍》(Das altindische Buch vom Welt-und Staatsleben; Leipzig, 1926),4 开本,1071 页,附有梵语术语表。学者们在确定《政事论》的年代方面意见不一,从公元前 300 年到公元 300 年;我接受最早的年代。参见富兰克林·埃杰顿(Franklin Edgerton):《印度人关于大象的知识》[The Elephant-Lore of the Hindus(148 页),New Haven, 1931][《伊希斯》41, 120 - 123(1950)],第 2 页。

分大概是考底利耶本人创作的,他是印度的马基雅维利
(Machiavelli)*,有着相当丰富的经验。科学史家参考这部
著作不仅有助于他们了解大约在公元前 3 世纪初叶的政府
和管理,而且还可以使他们获得有关印度医学、采矿、人口普
查、气象学、海运、测量等方面的信息,尤其重要的是可以观
察到印度生活的诸多方面。

旃陀罗笈多是一个印度人,但在即将去世时却成为耆那
教徒。他的儿子宾头沙罗(皇帝,公元前 298 年—前 273 年
在位)继续了其在印度半岛的征服战,公元前 273 年由其子
阿育王继承了王位,[6]阿育王统治这个帝国达 40 年之久,
而且人们将永远会记住他是整个古代最高尚的君主之一。

在他父亲在世时,阿育王就曾先后在塔克西拉(Taxila)
和乌贾因(Ujjain)[7]任总督。尽管他从公元前 273 年开始
当权,但直到公元前 269 年才被加冕。他所继承的这个帝国
如此庞大,以至于没有什么必要再扩大,他只发动过一次侵
略战争,即(于公元前 261 年)对孟加拉湾海岸上的羯陵迦
(Kalinga)的征服战。他曾被培养成为一个印度教徒,而且

199

---

* 马基雅维利(1469 年—1527 年),意大利政治家和政治学家,历史哲学的奠基者
　之一,主要著作有《君主论》《论李维》《论战争的艺术》《佛罗伦萨史》等。——
　译者

[6] 旃陀罗笈多与塞琉古之间大约于公元前 302 年签订的和约是以联姻为条件的。
　这是否意味着旃陀罗笈多娶了塞琉古-尼卡托的一个女儿? 如果这位妻子是宾
　头沙罗的母亲,那么阿育王也就有了一位塞琉西的祖母。

[7] 塔克西拉是印度的西北边疆地区(现属于巴基斯坦),亚历山大大帝曾于公元前
　326 年到过那里。乌贾因在印度中部[位于瓜廖尔邦(Gwalior State)的马尔瓦
　(Mālwa)地区],是印度最古老和最神圣的城市之一。塔克西拉成为一个佛教中
　心;乌贾因则成了印度教和梵语学习的中心。乌贾因有一座观象台,它还是印度
　最伟大的数学家之一婆罗门笈多(Brahmagupta,活动时期在 7 世纪上半叶)的诞
　生地,他于 598 年在那里出生。

他很可能是湿婆（Siva）[*]的崇拜者，但是，征服羯陵迦使他感到无比悔恨，以至他成为一个热诚的佛教徒。他的重要性就在这里。多亏了他，佛教不再是一个地方教派，而成为一个全国性的宗教，不仅如此，它还成为世界性的宗教，并已成为现代世界最主要的信仰之一。即使在科学史中，这也值得充分强调，因为佛教在印度及其东方是众多科学的一种媒介，就像基督教在巴勒斯坦及其西方是科学和文化的一种媒介那样。

我们也许可以把阿育王称作佛教的君士坦丁（Constantine）大帝，甚至可以称他为佛教的圣保罗^{**}，不过我们要记住，他皈依佛教是在圣保罗皈依基督教3个世纪之前，而且他关于佛教的公告（如果我们把它的时间定在公元前260年的话）几乎比《米兰敕令》（Edict of Milan，公元313年）早了6个世纪。他的这些意义深远的决策是众所周知的，因为一个很长的系列铭文呈现了它们，这个系列铭文是任何地方的这类铭文中最详细的。它们的创作年代是从公元前261年至公元前242年，并且分布在孔雀帝国的全部领土上；其中有些是刻在岩石或巨石上的，其他则刻在精制的石柱上（参见图38）。这些铭文根据它们所分布的地区用不

＊　印度教的主神之一，兼具毁灭与重生、苦行与色欲、慈悲与复仇等多种复杂属性，在艺术品中常表现为多手多臂。——译者

＊＊　君士坦丁大帝（约3世纪80年代晚期—337年），第一位信奉基督教的罗马皇帝（306年—337年在位）。他信仰基督教并制定了一些鼓励基督教的政策，尤其是颁布了《米兰敕令》，宣布基督教合法，在使基督教从异端之说变为欧洲乃至世界的主流宗教之一的过程中发挥了重大作用；临终前，他接受洗礼成为基督徒。至于圣保罗（3年—67年），据《圣经》记载，他原名为扫罗，曾反对并迫害基督徒，后得耶稣启示改信基督教，并改名为保罗。——译者

图 38　这根非常雅致的柱子是由阿育王于公元前 243 年在尼泊尔的劳里亚嫩登格尔
（ Lauriyā-Nandangarh）竖立起来的。柱身用整块砂岩制成，高 32 英尺 9.5 英寸，柱基到
柱顶的直径逐渐减小，从 35.5 英寸缩减到 22.25 英寸。柱头高 6 英尺 10 英寸，刻有
一尊面向冉冉升起的太阳的狮子。因此，整座纪念碑的高度将近 40 英尺。碑文抄写
的是（总共 7 部分的）所谓《石柱敕令》（ Pillar Edicts）的第 1—6 部分，几乎接近于全
文。除了狮子柱头在奥朗则布［ Aurangzeb，印度莫卧儿（ Mogul）帝国第 6 任皇帝，1658
年—1707 年在位］时代受到炮轰稍有损伤外，整座纪念碑保存完好。参见文森特·A.
史密斯：《阿育王》［ Asʾoka，Oxford（第 3 版），1920］，第 118 页和 147 页以及第 198
页—第 208 页。狮子大概是佛陀（ Buddha）的象征，因为狮子属于释迦族（ Sākya clan）。
参见本杰明·A. 罗兰（ Benjamin A. Rowland）：《印度的艺术与建筑》（ The Art and
Architecture of India；London；Penguin，1953），第 43 页和另纸印插图 8［承蒙马萨诸塞州
剑桥市福戈博物馆（ the Fogg Museum）和罗兰教授恩准使用］

同的梵文方言书写,使用的大都是婆罗米文字(梵语及其同源语中使用的天城体);靠近西北部边疆地区的铭文则例外,它们是用佉卢文字(一种在那附近地区使用的阿拉米语文字)书写的。

由阿育王的野心所引起的羯陵迦战争(the Kalinga war,公元前 261 年)导致了无穷的苦难,这也使他心中充满了苦恼。我们应当假设,他就是在这个时候皈依佛教的,而且这种皈依使他认识到他已经犯下的罪孽。[8] 他的传道师是马图拉的优波毱多(Upagupta of Mathurā),亦即佛门第四代祖师。

201　　有一块铭文,即最长的《岩石敕令》(Rock Edict,第 13 篇),表述了阿育王因其在羯陵迦战争中的罪孽而受到强烈的良心责备,这在世界文献中是独一无二的——一个征服者公开承认了自己的罪行和悔恨:

天亲仁颜(Priyadarśin)[9]之王加冕后第八年[亦即公元前 261 年],征羯陵迦国。此一战中,被俘者达十五万之众,战死沙场者逾十万之众,生灵涂炭者另有数倍之多。羯陵迦

---

[8] 关于阿育王的良心责备和信仰的真实性一直有疑问。他对羯陵迦战争的受害者所受痛苦的恐惧,类似于拿破仑三世(Napoleon Ⅲ)对索尔费里诺(Solferino)所表现出的恐惧。有可能,阿育王和拿破仑三世都是真心实意的。阿育王把佛教作为他的帝国主义的保护伞,这是否与俄国人把东正教会或共产主义当作他们的保护伞如出一辙? 这很有可能,因为人的动机常常是混杂的。不过,讨论阿育王的动机是徒劳无益的。多亏了他,佛教才得以大规模地壮大和传播。

[9] 仁颜(仁慈宽厚的情怀之一)之王或全称天亲仁颜之王(Devānām-priya Priyadarsˊī Rāja)是在铭文中最常见的对阿育王的称呼,而他自己的名字阿育只在一块[临近他的南部边境的马斯奇(Maski)的]铭文上出现过。他只称自己为 rāja(王),而不称自己为 mahārāja(大王)或 rājādhirāja(万王之王),这一点非常重要。

既克,天亲之王乃笃护正法(Dhamma),心慕正法,弘播正法之教。[10] 此系天亲之王因伐羯陵迦,心有悔悟……

……天亲之王深望不伤众生,克己自制,公平处事,温文尔雅。

天亲之王以法之征服者,为最善之征服。天亲之王将法之征服既行于王之疆土,又及于邻邦六百由旬(yōjanas)之远[11],至耶婆那(Yavana)君王安提约卡(Amtiyoka)(所居)之处,及图拉马亚(Turamāya)、安特基纳(Amtekina)、马加(Maga)与亚里克山达拉(Aliksumdara)四王所辖之邦……[列举了一长串东方国家。]

……此一正法敕文镌于石上,何故?令吾之子孙后代勿思(凭借)弓箭之新征服为可贵之举,对异邦外族,当以宽容为怀,处罚从轻,思及以法之服人者方为(真正之)征服。此为(有益)今生与来世。皈依正法或可广及诸国(chakras)。此为(有益)今生与来世。[12]

除了宣传佛教之外,这些铭文还包括了两种高尚的思想:第一,对恶行的良心责备;第二,证实了唯一有价值的征服是

没有野心、战争或暴力

凭借和平的手段和出色的智慧

---

[10] Dhamma=dharma,意指佛法,佛教的信仰。

[11] 由旬是一难以精确定义的长度单位:有长的由旬(大约 9 英里)和短的由旬(大约 4.5 英里)。这个词也被用来指每日的行程(大约 12 英里,但不确定)。参见莱昂内尔·D. 巴尼特(Lionel D. Barnett):《印度古代史》(Antiquities of India; London,1913)[《伊希斯》2,408(1914-1919)],第 217 页。波斯的帕拉桑(parasangēs)较短一些,相当于 30 斯达地,但它也用来指行程,相当于一站路。

[12] 引自 D. R. 班达卡(D. R. Bhandarkar)的《阿育王》[Aśoka; Calcutta(第 2 版),1932],第 329 页—第 334 页的译文。

凭借忍耐和节制

202 实现的征服。这几行诗引自《复乐园》(*Paradise Regained*，Ⅲ, 90-92)，但请注意，弥尔顿(Milton)的诗写于 1671 年，而阿育王的铭文刻于公元前 261 年后不久！

前面提到的耶婆那(亦即希腊裔)诸王是极为令人感兴趣的，这些国王可能分别是：安条克-塞奥斯(叙利亚国王，公元前 261 年—前 246 年在位)，托勒密二世菲拉德尔福(公元前 285 年—前 247 年*在位)，安提柯-戈纳塔(马其顿国王，公元前 283 年—前 220 年**在位)，马加斯(Magas，昔兰尼国王，公元前 258 年去世)，亚历山大二世(Alexander Ⅱ，伊庇鲁斯国王，公元前 272 年—前 240 年在位)。当那一敕文(于公元前 261 年后不久)颁布时，这 4 位希腊裔国王仍然在世并且依然大权在握；他们中第一个去世的是马加斯，殁于公元前 258 年。关于阿育王，**他们**了解什么呢？

孔雀帝国的第一和第二任统治者已经使管理非常有条理了，因而阿育王可以完全像原来那样延续这种管理，不过他可能试图减少它的严酷和残忍，因为正如他所说的那样：“天下庶民，皆我之子。”他尽力设法对坚毅和忍耐予以鼓励，对嫉妒、苛刻和懒惰予以阻止；他指定一些专门的大臣(*mahāmātra*)负责遵行正法[即正法官(*dharma mahāmātra*)]。我们也许可以把这些官员称作宗教大臣，值得注意的是，他们的义务是，既要关心婆罗门教诸派(Brahmanical sects)也要关心佛教。我们恐怕得说，这些努力在很大程度上是徒劳的，他的告诫依

---

* 原文如此，与本卷第十二章不一致。——译者
** 原文如此，与本卷第四章不一致。——译者

然只能是完美的建议。他无法改变印度人的天性，一个慈善的独裁者怎么能控制得住他远在异地他乡的官员呢？一个独裁者的善良总会而且不可避免地会被他的下属的贪婪和残忍而辜负。

不害(ahimsā)，亦即以非暴力和不伤害的方式对待生灵，是极为重要的义务。阿育王禁止在狩猎过程中杀害动物，或者对它们进行阉割或犯下其他罪恶。[13]

阿育王还说明了许多其他义务：要尊敬父母和师长，要服从他们；要对所有人友善、仁慈和宽容；他想方设法确保旅行者、穷人以及各种不幸的人得到慰藉。最好还是用他自己在铭文中的话来表述吧：

> 凡天亲仁颜之王普里亚达森(Priyadarśin)帝国之内，边塞诸王之属地，如柯陀(Chodas)、潘地亚(Pāndyas)、圣提城(Sātiyaputra)、克拉帕陀(Keralaputra)远至泰拉巴尼(Tāmraparni)等，及臾那[Yona(希腊)]王安提约卡(安条克)之疆土，暨比邻臾那王各王邦之每一城镇与乡村，天亲之王普里亚达森皆备有两类医疗设施，即人之医疗设施与兽之医疗设施。无论何地，若有益人兽之草药无处可寻，均已引入并种植之。若植物之根茎果实无处可寻，亦已引入并种植之。道路之旁，皆凿井种树，以利人兽之用。[14]

上文中使用了三次的"医疗设施"是对 *chikīchha* 的翻译，其他学者有的把它译作"治疗所"[埃米尔·塞纳尔(Emile Senart)]，有的译作"医院"[约翰·格奥尔格·比勒

203

---

〔13〕有关杀害动物的更详细论述，请参见《政事论》，第 2 卷，26。
〔14〕班达卡：《阿育王》，《岩石敕文》第 2 篇，未注明日期，完整。

（Johann Georg Bühler）]。因此就有了这样的争议:阿育王是否创办了医院(如果是,他大概就是最早的医院创办者)? 这种争论在相当程度上是徒劳的。毫无疑问,他为有病的人甚至有病的动物提供了疗养之所,但这些准备为有病的人或动物使用的地方是否就是真正的医院呢? 从什么时候开始为患病者准备的房间或大厅称得上是医院呢? 在提到每一种机构的起源时都存在类似的困难。婴幼儿是否可与成人等量齐观呢?[15]

　　天亲仁颜之王普里亚达森对各宗各教之人士,无论出家修道抑或在家修行者,一律尊敬之,并赠予礼物种种,以表欣慕之情。然天亲之王并无虑及彼之尊敬宗教之人士及布施礼物,须使正法弘扬于各宗教之中。盖正法之弘扬,其道甚多,唯基本之要点在于慎言,即吾人无论身在何处,不可道吾之所信宗教之长,他教之短;此系狭隘之为也。反之,吾人无论身在何处,对各宗教均当尊敬。若对所有宗教,均能尊敬之,则不但己信之教得以弘扬,且惠及他教。若不依此而行,则不但有损己信之教,且祸及他教。若誉己之教,毁他之教,高估己教,借使己教彰显,此实有害其所信之教殊甚。故兼收并蓄（samavāya）,为世嘉许,唯此,庶民方可习或欲习各宗教之教义。庶民通晓诸教真知灼见,彰德扬善,此诚天亲之

─────────────

[15] 参见我在《科学史导论》中关于医院的注释,见第 2 卷,第 95 页,第 245 页—第257 页;第 3 卷,第 293 页—第 295 页,第 1747 页—第 1749 页。另可参见乔治·E. 加斯克（George E. Gask）和约翰·托德（John Todd）:《医院的起源》（" The Origin of Hospitals"）,见 E. A. 安德伍德（E. A. Underwood）主编:《科学、医学与历史——科学思想及医疗实践之发展暨纪念查尔斯·辛格论文集》（Science, Medicine and History; Essays on the Evolution of Scientific Thought and Medical Practice, Written in Honour of Charles Singer; London: Oxford University Press, 1953）,第 1 卷,第 122 页—第 130 页。

王所望也。凡倾心此教或彼教者均应知晓：天亲之王属意
者，在各宗教之发扬光大及彼此互赏，馈赠种种皆非考虑之
列。正法官、福利官（Vrajabhūmikas）及文武百官，理当为此
目的尽心竭力。有此成果，既明各教，亦昭正法。[16]

　　这段敕文尽管过于啰唆（这是佛教文献的特点），但我
还是 in extenso（全文）引用了，因为它是一种令人惊讶的对
最大宽容的请求。对其他教派比对自己的教派更宽容是不
够的；人们还应该心甘情愿地赞美它们。有些基督教派用了
19 个多世纪才理解这一点，有些则至今仍不理解。

　　……过去时日，无所谓正法官之名。故此在朕加冕后第
十三年之际（亦即公元前 256 年），乃设正法官之职。此等
正法官掌理于各宗教中，以立正法，弘正法，关切皈依正法者
之福祉；彼等劳碌于耶婆那人（Yavanas）、柬波迦人
（Kambojas）、干陀罗人（Gandhāras）、罗须梨伽人
（Rāshtrikas）、贝多耶尼人（Paitryanikas），及居于帝国西陲
［西天竺（Aparānta）］之其他人等之间，关切婆罗门族皇族及
沦为雇员之家主之福祉，对无助者及年迈者等亦然，亦使皈
依正法信士免其桎梏之缚。彼等同时肩责协诸囚以获开释，
依其受子女之累、遭遇欺凌或年事已高，施予（金钱之）补
贴……[17]

　　……天亲之王如是言曰：吾将榕树植于道旁，使人兽有
荫蔽之处。芒果之树，吾亦种之。吾令相距八科塞

_201_

----

[16] 班达卡：《阿育王》，《岩石敕文》第 12 篇，未注明日期。
[17] 同上，《岩石敕文》第 5 篇的中间部分，公元前 256 年。

（koses）[18]必掘一井，客栈亦然。更建诸多水池茶亭于各处，以便人兽饮水之需。此等便民小事，不足挂齿，盖因先王诸帝已赐诸多此类福祉于民，吾亦效之。吾行此道，欲使庶民实施正法……[19]

可以肯定，阿育王组建的佛教使团不仅派往其帝国的各地，而且派往西方国家以及锡兰。派往锡兰的使团只有一个，关于它，我们[从僧伽罗语（Singhalese）的原始资料中]获得了大量信息。阿育王的儿子摩硒陀（Mahendra 或 Mahindra）负责这个使团，而且应锡兰国王帝须（Tissa）[20]之邀，大约于公元前 247 年出使那里。摩硒陀定居在那个岛上，并且于公元前 204 年在该岛去世；他得到了他的绰号为僧伽密多（Sanghamitrā，意为秩序之友）的妹妹的协助，他的妹妹于公元前 203 年去世。从后来发生的事情来看，这个使团是非常幸运的；在佛教逐渐被印度教逐出印度时，它却从来没有停止在锡兰的繁荣。"佛教的罗马"——寺庙之城阿努拉德普勒（Anurādhapura）的遗迹，成了令人永世难忘的缅怀阿育王家族和早期的僧伽罗皈依者的纪念碑。

阿育王是一个热诚的佛教徒，渴望劝人改宗，但仍保持宽容的态度，以上所引的《岩石敕文》第 12 篇就是其见证。

[18] 大概指柯罗萨（krōśa），一种行程计量单位，4 柯罗萨等于 1 由旬（参见注释 11）。
[19] 班达卡：《阿育王》，《石柱敕文》第 7 篇的中间部分，这部分很长，刻于公元前 242 年。
[20] 即天爱帝须（Dēvānampiya Tissa，公元前 247 年—前 207 年）。参见 H. W. 科德林顿（H. W. Codrington）：《锡兰简史》[Short History of Ceylon；London：Macmillan（修订版），1939]，第 11 页及以下。

例如,他曾向生活派僧人(Ājīvika monks)馈赠礼物,这一派与天衣派(Digambara)或裸体耆那教派(Jains)非常接近。

公元前 249 年,他年迈的老师优波毱多带着他到一些圣地朝觐;有可能在那时,他拜访了菩提伽耶(Buddh Gayā)的圣林。[21]

公元前 240 年,阿育王在他的首都华氏城举办了一次佛教集结大会(Buddhist council)。根据佛教的传说,这是第三次集结大会;第六次集结大会(Chattha Sangayana)于 1954年—1956 年在仰光(Rangoon)举行,1956 年被定为佛祖入无余涅槃(Mahā parinibbhana)2500 周年。[22]

我们并不确切地知道阿育王是在什么时候什么地方去世的,也许是在这次集结大会没过几年之后,大概是在公元前 232 年或在这一年左右。至少根据猜想,他的统治是在那一年结束的。按照西藏的传说,他在塔克西拉去世。他的两个孙子塔沙拉塔(Daśaratha)和沙姆婆罗蒂(Samprati)继承了他的王位,前者统治东部的省份,亦即摩揭陀国(Magadha),华氏城大概是其首都;后者统治西部省份,其首都是乌贾因。像其祖父献身于佛教那样,沙姆婆罗蒂则献身

---

[21] 菩提伽耶位于比哈尔邦中心的城市巴特那以南。正是在菩提伽耶,佛陀在神圣的菩提树(Ficus religiosa)下得悟成佛。大约公元前 240 年,僧伽密多比丘尼把这种菩提树的一个插条带到锡兰,并且种在阿努拉德普勒(Anurādhapura)的摩诃弥伽花园(the Mahāmēgha garden);时至今日,它成了最吸引朝觐者前来此地的景观之一。

[22] 参见吴拉貌(U Hla Maung):《第六次佛教集结大会》("The Sixth Great Buddhist Council"),载于《论坛——世界宗教大会杂志》(Forum, Journal of the World Congress of Faiths)第 20 期(London,1954),第 6 页—第 8 页。按照今天缅甸佛教徒的传说,佛祖于公元前 545 年圆寂;西方学者普遍接受的佛祖圆寂时间较晚一些,在公元前 483 年—前 477 年(参见《科学史导论》,第 1 卷,第 68 页)。佛教的传说充满了矛盾。

于耆那教。孔雀王朝的最后一位君主于公元前 185 年被其最高军事统帅所杀,后者建立了一个较短的巽伽王朝(Sunga dynasty,公元前 185 年—前 173 年*)。孔雀帝国的另一个部分,亦即它东南端的部分——戈达瓦里河(Gōdāvari)和克里希纳河(Krishnā)三角洲,在阿育王去世后不久便分裂了出去,并且被安得拉王朝(Āndhra dynasty)的大约 30 个国王统治了 450 年左右(约公元前 230 年—约公元 225 年)。

孔雀王朝的黄金时代延续了不到一个世纪(公元前 322 年—前 232 年)。其最初的 3 位君主统治的时期,几乎与托勒密王朝最初的 3 位国王的统治时期(公元前 323 年—前 222 年)相同。他们都是伟大的艺术赞助者;他们的建筑物虽然消失了,但阿育王时代雕塑的一些杰出的实例则保留下来,如尼泊尔劳里亚嫩登格尔的石狮柱(公元前 243 年)和坐落在萨尔纳特野鹿苑(the deer park of Sārnāth)的四狮柱头,野鹿苑是佛祖第一次传授佛法的现场。[23] 那类艺术品既纯洁又富于美感,其工艺的成熟和精湛令人惊叹。那些独块巨石雕成的柱子,有的超过 40 英尺,它们的做工令人钦佩,其抛光坚硬岩石的技术已经达到无与伦比的完美程度。

不过,阿育王的主要成就是传播佛教。他是印度文化的三位巨人之一,另外两位是阿克巴[(Akbar,1542 年—1605

---

*　原文如此,有误;巽伽王朝持续了 112 年,即从公元前 185 年至公元前 73 年。——译者

[23] 有关的讨论和说明,请参见本杰明·A. 罗兰(Benjamin A. Rowland):《印度佛教、印度教和耆那教的艺术与建筑》(*The Art and Architecture of India*:*Buddhist*,*Hindu*,*Jain*),见于"鹈鹕艺术史丛书"(Pelican History of Art,Baltimore:Penguin Books,1953)。

年),印度最后一个王朝的第 3 任国王]以及独立印度的缔造者甘地(Gandhi,1869 年—1948 年)。[24] 这些人彼此所处的时代各不相同,但他们有一些共同的品质,这些品质是印度精神统一的例证。

参考文献简目

文森特·A. 史密斯:《阿育王——印度的佛教徒皇帝》(Asoka , the Buddhist Emperor of India , Oxford:Clarendon Press, 1901);第 2 版(1909);第 3 版(278 页;1920)。

让·普祖鲁斯基(Jean Przyluski):《印度和中国的文本中有关阿育王的传说(阿育王譬喻经)》[" La légende de l'empereur Açoka (Açoka-avadāna) dans les textes indiens et chinois"] , 载于《吉梅博物馆年鉴》(Annales du Musée Guimet) 32 [467 页(Paris, 1923)]。《阿育王譬喻经》(The Aśokāvadāna) 写于公元前 2 世纪下半叶,现保存在编于公元 300 年和 512 年的两个中文本中。

提婆达多·罗摩克里希纳·班达卡(Devadetta Ramakhrisna Bhandarkar):《阿育王》(Aśoka, University of Calcutta,1925);第 2 版(432 页;1932),我对铭文的摘录,就是以班达卡著作的第 2 版及其对它们的翻译为基础的。

乔治·佩里斯·马拉拉塞凯拉(George Peiris Malalasekera):《巴利语专有名称词典》(Dictionary of Pāli proper names;London:Murray, 1937-1938),2 卷本,第 1 卷, 216-219。

---

[24] 关于甘地,请参见 G. 萨顿:《法拉第、达尔文和甘地对真理所做的实验》("Experiments with Truth by Faraday, Darwin and Gandhi"),载于《奥希里斯》11, 87(1954)。

二、埃及

1. **曼内托**。在托勒密-索泰尔统治期间［公元前323年
（开始统治埃及——译者），公元前304年—前283年（创建
托勒密王国并担任国王——译者）］，特奥斯的赫卡泰乌
（Hecataios of Teōs）撰写了一本有关埃及的传奇记述，它使希
腊人熟悉了这种观念，即尼罗河流域是文明的摇篮。[25]

　　不久之后，有一个比他能力更强的人继续了他的努力，
这就是门迪斯的曼内托（Manethōn of Mendēs）。赫卡泰乌是
一个对埃及感兴趣的希腊人，而曼内托则是一个希腊化的埃
及人，他是塞本尼托［Sebennytos，即现在的塞曼努德
（Samannūd）］人，塞本尼托位于尼罗河三角洲的东部、尼罗
河的达米埃塔（Damietta）支流沿岸。曼内托是塞本尼托神
庙的祭司，后来成为（开罗附近的）老赫利奥波利斯的大祭
司。他不仅能获得一些重要的历史方面的原始资料，而且他
能以批判的眼光去阅读它们，并且指出希腊史学家如希罗多
德和赫卡泰乌的错误。很有可能，他的著作是应托勒密-菲
拉德尔福（公元前285年—前247年*在位）的要求而撰写
的，菲拉德尔福渴望证明，埃及文明至少像为安条克一世
（公元前280年**—前261年在位）效力的贝罗索斯所描述
的美索不达米亚文明一样古老。

　　曼内托比赫卡泰乌年轻，但他已经和另一个希腊人一起
被第一任托勒密国王聘用了，那个希腊人是提谟修斯，他也

---

[25] 特奥斯在爱奥尼亚海岸中间的三分之一处，而米利都在最下边的三分之一处，
　　　公元前6世纪老赫卡泰乌生活在这里。阿布德拉人赫卡泰乌的著作残篇见于米
　　　勒：《希腊古籍残篇》，第2卷，第384页—第396页。
　*　原文如此，与本卷第十二章不一致。——译者
　**　原文如此，与前文略有出入。——译者

是一个祭司,或者是负责宗教事务的皇家顾问。曼内托和提谟修斯这两个人使得对萨拉匹斯的希腊-埃及式崇拜活动条理化了。"萨拉匹斯于公元前 286 年(或公元前 278 年)进入亚历山大"这一陈述,既可能是指布里亚克西斯所创作的该神的塑像的落成典礼,也可能是指这些崇拜活动的开始。

曼内托的主要著作是《埃及志》(Aigyptiaca),该书已经佚失,我们只能通过早期的希腊摘要和残篇对它略有了解。这是一部关于埃及史的著作,从其起源至公元前 323 年,它对现代的埃及学家有很大帮助。在曼内托的著作中已经包含着人们所熟悉的对那些王朝的划分了,即古帝国(Old Empire)时代(第一王朝至第六王朝,公元前 3200 年—前 2270 年),中帝国(Middle Empire)时代(第十一王朝至第十三王朝,公元前 2100 年—前 1700 年),新帝国(New Empire)时代(第十八王朝至第二十四王朝,公元前 1555 年—前 712 年),帝国晚期(Late Period)时代(第二十五王朝至第三十王朝,公元前 712 年—前 332 年)。[26] 他的年表虽然有缺陷,但却是极为重要的,因为它来源于寺庙档案中的原始文献,例如阿拜多斯(Abydos)王室族谱(现保存在大英博物馆)、凯尔奈克(Karnak)王室族谱(现保存在卢浮宫)、萨卡拉(Sakhāra)王室族谱(现保存在开罗博物馆)、图林纸草书(Turin Papyrus,大约公元前 1200 年)以及巴勒莫石刻(Palermo Stone,大约公元前 2600 年)。

207

---

[26] 我所加上的这些年代是乔治·施泰因多夫(G. Steindorff)现代的估计结果。第七王朝至第十王朝(公元前 2270 年—前 2100 年)构成了一个中间时期;第十四王朝至第十七王朝(公元前 1700 年—前 1555 年)构成了另一个中间时期即喜克索斯时期(Hyksos period)。

他还撰写了其他著作,全都与埃及的历史、宗教和科学有关。从他的《物理问题概要》(*Epitomē tōn Physicōn*)现存的残篇来看,他的"物理学"是神话学而不是科学。他对希腊的宇宙论有所了解,而且,既然他用希腊语写作,他的目的就是要向希腊受众说明埃及的"物理学"。相对于希腊人理解象形文字而言,埃及人学习希腊语和阅读希腊作者的作品更为容易。普卢塔克在其论述伊希斯与奥希里斯的专论中借鉴了他的宗教著作。

希腊化时代的希腊人大概更想阅读的是赫卡泰乌的传奇著作,而不是曼内托的年表;相反,犹太人对后者的年表有着浓厚的兴趣,因为埃及的古代事物就是他们自己的历史。最早借鉴曼内托史学著作的是犹太史学家如约瑟夫斯(活动时期在 1 世纪下半叶),后来是基督教年代学家,如塞克斯特斯·尤利乌斯·阿非利加努斯(Sextos Julios Africanos,活动时期在 3 世纪上半叶)、优西比乌(活动时期在 4 世纪上半叶)、乔治斯·辛塞罗斯(Geōrgios Syncellos,活动时期在 9 世纪上半叶),所有这些人既是基督徒又是犹太人,他们试图尽可能地确立《圣经》的年代学。[27] 约瑟夫斯(活动时期在 1 世纪下半叶)批评曼内托把一些犹太人与"一群埃及人"弄混了,那些埃及人"因麻风病和其他疾病受到谴责,并且被驱逐出埃及"。这是最早的与埃及和犹太人的麻风病有关的

---

〔27〕《希腊古籍残篇》,第 2 卷,第 495 页—第 510 页。最便利的希腊语-英语对照本的曼内托著作残篇,是 W. C. 沃德尔(W. C. Waddell)编辑的,见"洛布古典丛书"(Cambridge:Harvard University Press,1940)。

叙述。[28]

塞本尼托的曼内托曾被混同于门迪斯的"曼内托"（"Manethōn" of Mendēs）。后者的真名是门迪斯的托勒密（Ptolemaios of Mendēs）；他稍晚些时候（大概在奥古斯都时代）曾研究过埃及事物。这一事实可能使这种混淆加剧了，即门迪斯距达米埃塔不远（因而距塞本尼托也不太远），而且是一个圣地，并且在第二十九王朝期间（公元前 398 年—前 379 年）被希腊雇佣军占领了。在门迪斯受到崇拜的门迪斯神是一头公羊（或雄山羊），这个神在托勒密时代变得非常流行；在门迪斯发现的一块著名的石碑上表述了托勒密和阿尔西诺·菲拉德尔福*对神公羊的信仰，并且回忆了寺庙所独有的特权和节日。

2. **赛斯历**。1902 年在希拜（al-Hiba）[29]发现的一部希腊语纸草书是一部赛斯及其周边地区（no'mē）的历法，并附有关于天文学的介绍。

整部纸草书是大约公元前 300 年或者在此不久之后，由欧多克索（活动时期在公元前 4 世纪上半叶）的一个追随者在赛斯为其弟子撰写的入门书。他说明了在埃及使用的不同的年。历法中的年是普通埃及的 *annus vagus*（徘徊年），

_208_

---

[28] 《曼内托著作残篇》（"洛布古典丛书"版），第 121 页。约瑟夫斯：《驳阿比翁》（*Contra Apionem*），第 1 卷，26-31。有关麻风病的起源，请参见《科学史导论》，第 3 卷，第 275 页及以下。

 * 即阿尔西诺二世，参见本卷第十三章注释 23。——译者

[29] 希拜在尼罗河畔（大约北纬 28°50′），是一个托勒密城市的遗址。在托勒密墓地发现了许多希腊纸草书，除了一部以外，其余的都来自木乃伊盒，而且所有这些都是公元前 3 世纪的产物。赛斯很远，靠近尼罗河三角洲西部的坦塔（Tanta），在从亚历山大到开罗的中途。

每年为 365 天,从透特 1 月(Thoth Ⅰ)开始(其关于前 3 个月的说明下落不明)。

在不同的日子中记录了以下这些详细情况:(1)二分点和二至点预示着季节的变化(作者似乎认为,二分点把一年分成了几乎相等的两个部分,即 183 天和 182 天);(2)太阳在升起时会从 12 大星座的一个移到另一个;(3)一些星辰或星座的升起和降落;(4)天气预报;(5)尼罗河的上涨阶段;(6)在赛斯举行的希腊-埃及庆典;(7)昼夜的长度。最长的昼是 14 个小时,与赛斯的纬度相对应。

这部纸草书相当长,但我们只有它的 16 个残篇。伯纳德·派恩·格伦费尔和阿瑟·S. 亨特在《希拜纸草书》的第一部分(*The Hibeh Papyri Part Ⅰ*, London: Egypt Exploration Fund, 1906)中对它们进行了编辑和翻译,参见第 27 号,第 138 页—第 157 页,另页纸插图 8。

三、巴比伦王国和贝罗索斯[30]

贝罗索斯活跃于安条克一世索泰尔(叙利亚国王,公元前 281 年—前 262 年*在位)统治期间。他的名字是巴比伦名字的希腊译文;因此我们可以假设,他不是一个希腊人,而是一个希腊化的当地人。他的出生不晚于公元前 340 年,他活跃于巴比伦,至少一直到安条克一世统治开始时都是如此,随后他去了科斯岛,他在那里创办了一所学校(科斯岛那时处在托勒密的统治之下);他去世的时间无人知晓。

---

[30] 贝罗索斯(Berōssos)这个名字起源于巴比伦,拼写时常写一个或两个 σ(相当于拉丁字母的 s——译者),并且常用 o(相当于拉丁字母的 o ——译者)代替 ω(相当于拉丁字母的 ō ——译者)。这三个音节中的每一个都可能出现重读。这种重音的波动在外来语中是很典型的。

* 原文如此,与前文略有出入。——译者

安条克－索泰尔试图做最初的两个托勒密王在埃及所做的事,他使用了同样的方法。他雇用了贝罗索斯,而贝罗索斯是巴比伦的马尔杜克(Marduk)的祭司,因此他掌握了关于巴比伦的历史和宗教的内幕,并且有资格使用巴比伦(或迦勒底)的原始资料。他的著作是用希腊语写的,并且是题献给安条克(因而是在公元前 281 年之后)的,以《巴比伦志》(*Babylōnica*)为标题[比《迦勒底志》(*Chaldaica*)更好];该书分为 3 个部分(非常令人好奇的是,曼内托的著作也分为 3 个部分)。该书已经佚失了,但约瑟夫斯(活动时期在 1 世纪下半叶)和优西比乌(活动时期在 4 世纪上半叶)的引文把它或多或少地再现了。

这 3 卷书论述了以下时期:(1)从创世到大洪水,432,000 年;(2)从大洪水到公元前 747 年起任巴比伦国王的纳波纳萨尔(Nabonassar)时代,34,090 年 + 1701 年 = 35,791 年;(3)从纳波纳萨尔时代到居鲁士时代,209 年,或者到亚历山大时代,424 年——总计 468,000 年或 468,215 年。第 1 卷和第 2 卷的一部分不可避免地具有宇宙论色彩,因而贝罗索斯被人称作"占星家"。

他的著作是向埃及以及广义的希腊化世界传播迦勒底占星术的主要媒介,而且无论好坏,这都是它的主要功能。在这些天文学或占星术知识中,有多少是纯粹的迦勒底人的知识,有多少是伊朗人和希腊人的知识?很难说。贝罗索斯讨论了基本元素(stoicheia)、七种行星及它们的美德等等。

在远古的范围内,贝罗索斯比曼内托钻研得更深入,因而在这个领域,安条克战胜了托勒密。这是"亚述学家(Assyriologists)"与"埃及学家(Egyptologists)"的第一次较量,前者取得了胜利。[31]

卡利马科斯的含有月桂树(Laurel)与橄榄树(Olive)争论的《抑扬格诗集》(Iamboi),为巴比伦文学对希腊人的影响提供了一个新奇的证明。可以把这首现存72行的诗与一首巴比伦诗加以比较,那首巴比伦诗与它几乎属于同一类型,只不过,诗中的对手不是月桂树和橄榄树,而是柽柳(Tamarisk)和枣椰树(Date)。它们总的思想是一致的;用基督徒的话来说,这是玛丽亚与马大(Martha)之间永无终止的冲突。[32]

四、腓尼基

以弗所有一个米南德(Menandros of Ephesos)活跃于亚历山大或佩加马,他利用腓尼基人的记录(anagraphai),撰写了一部提尔(Tyros)的历史。该书的原作已经佚失,只有一些片段因约瑟夫斯(活动时期在1世纪下半叶)在《驳阿比翁》(Against Apiōn)中的引用而保留下来。米南德论述了提尔国王希兰(Hiram),希兰与以色列国王所罗门·本·大

---

[31] 贝罗索斯的原文,见米勒编的《希腊古籍残篇》,第2卷。参见保罗·施纳布尔(Paul Schnabel):《贝罗索斯巴比伦史3卷残篇》(Berosi Babyloniacorum libri tres quae supersunt;Leipzig,1913);《贝罗索斯与巴比伦-希腊文学》[Berossos und die babylonisch-hellenistische Litteratur(275页),Leipzig,1923]。

[32] 卡利马科斯著作的希腊语-英语对照本,见A. W.梅尔编的洛布版的《卡利马科斯、吕科佛隆和阿拉图》["洛布古典丛书"(Cambridge,1921)],第280页—第288页;巴比伦语-德语对照本见埃里希·埃贝林(Erich Ebeling):《巴比伦寓言及其对文学史的意义》("Die babylonische Fabel und ihre Bedeutung für die Literaturgeschichte"),见《古代东方社会的报告(二)》(Mitteilungen der altorientalischen Gesellschaft 2),第3部分(Leipzig,1927)。

卫(Solomon ben David)是同一时代的人。[33]

五、以色列

希腊化东方文化的杰出成就《七十子希腊文本圣经》是在埃及完成的,这项工作由亚历山大博物馆和第二任托勒密王发起。在我们结束这一考察时我们比一开始更加充分地认识到,公元前 3 世纪是古希腊文化的黄金时代,而且大约于公元前 250 年在埃及达到顶峰。

我们先考虑一下正统的犹太世界的情形。《旧约全书》(The Old Testament)的绝大部分已经有了。在公元前 3 世纪的上半叶,有关历史的各卷已经编好了,其中包括《历代志》(The Books of Chronicles,65 章)两卷,《以斯拉记》(The Book of Ezra,10 章)1 卷,《尼希米记》(The Book of Nehemiah,13 章)1 卷。[34]《历代志》讲述了从亚当(Adam)到巴比伦囚房结束时(公元前 538 年—前 536 年)的犹太史;《以斯拉记》和《尼希米记》接着讲述了从公元前 536 年至公元前 432 年的历史。《以斯拉记》和《尼希米记》来源于两个希伯来祭司以斯拉(Ezra)和尼希米(Nehemiah)的回忆,他们生活在公元

---

[33] 参见米勒编:《希腊古籍残篇》,第 4 卷(Paris,1851),第 445 页—第 448 页;艾萨克·普雷斯顿·科里(Isaac Preston Cory):《腓尼基、迦太基、巴比伦、埃及以及其他地区的作者的古代著作残篇》(Ancient Fragments of the Phoenician,Carthaginian,Babylonian,Egyptian and Other Authors),新版由爱德华·里士满·霍奇斯(Edward Richmond Hodges)编辑(London,1876),第 27 页—第 32 页;《古典学专业百科全书》,第 29 卷(1931),762。有关提尔国王希兰,请参见《列王纪上》(1 Kings),第 5 章。

[34] 在天主教正典[《通俗拉丁文本圣经》和杜埃版《圣经》(Douay Bible)]中,the Book of Ezra(希腊语为 Esdras)被称作"1 Esdras(《以斯拉记上》)",the Book of Nehemiah 被称作"2 Esdras,alias Nehemiah"(《以斯拉记下》,又称《尼希米记》)。《以斯拉记上》和《以斯拉记下》被天主教徒和新教徒编入次经,但天主教徒称它们为"3 Esdras(《以斯拉记(三)》)"和"4 Esdras(《以斯拉记(四)》)"。

图 39 《康普鲁顿合参本圣经》(Complutensian Bible)第 1 卷的扉页,这是最早的多语言
译本并排的《圣经》,于 1514 年—1517 年印制。之所以称作"康普鲁顿"本,是因为它是
在埃纳雷斯堡(Alcalá de Henares,拉丁语译作康普鲁顿)印制的。在扉页的中间是(印成
红色的)枢机主教日默内·德·西斯内罗(Cardinal Jiménez de Cisneros, 1437 年—1517
年)的盾形纹章,西斯内罗掏钱赞助了这一 600 本豪华本的印刷。这部著作实际上是在
他去世 4 年以后的 1521 年才印制(经销)的。在扉页前有 4 页勘误表。第 1 卷包含摩
西五经或摩西五书。这是一部很重的对开本著作(37 厘米高,不算封面有 4.5 厘米厚,
重量与其体积成比例)。该书总计 6 卷,第 2 卷及以下各卷的排印版式不太复杂[承蒙
哈佛学院图书馆恩准复制]

前 5 世纪,那时希伯来语还没有被阿拉米语取代。《尼希米
记》是希伯来语仍然为日常使用的语言时最后一部用这种语
言撰写的著作。[35]

---

[35] 参见罗伯特·H.法伊佛:《〈旧约全书〉导论》(New York:Harper, 1941)[《伊希
斯》*34*,38(1942—1948)],第 838 页。希伯来语在我们这个世纪重新成为日常使
用的语言,并且于 1948 年被定为以色列的官方语言。

图 40　《康普鲁顿合参本圣经》中《创世记》（Genesis）的第 1 页。《七十子希腊文本圣经》排在第 1 栏，行间附有拉丁语译文；圣哲罗姆（St. Jerome，活动时期在 4 世纪下半叶）的标准拉丁语翻译排在中间那一栏；希伯来语原文排在右栏；阿拉米语意译及其对应的拉丁语文本排在页的底部。因此同时有 6 种带注释的文本！请注意，在哲罗姆的译本（即《通俗拉丁文本圣经》）中没有任何空白；凡原有空白的地方都用一排零代替了。早期的印刷商不喜欢有空白。希伯来语的文本是在伟大的《希伯来犹太圣经》[Hebrew Jewish Bible，Venice（4 卷本），1524–1526]之前印刷出版的[承蒙哈佛学院图书馆恩准复制]

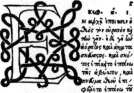

图41　实际印制(经销)的《七十子希腊文本圣经》的第一版是由奥尔都·马努蒂乌斯和他的岳父安德烈亚·托雷萨尼(Andrea Torresani)出版的(Venice：Aldus，February 1518)。这是一个豪华对开本，共计 452×2 页，34 厘米高。扉页粗陋，复制效果不好。我们复制了希腊语文本的第 1 页，它含有《创世记》的第一章。最上面是装饰图案和标题，第一个大写字母印成了红色；标题的意思是"新旧约圣经"[承蒙哈佛学院图书馆恩准复制]

在编辑这些史书的时代,人们所说的是阿拉米语,他们对希伯来语的无知已经到了这样的地步,即必须给他们提供 *targum* 或《旧约全书》一部分的阿拉米语翻译(迦勒底语意译),他们才能阅读。

另一部更重要的著作是在这个世纪的上半叶完成的,这就是《箴言》(The Books of Proverbs,共计 31 章),它的全称是:"以色列国王、大卫之子所罗门的箴言;它将使你获得智慧和教诲,理解一些需要悟性的词,受到有关智慧、正义、审判和平等的教育;它能使头脑简单的人变得聪明,使年轻人得到知识和判断力。聪明的人将会聆听它,并且会由此丰富自己的学识;富于理解力的人将会得到明智的忠告;从而使你理解箴言和诠释,理解那些富有智慧的词语及其深奥的含义。"

《箴言》(*Mushli*)是人们惯用的简略的标题,但它很容易使人误解;这卷著作中包含了一些智者的教导,其中有些可以用作箴言,但绝大多数却不能。该著作并不仅仅是一些富有智慧的教导的汇集,而是不同时代诸多这类汇集的集成。如果不考虑一些特定的韵文或成组韵文的年代,那么,这整部书不可能早于公元前 4 世纪,对它的最后编辑是在公元前 3 世纪下半叶。[36]

移民到埃及的犹太人,或者其父母是犹太人而自己在埃及出生的人,都已经忘记他们的希伯来语甚至忘记他们的阿拉米语了,他们所说的是希腊语方言(犹太裔希腊人的希腊语)。当然,接受过良好教育的犹太人能讲非常漂亮的希腊

---

[36] 参见罗伯特·H.法伊佛:《〈旧约全书〉导论》,第 640 页—第 659 页。

语,但即使他们没有忘记他们的宗教,他们一般也都忘记了他们的母语。

　　根据传说,帕勒隆的德米特里曾向托勒密二世菲拉德尔福指出了[37]把《旧约全书》或者至少把摩西五经从希伯来语翻译成希腊语的重要性;对那些已不再能阅读希伯来语文献的犹太人来说,这可能是颇有价值的;对本来就不能阅读它的希腊人而言,这更有价值。犹太人对《圣经》的翻译使得他们的希腊赞助者可以更好地理解他们。最初,翻译仅限于摩西五书,并且得到了耶路撒冷的大祭司以利亚撒(Eleazar)的批准。翻译是由希腊人发起的,而不是由犹太人发起的,这一点意义重大。通过阿里斯泰(Aristeas)致菲洛克拉底(Philocratēs)的希腊语书信,人们可以充分了解这一在公元前 2 世纪中叶形成的传说;[38]这一传说在亚历山大颇为流行,并且被除圣哲罗姆(活动时期在 4 世纪下半叶)以外的教父接受了。

214　　这段故事的梗概如下。托勒密二世接受了德米特里的建议,并且派阿里斯塔俄斯(Aristaios)和安德烈亚斯(Andreas)去耶路撒冷,作为使节前往大祭司以利亚撒处,向

---

[37] 德米特里与托勒密-菲拉德尔福不和,但他可能是在自己失宠之前提出这一建议的。

[38] 参见保卢斯·文德兰(Paulus Wendland):《阿里斯泰就七十子译〈旧约全书〉的原本致菲洛克拉底的信》[*Aristeae ad Philocratem epistula cum ceteris de origine versionis LXX interpretum testimoniis* (262 页),Leipzig,1900];H. St. J. 萨克雷(H. St. J. Thackeray)所编的希腊语原文,附于 H. B. 斯韦特(H. B. Swete)和 R. R. 奥特利(R. R. Ottley):《希腊语〈旧约全书〉导论》[*Introduction to the Old Testament in Greek* (640 页),Cambridge,1914];摩西·哈达斯(Moses Hadas)编辑并翻译:《阿里斯泰致菲洛克拉底的信》[*Letter of Aristeas to Philocrates*,Dropsie College edition of Jewish apocryphal literature (234 页),New York:Harper,1951][《伊希斯》*43*,287(1952)]。这个文本最可能的成书年代是“公元前 130 年左右”。

他恳切借阅必读的手稿,并且从 12 个部落的每一个中选出
6 名代表派往亚历山大。以利亚撒愿意为他的国王效劳。
他所传授的文本被写在皮纸(*diphtherai*)上。72 名学者居住
在法罗斯岛上,他们用了 72 天完成了翻译工作。正是由于
这个原因,《旧约全书》的希腊语译本被称作《七十子希腊文
本圣经》(*Septuaginta*,英语为 Septuagint;70 是 72 的大略表
示法)。[39]

　　这种记述的传说特性是显而易见的。《七十子希腊文本
圣经》的早期部分,亦即摩西五书或摩西五经,是用一种非
常糟糕的犹太–希腊语写下来的;按照专家的观点,那种方
言是一种埃及方言而不是巴勒斯坦方言。我只读过该文本
的《创世记》,其语言令我震惊;把那种语言与最完美的古雅
典语加以比较恐怕是不公平的,但把它与几乎写于 4 个世纪
之后的福音书相比较则是非常公平的。福音书的语言比《创
世记》的语言好无数倍。怎么能允许出现这样的情况呢?在
亚历山大有许多希腊人,他们对自己的语言有着完备的知
识,朝廷或者亚历山大博物馆也许不费吹灰之力就可以把他
们选拔出来进行合作。

　　尽管如此,《七十子希腊文本圣经》对我们来说还是非
常宝贵的,因为它是在文士们把希伯来语的标准文本确立下
来之前翻译的。此外,最古老的希腊语手稿比最古老的希伯
来语手稿历史更久远(1947 年在死海东岸的约旦洞穴中发

----

[39] "老版七十子译本"(*Hē hermēneia cata tous hebdomēconta*,*interpretatio septuaginta seniorum*)被缩略为"hoi O"或"七十子本"。最初,翻译仅限于摩西五经,但是到
了公元前 132 年,亚历山大的犹太人把几乎全部的《旧约全书》都翻译成希腊语
了;"七十子希腊文本圣经"这个名称的含义扩展到指用希腊语对《旧约全书》最
早的全文翻译;《七十子希腊文本圣经》基本上全都是基督降生以前的。

现的某些古卷除外)。[40]《七十子希腊文本圣经》如此重要,因而它的证明作用永远都不能被忽略。研究《旧约全书》的学者必须既通晓希腊语又通晓希伯来语。

《七十子希腊文本圣经》已经成为基督徒的圣典。[41] 因而《旧约全书》有两种传统,一种是以《七十子希腊文本圣经》和《通俗拉丁文本圣经》为基础的基督教传统,[42]另一种是犹太传统,这种传统是以文士所确立(在我们这个纪元的第 2 个世纪末完成)并且在 10 世纪由马所拉学者(Masoretes)解释的希伯来语文本为基础的。[43]

简而言之,我们应该把最早的任何语言的摩西五经归功于亚历山大的学者;我们还应把我们有关一种文本的部分知识归功于他们,这一文本对基督徒和犹太教徒是同样神圣的。从希腊化的埃及那里我们也获益匪浅,无论如何,他们的这部分遗产,亦即《七十子希腊文本圣经》,绝不是微不足

215

---

[40] 参见本卷第十六章。

[41]《新约全书》和希腊教父的全部《圣经》引文都来源于它。有些犹太人如斐洛(Philōn the Jew,活动时期在 1 世纪上半叶)和约瑟夫斯(活动时期在 1 世纪下半叶)总是提及他们的"七十子译本"的《旧约全书》的文本。

[42] 当圣哲罗姆(活动时期在 4 世纪下半叶)于 386 年至 404 年翻译和编辑《通俗拉丁文本圣经》时他使用了《七十子希腊文本圣经》,但由于认识到了它的缺陷,因而他也使用了希伯来语和阿拉米语的原始资料。

[43] 早期的希伯来语文本是纯辅音字母的,元音标记是在 7 世纪才加上去的。3 个世纪之后,一种新的附有 *masorah*(或注解)的标准文本确立下来,这一工作是在 10 世纪由太巴列(Tiberias)和巴比伦的马所拉的两个主要学派完成的。雅各布·本·哈伊姆·伊本·阿多尼亚(Jacob ben Hayyim ibn Adonijah)编辑的《旧约全书》[4 卷对开本(Venice,1524-1526)]出版了,这个重要版使太巴列传统得以永垂于世。

道的。[44]

　　我将在本卷第二十八章继续有关希腊化时代的东方文化之历史的讨论。

---

[44] 若想了解更多的信息,请参见法伊佛:《〈旧约全书〉导论》,第 104 页—第 108 页。第一个**印刷本**《七十子希腊文本圣经》包含在伟大的《康普鲁顿合参本圣经》之中,由枢机主教日默内·德·西斯内罗赞助出版(Alcala,1514-1517)。不过,该书的出版延迟到 1521 年,第一个**印刷本**(初版)实际上是阿尔蒂涅版(Venice,1518 或 1519),尽管它是在康普鲁顿版之后开印的。第三版是由西克斯图斯五世(Sixtus V)赞助出版的(Sixtine edition;Rome,1587)。剑桥大学出版社出版了希腊语的便携版(4 卷本,1887-1894);这一版至少修订了 3 次。剑桥本中较大的共计 3 卷(由 9 个部分组成),于 1906 年—1940 年面世。

第二篇
公元前的最后两个世纪

第十五章

社会背景

如果我们像通常那样,把希腊化时代看作一个由 3 个世纪组成的时期,那么这 3 个世纪并不与公元前的最后 3 个世纪完全吻合,因为按照假设,这个时期开始于公元前 323 年即亚历山大大帝去世的那一年,结束于公元前 30 年即罗马帝国建立的当年。这两个日期的确定都有一点人为的色彩,然而,倘若我们不以过于学究气的方式看待它们,它们都是极为恰当的。亚历山大帝国并没有在亚历山大去世后立即解体,而罗马帝国主义始于奥古斯都以前。

本卷第一篇专门讨论了这个时期的第一部分,亦即亚历山大的复兴(大约是公元前 3 世纪);第二篇将讨论所谓希腊文化的式微和衰退,亦即基督纪元前的最后两个世纪。

在这两个世纪中,已知的世界(oicumenē,有人居住的世界),亦即有学问的人已知的世界,依然是希腊世界或希腊化世界。值得注意的是,学术界是国际性的;受过教育的人所钟爱的文化是希腊文化,他们最好的语言是希腊通用语

（ *coinē* ）；[1]最高层次的学术界（宗教、哲学、科学和艺术）是倾向国际化的领域，而且除了受到奴隶制（这种制度的存在被认为是理所当然的一种自然法则）的严重伤害之外，它在斯多亚学派的意义上是一个博爱的领域。最杰出的人亦即那些完全不受迷信和狂热束缚的人，或多或少有意识地延续着亚历山大和斯多亚学派的天下一家（ *homonoia* ）和交流（ *coinōnia*，分享）的传统。[2]不幸的是，暴动、政变和战争以及由此滋生出的所有罪孽，从未在任何地方、任何一段时间中停止过，对最优雅和最聪明的人而言，要十分长久地" *au dessus de la mêlée*（超越动荡）"变得越来越困难了。

一、希腊化世界

在近东引领潮流的民族是希腊人，但是希腊的雇佣兵、官员、公务人员以及他们的部下常常去埃及和东亚各地，而且他们分布的区域非常之广，以至于希腊的共同体或个人在当地人的海洋中被淹没了。在当地，没有足够的希腊人使非洲和亚洲的民族希腊化，而其母亲为当地人的一代代年轻人的数量不断增加。公元前 2 世纪末（至少不晚于这个时期），希腊化世界表面上还是希腊文化的世界，但在希腊大陆以外甚至在其某些岛屿，越来越多的外国因素渗透进来。那种希腊人与野蛮人的老旧的划分逐渐失去其有效性。

我们先从总体上看一看这个世界，而不试图无一遗漏地考察所有政治细节，以免在数不胜数的细节中迷失方向。

---

〔1〕 即 *coinē dialectos*，指在《七十子希腊文本圣经》以及以后的《新约全书》中使用的"通用语"。*Hē coinē ennoia*（或 *epinoia*）指"常识"。

〔2〕 关于 *homonoia* 和 *coinōnia*，请参见本书第 1 卷，第 603 页。

希腊大陆各地仍旧是非常相近的；希腊的周围有许多马其顿人和罗马人，但没有多少东方人；希腊人是这里的主体。尽管经历了兴衰变迁，雅典依然是希腊文化和希腊教育的神圣中心；科林斯的繁荣一直持续到公元前146年；在经历了全国或地区性的灾难之后，仍然能够有许多其他希腊城市不断涌现出来。

托勒密王朝统治下的埃及的黄金时代虽然过去了，但是，亚历山大城仍旧是最大的希腊文化中心和最富足的商业中心。直到公元前200年，它依然是世界最大的城市[3]，尽管不久之后罗马将会超过它；在奥古斯都时代，亚历山大的人口大约有100万人。公元前2世纪，希腊人、埃及人和犹太人已经完全混在一起了；希腊文化是主流文化；杰出的犹太人和当地显赫的家族都使用希腊语，而且常常取希腊人的名字。[4] 托勒密王朝最著名的成员是最初的两任国王（他们活跃于公元前3世纪），以及最后一位国王克莱奥帕特拉七世（公元前30年去世），她是整个古代世界最不同凡响的女性之一。[5]

从文化的观点看，提洛岛、塞浦路斯和罗得岛是3个最重要的岛屿。提洛岛是一个宗教圣地，享有某种程度的中立，因而也容易成为政治阴谋的温床。公元前167年，为了破坏罗得岛的贸易，罗马宣布提洛岛为一个自由港。在米特拉达梯的命令下，提洛岛于公元前88年遭到洗劫，公元前

〔3〕 我没有说"西方世界"，因为必须始终这样理解，即我的考察没有涉及印度或远东，主要限制在西方有人居住的世界。
〔4〕 犹太人喜欢来源于 Theos（神）的名字，如 Theodotos 和 Dōrothea。
〔5〕 本卷第一章已经简述了这个王朝的历史，我们没有必要再返回去。

69 年再次遭到洗劫。当庞培于公元前 67 年消灭海盗后,它享受了一点点繁荣,但从未恢复其昔日的辉煌。

在绝大多数时期,塞浦路斯都是托勒密王朝统治下的埃及的附属国,因此,埃及兴则它必兴,埃及衰则它必衰;公元前 58 年,它成为罗马的一个行省。

罗得岛是一个独立的海上强国和贸易、艺术及科学的中心。我们将多次回到这里,尤其是当我们论及帕奈提乌(Panaitios,活动时期在公元前 2 世纪下半叶)、喜帕恰斯(活动时期在公元前 2 世纪下半叶)以及波西多纽(活动时期在公元前 1 世纪上半叶)时。一只出色的舰队为罗得岛的贸易提供了保护,这只舰队想方设法打击海盗,并且在东地中海创造了一段时期的“罗得岛和平”。它的海洋法被安东尼父子采用了,而且大概是在伊索里亚人利奥三世(Leōn Ⅲ the Isaurian)统治时期(大约 740 年)编辑的《罗得岛海事法》(“Rhodian Navigation Law”)[6]、中世纪的法典甚至后来的威尼斯习惯法(the Venetian usages)的来源。罗得岛控制了亚细亚海滨的一块土地——佩拉伊亚城(*Peraea Rhodiorum*),罗马人于公元前 188 年扩大了它的领土,在大约 20 年之后又把它的这座城市夺走了。[7] 有人把罗得岛在希腊化时代所发挥的作用与 6 世纪和 7 世纪的威尼斯共

〔6〕即 *Nomos Rhodiōn nauticos*;参见《科学史导论》,第 1 卷,第 517 页。巴塞罗那的加泰罗尼亚语的《海事法典》(*Llibre del consolat de mar*)是中世纪的重要法典,大约编于 14 世纪中叶;参见《科学史导论》,第 3 卷,第 324 页—第 325 页以及第 1140 页。

〔7〕P. M. 弗雷泽(P. M. Fraser)和 G. E. 比恩(G. E. Bean):《佩拉伊亚城及周边岛屿》[*The Rhodian Peraea and Islands*(192 页,有插图),London:Oxford University Press,1954]。

和国（the Republic of Venice）的作用相媲美。

让我们走向亚洲。塞琉西是那里的重要的王国之一，它最初包括叙利亚、奇里乞亚和美索不达米亚。安条克三世大帝（公元前223年—前187年在位）是一位杰出的国王，他占领了亚美尼亚（Armenia），但在对罗马人的实力的理解方面犯了错误。他在一次海战中被罗马人打败，并且在两次陆地作战即温泉关（Thermopylai）战役（公元前196年）和吕底亚（Lydia）的马格尼西亚（Magnēsia）战役（公元前190年）中败给罗马人，他不得不（于公元前188年）签署《阿帕梅亚和约》（Peace of Apameia），由此结束了他在地中海的影响。塞琉西王国在小亚细亚依然是一个强国。它的另一个伟大的国王是安条克三世的儿子安条克四世埃皮法尼（Antiochos Ⅳ Epiphanēs，公元前175年—前164年在位），他认识到，他的主要任务就是使叙利亚希腊化；不过，他犯了一个错误，即试图诱使犹太人放弃他们自己的宗教职责，从而（于公元前168年）引发了马加比家族起义（the Maccabean revolt）；犹太人于公元前164年获得了宗教自由，并且于公元前142年获得了政治独立（而且一直保持到罗马人统治开始的公元前63年）。塞琉西王国的最后一位统治者亚历山大·巴拉斯（Alexander Balas，公元前150年—前145年在位）需要罗马人的支持，以维持他仍旧拥有的微不足道的权力。在他被驱逐并且去世（公元前145年）之后，这个王国便崩溃了，而且它最终于公元前64年成为罗马帝国的一个行省。

塞琉西的首都是安条克［即安蒂奥基亚（Antiocheia），位于奥龙特斯河畔，距海岸大约14英里］。它是希腊化世界最重要的城市之一，也是亚历山大的竞争对手，并且像亚历山大一样是一座国际化大都市。由于许多希腊难民 [被驱逐的埃托利亚人（Aetolian）和埃维亚人（Euboean）] 以及犹太人[8]的到来，使它的人口迅速增长。当塞琉西王国于公元前 64 年被庞培吞并之后，安条克成为罗马的这个叙利亚行省的首府。同在奥龙特斯河畔的阿帕梅亚在安条克的上游（亦即在它以南），它是一座天然的要塞，被用来作为军事总部；[9]公元前 188 年的和约就是在这里签署的。它是一座比安条克小得多的城市，但并不是一座平凡的城市。这个要塞到公元前 46 年才被罗马人攻占。在奥古斯都统治时期，它的人口仍然超过了 10 万。

吕底亚的士麦那（与希俄斯处于同一纬度）是小亚细亚西海岸最富有的城市之一，并且是米利都和以弗所的竞争对手，而它的活力几乎比它们都持久。它的海港是近东最好的港口之一，它的腹地资源丰富。罗马人非常喜欢它，并且支持它与塞琉西王国和本都的米特拉达梯相抗衡。

阿塔利德王朝（Attalid dynasty）使这座佩加马城及其周围很大一块从塞琉西王国分离出来的土地得到了发展。阿塔罗斯一世索泰尔是该王朝的第一个"国王"（公元前 241 年—前 197 年在位），而且是第一个拒绝向他东方的邻居加

---

[8] 对犹太人来说，受到安条克繁荣的吸引而沿着海岸向北移民是很自然的。毕竟，从耶路撒冷去安条克比去亚历山大容易得多。

[9] 它是某种军械库，塞琉西诸国王的大象和马匹可能还有他们的种马就在那里饲养。

拉太人[10]纳贡的人。他的儿子和继任者欧迈尼斯二世(国王,公元前197年—前159年在位)使佩加马成了除亚历山大以外最先进的近东城市,而且与罗马人最友好。

　　佩加马复兴始于阿塔罗斯一世,并由欧迈尼斯二世推向顶峰,它几乎像一个世纪以前由最初的两任托勒密国王完成的亚历山大复兴一样令人惊叹。亚历山大建在海岸附近,与大海差不多在同一平面上,而佩加马位于距海大约15英里的内陆,建在陡峭的山坡上,靠近3条河的交汇处。阿塔利德诸王在山顶为自己修建了卫城,在山坡上修建了许多公共建筑;从远处可以看到建在层层台地上的一座比一座高的美丽的寺庙和剧院。在欧迈尼斯二世统治期间,为庆祝他们击败加拉太人的胜利(大约公元前235年)而建造了大祭坛;它象征着神(佩加马人)与巨人(被打败的加拉太人)之间的英勇斗争,并且是古代世界最非凡的纪念物之一。[11] 由于阿塔利德王朝的支持,佩加马出现了一个艺术学派和一个文

---

[10] 加拉太人或高卢人(Gauls)是真正的高卢人或凯尔特人(Celts)的后裔,他们在尼科梅德一世(Nicomēdēs Ⅰ,公元前278年—前250年在位)入侵时移民到比提尼亚,后来他们又向东迁徙,并且定居在小亚细亚的中心部分[加拉提亚(Galatia),其重要城市有安塞勒(Ancyra),现称安卡拉(Ankara),土耳其的首都]。因为有圣保罗致加拉太人的书信,所以我们对这个民族的名称非常熟。据说,当圣哲罗姆(活动时期在4世纪下半叶)访问他们时,他们中的一些人仍说凯尔特语。这很难令人相信。他们的日常语言是希腊语,而且他们常常被称作高卢希腊人(Gallograeci)。

[11] 它在欧洲是众所周知的,因为它的所有雕刻部分都被运送到德国,而且在柏林博物馆(the Berlin Museum)中重建了该祭坛。对那些被俄国人拿走的部分以及它们现在保存的地点,我们一无所知。参见 G. 萨顿:《盖伦》(*Galen*, Lawrence: University of Kansas Press, 1954),第9页;《德国中东部的波恩人的报道——公共艺术收藏的损失(1943年—1946年)》(*Bonner Berichte aus Mittel-und Ostdeutschland. Die Verluste der öffentlichen Kunstsammlungen*, 1943 - 1946, Bonn, 1954),第20页。

学学派;佩加马图书馆是古代除亚历山大图书馆以外最大的图书馆,有关它的更详细的情况,我们将在本章末予以介绍。

阿塔利德诸王与罗马人非常友好,以致他们被认为是希腊文化的叛徒。这个王朝最后的统治者阿塔罗斯三世(公元前 138 年—前 133 年在位)过分相信罗马人,而太不相信他自己;他更感兴趣的显然是草药的种植和毒药的研究,而不是政治;他的王国被他遗赠给罗马[12],在他于公元前 133 年(大约 37 岁时)去世后不久,这里便成为亚细亚行省。

阿耳忒弥斯神庙使得以弗所声名大震,并且使它成为希腊世界的一个圣地。"以弗所人阿耳忒弥斯"是东方的丰产女神,她被希腊殖民者希腊化了。[13] 她的著名神庙就在亚历山大(于公元前 356 年)诞生的那天夜里被烧毁,但很快又被重建。以弗所曾经是佩加马王国的一部分,后来于公元前 133 年成为罗马的一部分;它最终成为"亚洲"的主要城市。异教信仰不结束,对阿耳忒弥斯的崇拜和到以弗所的朝觐就会一直持续[14];圣保罗的使徒书甚至哥特人(Goths)在公元 262 年毁灭该城和这座神庙都没有使这些活动受到阻止。

---

[12] 通过在佩加马剧院发现的一块碑文,可以了解到阿塔罗斯的遗嘱。参见威廉·迪滕贝格编:《希腊化东方铭文集》(*Orientis Graeci inscriptiones selectae*, Leipzig, 1903),第 1 卷,第 338 号,第 533 页—第 537 页。至于遗赠的动机,尚不清楚;阿塔罗斯三世是一个个性非常古怪的人。参见埃丝特·V. 汉森(Esther V. Hansen):《佩加马的阿塔利德诸王》(*The Attalids of Pergamon*; Ithaca: Cornell University Press, 1947),第 136 页—第 142 页。

[13] 她的化身是安纳托利亚的大母神、阿耳忒弥斯以及以弗所的狄阿娜(Diana Ephesiorum)。

[14] 第二座阿耳忒弥斯神庙的废墟于 1869 年被发现。参见圣约翰·欧文(St. John Ervine):《约翰·特特尔·伍德——阿耳忒弥斯神庙的发现者》("John Turtle Wood, Discoverer of Artemision"),载于《伊希斯》*28*, 376—384(1938)。

西地中海地区的主要城市叙拉古和迦太基,那时正处于罗马的统治之下。科学史家都知道叙拉古于公元前212年投降,因为阿基米德的去世是伴随着这一事件而发生的。至于迦太基,它于公元前146年被消灭了;不过,它的位置太有价值了,不可能被遗弃,在随后的那个世纪,它转而变成了罗马的一个殖民地;新迦太基成了非洲总督的首府。布匿城的文化遗产很少,但它仍然包含马戈(Mago)的著作,对此,我将在第二十一章回过头来讨论。

尽管我们只谈了地中海诸多城市中为数不多的几个,但以上概述足以表明地中海世界的变化和富饶;随着我们的论述的继续,我们将会在正文或脚注中提及其他城市。

东方行省和西方行省的数量是相当多的,尽管我们应当记住,在前基督时代这个数量比后基督时代少。请考虑一下,例如,阿诺德·休·马丁·琼斯(Arnold Hugh Martin Jones)在其《东罗马诸行省的城市》[*Cities of the Eastern Roman Provinces*(592页,8幅地图), Oxford:Clarendon Press,1937]所做的考察,这一考察涵盖了从亚历山大对外征服到(并且包括)查士丁尼(Justinian,活动时期在6世纪上半叶)的时期。他的著作的许多页中出现了大量城市的名字,但是其中许多都是罗马帝国(或者后来的奥古斯都时代)的城市,甚至是拜占庭的城市。然而在本卷的这几页中,我们只提到了那些在基督时代以前就已经繁荣的城市。[15]

二、罗马的发展

这个时期的一个显著特点是罗马的稳定和持续不断的发展。这一发展似乎在一定程度上是无意识的,或者是非预先计划的。罗马城是非常古老的,按照它自己的日历,该城建于公元前753年,但在数个世纪中,它只是诸多小国中的一个。但它们的本质差异就在这里:在所有其他那些国家都已经灭亡之后,罗马依然存在,它仿佛是不朽的——而且它的确是不朽的。无休无止的一系列战争并没有打断它的发展,而是强化了它的主要趋势,这些战争包括:三次布匿战争(第一次,公元前264年—前241年;第二次,公元前218年—前201年;第三次,公元前149年—前146年),四次马其顿战争(the Macedonian Wars,第一次,公元前215年—前205年;第二次,公元前200年—前197年;第三次,公元前171年—前168年;第四次,公元前149年—前148年),叙利亚战争(the Syrian War,公元前192年—前189年),非洲的朱古达战争(the Jugurthine War,公元前111年—前105年),三次米特拉达梯战争(the Mithridatic Wars,第一次,公

224

225

---

[15] A. H. M. 琼斯论述了13个地区或行省:1. 色雷斯;2. 亚细亚;3. 吕基亚(Lycia);4. 高卢(the Gauls);5. 潘菲利亚、皮西迪亚(Pisidia)和利考尼亚(Lycaonia);6. 比提尼和本都;7. 卡帕多西亚(Cappadocia);8. 奇里乞亚;9. 美索不达米亚和亚美尼亚;10. 叙利亚;11. 埃及;12. 昔兰尼加(和克里特岛);13. 塞浦路斯,其中每一个都有许多引以自豪的城市。参见《东罗马诸行省的城市》(Oxford:Clarendon Press,1937)。关于拜占庭时期,作者列举了48个亚细亚城市、34个达达尼尔海峡(Hellespont)沿岸城市、28个吕底亚城市、35个卡里亚城市以及40个吕基亚城市等等。另可参见《从亚历山大到查士丁尼的希腊城市》(*The Greek City from Alexander to Justinnian*;Oxford:Clarendon Press,1940)。

图 42 朱庇特神庙中为双胞胎罗穆路斯（Romulus）和雷穆斯（Remus）哺乳的母狼。根据
传说，罗穆路斯和雷穆斯是女灶神威斯塔（Vestal）与战神马尔斯（Mars）的孩子，他们被遗
弃了；在奄奄一息的时候，他们被一只狼救了，它喂养了他们。罗穆路斯是罗马的创建者，
那只狼不久被称作罗马之母（mater Romanorum）。早期的萨宾人（Sabini）和罗马人大概就
是以狼为图腾，而牧神节（Lupercalia，2 月 15 日）也许是他们最古老的节日。这尊青铜狼
早在公元前 5 世纪就已经在中意大利 [例如库迈（Cumae）] 的一个希腊工作室或 [靠近罗
马的维爱（Veii）的] 一个伊特鲁里亚的（Etruscan）工作室制作完成了。而两个婴儿则是很
晚（大约于 1474 年）才加上的，人们认为它们是安东尼奥·波拉约洛（Antonio Pollaiuolo，
1429 年—1498 年）* 的作品。一个（置于博洛尼亚的）伊特鲁里亚石柱和许多罗马硬币上
都出现了这只哺乳的狼。热罗姆·卡尔科皮诺（Jérôme Carcopino）在《朱庇特神庙中的母
狼》[La louve du Capitole（90 页，6 幅另页纸插图）；Paris，1925 中所介绍的有关这个遗物
的故事是非常复杂和神秘的。这是古代最令人难忘的遗物，因为它会使人想起罗马的起
源、希腊和伊特鲁里亚的影响以及最终意大利的文艺复兴 [现保存于罗马卡比托山保守宫
博物馆（Museo dei Conservatori，Campidoglio，Rome）]

---

* 安东尼奥·波拉约洛，文艺复兴时期意大利佛罗伦萨画派的著名雕塑家和画
家，代表作有《裸体斗士》《赫拉克勒斯和安泰俄斯》等。——译者

元前 88 年—前 84 年;第二次,公元前 83 年—前 81 年;第三次,公元前 74 年—前 64 年),高卢征服战(公元前 58 年—前 51 年),对不列颠的入侵(公元前 54 年)。再加上一些内战:格拉古兄弟的土地改革(the agrarian reforms of the Gracchi,公元前 133 年—前 121 年),两次西西里奴隶战争(the Servile Wars in Sicily,第一次,公元前 135 年—前 132 年;第二次,公元前 103 年—前 99 年),同盟者战争(the Social War,公元前 91 年—前 88 年),以苏拉的独裁统治而告结束的罗马内战(the Civil War in Rome,公元前 88 年—前 82 年),意大利的第三次奴隶战争(the Third Servile War in Italy,公元前 73 年—前 71 年),第一次三人执政(the Triumvirate)时期[即凯撒、马尔库斯・克拉苏(Marcus Crassus)和庞培执政期,公元前 60 年—前 51 年],庞培于公元前 48 年被杀,凯撒于公元前 44 年被杀,公元前 43 年的第二次三人执政时期[即马可・安东尼、M. 埃米利乌斯・李必达(M. Aemilius Lepidus)和屋大维执政期],屋大维于公元前 31 年的亚克兴战役战胜安东尼。在此战役之后,屋大维就成了皇帝奥古斯都,一个新的社会——罗马帝国诞生了。

在罗马进行所有上述那些海外战争并且经历那些国内变革时期,近东的诸王国彼此也在进行战斗,而且其中总有一个王国希望罗马人帮助它抗击自己的敌人。罗马非常愿意施惠于它们,并且充分利用她的联盟的优势。有些王国获益了,有些受损了;罗马有时也会失败,但她的所得总是大于她的所失。那些王国最终毁灭了;罗马变得越来越大、越来越强。因此,尽管有无穷无尽的灾难,这个帝国还是建立起来了。

　　我们再来更仔细地考察她,而不涉及过多的细节。大约在公元前 212 年,那时罗马已经有 500 多岁了,她第一次受到诱惑参与希腊事务。在第二次布匿战争结束(公元前 201 年)后她腾出手来时,罗得岛人和佩加马的阿塔罗斯一世向她求救,这是她进行的诸多调停的第一次,这些调停迫使她不得不插手东方的纷争并且尽量利用它们。罗马并不总是要进行蓄意的干预,她往往是不情愿地被牵扯进去的,但会毫不犹豫地善用她自己的意愿或命运女神为她所创造的每一个机会。公元前 197 年,马其顿的腓力五世(Philip V)在[色萨利(Thessaly)的]锡诺斯克法莱山(Cynoscephalai)被提图斯·昆克提乌斯·弗拉米尼努斯(Titus Quinctius Flamininus)和埃托利亚人(Aitolian)打败了,而在公元前 196 年的地峡运动会[16]上,弗拉米尼努斯宣告了希腊的自由!(征服者总是喜欢装成解救者。)尽管埃托利亚人曾在公元前 197 年得到过帮助,但埃托利亚联盟(Aitolian League)在公元前 189 年向罗马投降了;阿哈伊亚同盟(Achaian League)也在公元前 183 年被迫向罗马俯首称臣;因此,希腊城邦被逐渐解除了武装。安条克三世大帝在吕底亚的马格尼西亚被亚洲征服者斯基皮奥(Scipio Asiaticus)击败,因而他不得不于公元前 188 年签订了《阿帕梅亚和约》。过了 20 年之后,他的儿子安条克四世埃皮法尼本可以征服埃及,但是罗马告诉他不准入内。就在这同一年(公元前 168 年),马其顿王国的最后一位国王佩尔修斯(Perseus)在彼得那

---

[16] 地峡运动会始办于公元前 581 年,每隔一年在科林斯举行一次,以纪念波塞冬(Poseidōn)。半个世纪之后,罗马人不仅剥夺了科林斯的自由,而且不再允许它存在了。

（Pydna）败给了埃米利乌斯·保卢斯（Aemilius Paulus）。罗马人现在比以往更冷酷无情，而不那么小心谨慎了；他们的帝国主义倾向迅速增长。公元前167年，罗马人把马其顿王国分成4个共和国，每个都必须向他们进贡。公元前164年，他们把埃及的统治权交还给托勒密六世菲洛梅托（Ptolemaios Ⅵ Philomētōr），把昔兰尼交给他的兄弟托勒密八世埃维尔盖特（Ptolemaios Ⅷ Evergetēs），他又把它遗赠给了罗马！马其顿王国于公元前148年成为罗马的一个行省，它是第一个成为罗马行省的希腊化王国。在罗马人看来，公元前146年必定是非常吉祥的一年；它标志着第三次布匿战争的结束，斯基皮奥·埃米利亚努斯摧毁了迦太基，阿哈伊亚同盟的征服者卢基乌斯·穆米乌斯（Lucius Mummius Achaicus）摧毁了科林斯。穆米乌斯分化了阿哈伊亚同盟，并且把科林斯的财宝送到了罗马。这是罗马国力的提升达到某种高峰的时期，她开始认识到希腊文化之美。西塞罗认为，这个时期是一个黄金时期。

到了这个时候，罗马帝国总计有8个行省：1. 西西里行省（Sicilia），公元前241年（叙拉古于公元前212年并入）；2. 撒丁行省，公元前238年（大约公元前230年又加上了科西嘉岛）；3. 近西班牙行省（Hispania citerior，即西班牙西北部，首府为塔拉戈纳），公元前205年；4. 远西班牙行省［Hispania ulterior，即巴埃蒂卡（Baetica），现代的安达卢西亚（Andalusia）］，公元前205年；5. 山南高卢行省（Gallia cisalpina，即北意大利），大约公元前191年；6. 伊利里亚行省（Illyricum）［即亚德里亚（Adriatic）东部］，公元前168年；7. 阿非利加行省（Africa），公元前146年；8. 马其顿和阿哈伊亚(Achaia)行省,公元前 146 年。

公元前 133 年,佩加马被遗赠给罗马,几年之后便成了
她的亚细亚行省。公元前 116 年东亚细亚的弗利吉亚被加
入该行省之中。昔兰尼国王托勒密－阿比翁(Ptolemaios
Apiōn,公元前 117 年—前 96 年在位)[17]于公元前 96 年把他
的王国遗赠给罗马(该王国在公元前 75 年以前未被罗马吞
并)。

同时,本都的米特拉达梯六世尤帕托(Eupatōr)[18]也在
大规模地扩展他自己的王国,他吞并了科尔基斯和亚美尼
亚,并且打败了帕提亚人,但是公元前与罗马签订的一项条
约却是他被迫接受的。在东部地区(本都、帕提亚、亚美尼
亚和卡帕多西亚),对西方强国的仇恨不断增长。米特拉达
梯决定利用这种情况,他试图解放"亚细亚",并且于公元前
88 年下令对小亚细亚及其岛屿上的罗马人进行大屠杀(大
约 100,000 罗马人丧生)。这引起了各地的反抗。为了自
己,也为了捍卫希腊文化亦即罗马的希腊文化,罗马不得不
进行干预。希腊和希腊化的亚细亚再也没有从米特拉达梯
战争(一共 3 次,从公元前 88 年持续到公元前 64 年)中恢复
过来。东方贸易的中心在一定程度上从提洛岛转移到(靠近
那不勒斯的)普特奥利(Puteoli)了。

---

[17] 阿比翁是托勒密八世埃维尔盖特的私生子;托勒密八世已经把昔兰尼遗赠给了
罗马。我不太清楚那些遗赠的情况及其含义。

[18] 米特拉达梯一世(the first Mithridatēs or Mithradatēs)于公元前 337 年(原文如
此——译者)创建了本都王朝(Pontic dynasty)。他是波斯族人,他的名字来源于
密特拉神(Mithras)。这个王朝的发展是以损害其东部和南部的邻居即亚美尼
亚人和帕提亚人[阿萨息斯人(Arsacids)]为代价的。与罗马的冲突是到了公元前
1 世纪才开始的。米特拉达梯－尤帕托(Mithridatēs Eupatōr)通常被称作"大帝"。

再回过头来看一下：公元前 83 年，提格兰大帝（Tigranēs the Great，亚美尼亚国王，公元前 96 年—前 56 年在位）入侵叙利亚和美索不达米亚，并且使塞琉西王朝走向终结。公元前 74 年，比提尼亚的末代国王尼科梅德四世（Nicomēdēs Ⅳ，公元前 92 年—前 74 年在位）把他的王国遗赠给罗马。当庞培于公元前 64 年最终战胜米特拉达梯大帝时，本都成为罗马的一个行省（比提尼亚也包括在其中），叙利亚则成为它的另一个行省。那时，整个小亚细亚、希腊半岛以及昔兰尼加都在罗马的控制之下，这些地区的各个国家或者成为其行省，或者成为其保护国。在第二份目录中可以加上加拉提亚（Galatia）、卡帕多西亚，在一定意义上还可以加上托勒密王朝的埃及。公元前 66 年，克里特岛被罗马吞并；公元前 58 年，塞浦路斯也被吞并。10 年以后，凯撒强制恢复了克莱奥帕特拉七世的埃及女王王位，但她于公元前 31 年自杀身亡。埃及在公元前 30 年成为罗马的一个行省，加拉提亚也在公元前 25 年成为她的一个行省，在韦斯巴芗（Vespasian，皇帝，公元 69 年—79 年在位）的统治下，卡帕多西亚成为其最后一个行省。

然而，这段冗长以致乏味的列举依然是不全面和不完整的。其中的每一项都需要很长的限定条件。虽然如此，它还是间接地表明了罗马稳定而持续的发展以及为这个真正的帝国所做的长期准备。

三、凯撒和奥古斯都

这段历史的结局也许可用两位巨人——凯撒和奥古斯都的名字作为其象征，受过良好教育的读者对这一结局都非常了解，但是，有关它的概述对他们还是有帮助的。也许，有人还会在这两个名字后面再加上第三个人——庞培大帝[19]的名字。他征服了米特拉达梯,消灭了海盗,并且组建了罗马的东部行省。他于公元前 48 年在(色萨利的)法萨罗(Pharsalos)被凯撒击败,并且于同一年在登陆埃及时被杀。他是一个军事天才而不是政治天才,但他也是一位伟大的管理者,他的活动使得这个帝国在他去世 17 年以后建立成为可能,并且对其建立起到了促进作用。西塞罗在赞扬他时写得既简洁又优雅:"*hominem enim integrum*,*castum*,*et gravem cognovi*。"[20]

儒略·凯撒[21]也是一个军事天才,而且在其他方面更有天赋。庞培在 25 岁之前就已经是久经沙场的将军了,而凯撒的军事生涯开始得非常晚——在 43 岁才开始,这个年龄(正如帕斯卡所认为的那样)对于着手征服世界来说也许太晚了。他的军事生涯从高卢战争(the Gallic Wars,公元前58 年—前 51 年)开始,在这个年龄亚历山大早已去世,而拿破仑也已被打败。到了那个时期,凯撒大体上已经成为最受欢迎的鼓动者;他开始统兵作战,管理行省,而且他都做得最为出色。他的军事和行政职责从未减少他对文学的热爱,他本人是一位一流的作家(我们将在本卷第二十五章回过头来讨论这一点)。他的威望在很大程度上基于上述事实,因为罗马的精英充分认识到,卓越的才智胜过物质力量,而凯撒既有智慧又大权在握。他是最早的尊敬和同情其手下败将

---

[19] 亦即格涅乌斯·庞培(Gnaeus Pompeius,公元前 106 年—前 48 年),公元前 81 年以后被称作"大帝"(Magnus)。

[20] 见《致阿提库斯》(*Ad Atticum*),Ⅺ,6,5。这句话的意思是:"我认识这样一个人,他正直、虔诚又庄重。"

[21] 庞培(公元前 106 年—前 48 年)和凯撒(大约公元前 101 年—前 44 年)几乎完全是同一时代的人,他们的寿命也几乎相同——活了 57 岁或 58 岁。

的获胜将军之一;这并不意味着他总是仁慈的,但他并不以残忍为目的而放任残忍。在他在法萨罗战胜庞培(公元前48年)之后,在他恢复他的情妇克莱奥帕特拉的女王王位之后,在他在泽拉(Zēla)力克法纳塞斯(Pharnacēs,公元前47年)[22]并且说了"吾来,吾见,吾征服(Veni, vidi, vici)"之后,在他在塔普苏斯(Thapsus)[23]打败庞培军队的残余势力(公元前46年)之后,他为高卢大捷、亚历山大大捷、本都大捷和非洲大捷这4次胜利举行了庆祝。他是一位独裁者,拥有许多权力和头衔,控制了所有重要的官员。对自由的捍卫者来说,他拥有的太多了。在马尔库斯·布鲁图斯(Marcus Brutus)和盖尤斯·卡修斯·隆吉努斯(Gaius Cassius Longinus)的领导下,形成了一个反对他的阴谋集团。他于公元前44年3月15日在元老院(the Senate)遇刺,在庞培塑像的基座下丧生。

在凯撒被谋杀后,出现了某种政治真空,但这个真空逐渐被马可·安东尼[Marcus Antonius("Mark Antony")]和一个初露头角的18岁的年轻人、凯撒的甥孙盖尤斯·儒略·凯撒·屋大维努斯("屋大维")[Gaius Julius Caesar Octavianus("Octavian")]填补了。公元前43年,这两个人与M.埃米利乌斯·李必达组成了第二次三人执政集团。通过大范围地剥夺人们的土地和钱财并把它们充公,这个三人

---

[22] 泽拉在本都靠近阿马西亚的地方。法纳塞斯即米特拉达梯大帝之子,本都或博斯普鲁斯[刻赤(Kerch)]的国王。

[23] 这里属于拜萨西恩市(Byzacium)或拜萨西恩地区,位于阿非利加行省东部。塔普苏斯在突尼斯(Tunisia)东海岸,马赫迪耶(Mahdia)以北,原来是腓尼基的制造基地。

执政集团巩固了其地位；它最著名的牺牲者就是西塞罗，他于公元前 43 年 12 月 7 日被安东尼的手下刺杀了。[24]

翌年，三人执政集团把凯撒颂扬为神，并且在古罗马广场建造了一座寺庙来纪念他，同时继续与他们的敌人作战。他们在这一年（公元前 42 年）在马其顿的腓立比（Philippoi）打败了卡修斯和布鲁图斯的联军；[25] 他们二人双双自杀。公元前 41 年，安东尼在（奇里乞亚半岛的）塔尔苏斯（Tarsus）遇见克莱奥帕特拉，与她一起返回埃及，并于公元前 36 年与她在形式上结了婚。由克莱奥帕特拉引起的安东尼的镇压，导致罗马人担心其利益会成为东方人利益的牺牲品。克莱奥帕特拉自命为既是伊希斯又是罗马女皇；罗马人对她的恐惧超过了对（除汉尼拔以外的）任何一个外国人曾有过的恐惧，而各种预言也传播开了：在打败罗马之后，她会开启一个黄金时代，在这个时代，正义和爱会使西方和东方和谐共存。如果凯撒活着，他也许会借助罗马的力量帮她征服罗马，但是安东尼却不能。屋大维在公元前 31 年亚克兴[26]海战中打败了安东尼；公元前 30 年，安东尼自杀身亡；克莱奥帕特拉有一段时间曾希望（在凯撒和安东尼都未能帮助她之后）通过屋大维实现她的野心，但她未能改变他的态度，而她也自尽了。

---

[24] 参见 G. 萨顿：《维萨里之死及其葬礼，顺便谈一下西塞罗之死及其葬礼》（"Death and Burial of Vesalius and, Incidentally, of Cicero"），载于《伊希斯》45，131-137（1954）。

[25] 我们的许多读者都记得，基督教福音书最早（被圣保罗）传播到欧洲的城市就是腓立比；在《新约全书》中有 4 处提及这里。

[26] 亚克兴（Actium）在安布拉基亚海湾（Ambracian Gulf）入口处、希腊的爱奥尼亚海岸。由于这里著名的阿波罗神庙，它成为一处圣地。

图 43　被描绘成哈托尔的克莱奥帕特拉七世（公元前 30 年去世）——埃及最后一位女王以及她和儒略·凯撒的儿子、以凯撒里安闻名的托勒密十四世＊［丹德拉神庙（Temple of Dendera）］［承蒙纽约大都会艺术博物馆恩准复制］

229　　　　埃及的地位又降到行省，而屋大维成了世界的主宰。他允诺"恢复共和国"，而且他确实恢复了和平。门神庙（the Temple of Janus）[27]于公元前 29 年被关闭，这是它自公元前 235 年以来首次被关闭，而和平祭坛（ara pacis）的落成仪式也于公元前 9 年举行。同时，在罗马纪元 726 年（公元前 27 年）屋大维成了专制皇帝（autocratōr，独裁者），并且被称作奥古斯都（意为 sebastos，神圣的）。公元前 13 年，他成为 pontifex maximus（大祭司）。[28] 公元前 2 年，那时第 13 次担任执政官的他被称为 pater patriae（国父），这个称号使他获

＊　原文如此，按照《简明不列颠百科全书》中文版第 8 卷第 55 页的说法，托勒密十四世是塞奥斯·菲罗帕托（Theos Philopator，约公元前 59 年—前 44 年）；而克莱奥帕特拉和凯撒之子是托勒密十五世。——译者

[27]　"Janus"意指"门"（因而有 janitor，意指"门卫"）。门神一般被描绘为有两个头［双头门神（Janus bifrons）或连体双胞胎（sive geminus）］，两个头面向相反的方向（就像门有两面那样）。门神庙在战时开放，在和平时关闭。但我不清楚有关的神话的发展。

[28]　诸教皇继承了这一称号。

得了最大的满足。他于公元 14 年在(靠近那不勒斯的)坎帕尼亚(Campania)的诺拉(Nola)去世。

　　我们也许应该再反思一下公元前 31 年罗马帝国的创建,以及凯撒的参与和屋大维的参与。屋大维没有凯撒的天才和宽宏大量,但他是一个聪明、残暴和效率高的人;他站在凯撒的肩膀上,并且要设法完成因凯撒已做了准备才会有的他的事业。这并非一个不同寻常的过程;在伟大人物曾经失败的方面,普通人常常能够取得成功。普通人的成功在一定程度上是由于他们的缺点和缺少顾虑;伟大人物的失败既是由于环境的原因,也是由于他们的优点。在法萨罗战役(公元前 48 年)之后,凯撒成了罗马世界的主人,但是人们对自由难以磨灭的记忆仍然非常浓,以至无法忘怀;在腓立比战役(公元前 42 年)之后,旧的意义上的民主与自由已经终结;在亚克兴战役(公元前 31 年)之后,亦即在最可怕的 20 年内战之后,自由的见证者们都已经故去,屋大维在公元前 27 年提出的"恢复共和国"的虚伪承诺受到了欢迎。[29] 人们对战争如此厌烦,以致他们忘记了独裁政治的邪恶。奥古斯都的角色扮演得非常出色,他使用了诸如 *dēmocratia*(民主)、*libertas*(自由)和 *res publica*(共和国)等旧的词语,但赋予了它们新的含义。没有哪个君主政体(至少在西方)比他的政体更专制了;所有的权力都集中在他的手中,由于他的帝国向全世界扩张,人们要想流亡都没有地方可去。而他总

280

---

[29] 屋大维的心胸狭小并没有在亚克兴战役之后立即显现出来。根据他的命令或者经过他的批准,西塞罗的书信集出版了,而且肯定给人留下了深刻的印象。因此,公元前 43 年被安东尼杀害的西塞罗,在公元前 31 年以后被屋大维在一定程度上恢复了名誉。

是把他的专制伪装起来,或者对专制表示不满;按照他自己
的说明,他的目的绝不是奴役人民,而是要使古老的理想恢
复青春。

说明他的政治生活的原始文献只有两份,它们都被保存
了下来。第一份是他为(公元前43年11月)关于公敌的公
告所写的开场白,亚历山大的阿庇安(Appianos of
Alexandria,活动时期在2世纪下半叶)把它保存了下来;第
二份是他的政治遗嘱,是公元13年亦即掌握了56年的无限
权力之后写的。按照苏埃托尼乌斯(Suetonius,活动时期在2
世纪上半叶)的说法,他下令把它刻在了青铜板上;这些青
铜板已经不复存在,但幸运的是铭文的抄本和它的希腊语译
文被刻在了安塞勒的奥古斯都神庙的墙上,并且一直保存至
今。[30] 这一铭文(相对于东方统治者的那些铭文而言)比较
谦虚,尽管事实上它列举了他所有的成就,不仅有军事成就,
还有宪政变革、经济、政治和外交事务的成就,以及他下令修
建或重建的大量纪念碑,等等。

四、罗马(Roman)的图书馆

我们将从社会生活的诸多方面中选出一个与本书的目

---

[30] 在1952年8月我访问安卡拉[安塞勒＝安哥拉(Angora)＝安卡拉]期间,我有幸
　　对那里进行了考察。乔治·佩罗(George Perrot)在《对加拉提亚和比提尼亚的
　　考古探索》[Exploration archéologique de la Galatie et de la Bithynie(2卷对开本),
　　Paris,1862-1872]中对被称作Monumentum ancyranum(安卡拉铭文)的这一铭文
　　进行了阐述。我很遗憾地说,自佩罗时代以来它经历了许多磨难。这一铭文有
　　许多拉丁语和希腊语版本。例如,在《译文与重印文集》(Translations and
　　Reprints;Philadelphia,1898)中威廉·费尔利(William Fairley)的版本,见该书第5
　　卷,第一篇,以及《圣奥古斯都的功业(源自安卡拉和安条克的拉丁语铭文以及
　　安卡拉和阿波罗尼亚的希腊语铭文)》[Res gestae divi Augusti ex monumentis
　　ancyrano et antiocheno latinis,ancyrano et apolloniensi graecis,Paris:Belles Lettres(第
　　2版),1950]中让·伽热(Jean Gage)的版本。

的密切相关并且读者感兴趣的问题——图书馆。我们在第十章中已经描述了亚历山大图书馆。毫无疑问,它是古代藏书最丰富的图书馆,但无论如何,它既不是最早的图书馆,也不是唯一的图书馆。我们可以假定,希腊化时代的几乎每一个大城市都有自己的图书馆。这些图书馆一般都由统治者拥有,并且对他们的家族开放。那些能给宫廷增光的学者、诗人和艺术家可以使用图书馆,但没有一家图书馆是现代意义上的"公共"图书馆。每一个图书馆最多也就是半公共的,就像我们时代的皮尔庞特·摩根图书馆(Pierpont Morgan Library)和许多其他资料档案库那样,一般人没有正式的手续不能利用它,但真正的研究者会受到接待。确实,无论在那时还是现在,都有着同样的普遍问题。收藏者希望他们的藏品得到赏识,而它们的价值在没有得到称职的学者们的说明和利用之前,依然是有疑问的。图书的收藏者需要有忠实的读者,尤其在他本人缺乏时间、缺乏精力或缺乏判断能力,因而无法亲自阅读它们时,更是如此。

当安条克大帝(公元前 223 年—前 187 年在位)发展他在奥龙特斯河沿岸的首都安条克时,他自然渴望把它建得像亚历山大城一样,要使它配备神庙、剧院、马戏团、艺术品和手稿的收藏机构等,这些机构在那时已被认为对一个大城市的名望来说是必不可少的。安条克图书馆大约建于公元前221 年,由诗人和语法学家哈尔基斯的欧福里翁管理。对欧福里翁的价值难以判断,因为他的著作已经佚失,不过,不仅希腊诗人模仿他,而且罗马诗人如科尔内留斯·加卢斯(Cornelius Gallus,大约公元前 69 年—前 26 年)也模仿他;阿尔比乌斯·提布卢斯（Albius Tibullus，大约公元前 48 年 *—前 19 年）、塞克斯图斯·普罗佩提乌斯（Sextus Propertius，大约公元前 50 年—前 10 年 **）以及维吉尔都曾提到过他。在安条克，有些博物馆和图书馆至少一直维持到塞琉西王朝终结之时。

　　佩加马（Pergamon）图书馆是由欧迈尼斯二世（公元前197 年—前 159 年）创建或发展的，其规模仅次于亚历山大图书馆。据说，在安东尼宣称把它作为礼物送给克莱奥帕特拉时，它收藏了大约 200,000 卷书籍。由于欧迈尼斯需要一位称职的图书馆馆长来管理他无穷无尽的收藏品，他试图引诱拜占庭的阿里斯托芬，后者曾在托勒密五世埃皮法尼统治下从公元前 195 年至公元前 180 年担任亚历山大图书馆的馆长。当托勒密发现这件事时，他下令把阿里斯托芬关进监狱，并且禁止莎草纸的出口。结果，莎草纸的匮乏迫使佩加马人寻找其他材料，并且开发（而不是发明）了皮纸（*diphtherai*）的用途；新的材料最终被命名为"羊皮纸"，以作为对其起源的纪念。所有这一切都包含着部分事实，但在讲述时被夸大了。有可能，埃及的诸国王禁止莎草纸的出口不仅是为了给阿塔利德的暴发户制造麻烦，而且也是为了保护

----

*　原文如此，按照《简明不列颠百科全书》中文版第 7 卷第 732 页的说法，提布卢斯大约出生于公元前 55 年。——译者

**　原文如此，按照《简明不列颠百科全书》中文版第 6 卷第 558 页的说法，普罗佩提乌斯于公元前 15 年去世。——译者

逐渐减少的供给。他们大概使用了某种牛皮纸,[31]但是可以肯定,大量书卷仍然是用莎草纸制作的。从莎草纸到牛皮纸的转变以及从书卷到抄本的转变,[32]在基督纪元之后(公元2世纪和3世纪)才开始盛行。[33] 圣哲罗姆(活动时期在4世纪下半叶)在他的一封信(书信141)中记录着,(巴勒斯坦的)凯撒里亚的潘菲勒斯图书馆(the library of Pamphilos of Caisareia)中的莎草纸纸卷逐渐被牛皮纸抄本取代了。

　　再回到基督教时代以前的图书馆,据说,在佩加马人们使用羊皮纸;关于亚历山大从未有这样的说法。至于佩加马羊皮手稿的数量,我们只能猜测。根据鉴定,现存的手稿中没有一份来源于上述两个图书馆中的任何一个。如果佩加马图书馆确实于大约公元前34年被安东尼赠予了克莱奥帕特拉,那么这两个图书馆最终可能合二为一,并且遭受了同样的命运,逐渐破损和毁坏了。我们知道,留存至今的希腊文献只是古代可利用的文献的一小部分。[34]

―――――――――

[31] 在幼发拉底河上游的杜拉-欧罗普斯(Dura-Europos)的罗马要塞中,弗朗茨·居蒙发现了最早有关牛皮纸的文献;它们的年代相当于公元前190年—前189年,公元前196年—前195年。这可能暗示着牛皮纸的使用在公元前3世纪已被确定下来。另外,没有发现比戴克里先敕令(the Edict of Diocletian,公元301年)更早使用 pergamēnē[佩加马的,因而有了 parchment(羊皮纸)]这个词的文献了;因此有可能,这些皮纸的使用远远少于莎草纸的使用。

[32] 这两种转变并非完全同时,只是大致同时进行的。大部分的书卷都是莎草纸的,而大部分抄本是羊皮纸的,但也有一些莎草纸的抄本和羊皮纸的书卷(后一种情况一直延续到现在,用于凭证和证书等形式中)。

[33] 基督徒似乎喜欢使用抄本。在(基督纪元后)3世纪而且较小程度上在4世纪,比较常见的情况是,书卷多用于异教徒的著作,而抄本用于基督徒的著作。参见弗雷德里克·G. 凯尼恩:《古希腊和古罗马的书籍和读者》(Oxford:Clarendon Press),第2版(1951),牛皮纸和抄本,第87页—第120页。在埃及发现的莎草纸抄本是科普特教徒的(Coptic)亦即基督徒的著作。

[34] 相关的证据,请参见凯尼恩:《古希腊和古罗马的书籍和读者》,第28页。

　　当然,新的图书馆一直在希腊和罗马世界逐渐增加。在盖伦(活动时期在 2 世纪下半叶)时代,佩加马又有了一些新的图书馆,他在别的城市也见到了其他图书馆;他访问的每一个都市中心都有书商,他从他们那里买了一些书为自己所用。

　　罗马怎么样呢? 第一个重要的图书馆大概是卢修斯·李锡尼·卢库卢斯(Lucius Licinius Lucullus,大约公元前 117 年—前 56 年)的图书馆。它的大部分藏书都是从东方收集来的。他的朋友尤其是那些希腊的朋友可以使用这个图书馆,他们聚集到那里,仿佛来到了一个博物馆。西塞罗和凯撒都有自己藏书丰富的藏书室,而凯撒打算建立的"公共图书馆"由于他的生命的突然结束而未能变为现实。公元前 37 年,盖尤斯·阿西尼乌斯·波利奥(Gaius Asinius Pollio,活动时期在公元前 1 世纪下半叶)在自由宫(*Atrium Libertatis*)建成了罗马的第一座公共图书馆。波利奥是一位作家,也是维吉尔和贺拉斯(Horace)的朋友,他曾组织过公共朗诵活动。另外还有两座这类图书馆,都是奥古斯都创建的,一座建在战神广场(Campus Martius)上,另一座建在卡皮托利诺山(Capitoline Hill)上。这后一座图书馆建于公元前 28 年,它的馆长是 C. 尤利乌斯·希吉努斯(C. Julius Hyginus*,活动时期在公元前 1 世纪下半叶)。这两座图书馆的总体规划是一样的,都是由凯撒设计。图书馆中有一个用于宗教活动的神庙,紧挨着它的是一个户外的矩形柱廊;

---

* 　原文如此,这里的"C"可能是"G"之误,因为本卷中在提到他的全名时(如本卷原文第 313 页),使用的是"Gaius Julius Hyginus"。——译者

在图书馆中,希腊语书籍摆放在一边,拉丁语书籍摆放在另
一边。这是一种非常自然的分类;我们不了解更详细的分类
和管理的情况,关于那些图书馆的规模和藏书量,我们也没
有具体的知识。私人的收藏也很多;在罗马可找到的许多书
籍,都曾是公共战利品或私人掠夺物的一部分;其他书籍可
以从穷困的所有者或正规的书商那里购得。例如,在公元前
84 年围攻雅典之后,独裁者苏拉购买了亚里士多德图书馆
留下的书籍,并把它们送到罗马。[35]

　　值得注意的是,那些由凯撒规划、由奥古斯都建成的图
书馆都包括一座神庙。这是一种古老的博物馆*观念(神庙
是用来供奉缪斯女神的);任何艺术和文学收藏、任何学术
或研究机构都被置于她们的保护之下。在现代世界,有许许
多多博物馆,但是在它们那里,缪斯诸女神一般都被缺乏热
情和讲求实际的管理者赶走了。

五、档案与《每日纪闻》

　　除了那些图书馆以外,在元老院、和平祭坛或其他公共
建筑中也收藏了一些档案。行政官员宣誓要尊重国家的法
律并且必须熟悉各项法令(政府的各种决定)。凯撒的法令
在他被刺杀之后得到元老院的批准,行政官员们都宣誓要遵
守它们(公元前 45 年);公元前 29 年和公元前 24 年,他们
进行了类似的宣誓,要遵守奥古斯都的法令。这意味着有一
个特定的地方,在那里记录和保存着这些法令,而且关心它
们的人还可以去查询。《元老院纪闻》[*Acta* (*or commentarii*)

[35] 有关亚里士多德图书馆的历史,请参见本书第 1 卷,第 476 页—第 477 页。
　* 参见本卷第二章。——译者

Senatus] 也被保存下来。

此外, 自凯撒第一次担任执政官 (公元前 59 年) 以来, 每天都出版一份官方公报《每日纪闻》(*Acta diurna*)。它的内容包括 : (1) 维纳斯神庙 (the Temple of Venus) 和利比蒂娜神庙 (the Temple of Libitina) 登记的罗马出生和死亡的人数 ; (2) 金融新闻, 谷物的供给 ; (3) 重要人物的遗嘱, 审讯要闻, 新行政官员的消息 ; (4)《元老院纪闻》摘要 ; (5) 法院通告 ; (6) 杂项, 例如奇观和奇迹、新的建筑、火灾、葬礼、比赛和传说。

不仅在罗马而且在诸行省都可以获得《每日纪闻》。不过, 领袖人物和政府高官并不满足于这些官方公报, 他们雇用一些私人日志的作者和秘书, 这些人会通过信史给他们送去每天的新闻和杂录, 他们在很大程度上还依赖他们朋友的善意的帮助。在西塞罗的书信中 (其中有些留传至今), 有一些很好的这类相互帮助的例子。

预料中的每个市民都想知道的最重要的新闻, 会登在公共场所的告示牌 (*alba*) 上。通常是在白色的告示牌上写黑色的字, 不过标题是红色的 (*rubricae*)。任何在闲暇时路过告示牌的人都可以读到"在告示牌上"发布的新闻, 如果他有兴趣, 还可以把新闻抄下来。因此, 获得充分的公众信息是很容易的。

第十六章

公元前最后两个世纪的宗教[1]

若想了解希腊化世界的宗教情况,最好的办法,或者至少最简单的办法,就是把它当作一种三角冲突来思考。这个三角形的一边代表纯粹的希腊宗教,第二边代表东方宗教,第三边代表犹太教。因此,就存在着6种张力。

一、希腊宗教

我们先把自己置身于希腊语社会,从希腊人的观点来考虑一下主要的张力。在这里,挑剔的读者会打断我们,并且会问:"您所说的希腊语社会指的是什么?"这个问题不难回答,尽管答案不可能很精确。这里所说的并不是一个简单的种族或血统问题,也不是语言问题,尽管语言因素可能是最强有力的。希腊语社会的成员都讲希腊语,并且尽可能地去促进希腊人的理想;他们知道荷马、柏拉图、亚里士多德,就像英语社会的成员知道乔叟、莎士比亚和弥尔顿一样。在这两种情况中,那种知识可能常常是表面的和直观的,而不是专业的,但它仍有很强的凝聚力。他们的宗教可能是神秘仪式和庆典所再现的古老的神话,不过其中添加了各种东方的

---

[1] 关于公元前3世纪的宗教,请参见本卷第十一章。

神,例如伊希斯和奥希里斯、萨拉匹斯、密特拉神、安纳托利亚的大母神［即库柏勒（Cybelē）］以及其他神等。[2] 有一则谚语说,希腊文化中唯有哲学和东方宗教是富有生命力的,这未免有些夸大其词[3],因为许多希腊的神并没有消失,对他们的崇拜也依然盛行。此外,有些古老的神对希腊人来说是非常真实的。例如,在治病的神庙中,医神阿斯克勒皮俄斯[4]实际上会在病人面前显现,还有其他一些神灵的显现,它们就像当今新的圣母像那样,对见证者来说是不容置疑的。我们知道那些神灵的显现,因为（那时像现在一样）它们可能会导致一座新的神庙的建设或者导致一种新的崇拜,而这类事实可能会通过铭文记录下来,其中有些铭文一直留传到现在。在古老的神谕中［除了锡瓦绿洲（the oasis of Siwa）的太阳神谕以外］占主导地位的是希腊神谕,人们也会听到新的神谕。古老的希腊神秘仪式,诸如得墨忒耳和狄奥尼修（Dionysios）仪式以及俄耳甫斯仪式和埃莱夫西斯神秘仪式,在希腊化时代如果有什么区别的话,那就是它们比以前更为流行。确实,一些东方的神秘仪式或者一些东方的特

---

〔2〕 弗朗茨·居蒙在《罗马异教中的东方宗教》（*Les religions orientales dans le paganisme romain*,Paris）第 4 版（1929）［《伊希斯》*15*,271（1931）］中进行了相当详细的论述。居蒙告诉我们,在什么时候某个特定的神被引入罗马或另外一个城市,对他的崇拜是如何建立起来的,这种崇拜是如何发展的或者是如何受到干预的。库柏勒［或阿格狄斯提斯（Agdistis）］的圣殿建在佩西努斯（Pessinus）［西加拉提亚（West Galatia）,现在的巴希希萨（Bahihisar）］。她的塑像于公元前 205 年被运到了罗马［李维:《罗马史》（*History of Rome*）,第 29 卷,10］。

〔3〕 W. W. 塔恩和 G. T. 格里菲思在《希腊化文明》（London:Arnold）第 3 版（1952）的第 336 页,以赞许的口吻重复了这一谚语。

〔4〕 阿斯克勒皮俄斯在罗马早就受到了崇拜。大约在公元前 300 年,一场瘟疫肆虐罗马之后,人们大约于公元前 291 年为他建了一所圣殿。这不是一个秘密的机构,而是一个官方的机构,是在适当地参阅了《女先知书》（Sibylline Books）之后由政府批准修建的。

色也许被嫁接到希腊文化的主干上,但是,纯粹的希腊神秘仪式[5]和庆典就像现代的朝觐圣地一样依然存在。托勒密四世菲洛帕托(公元前221年—前205年在位)定期举办狄俄尼索斯神秘仪式,而早在公元前186年,罗马元老院不得不制止了这些仪式的西方形式——酒神节。埃莱夫西斯神秘仪式直到异教时代结束以前都很有声望。从公元前146年以后,开始了一场宗教复兴,许多事件都可以证明这一点,那时希腊已经是罗马的一个保护国了。[6] 这暗示着那些灾难(例如公元前146年,科林斯城的彻底毁灭)会导致虔敬的增长,因为希腊人除了他们自己的神以外再没有别的希望了。当一切事务都不顺利时,宗教就成了希腊文化和幸福生活的唯一保障。

狄杜玛(Didyma)供奉阿波罗的新神庙[7]花费了几个世纪都没有完工,不过,这个事实并不能证明缺少民间宗教,只能证明缺少资金和政府的支持。神庙不是老百姓建造的,而是由他们的统治者建造的。

更可怕的是,民间的祈祷持续转向了埃及的或东方的神,而百姓并没有意识到有什么不对;他们为了自己得到拯救而祈祷。他们的绝望迫使他们转向了各种形式的灵知、巫术和神秘主义。他们的宗教信仰并没有减弱,而是变得越来

---

〔5〕 有关神秘宗教仪式的新的重新评价,请参见拉法埃尔·佩塔佐尼(Raffaele Pettazzoni):《希腊的神秘宗教仪式与古代的密教——最近的研究和新的问题》("Les mystères grecs et les religions à mystères de l'antiquité. Recherches récentes et problèmes nouveaux"),载于《世界史杂志》2,302-312,661-667(1954—1955)。

〔6〕 参见塔恩和格里菲思:《希腊化文明》,第39页。

〔7〕 即布兰库斯传人(Branchidae 或 Bragchidai)的神庙,在米利都正南。那里有一座狄杜玛的阿波罗(Apollōn Didymēios)的神谕所。参见本书第1卷,第182页。

越迷信了。

尽管犹太人不仅在他们本国而且在许多希腊化城市都有相当多的人口[8]，而且与希腊人有许多商业和政治方面的联系，他们中的许多人（也许是大部分人）在宗教问题上毫不妥协，而他们对希腊和东方的宗教也没有影响。他们允许希腊人恢复阿拉米语作为他们的日常语言，而他们有关神圣语言——希伯来语的知识却退化了。由于做希腊公民意味着要崇拜城邦之神，而犹太人不背教就无法成为公民，因此在几乎每一个个案中，他们都做不成 [国民，即 *laos*，而不是 *dēmos*（平民）]；在犹太人与希腊人之间从来没有真正的融合，而这种融合在希腊人与东方其他民族之间是很常见的。犹太文献在一定程度上受到希腊文献的影响，相反的影响在前基督教时代几乎是不可能的（斐洛和约瑟夫斯都属于基督纪元的第一个世纪）。《七十子希腊文本圣经》在希腊犹太人中获得了巨大的威信，但却没有任何它对当时非犹太人影响的迹象。

在公元前最后两个世纪中，可以利用的犹太文献是相当可观的；其中绝大部分是希伯来语的，也有一些是阿拉米语的，还有一些是希腊语的。当然，《旧约全书》比较老的部分在虔诚的犹太人中传播（最古老的部分可以追溯到公元前 1200 年或者在其以前，其余部分创作于公元前 1200 年和公元前 300 年之间）。希腊文献从荷马（也就是公元前 9 世

---

[8] 欧文·拉姆斯德尔·古迪纳夫（Erwin Ramsdell Goodenough）在《希腊-罗马时代犹太人的标志》[*Jewish Symbols in the Greco-Roman Period* (4 卷本), Bollingen Series；New York：Pantheon，1953~1954] 中，对他们的人数和普遍存在提供了考古证明。

纪)开始,但那时,有些希伯来作品至少已经有 3 个世纪的历史了。在这里,我们并不关心《旧约全书》早期的分卷,而只关心那些或多或少可以确定是晚于公元前 200 年的作品。

对这些简略的概述将使读者对犹太思想的酝酿过程有所了解。[9] 尤其要说的是,从公元前 200 年至公元前 1 年这段时期的著作,不仅包括英语《旧约全书》中的许多篇章,而且实际上还包括所有《旧约全书》的次经。[10]

二、希伯来著作·《旧约全书》次经

先从诗歌谈起,没有多少人认识到,尽管《诗篇》中有些诗歌(第 24 篇:第 7 节—第 10 节;第 45 节)是非常古老的,但许多诗是非常晚近的作品,它们晚于公元前 400 年,甚至晚于公元前 200 年。最晚的是马加比赞美诗(Maccabean Psalms,44、74、79、83 等)和哈希芒赞美诗(Hasmonean Psalms,2、110 等)。《诗篇》(the Book of Psalms 或 *Psaltērion*)的最终版本是在公元前 200 年以后才出现的;当然,这是希伯来语版的,题为 *tehillim*,*tillim* 或 *tehillot*(赞美诗),希腊语译本《诗篇》(*Biblos psalmōn*)随后很快翻译出

---

〔9〕关于这些问题,我的信息的主要来源是我的朋友罗伯特·H. 法伊佛的著作《〈旧约全书〉导论》(New York:Harper,1941)[《伊希斯》*34*,38(1942–1943)],但它绝对不是唯一来源;有关《旧约全书》简略的文化分层学研究,请参见该书第 21 页—第 23 页。

〔10〕读者可能记得,在希伯来语《圣经》《七十子希腊文本圣经》和《通俗拉丁文本圣经》中,《旧约全书》的内容是不同的,更不要说其他版本了;它们的新教与天主教的英译本也不相同。因此,在这些圣经的某一个版本中被视为真经的著作,在其他版本中就可能是次经。为了简单起见,我将把钦定版英语本《圣经》(the King James' Version)所不包含的篇章称作次经,但没有厌恶其他版本的意思。

来了。[11]

《箴言》(Proverbs)使我们想到了与《诗篇》同样的评价。它们中没有像《诗篇》中较古老的作品那样年代久远,但其中某些作品可以追溯到公元前 6 世纪;其他作品可能是希腊化早期的。尽管它的标题是 *Mishle Shelomoh*(《所罗门箴言》),但所罗门并不是其作者,就像大卫不是《诗篇》的作者一样,而且其内容并非通常意义上的箴言。这些在不同时代补充并且在希腊化时代初期编辑的各种"教诲之言",出现时并不是完全按照希伯来语《圣经》和《七十子希腊文本圣经》(以及其他版本的《圣经》)中的顺序排列的;与保留在希伯来正典中的文本相比,希腊语本的顺序似乎与原作更接近。

在这段论述的最后,也许应提一下一首短诗,即所谓《玛拿西祷言》("Prayer of Manasseh")[12],这是一篇忏悔祷文,大概是法利赛人的(Pharisaic),公元前 150 年至公元前 50 年之间用希腊语写成。它属于次经,但有时候它也被加在希腊语《圣经》的《历代志下》第 33 章第 12 节—第 13 节之后;它在第 18 节提到,犹太国王玛拿西(Manasseh, king of Judah,大约公元前 692 年—前 639 年)曾有一段时间被囚禁在巴比伦,据猜测,该诗就是他在被羁押期间的祷告。

三卷智慧文学体裁的著作——《传道书》《德训篇》和《所罗门智训》(Wisdom of Solomon),无疑都是希腊化的

---

[11] *Psaltērion* 指一种乐器[索特里琴(psaltery)],而 *psalmos* 是指对它的演奏或音乐作品。后来 *psalmos* 被用来指圣歌(*mizmor*, psalm),*psaltērion* 则指它们的汇集(psalter,圣诗集)。

[12] 玛拿西的希腊语为 Manassēs;《玛拿西祷言》的希腊语为 *Proseuchē Manassē*。

作品。

《传道书》是用希伯来语写的，大约写于公元前 3 世纪与公元前 2 世纪之交，或者公元前 2 世纪之初，作者称自己是 Qoheleth（Ecclēsiastēs，即传道者）；它以"在耶路撒冷作王、大卫的儿子、传道者的言语"开始。这是一部非凡的著作，因为刚才引用的这句话（《传道书》第 1 章第 1 节）以及与它类似的话（第 1 章第 12 节）："我传道者在耶路撒冷作过以色列的王"，犹太学者错误地把它纳入希伯来正典中。按照甘兹的说法，传道者的意思并不是说他是王，而是领袖（prostatēs）；他只是我们所知道的一个以色列的世俗学派的领袖。[13] 他在该著作结尾处（第 12 章，第 9 节—第 14 节）阐明了其含义。他是一个受希腊文化熏陶的人，并且可能同情塞琉西国，而普通的以色列人都喜欢埃及。在他的著作中有一些埃及人的思想（第 9 章第 7 节至第 9 节），而这些思想比伊壁鸠鲁的更古老。《传道书》是一种自省式著作，有些论述称它的作者是"《圣经》的欧玛尔·海亚姆（Omar Khayyam）"*"《旧约全书》的斯芬克斯（Sphinx）"，并且称他的著作是（正统的和异端的）"两种声音的著作"，这些论述反映了它的独创性。也有人把他比作斯宾诺莎（Spinoza）和帕斯卡，但甘兹宁愿把他比作伊壁鸠鲁，在这里就出现了自

---

〔13〕 我的好朋友所罗门·甘兹在他生命的最后一年就传道者给我写了一些信，我的结论受了他的影响。

　* 欧玛尔·海亚姆（1048 年—1122 年），波斯诗人、哲学家、数学家和天文学家，留传下来的作品有《柔巴依集》(Rubaiyat，又译《鲁拜集》)等。——译者

相矛盾：希伯来正典中有一个伊壁鸠鲁![14] 没有证据证明
传道者阅读过伊壁鸠鲁的著作，但这也并非必要，因为伊壁
鸠鲁的思想到处流传。

不过，这里的重要启示不在于它具有伊壁鸠鲁的特点，
而在于它是 *sui generis*（独一无二的）。"传道者说：'虚空的
虚空，凡事都是虚空。'"（《传道书》第 12 章第 8 节）

《德训篇》是次经。在 1896 年以前，人们只有通过希腊
语和叙利亚语的版本才能了解它，但从这以后，希伯来语原
文的大部分已经被发现了。它的写作略晚于《传道书》，也
就是说，大约写于公元前 180 年；希腊语翻译是近 50 年以后
亦即公元前 132 年在埃及完成的。它被称作《便西拉之子耶
稣智慧书》（"Wisdom of Jeshua Son of Sirach"）或《便西拉智
训》（"Wisdom of Sirach"）；希腊人也称它为 *Panaretos sophia*
（《德训全书》），犹太法典编著者称它为《便西拉书》（"Book
of Ben Sira"）。

我们在《德训篇》中发现，它间接提到恩培多克勒
（Empedocles）的对立物（自然界中两种对立的力量共同存
在）的学说以及心脏是智力的中心这一亚里士多德的设想。
它的作者十分赏识医生、书吏和工匠们的工作，而且关于工
匠，他说（第 38 章第 34 节—第 35 节*）："他们坚持的，只在
制造世上的器具；他们祈求的，只在实现他们的技艺。"这一

---

[14] 罗伯特·戈迪斯（Robert Gordis）：《传道者其人其语》[*Koheleth, the Man and His
Word*（408 页），New York：Jewish Theological Seminary, 1951]。[《伊希斯》*43*, 58
（1952）]。在希伯来语中，"伊壁鸠鲁的"意指无信仰者、异教徒（参见本书第 1
卷，第 597 页），因此，这几乎是令人难以置信的矛盾：伊壁鸠鲁竟然包括在真经
中！

* 原文如此，似应为第 38 章第 39 节。——译者

著作以对到大祭司西蒙（Simon，公元前199年去世）为止的犹太史的评论作为结束。这段评论以经常重复的这些话开始：（第44章第1节）"现在让我们来赞扬那些著名的伟人，和我们历代的祖先……"

《传道书》和《德训篇》以及马可·安东尼（活动时期在2世纪下半叶）的《沉思录》（*Meditations*）都属于世界文学宝典。《所罗门智训》（*Sophia Salōmōnos*）的重要性略低一些；它是一个多世纪以后，亦即在公元前50年至公元40年这段时期，用希腊语为埃及的犹太人写的。可以把它分为两个部分（第1章第1节至第11章第5节；第11章第6节至第19章第22节），这些作品大概是不同的作者在略微不同的时代创作的。圣保罗以及《以弗所书》（Ephesians）、《希伯来书》（Hebrews）和《彼得前书》（Peter's First Epistle）的作者都熟悉《所罗门智训》。

由于它成书较晚，因而它比前两部著作具有更典型的希腊化犹太教的特征。它以暗示的方式提到四元素以及这样一种胚胎发育学说，按照这一学说，胚胎物质是从月经中产生的，在怀孕期间，月经就会停止［亚里士多德：《论动物的生殖》（*De generatione*）］。

《所罗门智训》中最令人难忘的一句是："义人受上帝保护永远不遭磨难"（第3章第1节）。

《但以理书》（Book of Daniēl）是这个时代主要的史学著作，它的大约一半（第2章第4节至第7章第28节）是用阿拉米语写的，其余部分是用希伯来语写的，写作的时间在安条克四世埃皮法尼统治(公元前 172 年*—前 164 年)的末期,或者更确切地说,在公元前 168 年亵渎圣殿和马加比家族起义**之后。《但以理书》的次经部分(第 7 章—第 12 章)完成于公元前 168 年至公元前 165 年之间,这时圣殿已被重建。它提到公元前 538 年的巴比伦失陷;它会使人们想起有关尼布甲尼撒(正是他于公元前 597 年和公元前 586 年占领了耶路撒冷)的预见,他将被驱赶离开人世,如牛吃草(第 4 章第 33 节,第 5 章第 21 节)。[15]

在《七十子希腊文本圣经》中对《但以理书》有 3 处补充,这些补充又经过该版本传入东正教的正典和天主教的正典之中,但没有传入新教的正典。所补充的部分是《三童歌》(The Song of the Three Children, *Preces trium puerorum*)、《苏撒拿传》(The Story of Susannah)以及《比勒与大龙》(Bel and the Dragon)。

《三童歌》和与它联系在一起的《亚萨利亚之祷言》(Prayer of Azariah)是两篇感恩赞歌,编在希腊语《但以理书》第 3 章第 23 节以后[《亚萨利亚之祷言与我祖之歌颂》(*Proseuchē Azariu cai hymnos tōn triōn*)]。它们都是犹太礼拜

---

  * 原文如此,与前一章略有出入。——译者
 ** 公元前 169 年至前 168 年,安条克四世欲入侵埃及的托勒密王朝,因罗马干涉而被迫撤出。在其返回叙利亚途中,他镇压了犹太人的一次暴乱,洗劫了当时的耶路撒冷圣殿,并强迫犹太人相信异教。为反抗他们的统治和对犹太文化的灭绝,作为世袭祭司长家族的马加比家族发动了起义,最终使犹太人获得解放。——译者
[15] 所罗门·甘兹对《但以理书》的解释是最有意思的,参见他的《弥尼,弥尼,提客勒,乌法珥新,关于巴比伦数学的一章》("Mene Mene Tekel Upharsin, a chapter in Babylonian mathematics"),载于《伊希斯》26, 82–94(1936–1937)。("弥尼,弥尼,提客勒,乌法珥新"是预言巴比伦王国的谶语,意为:"你的国度,到此完结,你被称在天平里,显出你的无道,你的国必趋分裂,归于灭亡!"——译者)

仪式的组成部分,《祷言》大约写于公元前 170 年,《三童歌》大约写于公元前 150 年。它们大概都是用希伯来语写的,并且为了《七十子希腊文本圣经》而被翻译成希腊语。

《苏撒拿传》被编在希腊语的《但以理书》的开始部分。尽管(对新教徒来说)它是次经,但它是世界文学遗产中最著名的富于戏剧性的故事之一,而且它使许多绘画创作获得了灵感。它说明:在希腊人和罗马人之前,犹太人就把交互询问当作司法审判中获取真相的一种方法,并为之进行了辩护。对一项重罪的指控,必须分别询问其证人;如果他们的证词彼此矛盾,那么,指控就不能成立;如果他们的证言被证明是假的,他们就要被处死。《苏撒拿传》是公元前 1 世纪的一个法利赛人用希伯来语或希腊语写的。

《比勒与大龙》(*Bēl cai Dracōn*) 被编在希腊语《但以理书》的结尾。它大约写于公元前 100 年,写作语言大概是希腊语,它会使人对偶像崇拜产生怀疑。大龙是一种大毒蛇,在希腊,例如在治病的神庙[医神庙(Asclepieia)] 中,的确存在着对蛇的崇拜。[16]

以弗所(或西诺普?)的犹太人迪奥多蒂翁(Theodotion)活跃于马可·奥勒留(活动时期在 2 世纪下半叶)时代,他修订了补充到《七十子希腊文本圣经》的《但以理书》的这三个部分,或者把它们重新翻译成希腊语。在基督教《圣经》(或次经)中所看到的文本一般来自迪奥多蒂翁,而不是来自《七十子希腊文本圣经》。

---

[16] 有关对蛇的崇拜,请参见本书第 1 卷第 332 页和第 335 页,以及第 389 页—第 390 页。

次经包括各种历史著作或宗教的虚构作品：

（1）有关多比（Tōbit）及其儿子多比亚（Tōbias）的《多比传》（Book of Tōbit），大约写于公元前 200 年—前 175 年，它大概是一个埃及犹太人用希腊语写成的。

（2）《犹滴传》（Book of Judith）在马加比战争之后，大约于公元前 150 年用希伯来语写成，那时法利赛运动正在蓬勃发展。它的希腊版本是扩充了很多的希伯来故事的修订本。

（3）《以斯帖记》（Book of Esthēr）讲述了一个犹太姑娘的故事，她成了薛西斯（Xerxēs，公元前 485 年—前 465 年任波斯国王）的王后，并且利用她作为妻子的影响拯救了她的人民。每年的掣签节（Purim）宴会都会庆祝这一事件。这个故事是用希伯来语写的，大约写于公元前 150 年—前 125年。半个世纪以后，它被翻译成希腊语，希腊语文本中还包括不同的补充文献，它们在一定程度上属于次经。它们一起被编在钦定版英语本《圣经》（《以斯帖记》第 10 章第 4 节至第 16 章第 24 节），而在《七十子希腊文本圣经》中则散见于各处。因此，英语版的《以斯帖记》与希伯来语和希腊语版的《以斯帖记》实质上是不同的。

（4）《以斯拉续篇上》（The First Book of Esdras）或《以斯拉记卷三》（3 Esdras）是虚构的有关耶路撒冷圣殿重建的记述，这一著作大约于公元前 150 年在埃及用希腊语写成。在一定程度上，它是依照《历代志下》（II Chronicles，第 35 章—

第 36 章）、《以斯拉记》（Ezra[17]，第 1 章—第 10 章）和《尼米希记》（Nehemiah，第 8 章）写的，但包含了一些新的资料，最值得注意的是大流士国王的三个侍卫的讨论（《以斯拉续篇上》第 3 章—第 4 章）："什么是最强有力的？"酒？国王？还是女人？然而"真理是伟大的；无比地强大"（《以斯拉续篇上》第 4 章第 41 节）。

在希伯来语的抄本中，《以斯拉记》和《尼米希记》（希腊语为 *Neemias*）直到 1448 年都被编在一起。在《通俗拉丁文本圣经》中，这两部著作分别被称作《以斯拉记卷一》（1 Esdras）和《以斯拉记卷二》（2 Esdras），两卷次经被称作《以斯拉记卷三》（3 Esdras）和《以斯拉记卷四》（4 Esdras）。

安条克四世埃皮法尼对犹太人的迫害、由此而导致的马加比家族起义以及在哈希芒王朝（Hasmonean dynasty）统治下的犹太民族的解放，促成了一系列被称作《马加比书》（Books of Maccabees）的著作。这类书有 5 种。

（5）《马加比传》第一卷（the first book of Maccabees）是唯一真正的史学著作；它涵盖了一定的历史时期（公元前 175 年—前 132 年），并且是一个值得信赖的原始资料；它大约写于公元前 90 年—前 70 年，大概是用希伯来语写成的；希伯来语文本失传了，不过我们有希腊语的译本。这一本以

---

[17] Ezra 和 Esdras 实际上是同一个名字；Esdras 是希腊语，而 Ezra 是希伯来语，省略了词首字母 'ain。在《旧约全书》中，最好写作 Ezra（《以斯拉记》）；而在次经中，最好写作 Esdras Ⅰ（《以斯拉续篇上》）和 Esdras Ⅱ（《以斯拉续篇下》）。《以斯拉续篇下》是较晚的、基督纪元以后的系列启示录，写于公元 66 年至 270 年；有可能，它是用希伯来语写作的，并且用希腊语加以扩充；我们只知道它有《通俗拉丁文本圣经》版以及叙利亚语、埃塞俄比亚语、阿拉米语和亚美尼亚语版。1910 年，在俄克喜林库斯纸草书（the Oxyrhynchos papyrus）中发现了希腊语版的三段话（第 15 章第 57 节至第 59 节）。

及第二本与马加比有关的著作的创作年代的确定,参照了开始于公元前311年的塞琉西纪元。

(6)《马加比传》第二卷(the second book of Maccabees)是用希腊语写的;它大概是在亚历山大、由昔兰尼的一个叫伊阿宋[Jason(Iasōn)]的人大约于公元前50年写成。它概述了《马加比传》第一卷中(公元前175年—前160年)的诸多事件,它本身没有什么史学价值。

(7)《马加比传》第三卷(3 Maccabees)是一篇虚构的著作而非史学著作,它并没有论述马加比家族起义,而是论述了在托勒密四世菲洛帕托(公元前222年*—前205年在位)统治下埃及犹太人的苦难。它写于公元前1世纪,或者在此之后不久。

《七十子希腊文本圣经》中收入了《马加比传》第一卷、第二卷和第三卷,而《通俗拉丁文本圣经》中则收入了《马加比传》第一卷和第二卷。

(8)《马加比传》第四卷(4 Maccabees)是一部哲学论述,它以历史事实作为实例来证明理性和虔诚高于热情。它是一个斯多亚学派的犹太人用希腊语写的,大概写于前基督时代接近尾声之时。

在这里 *pro forma*(循例)加上《马加比传》第五卷(5 Maccabees)。它是一部晚期的著作,保留在古叙利亚语的《伯西托本圣经》(Peshitta)[18]之中,它只不过是约瑟夫斯(活动时期在1世纪下半叶)的《犹太战争史》(*History of the*

＊ 原文如此,与前文略有出入。——译者

[18] 有关 Mappaqtā Peshittā 或"纯译本",请参见《科学史导论》,第1卷,第291页。"纯译本"大约是于公元150年或在此以前在埃德萨(Edessa)完成的。

Juwish War）第 4 卷的翻译。

其他《旧约全书》的次经,比如写于公元前 150 年至公元 50 年的那些,没有被收入 1611 年的钦定版英语本《圣经》的次经之中。这些次经包括:《禧年书》(Book of Jubilees),《以诺书》(Book of Enoch),《十二列祖见证》(Testaments of the Twelve Patriarchs)[19],《摩西升天记》(Assumption of Moses),也许还有其他著作。我们只有通过希腊语、埃塞俄比亚语或拉丁语的译本才能了解刚刚提及的这些著作,而它们可能是用希伯来语或阿拉米语创作的。

前面论述过的许多著作,其原作都是用希腊语写的(希腊语而非阿拉米语,已经成了许多埃及犹太人的通用语言);《所罗门智训》《比勒与大龙》《以斯拉记卷一》或《以斯拉记卷三》以及《马加比传》第二、三、四卷都是这种情况。不管它们的原创语言是什么,所有这些著作不久都有了希腊语版,对那些希腊语文本来说,还必须加上《七十子希腊文本圣经》的其他部分(不是我们这里所说的次经),这些著作都写于公元前 3 世纪以后。

请注意,在近代以前,希伯来著作没有任何同时代的抄本。《旧约全书》最令人感到荒谬的变迁之一是,其希腊抄本竟然早于最早的希伯来语抄本数个世纪。因此,《旧约全书》的研究者必须参照《七十子希腊文本圣经》,该书是从比

---

[19]《十二列祖见证》是两部启示赞美诗和救世主赞美诗,是无称号的以色列之王乔安尼斯·希尔卡努斯(Joannes Hyrcanos,公元前 134 年—前 104 年在位)时代最辉煌的成就。它们早于"登山宝训"(Sermon on the Mount),并且对《新约全书》的写作产生了影响。

希伯来语《圣经》更古老的希伯来语文本翻译过来的。考虑到《旧约全书》非常古老,它的希伯来语文本的确定就显得缓慢得令人不可思议。巴勒斯坦的犹太抄写员在基督纪元后的第二个世纪着手准备"文士文本",并且在 7 世纪补注了元音和重音,只是到了 10 世纪上半叶,才有了一个新的标准文本,即马所拉(Masoretic)本,或者更确切地说,那时有了两个可用的新文本,因为在太巴列和巴比伦存在着两个马所拉学派(Masoretic schools)。巴比伦(或东方)传统的领袖是本·拿弗他利(Ben Naphtali);巴勒斯坦(或西方)传统的领袖是本·亚设(Ben Asher)。巴勒斯坦传统是最重要的;基础性的(希伯来语)《圣经》印刷本[4 卷对开本(Venice,1524-1525)]使这种传统得到了尊崇。[20] 当然,在此以前,在托莱多的枢机主教日默内·德·西斯内罗的赞助下,希伯来语文本在《康普鲁顿合参本圣经》中已经刊印过;这个文本在这位枢机主教 1517 年去世前就印完了,但直到 1521 年才[在康普鲁顿 = 埃纳雷斯堡(Alcalà de Henares)]出版发行。

《七十子希腊文本圣经》的希腊语文本在《康普鲁顿合参本圣经》(1517 年)中被第一次印刷,并由阿尔定出版社(Aldine Press)第一次出版(Venice,1518/1519)。

三、《死海古卷》与艾赛尼派

1947 年春,一个贝都因男童在死海西北海岸一个悬崖上的天然洞穴内,偶然发现了保存在一些罐子内的希伯来语

---

[20] 有关文士和马所拉本,参见《科学史导论》,第 1 卷,第 291 页和第 624 页,更详细的论述,请参见法伊佛:《〈旧约全书〉导论》。

古卷。这是我们这个时代最令人吃惊的发现之一。耶路撒冷的犹太教和基督教的考古学家知道这一发现后，他们的激动和好奇非同寻常。贝都因人所发现的古卷被标价出售，很快，有人便设法——主要是用一种更科学的方法去寻找更多的古卷。约旦古文物局（the Jordanian Department of Antiquities）的 G. 兰克斯特·哈丁（G. Lankester Harding）和耶路撒冷圣经学院（the École Biblique of Jerusalem）的多明我会神甫罗兰·德沃（Rolan de Vaux）对那些洞穴进行了较为全面的勘察。他们对死海西山坡的大约 267 个洞穴进行了系统的考察，并且发现了数以千计的残篇。他们还对同一邻近地区的希尔-库姆兰（Khirbat Qumrān）的一座艾赛尼派修道院的石头废墟进行了发掘。

那些古卷和残篇很快被破译出来，它们覆盖了《圣经》的许多部分，并且包含一些新的文献，例如 30 首感恩赞歌、一篇《哈巴谷书》（Habakkuk）的评注、一篇启示录、《光明之子对黑暗之子之战》（War of the Sons of Light Against the Sons of Darkness）以及一部《艾赛尼派教规手册》（Essenian Manual of Discipline），这一著作早于基督教的一些专著，例如《使徒遗训》（Teachings of the Apostles）或《十二使徒遗训》（Didachē）。

艾赛尼派是犹太教的一个教派，以兄弟会或隐修院修会（monastic order）的形式组织在一起，这个教派活跃于公元前 2 世纪到基督时代。他们的组织具有共产主义色彩和强烈的禁欲主义色彩；他们对学问有浓厚的兴趣，并且建立了一个图书馆。希尔－库姆兰隐修院（the Monastery of Khirbet Qumrān）[21]建于公元前136年—前106年，并且一直被使用到公元68年。有可能，附近洞穴的那些希伯来语古卷和残篇是艾赛尼派图书馆——"死海图书馆（the Dead Sea Library）"遗留下来的。也许可以说，那家图书馆收藏的原作（次经和教规手册）象征着《旧约全书》与《新约全书》之间流逝的时光，亦即从犹太教向基督教的过渡。

残篇的数量数不胜数，其中许多非常难以破译和辨认；在那些本来属于同一著作的残篇被重新正确地组合起来之前，还将花费很长时间。这些预备性的工作将会占用学者们30年或更多的时间，而今天的结论必然是临时性的，但为了引导又不得不做出某些结论。

《死海古卷》（The Dead Sea Scrolls）已经引起而且还将继续引起许多争论，大量的著作和论文参与了业已引发的论战。在众多著者中，我只提及以下几位作者及其著作：安德烈·迪蓬－佐默（André Dupont-Sommer）：《〈死海古卷〉概述》（*Aperçus préliminaires sur les MSS de la Mer Morte*；Paris：Maisonneuve，1950），《新洞察》（*Nouveaux aperçus*；Paris：Maisonneuve，1953）；哈罗德·亨利·罗利（Harold Henry Rowley）：《札多基特残卷与死海古卷》（*The Zadokite Fragments and the Dead Sea Scrolls*，Oxford：Blackwell，1952），附有详细的参考文献；米勒·伯罗斯（Millar Burrows）：《死海古卷》（*The Dead Sea Scrolls*；New York：Viking，1955）；埃

---

〔21〕 这显然是后来的名称。在阿拉伯语中，"Khirba"意指废墟；这个名称是在它被废弃一段时间（也许是很长时间）之后才赋予这个隐修院的。

德蒙·威尔逊（Edmund Wilson）：《来自死海的古卷》（*The Scrolls from the Dead Sea*；New York：Oxford University Press，1955）；O. P. 巴泰勒米（O. P. Barthelemy）和 J. T. 米利克（J. T. Milik）：《朱迪亚沙漠中的发现》（*Discoveries in the Judaean Desert*），第 1 卷《库姆兰一号洞穴》（"Qumran Cave Ⅰ"；New York：Oxford University Press，1955）。

已故的埃利埃泽·利帕·苏肯尼克（Eleazar Lipa Sukenik）和他的儿子伊加尔·亚丁（Yigael Yadin）将军以及阿维加德博士（Dr. Avigard），对属于耶路撒冷希伯来大学（the Hebrew University）的《死海古卷》的收藏品进行了编辑，并加上了摹本和注释［2 卷本（Jerusalem：Bialik Institute and Hebrew University，1955）］。这些文本的英译本由埃利埃泽·利帕·苏肯尼克编辑成《希伯来大学的死海古卷》［*The Dead Sea Scrolls of Hebrew University*（44 页，116 幅另页纸插图），Jerusalem：Magnes Press，1955］。这部文集包括《以赛亚书》（Book of Isaiah）、《感恩诗》（Psalms of Thanksgiving）以及《光明之子对黑暗之子之战》。

在我的著作《古代科学与现代文明》（Lincoln：University of Nebraska Press，1954）第 18 页，我认为《死海古卷》的成书年代晚于公元 70 年。以新的信息尤其是有关艾赛尼派的希尔—库姆兰图书馆的信息为基础，我现在更倾向于得出这样的结论，即绝大多数希伯来文本都是前基督时代的。

在巴勒斯坦以外的东方城市中，有众多犹太社区，有的是很古老的。有些埃及社区可以追溯到公元前 7 世纪；当然，最大的埃及社区是亚历山大的那个社区，它是相对较为年轻的。从公元前 301 年至公元前 200 年，朱迪亚（Judea）

都是托勒密王朝时期的埃及之整体的一部分,在那个时期,埃及犹太人的数量有了很大增长。在大马士革(Damascus)、安条克、不同的爱奥尼亚城市、提洛岛以及其他各地都有许多犹太人。在罗马,有一个不断发展的社区,绝大多数罗马的犹太人都讲希腊语,大量希腊-犹太铭文可以证明这一点。[22]

有些犹太人以一种狂热的方式忠于他们的宗教;而在另一极端,许多其他人渴望被希腊人而不是犹太人同化和尊重(这种情况适用于所有时代和所有地方)。他们如果阅读《圣经》,就读希腊语版的;用希腊语在他们的犹太教会堂进行服务;他们称我主为至高神(这也完全适用于宙斯);他们常为自己取希腊名字,并且模仿希腊人的生活方式和习惯;在小亚细亚,有些犹太人与非犹太人通婚,并且或多或少接受了希腊-东方的宗教崇拜;在这方面他们只不过是在模仿希腊人中十分流行的宗教调和。

显而易见,那样去适应的犹太人必然会受到友善的对待。对他们也许存在着社会歧视,但在罗马和基督时代以前,不存在暴力排犹活动。

四、犹太人与希腊人

尽管在一些地方有相当多的犹太人,但他们在总数上始终是少数,而埃及的埃及人和小亚细亚的亚洲人则构成了绝对多数。无论在血统还是在智慧方面,那些东方人正在淹没希腊人。在以色列以外从来就没有闪族人的威胁,但东方人

---

[22] 在罗马的犹太地下墓穴中,74%的铭文是希腊语的;参见哈里·乔舒亚·利昂(Harry Joshua Leon)的论述,见《美国语言学协会会刊》(*Transactions of the American Philological Association*)58,210(1927)。

的兼并却是不祥的预兆。

塔恩说:"从公元前 2 世纪起,希腊文化就处于铁锤与铁砧之间,处于罗马的刀剑与埃及和巴比伦的精神之间。有一个人已经看到了,这就是安条克四世埃皮法尼,而自那时以来,他就被称作疯子。他在希腊宗教和文化的基础上统一其王国的尝试失败了;希腊宗教没有得到第二次机会。"[23]

有关安条克四世埃皮法尼(塞琉西国王,公元前 175 年—前 163 年* 在位)的故事是非常富有启示意义的。在他那个时代,耶路撒冷的僧侣贵族以及作为大祭司的他本人—— 一个伊阿宋式的人物都热衷于希腊文化。在他自己的希腊化梦想和犹太人的希腊化倾向的误导下,他试图进行全盘希腊化。公元前 167 年,他非常无礼地把耶路撒冷神殿改为供奉宙斯;他在耶路撒冷建立了一个大本营,并且试图取缔犹太教。结果是引起了一场激烈的反抗,促成了法利赛人组织的建立,并导致马加比家族起义。公元前 164 年,神殿重新供奉我主,但战争依然在继续。公元前 142 年,犹太人赶走了塞琉西的驻军,并且获得了政治自由。然而,这种局面没有维持多久;8 年之后,安条克七世西德特(Antiochos Ⅶ Sidētēs)占领了耶路撒冷并且拆毁了城墙;安条克七世于公元前 129 年去世,从而最终结束了塞琉西王朝的统治。乔安尼斯·希尔卡努斯成为犹太人的统治者,而他的统治时期(直至公元前 104 年)是哈希芒(或马加比)王朝的黄金时代;不幸的是,他开始征服他的邻族——撒玛利亚人

---

[23] 塔恩和格里菲思:《希腊化文明》,第 33 页。
* 原文如此,与前文略有出入。——译者

(Samaritans)和伊多姆人(Idumaeans),他试图用武力把他们
犹太化。随之而来的是,出现了如此之多的反抗和起义,以
至于庞培不得不于公元前 63 年进行干预。罗马人把他们的
权力委托给一个被希尔卡努斯"改变信仰"的伊多姆人,不
过,过了一段时间他们发现,这是一个权宜之计,这个所谓希
律大帝[Herod the Great(Hērōdēs)]是个寡廉鲜耻的暴君,公
元前 37 年 * 至公元前 4 年任朱迪亚国王。10 年以后,即公
元 6 年,朱迪亚成为罗马的一个行省,罗马人对它的控制一
直持续到 395 年。

犹太人对他们周围的非犹太人社区是否有影响? 那时,
在帕勒隆的德米特里的倡导下和托勒密二世菲拉德尔福的
要求下,被称作《七十子希腊文本圣经》的希腊语译本的翻
译已经开始了(参见本卷第十四章);因此我们应当假设,有
些希腊人在他们可以得到该书时就会阅读其中的一些经书,
例如摩西五经,但关于这一点没有什么证据。[24] 有可能,
《七十子希腊文本圣经》即使不完全是但也主要是供这样一
些犹太人使用的:他们无法阅读希伯来语原文,或者在没有
帮助的情况下就无法阅读希伯来语原文。非犹太人阅读过
大约写于公元前 2 世纪中叶的阿里斯泰书简吗? 这也无法
证明,但那些阅读过它的人在其中发现了一种微妙的为犹太
人利益的辩护。即使根本没有阅读过它,在亚历山大(以及

245

---

[24] 我的信息的主要来源是法伊佛的《〈新约全书〉的历史及新约外传导论》(*History
　of New Testament Times with an Introduction to Apocrypha* ; New York: Harper, 1949)
　[《伊希斯》*41*, 230–231(1950)] 以及他 1955 年 5 月 21 日的友好来信。

其他地方)肯定也会有一些希腊人,他们有犹太人朋友,并且认识到,那些犹太人不仅是精于做生意(他们在这方面也许太精明了),而且是一种古老的宗教传统的卫道士,是一种像希腊文学同样古老(甚至也许比它更古老)和同样有价值的文学的继承者。

阿里斯泰是一个所谓异教徒,但他称赞了犹太人的法律和宗教仪式。当时有一个犹太人,即亚历山大的阿里斯托布勒(Aristobulos of Alexandria),他活跃于托勒密六世菲洛梅托(公元前181年—前145年在位)时代,他用希腊语写了一部有关摩西五书的评注。关于该评注,我们是从非常晚的摘录中才知道的。如果认可他所处的年代,那么,他的业已佚失的专论可能是希腊哲学与亚历山大的犹太人之间的第一座桥梁。他声称:荷马、赫西俄德、毕达哥拉斯、柏拉图和亚里士多德都借鉴了犹太传统;这种主张过于夸大了,因为它不仅意味着《旧约全书》非常古老,而且《旧约全书》的希腊译本也很早就有了,早得足以成为最早的希腊作者使用的原始资料!这种荒谬的理论有着一种非同一般的命运,关于这一点我们很快就会说明。

另一个故事更令人惊诧,因为它说明了犹太人不是对亚历山大的希腊人而是对罗马的希腊人产生了影响。有一个大约于公元前105年在米利都出生的人名叫亚历山大,他成了战俘并被带到罗马,后来被苏拉(大约于公元前80年)释放了,这时,他起了L.科尔内留斯·亚历山大(L. Cornelius

Alexander)的名字。[25] 他是 C. 尤利乌斯·希吉努斯［帕拉丁图书馆(the Palatine Library)馆长］的老师,并且写了众多著作,以至于人们给他取了一个绰号"博学者亚历山大"(Alexander Polyhistor)。这个亚历山大促进了犹太人的史学著作在罗马的传播,他解释说,犹太文化是最古老的文化,而且希腊人所知道的最精华的东西都来源于犹太文化。这种说法被有些人接受了,并且可以说明异教徒或东方人例如奇里乞亚的那些安息日派教徒(Sabbatistae)的闪米特文化倾向,这些人守安息日并且崇拜我主。

希伯来语是人类最原始的语言这种传说,大概来源于同样的对闪米特文化的狂热。它像另一个传说一样荒谬,因为在希伯来语与希腊语或拉丁语之间不可能找到任何相似之处,尽管如此,这个传说依然很流行。[26]

该传说是希腊科学和希腊智慧源于东方这一真相的一种古怪的扭曲。不管怎么说,希腊人的先驱不是犹太人而是埃及人和巴比伦人。

关于希腊智慧源于希伯来人的传说。鉴于希腊智慧来源于希伯来人这种谬见十分古怪,而其流行程度又非常出人意料,因而我想,读者会原谅我在这里插入一段概述,谈谈人们固执地认可这一谬见的历史。

---

[25] 也就是说,按照罗马人的习惯,他使用了卢修斯·科尔内留斯·苏拉(Lucius Cornelius Sulla)的首名(praenomen)卢修斯及其氏族名(nomen gentilicium)科尔内留斯,他把自己的自由归功于 L. 科尔内留斯·苏拉(公元前 138 年—前 78 年)。

[26] 有关希伯来语是语言之母这种幻想的研究,请参见我的《科学史导论》,第 3 卷,第 363 页。另可参见霍尔格·彼泽森(Holger Pedersen):《十九世纪的语言学》(Linguistic Science in the Nineteenth Century;Cambridge,1931),第 7 页—第 9 页,第 240 页。

　　早期的基督教的辩护者渴望尽其所能减弱异教徒的光晕,他们对《旧约全书》的接受导致了他们赞美古老的希伯来传统。因此,殉教者查士丁(Justin Martyr,活动时期在 2 世纪下半叶)在他的《护教书》(Apology,第 1 卷,59)中心甘情愿地把柏拉图与摩西(Moses)联系起来。另一位早期的教父亚历山大的克雷芒(大约 150 年—大约 220 年)做得更彻底。在他的《杂文集》(Strōmateis, Miscellanies)第 1 卷中,克雷芒论证说,《旧约全书》比希腊哲学的任何部分都古老,而且希腊哲学家必定借鉴了犹太人的思想。在第 2 卷中,他详细说明了《旧约全书》所揭示的道德学说相对于希腊哲学所具有的独创性和优越性。

　　通过一个跨越很长时间的跳跃我们发现,在精诚兄弟社(Brethren of Purity,10 世纪下半叶)的阿拉伯书简《精诚兄弟社文集》(Rasā' il ikhwān al-safā)中有类似的思想。在第 21 封书信中,一个为希腊智慧和科学而自豪的希腊演说家被问道:"如果你们不是从托勒密时代的犹太人和埃及的贤人那里获得这种知识,你们怎么会有这样的知识? 你们把那种知识带回家并且声称它是你们自己的。"当卡洛尼莫斯·本·卡洛尼莫斯(活动时期在 14 世纪上半叶)于 1316 年把这 21 篇书简或专论从阿拉伯语翻译成希伯来语时,也把这类观点传给了犹太人。[27] 罗吉尔·培根(活动时期在 13 世纪下半叶)与许多基督教学者有共同的信念,即希伯来文化是最早的文化。

---

[27] 这与其他的犹太传说相一致,按照这些传说,亚里士多德是从犹太人那里获得了自己的知识的;亚里士多德要么是犹太族人,要么是一个皈依犹太教者;参见《科学史导论》,第 2 卷,第 962 页。

再回到犹太人那里,托莱多(Toledo)的梅伊尔·本·阿尔达比(Meir ben Aldabi,活动时期在 14 世纪下半叶)认为,希腊知识归根结底来源于希伯来人。另一个卡斯蒂利亚人(Castilian)梅伊尔·本·所罗门·阿尔古阿德兹(Meir ben Solomon Alguadez,活动时期在 14 世纪下半叶)把《尼各马可伦理学》(*Nicomachean Ethics*)从拉丁语翻译成希伯来语,并且在他的译者前言中说,亚里士多德实际上是在说明摩西五经(Torah)的规则。

你们会对中世纪的那些自负之想提出异议。那些自负之想经历了中世纪,在文艺复兴时代甚至启蒙时代依然存在。只举几个例子就足够了,一个传教士对亨利八世(Henry the Eighth)说:"我并不非常敌视希腊文学,因为它们来源于希伯来人。"[28] 在其《论词源的一致》(*Harmonie étymologique des langues*; Paris, 1606)中,艾蒂安·吉夏尔(Etienne Guichard)证明,所有语言包括法语在内都来源于希伯来语。[29] 在英格兰有更好的例子。牛津大学基督圣体(Corpus Christi)学院的扎卡里·博根(Zachary Bogan)出版了一本题为《希伯来化的荷马》(*Homerus Hebraïzōn*; Oxford, 1658)的著作,其标题颇有启示意义,而剑桥莫德琳学院(Magdalene)院长詹姆斯·杜波特(James Duport)在其《荷马箴言集》(*Gnomologia Homerica*; Cambridge, 1660)中,探索了荷马与《旧约全书》的相似之处。后来一代的另一位希腊文

247

---

[28] 弗朗西斯·哈克特(Francis Hacket):《亨利八世》(*Henry the VIIIth*, Garden City, 1931),第 105 页。

[29] 路易·珀蒂·德·朱勒维尔(Louis Petit de Julleville):《法语史》(*Histoire de la langue française*, Paris, 1896),第 1 卷,第 3 部分。

化学者乔舒亚·巴恩斯（Joshua Barnes, 1654 年—1712 年）使他的妻子相信，《伊利亚特》和《奥德赛》是所罗门王[30]的著作。

在其《艺术和科学的起源及发展》[*L' origine et le progrès des arts et des sciences*（428 页），Paris, 1740]中，夏尔·诺布洛（Charles Noblot）指出，犹太人而非埃及人是真正的首创者。

博学的萨洛蒙·施平纳（Salomon Spinner）的《希伯来民族的来源、产生及古代环境——近东各民族史新论》[*Herkunft, Entstehung und antike Umwelt des hebraïschen Volkes: ein neuer Beitrag zur Geschichte der Völker Vorderasiens*（548 页），Vienna, 1933][《伊希斯》*24*, 262（1935）]超过了所有这一切，他详细阐述了一个独特的命题：亚历山大的克雷芒所捍卫的东西比他以前的 17 个世纪所捍卫的还要多。

必须把更多的篇幅用来讨论犹太人和希伯来语的著作，这一方面是因为，就那些包含在《圣经》以及次经中的著作而言，它们是我们自己的传统不可或缺的部分，其他著作也与我们有间接的联系；另一方面是因为，它们是非常切合实际的。对东方宗教（埃及的、伊朗的、安纳托利亚的、叙利亚的以及其他的宗教）就不能这么说，东方宗教有许多种而且相当复杂、形式多样，它们是用纪念性建筑而非书籍来说明的。至于希腊人（以及后来的罗马人），他们自己的神话以

---

[30] 参见马丁·劳瑟·克拉克（Martin Lowther Clarke）：《1700 年—1830 年英格兰的希腊研究》（*Greek Studies in England 1700 - 1830*；Cambridge：University Press, 1945）[《伊希斯》*37*, 232（1947）]，第 2 页。

及他们自己的宗教崇拜已经逐渐被东方的渗透物改变了。

　　希腊人以及他们之后的罗马人征服了亚洲和埃及,但却被东方的神祇打败了。罗马人逐渐被希腊文化淹没了,但那种文化已经非常东方化了。希腊大地和罗马大地的普通民众被迷信支配着;而学者们的宗教则是一种科学的泛神论,但他们自己并没有摆脱迷信,因为他们相信占星术和许多形式的占卜。[31]

　　尽管希腊人往往欢迎东方的神祇进入他们自己的万神殿(Pantheon),但至少在一个事例中出现了相反的情况:一个希腊的神出去征服外部的世界了。这个神就是狄俄尼索斯[32],诗人和艺术家们把他的荣耀传向了四面八方。人们把他与色雷斯-吕底亚的神萨巴梓俄斯融为一体,而对萨巴梓俄斯的崇拜盛行于弗利吉亚、吕底亚和佩加马,他被等同于《七十子希腊文本圣经》中的万军之主,并且被称作至高神。他以弗利吉亚的装束出现,有霹雳和宙斯的鹰相伴,有时还伴随着一条蛇。在埃及,他被等同于萨拉匹斯,拜访神庙、祈祷、献祭和参加庆典的普通民众对这些多重含义并不担心,或者更确切地说,他们没有意识到任何多义性。他们只是希望获得神的欢心和保护。

　　希腊化融合的一个好的结果是不会出现不宽容,至少不会出现宗教方面的不宽容。无论有什么样的不宽容,宗教方

---

[31] 参见弗朗茨·居蒙(1868 年—1947 年):《希腊人和罗马人的占星术和宗教》(*Astrology and Religion among the Greeks and the Romans*, New York, 1912);《罗马异教中的东方宗教》[第 4 版(350 页,有插图), Paris, 1929];《不朽之光》[*Lux perpetua*(558 页,有插图), Paris: Geuthner, 1949][《伊希斯》*41*, 371(1950)]。

[32] 他在拉丁语中被称作 Bacchus(巴科斯),这个词来源于希腊语 Bakchos[或 Iakchos(伊阿科斯)]。

面的不宽容是不存在的,有的只是种族和政治方面的不宽
容,而且在许多个案中,人们仅仅对势利的行为不予宽容。
也许除了希腊的犹太族以外,希腊人并不是排外的。

五、全国性崇拜

不过,宗教有一个方面导致了排外;这就是只面向公民
的城邦崇拜和民族之神的崇拜,例如在不同地区并且最终在
很大程度上由罗马人发展的那种崇拜。对希腊人而言,英雄
崇拜是颇为自然的,但这种崇拜并不是排外的。亚历山大大
帝引入了某种统治者崇拜,许多希腊君主以不同的方式对此
进行了仿效。

开始,统治埃及的托勒密诸王在他们作古之后被当作神
来崇拜,后来,在他们在世时就被神化了;他们那时是 *theoi
epiphaneis*(带来光明之神,永生之神)。第一个称自己为埃
皮法尼(光明之神)的托勒密王是托勒密五世,他在位的时
间是公元前 205 年至公元前 180 年。另一个早期的统治者
被奉为神的例子是佩加马国王欧迈尼斯二世,他在位的时间
是公元前 197 年至公元前 160 年[*]。塞琉西国王安条克四世
(公元前 175 年—前 163 年[**]在位)也号称埃皮法尼,而较早
的一位塞琉西国王安条克二世(公元前 261 年—前 247 年[***]
在位)以及托勒密十二世(埃及统治者,公元前 80 年—前 51
年在位)被简单地称作塞奥斯(Theos,即神)。

这种危险的改革传到了罗马人那里。西塞罗对此应有
一点自责,因为他在《斯基皮奥之梦》(*Somnium Scipionis*,大

---

[*]　原文如此,与第十章略有出入。——译者
[**]　原文如此,与前一章略有出入。——译者
[***]　原文如此,与第十四章略有出入。——译者

约公元前 51 年)中发展了斯多亚派的这一幻想:伟大的人在死后会变成神。在凯撒生命的最后一年(公元前 45 年—前 44 年),人们给予了他神的荣誉,而这些荣誉或许是他遭暗杀的原因之一。从希腊的观点来看,奥古斯都是一位神圣的统治者。在埃及,他像托勒密诸王一样被尊为神;他的罗马称号 *Divi filius*(神之子)和 *Augustus*(神圣者)都暗示着神性,而且他去世后被当作神来崇拜。对奥古斯都的崇拜是与对罗马女神的崇拜结合在一起的。

这些崇拜成了公民的国民义务,而对它们的故意忽略就是不忠的充分证据。犹太人与罗马当局相处的麻烦,主要来自他们拒绝承认任何神而只承认上帝。因此,罗马人对犹太人难以容忍是出于政治原因而非宗教原因;拒绝全国性崇拜的人是不能被宽容的。

对一种宗教的真正的不宽容表现在禁止它的修行,并且阻挠它的教派成员和信徒参与它的活动。这种不宽容是很糟糕的,而且它才是真正难以被容忍的,因为它破坏了善良的人们最神圣的传统,使他们丧失了先辈的祝福,并使他们感到他们祖先的神圣被剥夺了。在前基督教时代,由于普遍的宗教融合,人们实际上并不了解这种不宽容的情况。[33] 即使有犹太人受到困扰,那也不是因为他们的宗教,而是因为他们未能完成他们国民义务中宗教方面的责任。

---

[33] 有一个例外,即前面讲过的安条克四世埃皮法尼是这种不宽容的一个例子。

第十七章

公元前最后两个世纪的哲学：
波西多纽、西塞罗和卢克莱修[1]

在地中海世界的诸多城市——雅典、亚历山大、佩加马、罗得岛以及罗马，有许多哲学学派，像在中世纪一样，哲学家们常常从一个学派转到另一个学派。为了寻求智慧，不仅教师常常流动，学生也是如此。可以把学生比作病人，他们从一个疗养地走到另一个疗养地，希望得到治愈。如果学生们没有在雅典获得智慧，他们或许会认为他们在亚历山大或罗得岛可能会得到它。而他们也许真会在那里得到。

来自罗马本地或西方的某个行省的学生，还有另一个去东方旅行的理由，这是一个非常充足的理由。他们可能会因此获得更丰富的有关希腊语的知识，并且也许能够流利地说这种语言并且更正确地用它写作。智慧像梦幻似的，而希腊语和希腊文化却是实实在在的。

如果我们想一想许多亚洲和非洲的学生来美国学习，那么这种情况就不难理解了。他们中的每一个人都是为了寻求某种专业，除此之外，他们还希望获得更多的有关英语的

---

[1] 关于公元前 3 世纪的哲学，请参见本卷第十一章。

知识,他们的这种知识将成为一种技能。他们可能没有掌握所学的专业,但他们将获得一种具有普遍价值的工具——英语。

为了说明那些岁月的人们在哲学方面做出的努力,我们来进行两方面的考察:第一,在一个地方即雅典的哲学教学;第二,一种哲学即斯多亚哲学在许多地方的教学。我们将通过对三个杰出的人物——波西多纽、西塞罗和卢克莱修的描述,来完成对那时景象的描绘。

一、雅典诸学派

尽管雅典在政治上衰落了,但它依然是希腊天才的摇篮,已形成传统的 4 所哲学学校——柏拉图学园、吕克昂学园、柱廊学园和花园学园依然十分活跃,我们知道那些在公元前 2 世纪和公元前 1 世纪的学校负责人,他们大约有 30 人,几乎可以把他们平均地分组。对他们做一番回顾并且评价一下他们因服务于特定的传统而存在的巨大差异是很有意思的。

从柏拉图学园开始是很自然的,它在那时仍是最重要的学校;的确,它保持着领导地位,这在一定程度上是由于它的包容性;它的学说是非常温和的,也许,它可能比其他学校更愿意接受改革。

关于这个时期的柏拉图学园,我们知道至少 9 个园长的名字(也许再没有其他人了,因为 9 个人对两个世纪来说不是很少的)。佩加马的赫格西努是这个时期的第一位园长;随后是昔兰尼的卡尔尼德(大约公元前 213 年—前 129 年),他是"第三学园(the Third Academy)"的创建者,并且担任其园长(*prostatēs*,或主管)直至公元前 137 年或者前 136

年。他似乎已经成为一个优秀的评论家和修辞学家,尽管他事实上没有留下任何他自己的著作,但他(在罗马和雅典)变得非常有名气。他在罗马的名声是由于一连串古怪的偶然事件。奥罗普斯(Orōpos)市位于维奥蒂亚与阿提卡的分界线上,它长期以来就是它们争夺的一块骨头;摧毁了该城的雅典人,被他们的罗马主人罚款 500 塔兰特。雅典人决定派一个代表团去罗马为他们的动机进行辩护;这是公元前156 年—前 155 年的事。非常特别的是,这个代表团的成员都是哲学家;更为特别的是,他们是代表了三种学派的哲学家:卡尔尼德代表学园派;克里托劳(Critolaos)代表漫步学派;巴比伦的第欧根尼(Diogēnes of Babylon)代表斯多亚学派。[2] 最终,罚款减少了,但更重要的是,这个使团是把希腊哲学引进罗马的象征。

　　我们理应非常感谢卡尔尼德,因为他对通常的占卜,尤其是对占星术进行了强有力的谴责;他为反驳占星术士提供了最出色的论据,那些论据最后又被西塞罗予以重申和扩充了,但是,当政治变动危害并且最终取消了思想自由时,这些论据在阻止不断上涨的迷信浪潮方面是无能为力的。[3]

---

[2] 没有一个伊壁鸠鲁派的哲学家被选中担任这个使团的成员。但是,雅典的伊壁鸠鲁主义者自己设法去了罗马。在随后的那个世纪,在那里有他们的两个成员斐德罗和帕特隆(Patrōn)。而元老院在几年前(公元前 161 年)曾通过了一个法令,要把所有外国的哲学和修辞学教师从这个城市中驱逐出去;考虑到这一点,选择哲学家作为这个使团的成员就更值得关注了。

[3] 参见多姆·大卫·阿芒(Dom David Amand)[现名为埃马纽埃尔·阿芒·德·芒迪埃塔(Emmanuel Amand de Mendieta)]:《古希腊的宿命论与自由》(*Fatalisme et liberté dans l'antiquité grecque*;Louvain University of Louvain,1945),第 26 页—第 68 页;弗雷德里克·H. 克拉默:《罗马法律与政治中的占星术》(Philadelphia:American Philosophical Society,1954),第 55 页—第 58 页,散见于各处;也可参见我在《反射镜》(*Speculum*)*31*,156—161(1956)上的评论。

　　昔兰尼的卡尔尼德的继任者有：波勒马库斯（Polemarchos）之子、与他同名的卡尔尼德（Carneades，任期大约为公元前136年—前131年）；塔尔苏斯的克拉特斯（Cratēs of Tarsos，任期大约为公元前131年—前127年）；迦太基的克利托马库（Cleitomachos of Carthage，任期大约为公元前127年—前110年）；拉里萨的斐洛（Philōn of Larissa，任期为公元前110年—前88年）[4]，他是所谓第四学园（the Fourth Academy）的创建者；阿什凯隆的安条克（Antiochos of Ascalōn）——第五学园（the Fifth Academy）的创建者[5]，他曾是斐洛在罗马而非在雅典的学生；阿什凯隆的阿里斯托斯（Aristos of Ascalōn，任期大约为公元前68年—前50年）；瑙克拉提斯的塞奥奈斯托斯（Theomnēstos of Naucratis，大约公元前44年）。

　　所有这9个人都在这个时期或那个时期执教于柏拉图学园，并且都有幸领导该学园，但其中没有一个人是雅典人（这会使人们想起巴黎大学的一级教授都是外国人的时代）。赫格西努来自佩加马，卡尔尼德来自昔兰尼，克拉特斯来自奇里乞亚，克利托马库来自迦太基［他原来用的是伟大的古迦太基人的名字哈斯德鲁巴（Hasdrubal）］，斐洛来自色萨利，安条克和阿里斯托斯来自巴勒斯坦，塞奥奈斯托斯来自埃及。如果要使这个学园尽可能具有国际特点，可能没有比这更好的选择了，不过，这种情况也是偶然的。

---

〔4〕斐洛在公元前88年第一次米特拉达梯战争时逃到了罗马；不知道他后来是否回到了雅典。

〔5〕第三学园、第四学园和第五学园这些术语暗示着比实际更大的差异和不连续。它们意味着强调定向的变化；那些变化与其说是实在的变化，不如说是修辞或方言的变化。基本的科学知识并没有改变。

有人也许还要加上怀疑论者克诺索斯的爱内西德谟（Ainesidēmos of Cnossos），他曾对斐洛产生过影响。这 10 个人中，除了昔兰尼的卡尔尼德以外，其他都不是非常重要的人物，但他们都尽其所能维护着柏拉图传统。

吕克昂学园已不再那么辉煌了。我们应当记住，每一个学校的历史都是非常相似的。它由一个伟人创建，基于他的威望延续一段时期，直到不久或随后另一个伟人出现；在这期间，有一些平淡和平庸的时期，就连最优秀的管理者也难以使之振兴。吕克昂学园的园长有：帕塞利斯的克里托劳（公元前 156 年他与卡尔尼德一起去了罗马），提尔的狄奥多罗（Diodōros of Tyros），埃里纽斯（Erymneus，活动时期大约在公元前 100 年），罗得岛的安德罗尼科（Andronicos of Rhodos，活动时期在公元前 1 世纪上半叶），佩加马的克拉提波（Cratippos of Pergamon），以及塞琉西亚的克塞那科斯（Xenarchos of Seleuceia）。他们分别来自吕基亚、巴勒斯坦、罗得岛、佩加马和奇里乞亚，所有这些人均来自亚洲海岸。希腊不再是天才的摇篮了吗？为了反击斯多亚学派和修辞学家的批评，克里托劳为亚里士多德进行了辩护。安德罗尼科按照苏拉的命令，大约在公元前 70 年编辑并出版了一套亚里士多德著作集，这是公开出版的亚里士多德著作集的第一版；他被称为这位大师的第 10 位（或第 11 位？）继任者。由于他的编辑工作，他当然值得以这样的称号被世人所记忆，但是富有生气的亚里士多德传统几乎在 3 个世纪以后才随着注释家（exēgētēs）阿弗罗狄西亚的亚历山大（Alexander of Aphrodisias，活动时期在 3 世纪上半叶）而出现。安德罗尼科版不仅包括亚里士多德的著作,而且还包括塞奥弗拉斯特的那些著作,他把所有这些著作按主题编排;有可能,由于他的细心,那些著作才会相对完整地留传至今,倘若真是这样,那么怎么赞扬他都不过分。

253

　　管理柱廊学园的有:塔尔苏斯的芝诺,巴比伦人第欧根尼(活动时期在公元前 2 世纪上半叶),塔尔苏斯的安提帕特(Antipatros of Tarsos),罗得岛的帕奈提乌(Panaitios of Rhodos,活动时期在公元前 2 世纪下半叶),涅萨尔库(Mnēsarchos)和达耳达诺斯(Dardanos),底格里斯河畔塞琉西亚的阿波罗多洛(Apollodōros of Seleuceia,活动时期大约在公元前 100 年),一个名为狄奥尼修(Dionysios)的人,提尔的安提帕特(Antipatros of Tyros),他大约于公元前 45 年去世。据我们所知,所有这些人都是亚洲人。芝诺是一位伟大的教师,他因培养出他的弟子而非由于任何著作而流芳千古。第欧根尼主要是一位语法学家和逻辑学家。塔尔苏斯的安提帕特撰写了有关诸神的著作和有关占卜的著作,并且曾与昔兰尼的卡尔尼德进行过一些论战。帕奈提乌是那时斯多亚学派的一位重要哲学家;我马上就会对他和他的弟子波西多纽进行更详细的讨论。阿波罗多洛撰写了有关逻辑学、伦理学和物理学的专著(但都失传了);归于提尔的安提帕特名下的著作则更多。

　　负责伊壁鸠鲁花园学园的耕耘者有:一个名为狄奥尼修(Dionysios,活动时期大约在公元前 200 年)的人;巴西里德(Basileidēs);卡里亚的巴吉利亚的普罗塔库(Prōtarchos of Bargylia);阿波罗多洛(Apollodōros),他很奇怪地有着

cēpotyrannos（花园暴君）的绰号——也许他是一个过于严格的人？西顿的芝诺（Zēnōn of Sidōn）——西塞罗称他为"*coryphaeus Epicureorum*（一流的伊壁鸠鲁学派的哲学家）"，（雅典的？）斐德罗［Phaidros of Athens（？）］；帕特隆（Patrōn，任期大约为公元前70年—前51年）。[6] 当然，这里略去了那个时代而且也许是所有时代最伟大的伊壁鸠鲁学派的哲学家，因为他住在罗马而不住在雅典。我们十分乐意在本章末回过头来讨论他。

这4所学校都在雅典蓬勃发展，有时候它们也发生争论，但认为它们必然彼此敌视恐怕是错误的。即使可能存在某种敌意，那也是由于个人的妒嫉和反感。它们之间的远近亲疏并不像人们想象的那样是一成不变的。学院派哲学家都是折中主义者，并且倾向于温和的怀疑论。我猜想，不同学派的成员也许会出席他们的对手安排的会议或庆典。一个斯多亚学派的成员也许会有伊壁鸠鲁学派的倾向，反之亦然。最具科学特点的学校是吕克昂学园，而最出色的科学研究是由伊壁鸠鲁学派成员甚至是由斯多亚学派成员完成的。在塞浦路斯的芝诺（Zēnōn of Cypros）和伊壁鸠鲁去世了1850多年之后，蒙田可能会在前者的学说与后者的学说之间犹豫不定；我们可以肯定，在古代似乎就已经有这种犹豫。

二、斯多亚学派的发展与罗得岛的帕奈提乌

尽管这4所学校在每一个古代世界的中心都有其追随者，毫无疑问，柱廊学园逐渐成为最有影响的学校。柏拉图

---

[6] 对希腊人来说，这是一个古怪的名字。它有一个罗马发音：*patronus*（相当于法语中的 *patron*，荷兰语中的 *baas*，英语中的 boss）。

学园和吕克昂学园的学术气太浓，而且常常过于折中。斯多亚哲学是最优秀的哲学，它不仅是专业哲学家的哲学，而且也是公职人员、政治家以及企业家的哲学。如果这些人非常出色，而且会过问哲学问题，那么他们就有可能成为斯多亚学派的成员。对他们来说，斯多亚哲学不仅仅是哲学，它还是一种宗教；这既可以说明它的相对普及性，也可以说明它的偏离。

　　它的基本学说已经由基蒂翁的芝诺（活动时期在公元前4世纪下半叶）和阿索斯的克莱安塞（活动时期在公元前3世纪上半叶）确立下来了。其他弟子迅速扩大了它的传播，其中包括：希俄斯的阿里斯通，他大约于公元前260年活跃于雅典，并且曾为埃拉托色尼之师；基蒂翁的培尔赛乌，他来到安提柯-戈纳塔在派拉的朝廷，担任了安提柯之子哈尔西翁纽（Halcyoneus）的私人教师，并且在马其顿变得非常有权势；波利斯提尼的斯菲卢斯，他曾建议克莱奥梅尼三世（斯巴达国王，公元前236年*—前222年在位）进行政治改革；索罗伊的克吕西波（活动时期在公元前3世纪下半叶），他使得斯多亚派的学说得以完善。请注意，柱廊学园早期的园长们既拥有了政治也拥有了哲学方面的影响。他们的成功，很大程度上是由于这二者的结合。斯多亚学派的成员并非无所事事的修辞学家，从一开始，他们的目的就是增强政治良知，这一点是很紧迫的，而他们做得很好。他们的主要思想是美德是以知识为基础的，任何善良的人的目的必须既合乎自然（*homologumenōs physei zēn*）又合乎理性，这些思想是

---

　　* 原文如此，与本卷第十一章略有出入。——译者

个人行为和政治行为的基本原则。所有这些学说在公元前
3 世纪结束之前就已经确立了。

　　在公元前 2 世纪，这个学派的主要领导者是佩加马的克
拉特斯(Cratēs,活动时期在公元前 2 世纪上半叶)和罗得岛
的帕奈提乌(活动时期在公元前 2 世纪下半叶)，他们都来
到了罗马。克拉特斯既是一个科学工作者又是一个文学家，
他是佩加马图书馆的馆长，当他于公元前 168 年去罗马时，
他把亚历山大－佩加马的学术原则也带去了，并且促进了罗
马图书馆的组建。

　　罗得岛的帕奈提乌(大约公元前 185 年—前 109 年)是克
拉特斯在佩加马的弟子，随后又师从巴比伦人第欧根尼及其
继任者塔尔苏斯的安提帕特继续在雅典研习斯多亚学派的哲
学。他大约在公元前 2 世纪中叶返回罗得岛，于大约公元前
144 年来到罗马。他是 P. 斯基皮奥·埃米利亚努斯[7]和史
学家波利比奥斯(活动时期在公元前 2 世纪上半叶)的密友。
公元前 141 年，他与斯基皮奥一起到东方旅行，随后回到罗
马。他接替安提帕特任柱廊学园的领导，并且一直在雅典担
任此职直至他于公元前 209 年*去世。他留传至今的著作只

---

[7]　非洲征服者、努曼提亚征服者(Numantius)斯基皮奥·埃米利亚努斯(公元前 185
年—前 129 年)是一个著名的将领和政治家，使迦太基于公元前 146 年毁灭的人。
他是斯多亚学派的成员，接受过高深的教育，在他周围聚拢了一些重要的文学家和
思想家[斯基皮奥学社(the Scipionic Circle)]。由于西塞罗的《论友谊》(De
amicitia)，他与盖尤斯·莱利乌斯(Gaius Laelius)的友谊得以名扬千古，有关他的
另一个参考资料是《斯基皮奥之梦》[见于西塞罗:《论共和国》(De republica)第 6
卷]。

*　原文如此，系作者笔误，应为公元前 109 年。——译者

有一些残篇[8]，不过，他的专著《论义务》(*Peri tu cathēcontos*)在西塞罗的《论责任》(*De officiis*)中反映出来。他既是一位科学工作者也是一位哲学家；他试图拒绝占星术和占卜，但这是一项不可能完成的任务，他不可避免地失败了。

由于克拉特斯和帕奈提乌在罗马生活了很多年，而且与领导阶层保持着接触，斯多亚学派在罗马世界的非同凡响的成功，很大程度上应归功于他们。这种从雅典、佩加马和罗马向外传播的哲学是一种世界性的哲学；在罗马为成为一个世界帝国的中心做准备时，这种哲学对罗马人是颇有吸引力的。它在基督教以前成为更文明的人们的伦理福音。

中期柱廊学园，或者换种说法，从公元前 2 世纪中叶到公元前 30 年这段时期的斯多亚哲学的学说与风气，在很大程度上是帕奈提乌及其最杰出的弟子波西多纽的创造。波西多纽非常重要，因而需要用专门的一节来介绍他，但是在此之前，还是必须对贯穿诸多时代的斯多亚学说做少许评论。

斯多亚学派的教师们增强了个人良知和政治良知、义务(*to cathēcon*)感、四海之内皆兄弟的感情以及普世友谊(*sympatheia*)的感情。这些是他们的主要优点，在邪恶的时代它们有着重要的意义。他们的缺点在于，第一，他们未能认识到正义必须用仁慈来调节[9]，第二，他们偏爱占星术和

255

---

[8] 参见莫德斯图·范斯特拉唐(Modestus van Straaten)：《帕奈提乌——他的生平、著述及其著作残篇之编辑所反映出的他的学说》[*Panétius；sa vie，ses écrits et sa doctrine avec une édition des fragments*(418 页)，Amsterdam：H. J. Paris，1946]。

[9] 斯多亚学派教育其成员对绝大多数的事物采取超然和中立的态度，这在很大程度上是明智的，但超然怎么与爱相协调呢？僧侣也必须解决同样的矛盾。他们所受的教育要求他们超脱世俗的或世间的任何事物，但人类之爱是世俗的。

其他迷信。他们的占星术思想一方面来源于这样一种信念:宇宙是一个有机的整体,它的每一个部分都依赖其他部分;另一方面来源于他们的宿命论。他们并不像巴比伦人那样相信难以理解和可怕的命运,而是相信更合乎道德的天意。但是,除非运用占卜的方法,否则,那种天意是难以了解的;因此也就引入了其他迷信。

确实,帕奈提乌抵制过占星术和占卜,他的弟子在一段时期内也这样做过,但不幸的是,总的趋势是相反的。

三、阿帕梅亚的波西多纽

帕奈提乌最杰出的弟子是波西多纽,他大约在公元前135年出生于奥龙特斯河畔的阿帕梅亚。在其导师的指导下从事研究并在雅典生活了多年之后,波西多纽到地中海世界旅行,并且最终在罗得岛定居,在这里他度过了他一生的大部分时光。公元前51年,他去了罗马,并且不久在那里去世,享年84岁。他是一个对各种学科都好奇的人,本可以成为一个像亚里士多德和埃拉托色尼那样伟大的科学家,但是,他的科学思想的完整性被柏拉图主义倾向以及斯多亚学派固有的神秘主义破坏了。帕奈提乌似乎是一个比较优秀但不善言辞而且并非广受欢迎的人。我们对波西多纽的判断必定是尝试性的和不确定的,因为他的著作没有一部流传下来。我们只能从它们的一些残篇中了解它们,这些残篇主要是通过一些拉丁作家如西塞罗和卢克莱修、马尼利乌斯(活动时期在1世纪上半叶)、塞涅卡(活动时期在1世纪下半叶)和老普林尼(活动时期在1世纪下半叶)以及后来的编辑者如瑙克拉提斯的阿特纳奥斯(活动时期在3世纪上半叶）等传给我们的。[10]

波西多纽主要是一个斯多亚哲学的解释者和形而上学的史学家（关于这一点将在本卷第二十四章加以论述），但他也涉足了许多科学领域。他是一位伟大的教师，一个能吸引听众的演说家。西塞罗于公元前78年去他的学校求学，庞培大帝曾拜访过他两次。他的影响是由于他擅长修辞，而不是由于其科学方面的才智或哲学方面的深度。他的影响也是由于他的唯灵论，甚至是由于把精神上的事物与科学的古怪结合。由于对这种结合存在着矛盾的心理，它总会对人们有吸引力；它满足了他们对唯心主义与实在论、希望与真理等对立的需要［请比较一下后来盖伦、帕拉塞尔苏斯（Paracelsus）和斯维登堡（Swedenborg）获得的成功］。

也许可以把他称作希腊化时代的亚里士多德，如果我们赋予"希腊化"这个词总是与它联系在一起的那种贬义，那么这样的称呼是正确的。他的重要性在于，他是把希腊科学和智慧输入罗马世界的主要传播者之一。我们再次认识到雅典到罗马之路经过了罗得岛和亚历山大，东方之路也经过了这些地方。

四、西塞罗

我们可以有把握地假设：本书的读者对西塞罗非常了解，因而唤起他们的记忆，并回顾一下他生平中的重要事实就足够了。

---

[10] 路德维希·埃德尔斯坦（Ludwig Edelstein）为了编辑波西多纽的残篇和思想文献汇编耗费了20多年的时间。参见他的论文《波西多纽的哲学体系》（"The Philosophical System of Posidonius"），载于《美国语言学杂志》（*American Journal of Philology*）57,286-325（1936）［《伊希斯》*28*,158（1938）］，他在该文中指出波西多纽思想的许多模糊之处，而现有的残篇仍不足以解决它们。

马尔库斯·图利乌斯·西塞罗于公元前 106 年出生在阿尔皮努姆(Arpinum)[11];他在罗马接受教育。在那里,他大约于公元前 90 年参加了伊壁鸠鲁学派成员斐德罗的讲座,并且大约于公元前 88 年参加了学园派哲学家斐洛的讲座。但是,他年轻时最好的教师是斯多亚学派成员狄奥多图(Diodotos),从公元前 85 年起,狄奥多图就是他父亲家中的常客;狄奥多图后来失明了,并且于公元前 59 年在西塞罗自己的家中去世。西塞罗是一个出色的律师、最伟大的罗马演说家,并且是最伟大的拉丁作家之一。公元前 79 年—前 78 年,他因健康原因不得不外出旅行,他来到雅典,并且参加了学园派成员阿什凯隆的安条克的讲座以及伊壁鸠鲁主义者西顿的芝诺的讲座;他还听过罗得岛的波西多纽的课,尽管他与后者的联系是很久以后、大约公元前 51 年在罗马才开始的。我在结束他的教师的名单时要说的是,大约在同一年即公元前 51 年,在同一地点即罗马,他参加了学园派成员阿什凯隆的阿里斯托斯的讲座和伊壁鸠鲁主义者帕特隆的讲座。他深受前人的影响,对他们的著作进行了改造以适应他自己的目的。这些前人及其著作包括:柏拉图以及他的《国家篇》(*De republica*);亚里士多德,他的《劝勉篇》(*Protrepticos*)给了西塞罗本人的《哲学的劝勉》

---

[11]　Arpinum 是拉丁语,现名为 Arpino(阿尔皮诺),距弗罗西诺内(Frosinone)不远。这个小镇(阿尔皮努姆)不仅是西塞罗的出生地,而且在他之前,它是著名将领盖尤斯·马略(Gaius Marius,公元前 156 年—前 86 年)的出生地;在他之后,则是政治家马尔库斯·维普萨尼乌斯·阿格里帕(Marcus Vipsanius Agrippa,公元前 63 年—前 12 年)的出生地。

(*Hortensius*)[12]以启示；学园派成员昔兰尼的卡尔尼德，他的一部专论是西塞罗的《论共和国》的典范；斯多亚学派成员帕奈提乌（公元前 109 年去世），西塞罗在《论责任》中借用了他著作中的材料；罗得岛的赫卡彤（Hecatōn of Rhodos）；帕奈提乌的弟子。《斯基皮奥之梦》则来源于波西多纽。

西塞罗是一个律师和政治家，他担任着许多公职，而且他对他那个时代的所有的社会变迁感到困惑。不详细地说明他所见证的战争和起义以及他所卷入的阴谋和争论，就不可能描述他的政治生涯。渴望知道那些事实的读者们将会在有关政治史的手册中发现它们。尽管有西塞罗的大量书信，但是，要想客观地评价他的性格几乎是不可能的；有些史学家责备他，但又有几乎同样多的史学家赞扬他。我们应当记住，他首先是一个作家，而不是政客或政治家。按照普卢塔克（在关于他的传记中）的说法，因为西塞罗的自大和不断的自夸，所以人们一般不太喜欢他。他变得非常富有，但我依然相信他的正直；也就是说，他比他的大部分成功的同时代人都正直。当他于公元前 52 年担任奇里乞亚总督时，他并没有像惯常的风气那样鱼肉那些把重任托付给他的百姓，而是关心体谅他们；他像以往一样高傲，但他很慷慨。人们记住了他的缺点，但他不寻常的美德却被忘记了。他的政治生涯中最辉煌的时刻也就是它的结束之时；公元前 43 年 12 月 7 日，在第二次三人执政当局的命令下，他在可爱的卡埃特海湾（Caieta）的福尔米亚（Formiae）被暗杀。如果他是

---

[12] 本书第 1 卷第 474 页介绍了有关《劝勉篇》从亚里士多德经由西塞罗到圣奥古斯丁的传统。

图 44　西塞罗的《论责任》的初版(Mainz: Fust and Schoeffer, 1465)。这卷中还包括西塞罗的《斯多亚派的悖论》(*Paradoxa Stoicorum*)。由于有些希腊词在拉丁语中没有对应的词,因而西塞罗不得不使用希腊语,这些词也因此在书中直接用希腊语印刷。这是最早以印刷本出现的古典哲学专著[承蒙皮尔庞特·摩根图书馆恩准复制]

个胆小鬼,他也许能挽救自己的生命,但是他接受了死亡。他的头和右手被砍下,并且被送到罗马广场,被钉在演讲台上。长期以来,人们相信他的尸体(或骨灰)被送到了希腊,并且被安葬在扎金索斯岛(Zacynthos)[或赞特岛(Zante)]。[13] 但是,谁知道呢?

他的哲学并非原创的,但却是对希腊思想十分清晰的说明,他对这些思想给予了新的强调。原创的思想是非常少的,绝大部分哲学家最终所做的就是对它们进行某种新的组合。西塞罗所做的就是,把他所认为的希腊哲学中的精华挑选出来,主要是那些在新学园和柱廊学园讲授的思想。

在斯多亚哲学传统方面,他所取得的主要成就就是拒绝荒谬的事物和迷信。在一个迷信的时代,这需要清醒和勇气[14],而对于许多为他缺乏原创性深感遗憾的诋毁者,人们也许可以说,他反对迷信的斗争既是一个富有创造性的起点也是一个健康的起点。

无论由于其早年的雄心、自负和贪欲导致西塞罗可能有什么缺点和错误,他都在法萨罗战役[15]之后写的有关哲学和宗教的著作中,证明他已经是一个像凯撒和布鲁图斯那样伟大的人了。庞培和安东尼没有这三个人伟大,获得了他们的努力成果的奥古斯都也是如此。

259

---

〔13〕 详细情况请参见我的论文《维萨里的去世与安葬——兼论西塞罗的去世与安葬》("The death and burial of Vesalius and incidentally of Cicero"),载于《伊希斯》*45*,131-137(1954)。

〔14〕 若想比较那些迷信,请参见阿瑟·斯坦利·皮斯(Arthur Stanley Pease)附在他所编辑的《论占卜》[*De divinatione*(2卷本),Urbana:University of Illinois Press,1920-1923]的详尽阐述的评论。

〔15〕 法萨罗在色萨利,凯撒于公元前48年在这里打败了庞培,从而成为罗马世界的主人——不过这并没有持续很长时间,因为凯撒于公元前44年被谋杀了。

我们现在来考虑西塞罗的哲学著作本身。如果我们把他有关政治哲学的专著算进去，那么，他是在 50 岁以后开始撰写这些著作的。

（1）6 卷的《论共和国》，这是一个以柏拉图为基础的对话，这 6 卷著作在公元前 51 年就已经成书了。但在 19 世纪以前，除了《斯基皮奥之梦》以外，其余部分都遗失了，而《斯基皮奥之梦》是通过马克罗比乌斯（活动时期在 5 世纪上半叶）的评注才得以传播的。[16] 1820 年，安杰洛·梅（Angelo Mai）在梵蒂冈的一个重写本中发现了此书的大部分原文。

（2）《论法律》（*De legibus*）从公元前 52 年开始撰写，但是该书在作者去世以后才出版，这部 5 卷的著作有 3 卷留传至今。

他的严格意义上的哲学著作在许多年以后才开始撰写，这时，政治自由的完全丧失和他可爱的女儿图利娅（Tullia）的去世（公元前 45 年 2 月）使他感到沮丧。我们将要列出的著作都创作于他女儿的去世与他自己的去世（公元前 43 年 12 月）之间。

以下书目中的第 3 项至第 7 项也许可以归类于伦理学，第 8 项至第 13 项可以更一般地归类于哲学，第 14 项至第 16 项可以归类于宗教或宗教哲学。这一分类在其他地方不会得到强调，因为它并不是唯一的。

---

[16] 最近的英译本是威廉·哈里斯·斯塔尔（William Harris Stahl）翻译的《马克罗比乌斯：关于〈斯基皮奥之梦〉的评注》（*Macrobius. Commentary on the Dream of Scipio*；New York：Columbia University Press，1952）［《伊希斯》*43*，267 – 268（1952）］。

260

图45 所谓西塞罗《哲学文集》(*Scripta philosophica*, Rome, 1471)的第 1 卷。孔拉德·斯韦恩希姆(Conrad Sweynheym)和阿诺尔德·潘纳茨(Arnold Pannartz)于 1467 年把他们的印刷所从苏比亚科(Subiaco)搬到了罗马。1469 年,他们把西塞罗的 4 部专论《论责任》《斯多亚派的悖论》《老加图或论老年》和《莱利乌斯或论友谊》印在一起出版了。1471 年,他们印刷了一部更大的哲学专论集。它没有总的标题,但一般被称作《哲学文集(或著作集)》[*Scripta*(*sive Opera*)*philosophica*,两卷对开本]。第 1 卷(168×2 页)于 1471 年 4 月 27 日出版,包括已经提到的那 4 部专论以及《论神性》(*De natura deorum*)和《论占卜》。第 2 卷(205×2 页)于 1471 年 9 月 20 日问世,包括《图斯库卢姆论辩录》(*Tusculanae Quaestiones*)、《论善与恶的界限》(*De finibus bonorum et malorum*)、《论命运》(*De fato*)、《关于竞选执政官》(*De petitione consulatus*)、《论哲学》(*De philosophia*)、《论世界的本质》(*De essentia mundi*)、《学园派哲学》(*Academica*)和《论法律》。这两卷实际上构成了西塞罗的全部哲学,它们在 1471 年的出版是一个里程碑。无数书商把《哲学文集》中一起出版的许多专论以单行本的方式或以不同的组合形式重印出版了。我们复制了《论神性》的开头部分,该著作是题献给布鲁图斯的[承蒙加利福尼亚州圣马力诺市(San Marino)亨廷顿图书馆(Huntington Library)恩准复制]

（3）《论责任》写于公元前 44 年,这是为他的儿子马尔库斯(Marcus)写的。马尔库斯那时正在吕克昂学园学习,或者自己在雅典消遣。该著作分为 3 卷,前两卷来源于帕奈提乌,第 3 卷来源于赫卡彤;实例选自罗马史。

（4）《老加图或论老年》(*Cato major sive De senectute*)于公元前 44 年开始写作,这是为他的朋友提图斯·庞波尼乌斯·阿提库斯(Titus Pomponius Atticus)而写的。

（5）《莱利乌斯或论友谊》(*Laelius sive de amicitia*)大约写于公元前 44 年。小莱利乌斯是一位博学的斯多亚派成员,斯基皮奥的伟大的朋友。

（6）《论荣誉》(*De gloria* 写于公元前 44 年),现在已经失传。但彼特拉克(Petrarca)* 曾经拥有它的一个抄本。

（7）《论安慰或论悲痛的逐渐减弱》(*De consolatione sive de luctu diminuendo*)写于公元前 45 年 2 月图利娅去世后不久(现已失传)。

（8）《学园派哲学》(*Academica*)(大约写于公元前 45 年),该著作论述了卡尔尼德所维护的新学园的哲学。

（9）《论善与恶的界限》(*De finibus bonorum et malorum*)写于公元前 45 年,并题献给诛杀暴君者 M. 布鲁图斯(公元前 42 年去世)。该著作讨论了至善和至恶,以反驳伊壁鸠鲁学派和斯多亚学派。

（10）《图斯库卢姆论辩录》(*Tusculanae disputationes*,大

---

* 弗朗切斯科·彼特拉克(Francesco Petrarca,1304 年 7 月 20 日至 1374 年 7 月 19 日),意大利学者、诗人,文艺复兴最早的人文主义者之一,他被称作人文主义之父,并且与但丁和薄伽丘并称为文艺复兴前三杰。他的主要作品有《阿非利加》《名人传》《备忘录》和《歌集》等,其中《歌集》是他最优秀的作品。——译者

262

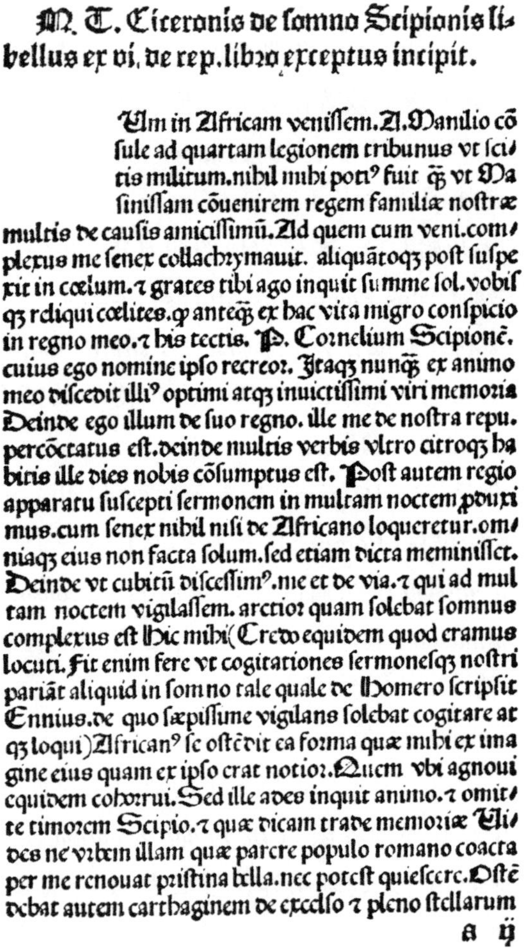

M. T. Ciceronis de somno Scipionis libellus ex vi. de rep. libro exceptus incipit.

Um in Africam venissem. A. Manilio cõ
sule ad quartam legionem tribunus vt sci
tis militum. nihil mihi poti⁹ fuit q̄ vt Ma
sinissam cõuenirem regem familiæ nostræ
multis de causis amicissimũ. Ad quem cum veni. com
plexus me senex collachrymauit. aliquãtoq̄ post suspe
xit in cœlum. ⁊ grates tibi ago inquit summe sol. vobis
q̄ reliqui cœlites. q̄ anteq̄ ex hac vita migro conspicio
in regno meo. ⁊ his tectis. P. Cornelium Scipionẽ.
cuius ego nomine ipso recreor. Itaq̄ nunq̄ ex animo
meo discedit illi⁹ optimi atq̄ inuictissimi viri memoria
Deinde ego illum de suo regno. ille me de nostra repu.
percõctatus est. deinde multis verbis vltro citroq̄ ha
bitis ille dies nobis cõsumptus est. Post autem regio
apparatu suscepti sermonem in multam noctem põtri
mus. cum senex nihil nisi de Africano loqueretur. om
niaq̄ eius non facta solum. sed etiam dicta meminisset.
Deinde vt cubitũ discessim⁹. me et de via. ⁊ qui ad mul
tam noctem vigilassem. arctior quam solebat somnus
complexus est. dic mihi (Credo equidem quod eramus
locuti. fit enim fere vt cogitationes sermonesq̄ nostri
pariãt aliquid in somno tale quale de Homero scripsit
Ennius. de quo sæpissime vigilans solebat cogitare at
q̄ loqui) Africanⁱ se ostedit ea forma quæ mihi ex ima
gine eius quam ex ipso erat notior. Quem vbi agnoui
equidem cohorrui. Sed ille ades inquit animo. ⁊ omit
te timorem Scipio. ⁊ quæ dicam trade memoriæ Ui
des ne vrbem illam quæ parere populo romano coacta
per me renouat pristina bella. nec potest quiescere. Oste
debat autem carthaginem de excelso ⁊ pleno stellarum

a ij

图 46　西塞罗的《斯基皮奥之梦》的第一版（Deventer：anon. printer, 18 July, 1489）。它
一共有 5 个古版本（Klebs, 275.1–275.5）。《斯基皮奥之梦》为西塞罗最卓越的著作，
它是他于公元前 51 年出版的《论共和国》的结尾部分。在枢机主教安杰洛·梅于 1820
年从一个 4 世纪或 5 世纪的梵蒂冈的重写本中发现《论共和国》的几乎三分之一部分
之前，人们对它只有部分了解。《论共和国》（就其保留下来的部分而言）的第一版是由
枢机主教梅编辑的（Rome, 1822）[承蒙剑桥大学图书馆（Cambridge University Library）恩
准复制]

约写于公元前 45 年—前 44 年),该著作是在他的"图斯库勒"[他在靠近弗拉斯卡蒂(Frascati)的图斯库卢姆(Tusculum)的别墅]就实际问题所进行的 5 个对话,也是题献给布鲁图斯的。对话(一)讨论了对死亡的恐惧;对话(二)的话题是,痛苦是不是一种不幸;对话(三)、对话(四)讨论了悲痛及其慰藉、痛苦及其缓解;对话(五)讨论的是美德是幸福的充分条件。

(11)《矛盾》(写于公元前 45 年),该著作论述了斯多亚哲学的 6 个矛盾。

(12)《哲学的劝勉》,它是亚里士多德的《劝勉篇》的改编。该著作写于凯撒公元前 45 年 3 月 17 日在(西班牙南部的)蒙达(Munda)打败庞培的儿子之后,但只有一些残篇保留下来。

(13)《蒂迈欧篇》(*Timaeus*),这是对柏拉图的《蒂迈欧篇》的翻译,只留有一些残篇。

(14)3 卷的《论神性》(*De natura deorum*,大约写于公元前 45 年),该著作是题献给布鲁图斯的。该书根据学园派、柱廊派和花园派的观点,论述了诸神的本性和属性。在这一著作中,西塞罗使占星术的基础加强了。他认为,行星的运动必定是有意的,因而神的存在非常明显,以至于一个心智健康的人无法否认(第 2 卷:16)。我们已经讨论过这种古怪的谬论(参见本书第 1 卷,第 453 页),它来源于《伊庇诺米篇》(*Epinomis*)。西塞罗把他的怀疑论与接受罗马的国教进行了协调,就像在圣公会(the Anglican Church)中,许多英国人把他们的怀疑态度与团契相协调一样。

(15)《论占卜》。写于公元前 44 年,它是前一著作的续篇,讨论了多种占卜形式。他非常小心翼翼地把宗教与迷信区分开。

(16)《论命运》(De fato),该著作是题献给奥卢斯·希尔提乌斯(Aulus Hirtius)的,后者是凯撒的官员和朋友之一、伊壁鸠鲁主义者和文学家。该著作对宿命论与决定论进行了区分,但它只留有一些残篇。

西塞罗竟然能在 13 个月中写出 14 部著作(从第 3 部至第 16 部),即使我们考虑到他事先用了一生进行研究,并且他把精力全都投入它们的写作之中,这也是令人难以置信的。西塞罗就是这样度过了他的事业和余生的最后 13 个月。你是否知道哪个著名的政治家也能这样优雅而体面地走完自己的人生?

五、卢克莱修

提图斯·卢克莱修·卡鲁斯(Titus Lucretius Carus)即使不是唯一的一个,那么也是最好的一个凭借一部作品名扬天下的作者。他用了大半生的时间进行准备,并且至少用了最后 10 年从事写作,但只写了《物性论》(De rerum natura)[17]这一部诗作,这一著作直至他于公元前 55 年去世时仍未写完。我们对他本人几乎没什么了解,但他的诗作被完整地留传下来了,并且被承认是世界文学史中最伟大的作品之一。我们马上就会对这个人及其诗作进行讨论。简要地说,《物性论》不仅是一部重要的诗作,而且是一部长篇诗作;它由

---

[17] 这个拉丁语标题与希腊标题 Peri Physeōs 完全吻合,常被早期的"自然哲学家"使用。

7415行长短格六音步诗(dactylic hexameter)构成[18];它与西方诗史是同样重要的,不过(它突出的和几乎令人难以置信的特性是)它是一部关于科学的哲学诗史,它不是英雄事迹的诗史,而是思想的诗史。

卢克莱修于公元前55年去世,享年44岁。如果这些日期是准确无误的话,那么他就是于公元前99年出生的。他是一个家境优越的罗马人,并且接受了非常好的教育;他可能结过婚,并且喜欢孩子。关于他,最为古怪的是圣哲罗姆的一段叙述:在公元前95年"诗人卢克莱修诞生了,他被一种春药弄得疯疯癫癫,在他精神失常的所有间歇时期,他写了几本书[19],西塞罗为它们进行了校正(emendavit)。他在44岁时自杀身亡"。圣哲罗姆不喜欢卢克莱修,但他也不会是这一刻毒记事的发明者;他大概不无恶念地复述了古代的流言蜚语。[20] 其中有些部分是似是而非的;春药(amoris pocula)以及其他咒文在罗马使用得太多了,有必要在公元前81年公布的一项法令中禁止它们的使用。[21] 当然,这种

---

[18] 《埃涅阿斯纪》比它稍微长一些,为9895行,而《伊利亚特》是它长度的两倍,有15,693行。至于其他诗作的长度,请参见本书第1卷第134页,另外再加上埃利亚斯·兰罗特(Elias Lönnrot,1802年—1884年,芬兰生理学家和传统的芬兰口头诗歌的收集者。——译者)编辑的芬兰(Finnish)诗史《卡勒瓦拉》(Kalevala),它的第一版于1835年出版,共12,000行;第二版于1849年出版,共22,793行。

[19] 《物性论》共分为6卷。

[20] 圣哲罗姆是在卢克莱修去世475年之后于公元420年去世的。这种流言蜚语是似是而非的;对于惩罚一个自由思想家来说,发明这样的诽谤(发疯、自杀)是很自然的。

[21] 此项法律由独裁者苏拉(公元前138年—前78年)颁布;它就是《关于谋杀罪和投毒罪的科尔奈里亚法》(Lex Cornelia de sicariis et veneficis)。

264

> may praue tho thyngys Whiche ye haue hi30 of me/Whiche
> is by me Catyn in this my boke callid of a age :
>
> ### Expliat :
>
> Thus endeth the boke of Tulle of olde age translated
> out of latyn in to frensshe by laurence a primo fato at
> the comaundement of the noble prynce Lowys Duc of
> Bourbon/and enprynted by me symple persone William
> Caxton in to Englysshe at the playsir solace and reue
> rence of men growing in to olde age the vij day of Au
> gust the yere of our lord . M . CCCC.lxxxj :

图 47　第一次用英语印刷的西塞罗著作的版本记录（末页）。标题是《图利乌斯论老年·论友谊》(Tulle of olde age. Tullius de Amicicia)，由威廉·卡克斯顿 (William Caxton) 印制 (Westminster, 7 August, 1481)。西摩·德里奇 (Seymour De Ricci) 在《卡克斯顿家族普查》(A Census of Caxtons ; Oxford, 1909) 第 31 号，第 39 页—第 42 页查到，该书只印了 26 本。它是西塞罗的《论老年》和《论友谊》的英译本，这两部著作都是题献给阿提库斯的，并且写于公元前 44 年或公元前 43 年，亦即西塞罗生命的最后一年。卡克斯顿印的书籍是拉丁语经典最早的英译本。其"说明"具有现代特点："《图利乌斯论老年》到此结束，该书由洛朗·德·普莱米尔法特 (Laurent de Premierfait) 根据尊贵的王子波旁皇室的路易公爵 (Louis Duke of Bourbon) 的命令从拉丁语翻译成法语，由我威廉·卡克斯顿这个凡夫俗子印制英译本。我怀着愉快和宽慰的心情以及对逐渐变老的人的尊敬接受此项工作，并于 1481 年 8 月 7 日完成。"因而可知，卡克斯顿的译本来自洛朗·德·普莱米尔法特 (1418 年去世) 1405 年的法译本，关于普莱米尔法特，请参见我的《科学史导论》第 3 卷，第 1294 页、第 1313 页、第 1804 页、第 1809 页和第 1811 页

滥用不可能被任何法律阻止。春药是危险的毒药；它们最终可能会把人毒死，但它们不会导致持久的精神错乱。很难想象卢克莱修的诗作是在精神病间歇期间写的。西塞罗可能校对过其诗作，但也可能没有进行过校对；当然，他和他的兄弟昆图斯（Quintus）对它进行过审阅和定稿。他们是在公元前 54 年审阅

它的[22],这就证明在卢克莱修去世时该诗尚未完全写完,而且该诗是在他去世后出版的。这样推测是没有风险的:由于西塞罗对该诗作感兴趣,因而它得以"出版"并且幸存下来。

由于卢克莱修避开了公共事务,并且深深地沉浸在他的思考和创作之中,我们可以假设,他是一个非常孤独的人。这可以用来说明:第一,关于他的信息非常匮乏;第二,他的自杀。然而,除了哲罗姆的叙述外,没有什么可以证明他是自杀而死的,但这种见解似乎是有道理的,而且从罗马人的观点来看,一个人自己结束自己的生命既不是错误也不是耻辱。许多杰出的人物都自杀了,他们并没有因此而遭到责备。[23]

一个作者被忘记了,而他的作品却被人们铭记在心,这有什么关系呢?他还能梦想比他的精神产品万古流传更伟大的不朽吗?

我们来考察一下《物性论》,并且对它进行一下描述。这一著作是题献给一个贵族 C. 明米佑(C. Memmius)的,我们对他比对卢克莱修本人有更多的了解。C. 明米佑娶了苏拉的女儿福斯塔·科涅利亚(Fausta Cornelia)为妻,他于公元前 57 年担任了比提尼亚的行政长官,并且在随行人员卡图卢斯的陪同下到那里赴任;他于公元前 49 年之后去世。

---

[22] 参见西塞罗:《致兄弟昆图斯的信》(*Epistulae ad Quintum fratrem*),2,11(9)。西塞罗的兄弟也审阅了这部诗作,这封信就是写给他的。

[23] 当生命变得不堪忍受时,期待死亡就被认为是正当的。人们宁愿死亡而不愿蒙羞。在公开处决很随意并且很频繁的年代,通过自杀来阻止它们是正确的。乌提卡的加图(Cato of Utica)于公元前 46 年结束了自己的生命,卡修斯和诛杀暴君者布鲁图斯于公元前 42 年自杀了,塞涅卡和他的妻子保利娜(Paulina)于公元 65 年自杀了。西塞罗的朋友阿提库斯于公元前 32 年绝食身亡,西利乌斯·伊塔利库斯[Silius Italicus,25 年或 26 年出生,拉丁诗人,代表作有诗史《迦太基》(*Punica*)。——译者]以同样的方式于公元 100 年辞世。

卢克莱修给他写信时把他当作自己的朋友而不是赞助者,这证实了我们的这一印象:卢克莱修是个富有的人。

《物性论》是对伊壁鸠鲁哲学的辩护,尤其是对原子论物理学的辩护。有可能,卢克莱修把他生命的大部分时光都用在研究希腊哲学之上,但他并不始终是一个伊壁鸠鲁主义者。的确,这部诗暗示他不久前"改宗"了;他的狂热和传教士般的热情是新信徒特有的。他把伊壁鸠鲁当作神和救星来赞扬。他也非常熟悉恩培多克勒的著作,毫无疑问,他阅读过我们所不知道的他们二人的著作。这就使得对他的独创性的评价变得更加困难了。

他也非常了解其他伊壁鸠鲁主义者的著作,如米蒂利尼的赫马库斯、兰普萨库斯的梅特罗多洛,也许还有与他本人同时代的加达拉的菲洛德穆(Philodēmos of Gadara)[24]等人的著作,菲洛德穆可能是(大约于公元前40年—前35年)在赫库兰尼姆(Herculaneum)去世的。

尽管他的导师是赋予他的诗作以灵感的伊壁鸠鲁,但他也热情地赞扬恩培多克勒(第1卷,第715行—第733行),而且还提到阿那克萨戈拉(Anaxagoras,第1卷,第830行)以及其他人。

我们来对该诗做一番考察,并且尽我们所能来解读它。该诗分为6卷,其中前3卷(略少于诗的半部)阐述了主要

---

[24] 加达拉或科达(Kedar)位于加利利海(the Sea of Galilee)东南约6英里。这使我们想起了《新约全书》中《马太福音》第8章第28节、《马可福音》(Mark)第5章第1节和《路加福音》(Luke)第8章第26节的加达拉人(Gadarenes)或格拉森人(Gergesenes)。菲洛德穆的著作保存在一些莎草纸卷中,这些纸卷在赫库兰尼姆的废墟中被发现了。

的论据、原子论物理学以及宇宙论;第 4 卷至第 6 卷是扩充
的论述,涉及许多二级话题。全诗安排得像一部系统的专著
一样井然有序,而且各个部分都以最完美的方式结合在一
起。[25] 认为它是一个疯子的作品,或者它是一个疯子在神
志清醒期间创作的,这种看法恐怕是荒谬的。卢克莱修唯一
的疯狂之处就是他的天才;他的这部诗是作为一个整体而规
划的;诗人持续的灵感使得整部作品达到了完美的统一,虽
然他的热情不可能贯穿始终,但它会时不时地爆发出来,并
且导致一段段非常高深和优美的诗句。

　　在向创造女神维纳斯祈祷之后,卢克莱修表述了他的主
要目的。他希望揭示"万物的本性",它们的始基、演化以及
分解,并且用物理学观点来说明宇宙。这意味着要拒绝宗教
的或神话的记述。因此,他的目的有两个方面——捍卫科学
和抨击迷信。他认为,宗教曾经导致了许多罪恶(*Tantum
religio potuit suadere malum* ,《物性论》,第 1 卷,第 101 行)。
物质永恒是最基本的原则;没有任何物质从无中产生;而另
一方面,也没有任何物质可以消失。物质以粒子的形式存
在,彼此被虚空的空间隔开。粒子和真空都是不可见的,但
它们都存在。除此之外,不存在任何其他物质。时间是主观
的(*tempus per se non est* ,《物性论》,第 1 卷,第 459 行)。粒
子是坚固的、不可毁灭的和不可分的(*atomos*)。他拒绝了其
他理论,如赫拉克利特(Hēracleitos)的一元论、恩培多克勒

266

----

[25]　除了该诗未能完成以外。这不仅意味着它的结束使人感到很唐突,而且诗中甚
　　　至在第 1 卷还有许多空白,缺少了一些诗行或词语等等。显而易见,这部重要的
　　　著作直至卢克莱修去世时仍在创作之中。他是否对使他的工作更加完善绝望
　　　了?

的多元论以及阿那克萨戈拉的同质(*homoiomereiai*)说。[26]
他指出,真空是无边无际的,宇宙是无限的,原子是无数的。
他尽可能地对许多命题进行了"证明";卢克莱修运用一些
实例和观念来证明它们是合理的。由于宇宙是无限的,因而
它不可能有中心(第1卷,第1070行及以下)。第1卷以明
米佑非常需要的鼓励而告结束;它所论及的是一个难懂的和
神秘的主题,但是人们将会逐渐明白。

我的描述过于简单了,以至于无法为一种丰富的思想提
供详尽的论证。我对该诗的随后几卷仍将继续采取这种方
式进行论述,即扼要地说明我们在阅读中所遇到的主要话
题,而忽略各种枝节问题。

第2卷以对哲学和科学的赞扬作为开始,致力于对原子
的运动的研究。作者认为,这些运动并非由神的意志产生
的。原子不是向上运动而是向下运动;它们的运动有点像是
无规则和任意的,它们的突然转向证实了偶然和自由是可能
的[27](第2卷,第216行—第293行)。物质的总量是永恒
的常量。整个宇宙似乎是稳定不变的。原子的形态有许许

---

[26] 这些哲学家的思想已在本书第1卷讨论过了。赫拉克利特活跃于公元前5世
纪之初;恩培多克勒于公元前435年去世,而阿那克萨戈拉于公元前428年去
世。留基伯(Leucippos)和德谟克利特是原子论哲学的两位奠基者,留基伯像恩
培多克勒和阿那克萨戈拉一样,大约活跃于公元前5世纪中叶;德谟克利特活跃
于这个世纪末期,并且于公元前370年去世。毫无疑问,卢克莱修(比我们更)
熟悉他们的著作,但他的主要灵感来源于他们的继承者和他们的集大成者伊壁
鸠鲁,伊壁鸠鲁于公元前270年在雅典去世。除了恩培多克勒是西西里岛人,德
谟克利特是色雷斯人以外,其余所有人都来自亚细亚海岸。古代的原子论从留
基伯发展到卢克莱修经历了4个世纪。

[27] 我在本书第1卷第591页已经讨论过这种转向(*prosneusis, inclinatio*)。要讨论
卢克莱修的所有思想本身或者它们的起源,不写一本关于他的专著是不可能的。
由于留基伯、德谟克利特、伊壁鸠鲁以及其他人的著作没有完整地留传下来(我
们只有一些残篇),因而说某某是这种或那种思想的首创者也是不可能的。

多多种；这种多样并非无限的，但其结果却是无限的，因为每种形态的原子都是无数的，它们的可能的组合也是无穷无尽的。没有任何物体是由单独一种原子构成的。原子没有诸如颜色、温度、声音、味道或气味等属性。像无生命的物体一样，被赋予了生命和感觉的肉体也是由原子构成的。在无限的宇宙中有众多世界，每个世界都会经历以下各种阶段：诞生、成长、衰老和死亡。

第 3 卷的开篇是向他的老师和前辈伊壁鸠鲁庄严的祈祷，这是全诗最令人感动和最著名的部分。我忍不住要引用几行诗句（第 3 卷，第 1 行—第 4 行，第 9 行—第 13 行，第 28 行—第 30 行）：

E tenebris tantis tam clarum extollere lumen qui primus potuisti inlustrans commoda vitae, te sequor, o Gaiae gentis decus, inque tuis nunc ficta pedum pono pressis vestigia signis.

Tu, pater, es rerum inventor, tu patria nobis suppeditas praecepta tuisque ex, inclute, chartis, floriferis ut apes in saltibus omnia libant, omnia nos itidem depascimur aurea dicta, aurea, perpetua semper dignissima vita.

His ibi me rebus quaedam divina voluptas percipit atque horror, quod sic natura tua vi tam manifesta patens ex omni parte retecta est.[28]

　　从来没有一个弟子以如此虔诚和自豪的口吻谈论他所尊敬的老师。在这种例行的序诗之后,作者说,第 3 卷将阐明灵魂的本性,并且要消除对死亡的恐惧。在卢克莱修看来,心灵和灵魂是肉体的一部分,它们非常紧密地结合在一起,它们本质上是物质的。不过,它们的原子是非常难以捉摸的。肉体与灵魂结合在一起。灵魂像肉体一样也会遭遇死亡。它是否也会生病和康复? 如果是,那么它就终有一死。肉体的痛苦也是灵魂的痛苦。肉体和灵魂不能各自单独存在;它们会一起死去。灵魂是由粒子构成的,因此不可能像那些粒子一样是不朽的。如果灵魂是不朽的,它就应当知道前世的生命;然而,灵魂转世是不可思议的。[29] 你能否

―――――――――

[28] 很难把它们准确而优雅地翻译过来,不过,它们总的意思是:

　　　　"是你第一个在这冥冥的黑暗之中
　　　　高高举起如此明亮的火炬,
　　　　照亮了生命的美好前景,
　　　　是你引导着我,你,希腊人的荣誉!
　　　　循着你所留下的足迹我迈出坚定的步履
　　　　……
　　　　"你是我们的父亲,你是[万物之]真理的发现者,
　　　　你给我们以一个慈父般的告诫;
　　　　从你的书页中,啊,贤明远播的你!
　　　　恰如蜂蜜在花盛开的草甸中采蜜,
　　　　我们也以你黄金似的箴言来养育自己,
　　　　你的金玉良言值得享有不朽的生命。
　　　　……
　　　　"[当我倾听它们时]就有一种
　　　　新的神圣的喜悦和颤栗的敬畏
　　　　流遍我全身;由于你的天赋,
　　　　自然万物终于如此清晰而显明地
　　　　展露在人的眼前!"

[29] 东方人、毕达哥拉斯主义者和俄耳甫斯教派的信徒偏爱灵魂转世(即灵魂从一个肉体转移到另一个人或动物的躯体之中)的观念;许多希腊人如希罗多德尽管不接受这种观念,但对它很了解(参见本书第 1 卷,第 201 页、第 249 页和第 309页)。

想象不朽的灵魂争夺终有一死的肉体的领地?灵魂不能离开肉体而存在,因此它像后者一样终有一死,死亡并不是受难的成因,而是解脱的成因。阴间的惩罚并非确有其事,它不过是传说和象征性的。对死亡的恐惧是无知的结果,生命与永恒相比无足轻重。灵魂是终有一死的,对死亡的恐惧完全是愚蠢的。

诗的第4卷讨论了假象(*simulacra*,意指幻象和错觉)以及它们引起的恐惧。这是对感觉和观念的心理学研究。表象包括许多我们无法看清的东西或者错觉(如视错觉)、自然产生的反应物或身体的释放物。(读到这里,人们就会明白,对古代人来说观察更不用说实验是多么困难,这不仅是因为他们缺乏可供客观观察之用的器械,更主要的是因为有大量的现象尚未得到分析,因而对它们进行定义和分类是不可能的。)每个肉体都会产生释放物,如声音、气味以及影像等(按照卢克莱修的观点,我们看见的物体是因为从它们那里释放出的原子到达了我们的眼睛;他对影像的解释类似于我们对气味的解释)。镜子中的映像是反射现象的很好的例子。他讨论了各种视错觉。他认为感觉是可靠的;但人们很容易曲解它们,如果它们得到正确的解释,它们就是知识的基础。对于其他知觉(如听觉、味觉和嗅觉)以及它们所产生的"反射现象"(例如在听的过程中的回声),他也表述了类似的观点。他认为,梦是精神的幻象。他还脱离主题,论述了一些反驳(亚里士多德)目的论的问题(第4卷,第822行—第857行):我们身体的器官并不是为了我们的利用而被创造出来的,相反,器官导致了对它们的利用。他为唯物论进行了辩护,并反驳了活力论。[30] 他指出幻象并不在眼前存在,语言也不在舌头前存在……他还论述了饥饿和口渴、步行和运动、睡眠、做梦、青春期和爱欲、爱的危险、情侣的错觉和痛苦、遗传、生育和不育。

卢克莱修在第 1 卷(第 149 行—第 173 行,主要是第 167 行—第 168 行)已经陈述过有关遗传的理论,但是他在第 4 卷(第 1218 行—第 1222 行)中又表述了也许可以称之为孟德尔遗传学说之要素的思想,也表述了其他理论(第 834 行—第 835 行),这些理论驳斥了获得性遗传和泛生论学说。[31] 第 5 卷是最长的(共计 1457 行,其他 5 卷的平均长度为 1191 行),而且比以前各卷更为复杂。它从一篇新的对伊壁鸠鲁的颂词开始,进而讨论了一整系列的各种现象(我们或许可以说,第 1 卷至第 3 卷说明了总的理论;第 4 卷至第 6 卷论述了它的不同应用)。诸神是与人类世界不相干的;他们没有创造人类世界也不关心它。人类世界像它的所有部分一样,总有一天会完结;它有了一个开端,而且将会有一个结尾;它是相对新的并且是不断进步的(第 5 卷,第 332 行—第 335 行)。卢克莱修是第一个表述这种进步思想的

---

[30] 用现代语言来描述就是这样。卢克莱修反对亚里士多德特殊的实现 (entelecheia)决定机体的生长和形式的观点,就像雅克·勒布(Jacques Loeb,1859 年—1924 年,德国出生的美国生理学家和生物学家、机械论者,以人工单性生殖的实验而闻名。——译者)拒绝汉斯·德里施(Hans Driesch,1867 年—1941 年,德国生物学家,活力论者,以早期的胚胎学实验和新活力论哲学而闻名。——译者)的那些观念一样。这种类型的讨论永远不会结束。

[31] 这是 C. D. 达林顿(C. D. Darlington)在《遗传研究中的目的与微粒》("Purpose and Particles in the Study of Heredity")中的解释,见于查尔斯·辛格纪念文集《科学、医学与历史》(Science, Medicine and History;London:Oxford University Press, 1953),第 2 卷,第 472 页—第 481 页,这种解释也许太宽泛了。

人;大多数古人[32]偏爱相反的思想,即开始是"黄金时代",随后是逐渐的衰落。

卢克莱修并没有拒绝恩培多克勒的四元素说;在一段脱离主题的讨论(第 5 卷,第 380 行及以下)中,他想象了它们中的两种元素——火与水之间的宇宙大战。随后他讨论了世界各个部分的诞生和成长、天体的运动、地球的静止不动、太阳和月球的规模、阳光和热的起源、行星运动理论、昼夜不均等的起因、月相以及日食和月食。

在这一天文学概述(第 5 卷,第 416 行—第 782 行)之后,是有关有机物演化的研究。首先是植物,其次是动物,最后是人。有些动物已经灭绝了,有些是神话中才有的(如人首马身的怪物)。史前的人是无知的和效率低的,但他们后来获得了知识,并发明了技术。卢克莱修叙述了社会生活的开始:语言的起源、火的发现、王国和财产的发明。国王最终被废黜,而正义得到了确认。对诸神的信仰导致了罪恶。人们最初使用的金属有金、银、青铜和铅。随后,铁被发现了。战争的技术也随之发展(除了宗教以外,卢克莱修最痛恨的就是战争)。他还论述了衣服和纺织的起源;园艺:播种和嫁接;音乐;写作,诗歌等等。人类就是这样经过不同的历史阶段而发展;他们的进步是稳步的,但是非常缓慢(*pedetemptim*,第 5 卷,第 1453 行)。

---

[32] 例如,苏美尔人(Sumerians,参见本书第 1 卷,第 96 页)以及赫西俄德(同上书,第 148 页)。退步(而非进步)这种独特的观念不仅在古代被普遍接受,而且直到 17 世纪现代科学诞生前仍被人们所认可。例如,斯蒂文就持有这一观念。卢克莱修所勾勒的进步思想得到了塞涅卡(活动时期在 1 世纪下半叶)的发展,参见《科学史导论》,第 2 卷,第 484 页。还必须补充一句,亚里士多德的目的论隐含着渐进的发展。参见本书第 1 卷,第 498 页。

第 5 卷的最后三分之一(第 925 行—第 1457 行)便是从原始时代到卢克莱修那个相对较为先进的时代的人类史;史前时代部分尤其值得注意,例如以下这些诗句(第 5 卷,第 1283 行—第 1287 行):

Arma antiqua manus ungues dentesque fuerunt

et lapides et item sylvarum fragmina rami,

et flamma atque ignes, postquam sunt cognita primum.

Posterius ferri vis est aerisque reperta.

Et prior aeris erat quam ferri cognitus usus. [33]

可以把这段诗看作 1836 年哥本哈根(Copenhagen)的克里斯蒂安·于尔根森·汤姆森(Christian Jürgensen Thomsen)*所做发现的预示,它第一次清晰地阐明了石器时代、青铜时代和铁器时代"三个时代的规律"。卢克莱修几乎是汤姆森的唯一先驱[34],领先于后者 19 个世纪。他如何

---

[33] "人类最早的武器是指甲和牙齿,
是石头和从树林里折下来的树枝。
后来,铁和青铜的力量被人们发现;
而青铜的使用是在铁的使用之前。"
　　请注意这里的顺序:石头、青铜和铁(*lapides*, *aes*, *ferrum*)。

　* 克里斯蒂安·于尔根森·汤姆森(1788 年—1865 年),丹麦考古学家,以其史前三时代(石器时代、青铜时代和铁器时代)理论而闻名,代表作有《北欧古物指南》(*Ledetraad til Nordisk Oldkyndighed*, 1836)。——译者

[34] 更确切地说,新大陆野人的发现导致了少数其他人的预言:米凯莱·梅尔卡蒂(Michele Mercati, 1541 年—1593 年),但他的预言直到 1717 年才发表;阿尔德罗万迪(Aldrovandi, 1605 年去世),他的预言 1648 年发表;罗伯特·普洛特(Robert Plott)的预言(1686 年);耶稣会士约瑟夫·弗朗索瓦·拉菲托(Joseph François Lafitau, 1670 年—1746 年),他的预言 1724 年发表。约翰·格奥尔格·冯·埃克哈特(埃卡杜斯)[Johann Georg von Eckhart(Eccardus)]在《日耳曼人的起源》(*De origine Germanorum*; Göttingen, 1750)中、安托万·伊夫·戈盖(Antonie Yves Goguet)在《论法律、艺术和科学的起源》[*De l' origine des lois, des arts et des sciences*(3 卷本), Paris, 1758]中指出了石器时代、青铜时代和铁器时代的演替。

能做出这样的预见?也许这个事实帮了他的忙:在他那个时代仍能观察到石器文化和青铜文化的遗迹。那个时代不像现在,远古的痕迹并没有完全湮灭。

正如我们刚才业已看到的那样,第 5 卷主要涉及天文学、有机物的进化、人类学以及文化史。第 6 卷以同样的方式讨论了气象学、地理学和医学。最初的几十行(第 6 卷,第 1 行—第 42 行)赞美了雅典和伊壁鸠鲁。其主要的话题是:雷鸣、闪电、飓风(*prēstēr*)、云、雨和彩虹、地震、火山[埃特纳火山(Etna)]。关于这些现象可能有许多解释,尽管只能有一种是正确的;无论如何,总有一种物理学的解释。卢克莱修还讨论了被污染的湖泊[库迈附近的阿韦尔诺湖(Avernus)]、泉水、磁石、疾病和流行病。该诗相当突然地以对雅典瘟疫的详细描述(第 6 卷,第 1139 行—第 1285 行)而结束[35],这段记述即使不是唯一的也主要来源于修昔底德。这位悲观的作者可能已经希望结束他那充满异常灾难的循环了,这是一种可与任何一种循环相比的循环——从生到死的循环。但是,尽管如此,人们可能还是期望有某种结局或者对维纳斯或伊壁鸠鲁的最终赞美。

我的分析旨在使人了解《物性论》的百科全书特性。这种分析肯定读起来很枯燥,而且可能要求读者有较多的耐

---

[35] 修昔底德描述了公元前 430 年—前 429 年的瘟疫(参见本书第 1 卷,第 323 页—第 325 页)。卢克莱修的记述后来又成了许多拉丁作家描述的来源,例如维吉尔的描述[《农事诗》第 3 卷,第 478 行—第 566 行],奥维德的描述[《变形记》(*Metamorphoses*)第 7 卷,第 517 行—第 613 行],科尔多瓦的卢卡努斯(Lucanus of Cordova)的描述[卢卡努斯即卢卡(Lucan),39 年—65 年,西班牙诗人,写有多部作品,但只有《内战记》(*Pharsalia*)和《皮索赞》(*Laus Pisonis*)保存下来。——译者]以及西利乌斯·伊塔利库斯(25 年—100 年)的描述。

心,但是,更适当的描述需要更大的耐心。无论谁也不能概括一部百科全书。必须承认,这部诗作本身就非常枯燥,而且无论用哪种语言都很难阅读。很少有学者把它从头至尾阅读完,除非是在当初,那时卢克莱修的知识是拉丁语社会中可以得到的最新的知识。高深的祈祷、众多具体的实例以及为数不多的热情的爆发,使诗中普遍存在的枯燥有所减轻。它不是一部说教诗,而是一部富有哲理的科学诗,穿插着一些浪漫的间奏曲,使其充满了活力。它是关于宇宙的浪漫想象,可与但丁(Dante)和弥尔顿的想象相媲美,但是它与它们不仅在其科学内容方面而且在启示方面都迥然不同。尽管如此,它在世界文学领域中是独一无二的。

　　卢克莱修是一个伊壁鸠鲁主义者,他怀着一个传教士式的热诚的信念为伊壁鸠鲁的学说辩护。使他获得教益的主要是伊壁鸠鲁,但他也熟悉其他学派的著作,有些是早于伊壁鸠鲁的著作,有些是晚于伊壁鸠鲁的著作。要确定他从每一部著作中获得了多少收益是不可能的,但这几乎无关紧要。伊壁鸠鲁是他的知识的真正传授者,卢克莱修对其感激不尽。他在四段很长的段落(第1卷,第62行—第83行;第3卷,第1行—第40行;第5卷,第1行—第58行;第6卷,第1行—第47行)中非常热情地表达了这种感激之情。我们在前面已经引用和翻译了其中第二段的片段,以下是第三段中令人惊异的诗句:

271　　　　dues ille fuit, dues inclyte Memmi, qui princeps vitae rationem invenit eam quae nunc appellatur sapientia, quique per artem fluctibus e tantis vitam tantisque tenebris in tam tranquillo et tam clara luce locavit.[36]

如果我们忘记了希腊人把他们的伟大人物说成半神半人（hēroēs）的习惯，以及他们很容易把对英雄的崇拜变成对神的崇拜，这段诗就会令我们震惊。我们并不知道诗人早期的生活，但有可能，他因他的热情以及在其"改宗"前的犹豫不决而遭受了许多痛苦。伊壁鸠鲁不仅是他的导师，而且是他的救星。

原子论使得他能够合理地说明外部和内部的现实，并且把神迹和迷信从他的良知中驱逐出去。对他来说，这一理论毫无疑问是正确的；对我们这些2000多年以后的人来说，它看起来并非如此。从我们的观点看，的确，他的原子论并非一种不负责任的理论，但它并非真正科学的理论，因为它的实验基础太小、太薄弱了。因此，把古代原子论与现代原子论加以比较是非常错误的，古代原子论是某种成功的猜想，而现代原子论从一开始就是完备的假说，最初虽然不完善，但却能够不断改进。

尽管如此，卢克莱修的目的仍是以事实为基础来说明自然。事实是多种多样的；一个水果或一块石头是事实，而各种感觉也是事实。感官印象也许是直接的，也许是间接的，但我们的所有知识都来源于它们，如果我们能正确地解释那些印象，我们的知识就是纯粹的。所有这一切都是值得尊敬的，不过，卢克莱修既是一个诗人，又是一个哲学家，当他谈

---

[36] "他是一个神，
　　是的，一个神，崇高的明米佑。
　　是他首先发现那个现在被称为智慧的生命原则，凭借他的知识
　　他使我们摆脱了那样巨大的黑暗，
　　来到如此清朗而宁静的港湾。"

到伊壁鸠鲁"远离我们这个世界烈焰熊熊的障碍,把浩瀚无垠的宇宙游遍,然后胜利返回,告诉我们每种事物的起源"(第 1 卷,第 73 行—第 75 行),这时他必然是超前的。他至少 3 次提到"创造万物的自然"(*rerum natura creatrix*)。他像帕斯卡一样强烈地感到了宇宙的浩大、地球和人的渺小。这部诗是涉及生命和科学的最热情奔放的抒情诗。

他的主要观念是原始原子论:整个世界是由无数各种形态并且总在运动的原子构成的,而他从这种原子论中推论出许多大胆的结论,如空间和时间的无限性,普遍的和不可避免的自然规律,万物的无限多样性,普遍进化论,整个宇宙的统一及其平衡(*isonomia*),不同世界的多样性和可变性,遗传,等等。

他的超前在一定程度上是有意而为的。原子是不可触知的,但假设它们存在是必要的。感官印象是基本的,但必须超越它们。在这方面,他与我们这个时代的物理学家采取的自由态度并无不同。

272　　讨论他在更具体的问题上的观点,如他有关自然选择、磁学或彩虹等的观点,没有什么益处,因为他的实验知识绝对是不充分的。当他得以领先于现代思想时,往往都是偶然的。这里有两个例子。他认为,钻石的硬度是由于其原子的极度挤压导致的,但除了原子本身以外,没有什么是绝对实心的;他还认为,胚胎的产生要归功于两类种子的混合(第 4 卷,第 1229 行—第 1232 行)。这些都是聪明的猜想,而不是发现。

他对物理学问题非常关心,以至于对伦理学问题较少关注。他的主要伦理原则是避免迷信是必要的,但这只能通过研究物理学来做到；因此，伦理学又把他带回到科学亦即物理学。他公开抨击野心、荣耀和财富带来的罪恶和危险；为获得这些虚幻的好处所必须的奋斗是没有价值的；他喜欢朴素和超然；在他看来，幸福是内心平衡的结果，自足是富裕最大的源泉。

这些都是非常出色的格言，但伊壁鸠鲁学说必然会被击败，因为一方面它本身敌视斯多亚学说，另一方面它敌视宗教。我们来考察一下这两个方面。

伊壁鸠鲁学派的科学观只会使少数人感兴趣，而它在道德和社会方面却引起了许多人的关注。无论有或没有伊壁鸠鲁的善良意愿，科学都会以它自己的方式发展。伊壁鸠鲁学说本身的成功与否，取决于它的行为准则是否被罗马公众所接受。

伊壁鸠鲁学派的麻烦与其说在于他们是快乐主义者，不如说在于他们是逃避现实者。他们总是躲避政治和社会承诺。斯多亚学派则相反，他们强调公民责任的重要性；按照他们的观点，道德不仅与个人相关，也与社会相关。国家需要公仆，在柱廊学派中能找到比花园学派更好的公仆。

也许有人会觉得惊讶，像《物性论》这样一部革命性的著作竟然能在公元前55年或公元前54年的罗马出版，那时，政治自由行将就木。该书之所以能出版，其原因可能就在于卢克莱修在政治上的愚钝。这个诗人对罗马政府没有兴趣，但对宇宙的构成有兴趣。像同一时代的卡图卢斯一样，卢克莱修也认为使他快乐的写作自由是理所当然的。

卢克莱修仇视任何形式的迷信；他不仅反对教权，而且反对宗教。他的情感冲动过于强烈，以至于夸大了迷信的恐怖之处以及宗教的危险。他对宗教的抨击不是针对罗马的国教，而是针对柏拉图主义倾向以及民间的宗教仪式。从性情和学说来看，他是一个理性主义者和实证主义者；宗教对他来说没有任何意义。可能还是有人想知道他的生活变迁。他的反教权态度非常强烈，因而人们必然想知道他年轻时是否曾被神职人员利用过或被他们惩罚过。他并没有否认诸神的存在，但认为他们对我们并不关心。世界并不具有神性；自然是无目的的，原子是偶然聚在一起的。

希腊化世界和与它衔接的罗马世界给了迷信和非理性越来越多的机会。社会环境如此严酷和残忍，战争和变革导致的苦难如此之多，以致生活变得难以忍受，而人们非常渴望某种来世的拯救。显然，在普及方面，伊壁鸠鲁学说不可能与在各地迅速萌发的有关救赎和救世主的信条相竞争。

在《物性论》第3卷的结尾，卢克莱修试图说明对死亡的恐惧是愚蠢的，并且试图消除这种恐惧。他的论证是令人费解的。当肉体死亡时，灵魂也会死亡，因为肉体和灵魂都是原子构成的，当生命的束缚被打破时，这些原子同样会被驱散。他把对死亡的恐惧混同于对永生的恐惧，并且论证说，死亡是必然的，这种必然性使得对死亡的恐惧变得不合理了。

他确信人终有一死，并且有勇气这样说，不过他似乎认为，一旦人理解了死亡是一种定局，他就会变得平静而快乐。但人们是否真的害怕来世？这一点十分令人怀疑。埃莱夫西斯神秘宗教仪式和其他神秘仪式再现了来世的愉快景象,而且柏拉图主义的想象也以一种更微妙的方式再现了来世的愉快景象。古代人并没有神的来世报应观念[37];善良的人和邪恶的人同样都会有忧郁的和不快乐的生活;不过,最善良的人会被带到极乐世界(the Isles of the Blest, *Elysium*)。荷马认定这个极乐世界在大地的西部边缘,后来的其他诗人认为它在阴间(*Inferi*)。为什么善良的人要害怕极乐境地(the Elysian Fields)? 普通的人是否不喜欢注定要灭亡的任何生存?

无论如何,卢克莱修所提出的论据并不是一个自相矛盾的论点,对任何一个头脑清醒的人来说,它都是显而易见的。这说明他那个时代的"常识"对每个人的影响有多么深。他像我们一样听天由命,但他的那种听任是一个悲观的科学家的无奈,他厌倦了被人愚弄,并且试图使他自己变得像自然本身一样不偏不倚。

对我们来说,很难理解他对不朽的恐惧,就像对他来说很难评价这一诗句那样:"死啊,你得胜的权势在哪里? 死啊,你的毒钩在哪里?"[《哥林多前书》(1 Corinthians)第15章,第55节]。

埃莱夫西斯的(Eleusinian)或乐土的(Elysean)希望对他毫无帮助吗? 我猜想,他已经把那些幻想和所有其他迷信一劳永逸地拒绝了,因为人若要享受智慧和幸福,就必须摆脱那些迷信;但是,他也许没有能力拒绝亡魂(*manes*)和游魂

271

---

[37] 更准确地说,诸神导致了无穷苦楚的思想刚刚开始成型。加达拉的菲洛德穆是与卢克莱修同时代的人,他是提出地狱之火即惩罚的第一人。参见 F. 居蒙:《不朽之光》(Paris: Geuthner, 1949),第 226 页。

(*lemures*)在阴间无目的地游荡这种可怕的想象。他也许在5月的9日、11日和13日参加驱亡魂节(*the Lemuria*),这是一种很流行的给幽灵提供食物并摆脱它们的仪式。也许,他把对死亡的恐惧与对幽灵的恐惧混淆了?

　　卢克莱修的诗给人留下了深刻的印象,而且令人感动。这是因为,虽然它涉及的是科学的内容及其客观现实,但它也包含了许多个人感触,这些感触有助于我们回忆起这一作者,并有助于我们铭记他是一个诗人。这些可能包括一些简单的词[我见证了(*vidi*),我们见证了(*videmus*),我的格言(*mea dicta*),我猜想(*opinor*)]、对他的朋友明米佑的呼语、"当我们登上高山"(《物性论》第6卷,第469行)这行诗、一首对维纳斯的赞美诗或者模拟伊壁鸠鲁的谈话。他对合乎理性的渴望并没有妨碍他的敏锐,而且他的信念既朴素又感人。他是"古代的一个传教士式的诗人,是古代哲学家中狂热的人文主义者"[38]。他的诗歌的大部分难免是乏味的,而他的几何式论证[以及诸如*primum*(首先)、*deinde*(然后)、*huc accedit*(由此)、*ergo*(因而)等词]使这种情况加剧了。他希望尽可能清晰和令人信服,但诗中却又充满了激情和好战的情绪,他的沉闷的散文诗突然之间会掺入一些令人难以忘怀的诗句。正是因为这个原因,我不喜欢把《物性论》称作说教诗。卢克莱修的目的并不仅仅是说教,而是要使人改变信念。

----

[38] 参见威廉·埃勒里·伦纳德(William Ellery Leonard)所编辑的卢克莱修的著作(Madison:University of Wisconsin Press,1942),第22页。

尽管他的诗的内容几乎完全是关于希腊的，但其风格是拉丁和罗马式的，他延续的是昆图斯·恩尼乌斯（Quintus Ennius，活动时期在公元前2世纪上半叶）*的传统，而不是亚历山大诗人的传统。虽然他的主题深奥，但他尽可能保持朴素的风格，而亚历山大派的那些人则沉溺于各种矫揉造作之中。在一定程度上，由于他的朴素，他能够影响与他本人截然不同的其他罗马诗人，如维吉尔、贺拉斯和奥维德。

卢克莱修早期的生活可能经历过误解、骗术和幻灭，因为人们有时会感到，他的诗歌是一种答辩、反抗和复仇，但遗憾的是，我们对他的那些经历毫无所知。由于在他的诗歌中人性、愤世嫉俗、对科学的热诚以及伊壁鸠鲁主义者的热情奇怪地混合在一起，他的诗既乏味又有激情。西塞罗在给前面提到的昆图斯的信中提到了"*lumina ingenii*（本性之光）"。因篇幅所限，这里只能再为以上所说的这些提供两个例子：

> 总量显然却永远一样……
> 总量不断得到补充，
> 我们凡人持续着彼此借用。
> 有些民族强大了，有些衰落了；
> 在短短的时间内许多世代过去了，
> 像赛跑者一样把生命的火炬递给别人。（《物性论》第2卷，第75行—第79行）[39]

---

* 昆图斯·恩尼乌斯（公元前239年—前169年），罗马共和国时期叙事诗人、戏剧作家和讽刺作家，通常被认为是罗马诗歌之父，其代表作有《编年记》（*The Annals*）等。——译者

[39] 最后这句非常优美："et quasi cursores vitai lampada tradunt"。

真正的虔诚不在于采取各种姿态或奉行例行的仪式，"而是在于能够静心观看万物"。(第 5 卷, 第 1198 行—第 1203 行)[40]

在卢克莱修处在巅峰之时, 他的思想像帕斯卡的思想一样, 是不受干扰的和高尚的, 但这两个人心灵努力的方向却是南辕北辙。

犹太人强烈反对伊壁鸠鲁, 但他们当中很少有人阅读拉丁语文献[41], 因而他们并不会为卢克莱修而烦恼。对西方的基督徒来说, 情况并非如此。最初, 他们可能同意他的看法, 因为他所抨击的宗教是异教, 亦即他们的敌人, 但是, 在他那里有太多的东西他们无法忍受, 因而不久之后他们便不仅公开谴责他的无神论, 而且谴责他放纵和道德败坏。也许可以把他当作参考, 他的某些反对诸神的论据或许是有用的, 但对待他必须十分慎重。拉丁教父没有像迦太基的德尔图良(160 年—225 年)对待塞涅卡那样, 他们绝不可能把卢克莱修看作同盟者。基督徒可以与柱廊学派相安无事, 但与花园学派绝不可能如此, 在皮埃尔·伽桑狄(Pierre Gassendi)时代就更不可能这样。

卢克莱修传统。这种传统极为令人感兴趣, 因为它非常不连贯, 以至于我们会想到一条突然潜入地下的河, 在流淌了很远之后又出现了, 随后, 它又消失了, 如此等等, 不一而

---

[40] 原文为: "Sed mage pacata posse omnia mente tueri"。

[41] 至少在 14 世纪以前是如此。有关早期从拉丁语翻译成希伯来语的译本, 请参见《科学史导论》, 第 3 卷, 第 64 页和第 1073 页。卢克莱修的著作从未被译成希伯来语。

足。某个罗马的精英愿意倾听他的理论,因为在公元前 146
年以后,在斯基皮奥学社内已经开始讨论伊壁鸠鲁学说,而
在卢克莱修在世期间,诸如维吉尔的老师西罗(Siro)和加达
拉的菲洛德穆等人业已对这一学说进行了解释。凯撒和阿
提库斯都是伊壁鸠鲁主义者,还有其他许多人也是(尽管斯
多亚哲学更受罗马的绅士们欢迎)。卢克莱修是一个旗帜鲜
明的反斯多亚主义者,但没有任何有关斯多亚派敌视他的
记录。

　　西塞罗的反应是颇具启发性的,因为其他倾向于新学园
的有思想的人也必定会有这样的反应。他既不是斯多亚学
派的成员,也不是伊壁鸠鲁主义者,但对于花园学派和柱廊
学派,他更同情后者。有人大概会说他不喜欢伊壁鸠鲁主义
者,但是,他敬佩卢克莱修,而且正如圣哲罗姆指出的那样,
他可能帮助保存了《物性论》的原文。更重要的是,他为保
护伊壁鸠鲁的住宅向雅典当局求情,以阻止明米佑(卢克莱
修的诗就是题献给他的)的某些计划。在这位诗人于公元前
55 年去世时,西塞罗尚未开始撰写他的哲学著作,而他对伦
理学和政治学比对科学更有兴趣。虽然如此,他认识到卢克
莱修独一无二的伟大所在。

　　有 3 位拉丁诗人提到过卢克莱修,他们是苏尔莫
(Sulmo)的奥维德(公元前 43 年—公元 17 年)、那不勒斯的
斯塔提乌斯(Status of Naples,61 年＊—95 年)和里昂的西多

＊ 原文如此,按照《简明不列颠百科全书》中文版第 7 卷第 456 页的说法,斯塔提
　乌斯的生卒年代是大约 45 年—96 年。他是拉丁文学"白银时代"主要的罗马诗
　史和抒情诗人之一,其代表作有 5 卷本的《诗草集》、12 卷的诗史《底比斯战记》
　和仅完成 2 卷的《阿喀琉斯纪》等。——译者。

尼乌斯·阿波利纳里(Sidonius Apollinaris of Lyon,431 年—482 年*),他们谈到他时都是把他当作诗人。维吉尔(活动时期在公元前 1 世纪下半叶)没有说出他的名字,但在其《农事诗》(第 2 卷,第 490 行—第 492 行)中提到了他。维特鲁威[活动时期在公元前 1 世纪下半叶,在《建筑十书》(*Architectura*)第 9 卷的序言中]研究过他。

贝鲁特的瓦勒里乌斯·普罗布斯(Valerius Probus of Beirūt)是尼禄(皇帝,54 年—68 年在位)统治时期活跃于罗马的语法学家,他编辑了考证版的卢克莱修诗作。

第一个向卢克莱修发泄其怒气的基督徒是"基督教的西塞罗"拉克坦提乌斯(Lactantius,大约 250 年—317 年)。圣哲罗姆(活动时期在 4 世纪下半叶)了解卢克莱修,塞尔维乌斯(Servius,他曾写过有关维吉尔的评注)[42]、西多尼乌斯主教以及塞维利亚的伊西多尔(Isidore of Seville)也都了解他。总而言之,关于他的工作的知识是极为有限的,而且没有得到多少承认。人们大概会 *sub rosa*(在私下)阅读他的诗作,就像阅读奥维德的作品那样,但阅读他的作品缺少快乐:《物性论》不像《爱的艺术》(*Ars amatoria*)那样吸引人。[43]

在这方面没有任何伊斯兰传统,因为阿拉伯作者不读拉丁语文献,他们关于伊壁鸠鲁哲学和原子论的知识是直接从

---

* 原文如此,与第二十章有出入。西多尼乌斯·阿波利纳里,高卢-罗马诗人、外交官和主教。现存著作有《颂词集》(*Panegyrics*)和 9 卷书信集。——译者

[42] 这里提到塞尔维乌斯是出于年代顺序的考虑,因为他活跃于 4 世纪,但他不是基督徒。

[43] 这种比较并非像读者可能认为的那样是臆想的。卢克莱修在《物性论》第 4 卷第 1030 行—第 1287 行讨论了"*de rebus veneriis*(情欲)",他相当详细地说明了性爱的危险。

希腊语原文中获得的。[44]

再回到天主教世界,瓦勒里乌斯·普罗布斯在卢克莱修去世一个世纪以后编辑的手稿肯定被誊写过,否则,这一传统可能已经被打断并失传了,但我们猜想,那些手稿的数量有限。西塞罗的手稿被大量地抄写和大规模地复制,而卢克莱修的那些手稿流传量很少,或者是被逐一抄写的。有两部9世纪的杰出的抄本一直留传至今,并且都被保存在莱顿大学图书馆。[45] 其中较早的 *Codex oblongus*("矩形抄本")是9世纪初在图尔抄写的,或者是由一个抄写员从图尔抄来的,富尔达修道院(the abbey of Fulda)[46]的赫拉巴努斯·毛鲁斯(Hrabanus Maurus,活动时期在9世纪上半叶)使用过它。第二部抄本被称作 *Codex Quadratus*("方形抄本"),在圣奥梅尔[47]的圣贝廷(St. Bertin)修道院编辑了数个世纪。这证明,存在着一种中世纪的卢克莱修传统,它在诸如约克(York)、图尔、富尔达以及圣贝廷等地低调而顽强地持续

---

[44] 参见萨洛蒙·派因斯(Salomon Pines):《论伊斯兰原子学说》[*Beiträge zur islamischen Atomenlehre*(150 页),Berlin,1936][《伊希斯》*26*,557(1936 - 1937)]。

[45] 在埃米尔·夏特兰(Emile Chatelain)编辑的完整复制版(Leiden,1908-1913)中可以找到这两部手稿。它们一般被称作 *Codex Vossianus Oblongus*(《福西厄斯矩形抄本》)和 *Codex Vossianus Quadratus*(《福西厄斯方形抄本》)。其中的形容词 Vossianus 是指两个著名的荷兰语言学家:杰勒德·约翰·福西厄斯(Gerard John Vossius,1577 年—1649 年)以及其儿子艾萨克·福西厄斯(Isaac Vossius,1618 年—1689 年),杰勒德·约翰·福西厄斯收集了这两部手稿,他的儿子把它们卖给了莱顿大学。

[46] 富尔达位于黑森-拿骚(Hesse-Nassau),在美因河畔法兰克福(Frankfurt am Main)东北 54 英里。富尔达修道院建于 8 世纪,10 世纪时它的院长成了德国的首席主教。它在德国文化的发展进程中发挥着重要的作用。

[47] 圣奥梅尔在科尔比附近,在亚眠(Amiens)[索姆省(Somme);皮卡第地区(Picardie)]东北 10 英里。

着。我们不应低估基督徒对非基督教著作的了解;大多数基督教教士是狂热的宗教徒,但有些则是学者。

277   在诸如孔什的威廉(活动时期在 12 世纪上半叶)和让·德·默恩(Jean de Meung,活动时期在 13 世纪下半叶)等人的作品中显现出卢克莱修作品的痕迹,但其诗作本身却从人们的视野中消失了,几个世纪以后才重新出现。因此,除了上述两部 9 世纪的手稿之外,我们还有大约 35 份 6 个世纪以后成文的文献。

这一传统又以如下的方式被复兴了:波焦·布拉乔利尼(菲奥伦蒂诺)[Poggio Bracciolini (Fiorentino)]曾任康斯坦茨会议(the Council of Constance)的教皇秘书(1414 年—1418 年),他利用自己的职务之便搜寻修道院图书馆中的古典手稿;1418 年,他[在阿尔萨斯地区(Alsatia)的米尔巴克(Murbach)?]发现了卢克莱修的一部手稿,并且把它的一份抄本送给了他的朋友尼科洛·德·尼科利(Niccolo de' Nicoli)。在佛罗伦萨的罗伦佐图书馆(the Laurentian library of Florence)中仍可以查到制作于 1418 年—1434 年的尼科利的副本。它有可能是所有 15 世纪的其他抄本的原型,而且肯定是 1563 年以前的所有早期版本的来源。

278   波焦的成功发现是文艺复兴时期的异教的典型;卢克莱修思想的自由色彩非常强烈,以至于人们常常把他与诸如欧玛尔·海亚姆和伏尔泰(Voltaire)等反抗者相提并论,但他们并没有使早期的人文主义者惊恐不安。《物性论》第一个印刷本于 1473 年在布雷西亚出版(参见图 48),随后又出版了 4 种其他的古版本(Klebs,623),它们都是意大利语版。其中的最后一版由维罗纳的希罗尼穆斯·阿万奇

图48　费兰杜斯（Ferrandus）于1473年在布雷西亚印制的《物性论》（Klebs，623.1）的第一页。这一页包含第1卷第1行至第34行，以对维纳斯的祈祷开始："罗马民族的母亲，诸神和万众的宠爱，生养万物的维纳斯啊……"［承蒙佛罗伦萨梅迪契-罗伦佐图书馆（Bibliotheca Medicea-Laurenziana）恩准复制］

图49　以古代手稿即"方形抄本"为基础的卢克莱修的著作的第一版。它由德尼·朗班（Denis Lambin）编辑，由纪尧姆·鲁勒（Guillaume Rouile）和菲利普·鲁勒（Philippe Rouile）印制（Paris and Lyons，1563）。在1473年至1563年之间出现了许多其他版本，但这个版本是文艺复兴时期最重要的［承蒙哈佛学院图书馆恩准复制］

乌斯（Hieronymus Avancius of Verona）编辑（Venice：Manutius，December 1500），这一版是最好的。不过，尤恩汀（Juntine）对阿尔蒂涅版进行了修订，皮尔·坎迪多·德琴布里奥（Pier Candido Decembrio）对之进行了编辑（Florence：Junta，1512），这些版本都重印过多次。

在阿德里安·蒂尔内布（Adrien Turnèbe）和让·多拉（奥拉图）［Jean Dorat（Auratus）］的协助下，德尼·朗班编辑的新版取得了很大的进步,这一版由鲁勒兄弟印制[Paris and Lyons,1563(参见图49)]。这是第一个以古代手稿"方形抄本"为基础的版本。过了3个世纪之后,卡尔·拉赫曼(Karl Lachmann)使朗班的工作得以完善,他的版本(Berlin,1850)不仅以"方形抄本"为基础,而且以"矩形抄本"以及许多学者的劳动成果为基础。

在较晚的版本中,提及下述版本就足够了:H. A. J. 芒罗(H. A. J. Munro)编辑的拉-英对照本[2卷本(Cambridge,1864)],阿尔弗雷德·埃尔努(Alfred Ernout)编辑的拉-法对照本[Collection Budé(2卷本),Paris:Belles Letters,1920],以及威廉·埃勒里·伦纳德和斯坦利·巴尼·史密斯(Stanley Barney Smith)编辑并附有详尽评注的拉丁语版(Madison:University of Wisconsin Press,1942)[《伊希斯》*34*,514(1943)]。

关于现代传统,我再多说几句。很难把伊壁鸠鲁传统与纯粹的卢克莱修传统区分开。例如,伽桑狄[48]以伊壁鸠鲁为基础撰写的一系列为原子论辩护的著作:《关于伊壁鸠鲁的生与死》(*De vita et moribus Epicuri libri octo*;Lyons,1647)、《伊壁鸠鲁的生、死和宁静或对第欧根尼·拉尔修十卷本著作的批评》(*De vita moribus et placitis Epicuri seu Animadversiones in decimum librum Diogenis Laertii*;Lyons,

---

[48] 皮埃尔·伽桑狄于1592年在普罗旺斯(Provence)出生,于1655年在巴黎去世。

27.9

ANTI-LUCRETIUS,

S I V E

DE DEO ET NATURA,

LIBRI NOVEM.

EMINENTISSIMI S. R. E. CARDINALIS

MELCHIORIS DE POLIGNAC

OPUS ·POSTHUMUM;

Illuſtriſſimi Abbatis Caroli d'Orleans de Rothelin

curâ & ſtudio editioni mandatum.

·TOMUS PRIMUS.

PARISIIS,

Apud HIPPOLYTUM-LUDOVICUM GUERIN,

& JACOBUM GUERIN, viâ San-Jacobæâ, ad inſigne

Sancti Thomæ Aquinatis.

M. DCC. XLVII.

CUM APPROBATIONE ET PRIVILEGIO REGIS.

图 50 枢机主教和外交官梅尔希奥·德·波利尼亚克(1661 年—1742 年)的《驳卢克莱修》的第一版。这是最著名的现代拉丁语诗歌之一。该诗在作者去世后出版 [2卷本,22 厘米高(Paris: Guérin, 1747)],并且常常用拉丁语、法语、荷兰语、意大利语和英语重印。第一版中附有一幅作者的雕刻像 [承蒙哈佛学院图书馆恩准复制]

1649)、《伊壁鸠鲁哲学体系》(*Syntagma philosophiae Epicuri*; The Hague, 1659)。在犹太人看来,伊壁鸠鲁是一个不敬神的大师;对说拉丁语的基督徒来说,他离他们太遥远了,因而不应受到责备,而卢克莱修是个真正的小鬼(*suppôt de Satan*,撒旦的帮凶)。

　　法国枢机主教德·波利尼亚克[49]写了一部长诗《驳卢克莱修——论神或自然》(9 卷)(*Anti-Lucretius*, *sive de Deo et Natura*, *libri novem*),这一作品是他去世后出版的 [2 卷本(Paris, 1747),参见图 50]。据说,它是现代拉丁语中最出

---

[49] 梅尔希奥·德·波利尼亚克于 1661 年在皮昂沃莱(Puy-en-Velay)出生,1742 年在巴黎去世。他的《驳卢克莱修》也是针对皮埃尔·培尔(Pierre Bayle, 1647年—1706 年)的。

色的科学诗。[50] 我还没有读过它。

著名的法国诗人苏利－普吕多姆（Sully-Prudhomme，1839 年—1907 年）出版了《物性论》的第一卷诗歌体的法译本（Paris,1869）。

也许还可以引用其他同类的版本，因为卢克莱修的这一唯一成就吸引了整个基督教世界的诗人和哲学家的想象。有些人钦佩他，有些人仇视他，但所有人都被吸引了并且因他而激动。

六、信仰自由

在法萨罗战役（公元前 48 年）之后，权力集中在凯撒手中，共和国灭亡了，罗马帝国开始自我成形，民主衰落了，政治自由行将就木。幸运的是，罗马的一些领袖人物已从希腊哲学家那里接受了教育。因而，人们有可能继续有关哲学的讨论，如果谨慎避免攻击国家的宗教礼仪，甚至可能继续有关宗教的讨论。

像卢克莱修和西塞罗这样的人都支持信仰自由，他们用拉丁语写作，他们的著作直至今日仍激励着人类。从专业的意义上讲，他们都不是科学工作者，但他们都强有力地促进了对希腊科学和智慧遗产的抢救工作。面对非理性主义的增长，他们都是理性的捍卫者。单凭这一点，他们就值得科学史家关注和每一个爱好自由的人感激。

---

[50] 由于它几乎立即被让·皮埃尔·德·布干维尔（Jean Pierre de Bougainville）翻译成法语（Paris,1749），这部作品非常成功，它在 18 年中被重印了 4 次，并于 1757 年被翻译成英语。